北京理工大学"明精计划"学术丛书

精密制造工学基础

Fundamentals of Precision Manufacturing Engineering

U0234603

王西彬 焦 黎 周天丰 编著

北京理工大学出版社
BEIJING INSTITUTE OF TECHNOLOGY PRESS

内 容 简 介

本教材面向"明精计划"机械工程学科培养新体系，以制造精度、效率、性能的概念和实现方法为主线，在本科生阶段建立关于零件精度、几何形状制造、材料去除加工原理、制造装备、工艺误差、检测与控制方法、工艺设计和生产规划的基础知识体系。课程以先期机械设计、几何规范学、工程材料等基础课程中的精度、误差、材料性能等概念为基础，以零件几何形状与机械物理性能获得为重点，以加工质量为切入点，重点整合目前在机械制造工程学、机械制造装备基础、检测与控制等专业课程中的成形方法、加工原理、误差分析、精度检测、制造工艺、数控装备设计的相关内容，围绕先进制造的内涵和发展趋势，重点强调本专业专门基础知识的系统化，突出基础实验研究和学术性内容含量。本教材适于机械工程及自动化专业学生和从事机械制造技术工作的人员学习参考。

图书在版编目（CIP）数据

精密制造工学基础 / 王西彬，焦黎，周天丰编著. —北京：北京理工大学出版社，2018.1
ISBN 978-7-5682-5042-9

Ⅰ．①精…　Ⅱ．①王…　②焦…　③周…　Ⅲ．①机械制造工艺–教材　Ⅳ．①TH16

中国版本图书馆 CIP 数据核字（2017）第 311399 号

出版发行 / 北京理工大学出版社有限责任公司
社　　址 / 北京市海淀区中关村南大街 5 号
邮　　编 / 100081
电　　话 / （010）68914775（总编室）
　　　　　　（010）82562903（教材售后服务热线）
　　　　　　（010）68948351（其他图书服务热线）
网　　址 / http://www.bitpress.com.cn
经　　销 / 全国各地新华书店
印　　刷 / 三河市华骏印务包装有限公司
开　　本 / 787 毫米×1092 毫米　1/16
印　　张 / 20
字　　数 / 478 千字
版　　次 / 2018 年 1 月第 1 版　2018 年 1 月第 1 次印刷
定　　价 / 66.00 元

责任编辑 / 杜春英
文案编辑 / 杜春英
责任校对 / 周瑞红
责任印制 / 王美丽

前言

制造是最基本的工业生产方式，而精密制造则是其核心技术，涉及众多的学科领域。进入 21 世纪，精密制造能力成为全球科技、经济、国防和社会进步的核心竞争力，发展日新月异。2015 年我国发布了《中国制造 2025》规划，发展制造技术已列为国家的强国战略。

长期以来，围绕机械工程及自动化的专业教育，形成了成套的关于制造技术的工学教材体系。制造的目的是以现代工业生产的模式获得具有几何形状精度和性能质量要求的零件和机器，因而制造专业教育也是按照这一目的编写成包含各种知识要点的教材。本书从本科生、硕士生、博士生培养过程专业知识学习的特点出发，在分析传统教材体系的基础上，结合最新的科技成果，试图按照贯通式、研究型教育的思路编写教材内容。本书面向本科生阶段专业教育的需要，以零件几何形状与机械物理性能获得为重点，以制造精度、效率、表面质量为切入点，合理整合目前在机械制造工程学、机械制造装备设计、数控技术、测试检测与控制、计算机辅助设计与制造课程中的成形方法、加工原理、误差分析、精度检测、工艺设计、加工装备设计与控制的相关内容，与之相配设置了 9 个专业实验，形成以基本知识、研究型基础实验为特征的精密制造工学基础教材。

全书分为概论、精密制造工艺基础、加工成形的基本方法、机械制造装备及设计、数字化精密制造基础、精密制造装备的运动控制基础 6 章。由北京理工大学制造工程系王西彬、焦黎、周天丰统筹编著，颜培、张发平、卢继平、刘长猛、刘检华、丁晓宇、刘少丽、胡耀光、郝娟、金鑫、周世圆参与编著。其中第 1 章由王西彬、颜培执笔，第 2 章由焦黎、张发平执笔，第 3 章由周天丰执笔，第 4 章由卢继平、刘长猛执笔，第 5 章由刘检华、丁晓宇、刘少丽、胡耀光执笔，第 6 章由郝娟、金鑫、周世圆执笔。全书由焦黎统稿，由孙厚芳教授审校。

本书是应教育教学改革和专业发展需求编著，感谢学校领导和徐特立学院的支持与帮助。对编著者来说，本书主要内容虽然已经在徐特立实验班上讲授三届，但终觉精密制造涉及内容众多、满眼珠玉、取舍难断，错误与遗漏难免，尚有不少需要改进的地方，敬请读者和同行师生不吝指正。

作　者

目 录
CONTENTS

第 1 章
概　　论

1.1　精密制造的内涵、概念和现状

把设计思路由图纸信息通过一系列技术生产活动变为产品零件的过程就是制造。人类的制造历史可以追溯到石器时代。"制造"一词由来已久，南朝梁简文帝的《大法颂》中就提到："垂拱南面，克己岩廊，权舆教义，制造衣裳。"宋代吴曾的《能改斋漫录·记事一》中有："徽宗崇宁四年，岁次乙酉，制造九鼎。"清代王韬的《平贼议》中提到："中国要当设局立厂，如法制造。"工业化的制造始于18世纪中叶，即第一次工业革命时。关于制造的历史作用，毛泽东在《贺新郎·读史》一词中写道："人猿相揖别，只几个石头磨过，小儿时节。铜铁炉中翻火焰，为问何时猜得？不过几千寒热。人世难逢开口笑，上疆场彼此弯弓月。流遍了，郊原血。一篇读罢头飞雪，但记得斑斑点点，几行陈迹。五帝三皇神圣事，骗了无涯过客，有多少风流人物？盗跖庄蹻流誉后，更陈王奋起挥黄钺。歌未竟，东方白。"可见制造对于人类发展、社会进步、战争与和平的重大推动作用。

制造业是指对制造资源（物料、能源、设备、工具、资金、技术、信息和人力等），按照市场要求，通过制造过程，转化为可供人们使用和利用的大型工具、工业品与生活消费品的行业。制造业是现代社会国民经济的主体，是立国之本、兴国之器、强国之基。工业化发达国家大约1/4的人口从事制造业，70%～80%的物质财富来自制造业。

根据在生产中使用的物质形态，制造业可划分为离散制造业和流程制造业。制造业包括产品设计、原料采购、制造、仓储运输、订单处理、批发经营和零售环节。在主要从事产品制造的企业（单位）中，还包括为产品销售而进行的机械与设备的组装与安装活动。制造业一般有消费品制造业、轻工业品制造业和重工业品制造业，民用产品制造业、军工产品制造业以及传统制造业、现代制造业之分。社会的发展与进步，永远离不开制造业，特别是机械制造业。它为国民经济各部门提供生产装备与技术，是社会财富和生活资料的来源，更是国防现代化的基础与保障。

自2010年，我国制造业的总值超过美国成为世界制造第一大国，占全球的19.8%。但与世界先进技术相比，我国制造业仍然大而不强，在自主创新能力、资源利用率、质量效益，特别是在精密制造关键技术等方面还有较大的差距。

精密制造的对象是机器、部件和零件。零件是加工获得的最基本的结构单元。零件是由工程材料制成的，具有一定的几何形状，在机器中要完成确定的功能。因此，零件的设计和加工制造要求达到一定的几何精度和性能指标。历史上制造的最初目的是加工出一定几何形状的生产工具，那时候具有一定的形状就会具备一定的功能，如形状锋锐的刀具、连续稳定

滚动的圆形车轮等。

精密制造技术主要包括精密制造工艺、精密制造装备以及制造过程的控制与检测。一方面，对于企业，精密制造是保障产品质量的核心制造技术，是产品经济效益的倍增器；另一方面，精密制造技术是现代社会高科技产业和科学技术的发展基础，是现代高技术战争的重要支撑技术。随着航空航天、高精密仪器仪表、惯性制导平台、光学和激光、新能源动力、武器装备等技术的迅速发展和多领域的广泛应用，对各种高精度复杂结构、光学零件、高精度曲面的加工和装备需求日益迫切。

在现今的科学技术条件下，超精密加工的尺寸精度、形状精度在 10 nm～1 μm，表面粗糙度小于 10 nm，机床定位精度的分辨率和重复性高于 0.1 μm，微细加工正在向纳米级尺度发展。按照加工特征尺度的范围，精密加工可分为宏观、介观和微纳观三个区域，如图 1－1 所示。各个区域采用的技术方法和加工理论各不相同。

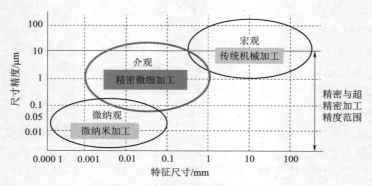

图 1－1　精密加工特征尺度

1.2　机械零件几何形状及其表面的精密制造

1.2.1　几何形状的精密制造

机械产品是由若干符合加工质量要求的机械零件组成的，而制造的目的就是通过加工获得一定几何形状的零件。要想把材料或毛坯制造成具有一定形状、尺寸和精度的零件，需要了解零件的几何成形方法，选择合适的机床、刀具和夹具，设计合理的工艺路线，采用正确的装夹方法。

零件的几何形状都是由一些基本表面构成的，包括平面、圆柱面、圆锥面、球面以及各种复杂成形表面，如螺纹表面、渐开线齿面和自由曲面等。通过加工制造获得的这些表面就是工程表面，这些表面不同于解析几何中纯粹的欧几里得表面，它们具有尺寸大小分布、形状偏差、各种形式的材料微观结构和不确定的几何特征，因为现实工程中不存在没有直径的点、线和没有厚度的面。

在机器上加工的零件，其几何形状是通过理想的点、线、面要素的运动形成的，如车削圆柱表面是由车床上车刀刀尖的直线运动和工件的回转运动合成的。不同的加工运动，不同的切削刃形状，形成几何形线的方式不同，零件表面的成形方法也不同。几何表面的成形方法可归纳为轨迹法、成形法、相切法、展成法和约束生长法 5 种，其中前 4 种如图 1 - 2 所示。

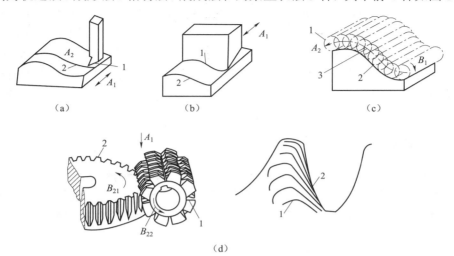

图 1 - 2 几何表面的成形方法

（a）轨迹法；（b）成形法；（c）相切法；（d）展成法

1—刀具；2—工件；3—刀具中心轨迹

轨迹法：利用刀具做一定规律的轨迹运动对工件进行加工的方法。切削刃与被加工表面为点接触，发生线为接触点的轨迹线。

成形法：利用成形刀具对工件进行加工的方法。切削刃的形状和长度与所需形成的发生线完全吻合，工件做回转运动形成导线，最终也获得回转曲面。

相切法：利用刀具边旋转边做轨迹运动对工件进行加工的方法。切削刃做回转运动，同时刀具轴线沿着发生线的等距线做轨迹运动，切削点运动轨迹的包络线就是所需的发生线。为了用相切法得到发生线，需要两个成形运动，即刀具的旋转运动和刀具中心按一定规律的运动。

展成法：利用刀具和工件做展成切削运动进行加工的方法。加工时，刀具与工件按确定的运动关系做相对运动，切削刃与被加工表面相切，切削刃各瞬时位置的包络线就是所需的发生线。

约束生长法：其一是近十年发展起来的三维成形方法，或增材制造方法，即将设计的三维几何体模型，通过切片表达为二维点线面，控制打印点按照二维点线面运动逐层增长为最终的零部件，这种方法可以制造各种内外不同结构的复杂零部件；其二是应用生物工程方法在约束支架上或遮掩图形控制下的生物生长方法，可以制造特殊的结构体。

工业生产中获得零件加工表面的主要机械工艺方法有：切削、磨削、研磨、抛光、滚压和精密塑性成形等。按达到的精度等级，把工艺过程分为粗加工、半精加工、精加工和超精密加工。在工艺过程中，影响精度的主要因素有制造基础装备的精度水平及其变化，加工过程的力、温度和界面电磁响应，等等。

除机械工艺方法外，生产中应用较广泛的工艺方法还有电火花加工、电解加工、激光束加工和离子束加工。不同的方法各有特点，适合于不同材料和形状结构的加工需求。

这些精密制造加工方法由于造型原理本身的误差、加工变形和相互位置关系的变化，实际加工成形的几何形状、尺寸位置和表面结构产生各种尺度范围的几何误差和机械物理性能的变化。精密制造工艺的目标之一就是控制这个误差，使之处于设计规定的范围之内。目前较为先进的制造装备是数控机床及其数字化加工工艺。而数字化的原理是基于笛卡儿坐标和欧氏几何原理，即认为几何体上的任何一点可以由一组三维数据表达，而这组数据必然在空间几何体上有一个确定的位置，因此按照设计的几何坐标就可以加工出任意的几何结构零件。1938 年麻省理工学院的香龙提出数控点概念，1952 年帕森斯与麻省理工学院合作研制出第一台数控加工机床，被认为是现代工业社会划时代的重大事件。现今的数字化加工设备体系完整、种类众多，在社会生产中发挥着生产母机的重大基础与不可替代的作用。

1.2.2 加工表面质量

精密制造的另一个目标是获得稳定的质量及其可靠性，而精密加工的表面质量是零件、部件和整部机器质量的基础，主要包括加工表面层的几何特性和机械物理性能，即表面粗糙度、表面波度，加工表面层塑性变形引起的表面加工硬化，加工温度引起的表面层显微组织结构变化及表面层残余应力。

零件的失效破坏一般是从表面层开始的，因而产品的性能尤其是可靠性、耐磨性等，很大程度上取决于其主要零件的加工表面质量，特别是表面裂纹引起的疲劳断裂，是严重影响国防装备发展的主要因素之一。目前我国工业高端装备的许多关键基础件仍然依赖进口，其主要原因是国内的加工质量不高也不稳定。例如在所有的机械故障中，齿轮失效占 60%，而疲劳断齿故障占所有齿轮失效的 32.8%；又如火箭弹/地对空导弹的复杂曲面的端面产生裂纹，影响内腔变壁厚过渡区的性能，导致导引头失效。

研究表明，在交变载荷作用下，零件表面的波纹、划痕和微观裂纹等缺陷容易引起应力集中而产生扩展疲劳裂纹，导致零件疲劳损坏；若加工纹理方向和相对运动方向垂直，疲劳强度明显降低；表面残余压应力能部分抵消外力产生的拉应力，起到阻碍疲劳裂纹扩展和新裂纹产生的作用，能提高零件的疲劳强度；若表面层有残余拉应力，且与外力施加的拉应力方向一致，会助长疲劳裂纹的扩展，从而使疲劳强度降低；而表面冷作硬化有助于提高零件的疲劳强度，这是因为硬化层能阻止已有裂纹的扩大和新疲劳裂纹的产生。因此，减小表面粗糙度，控制加工纹理和残余应力，可提高疲劳强度。

加工表面质量还会影响零部件的配合性质。形成间隙配合时，若表面粗糙度过大，将引起配合件初期磨损量增大，使配合间隙变大，导致配合性质变化，从而使运动不稳定或使气压、液压系统的泄漏量增大；形成过盈配合时，若表面粗糙度过大，则实际过盈量将减小，降低连接强度，影响配合的可靠性。

1.2.3 国际制造工艺的研究现状

德国弗劳恩霍夫研究所（Fraunhofer-Gesellschaft）是欧洲最大的应用科学研究机构，其 6 个研究领域中的"Production and Supply of Services"主要面向先进制造技术，长期致力于先进制造技术及工艺过程，重点是加工效率、精度与表面质量的研究。德国卡尔斯鲁厄理工大学（KIT）制造技术研究所（WBK）在高速加工与抗疲劳制造方面有较为深入的研究。

美国用近二十年的时间研究解决关键零部件抗疲劳制造的关键技术，围绕加工表面完整性对零件抗疲劳性能的影响规律，控制加工、装配残余应力的工艺方法，形成了质量工艺和形性耦合制造的理论方法。美国国家标准学会（ANSI）综合大量研究成果，形成表面完整性的第一部标准："American National Standard on Surface Integrity"（ANSI B211.1, 1986）。

国际生产工程学会（CIRP）2011 年设立一个新机构——表面完整性分会（SI），SI 技术成为近五年全球的新热点，装备质量与竞争的制高点。CIRP SI 会议已连续召开两届（2012 年德国、2014 年英国），第三届在美国夏洛特召开。欧洲提出零件加工表面完整性参数标准体系，如表 1-1 所示。关于表面完整性的加工质量指标要求已体现在各类零件的设计图纸中。

表 1-1　加工表面完整性参数标准体系

Minimum SI data set	Standard SI data set	Extended SI data set
Surface finish Macrostructure (10×or less) 　Macrocracks 　Macrocrack indications Microstructure 　Microcracks 　Plastic deformation 　Phase transformation 　Intergranular attack 　Pits, tears, laps, protrusions 　Built-up edge 　Melted and re-deposited layers 　Selective etching Microhardness	Minimum SI data set Fatigue test (screening) Stress corrosion test Residual stress and distortion	Standard SI data set Fatigue test (extended to obtain design data) Additional mechanical tests Tensile Stress rapture Creep Other specific tests (e.g., bearing performance, sliding friction evaluation, sealing properties of surface)

1.3　精密/超精密加工技术及其支撑环境

精密/超精密加工的技术门类较多，适用于不同产品、材料的加工要求，涉及制造工艺、数控机床结构设计、工装夹具设计、切削原理与刀具、机械系统控制、检测与监控、生产过程规划与管理等多门学科。精密/超精密加工技术和对应的加工对象与特点如图 1-3 所示。生产中常用的是以精密切削、磨削为代表的减材加工技术，近十年以 3D 打印为代表的增材制造技术得到迅速发展，部分已应用于产品的快速研制。基于各种能场的增减材复合加工技术是未来发展的方向。

超精密加工必须在达到一定要求和具备特殊性能的场地、设备、环境等条件下进行，才能获得稳定满意的精度和表面质量，通常称这些条件为超精密加工的支撑环境，主要包括温度、湿度、光照、静电、粉尘、气流、振动和设备等环境要求。总体归为超净室的物理环境和超精设备环境。工业化的超精密加工，如惯导陀螺、光学陀螺、伺服液压元件、精密运动机构的超精密研磨抛光，微细结构的准 LIGA 加工，微火工品的加工，现场加工零件多、生热多、切除总量多、产生粉尘多、设备多、安全隐患多。因此，一般要求支撑环境满足以下条件：

（1）使环境温度、湿度对设备和加工质量的影响控制到最小。

要获得 0.01 μm 尺寸精度，需控温精度达到 0.01 ℃以内。湿度将会影响加工表面的洁净度。

（2）使超静室达到一定指标以减少灰尘对表面粗糙度的影响。

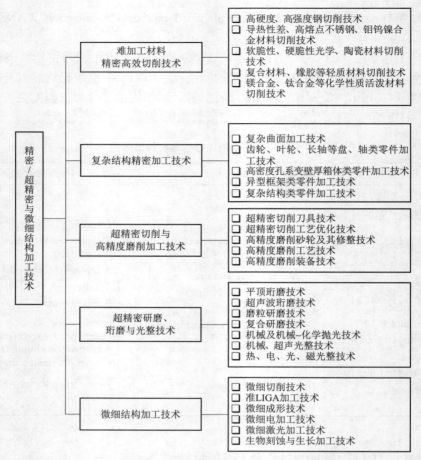

图1-3 精密/超精密加工技术体系

超精密研磨时，研磨剂颗粒小至100 Å[①]，是灰尘颗粒的几十分之一至几百分之一。因此要通过控制洁净度，减少粉尘对加工过程和加工表面质量的不良作用。用于工业化生产的超净室的技术关键是对加工过程和设备的控制问题，如机床用防尘罩隔离，通入洁净空气。

（3）采取有效的防振减振措施。

振动对加工表面的几何精度、纹理有至关重要的影响。这种振动包括来自机床自身的振动和来自外界（包括地基传来）的振动。对于机床本身的振动，通过布局设计、结构优化、运动部件的运动精度和动态稳定性设计、减振材料和减振环节及精密制造来解决。对于外界传来的振动，特别是低频振动，采用隔振气垫（空气弹簧隔振），能有效隔离高于 2 Hz 的低频振动，隔振效率达 80%～90%。

1.4 课程目标与内容安排

"精密制造工学基础"课程是机械工程专业按照本科、硕士、博士三阶段知识教育贯通设

---

① 1 Å=10^{-10} m。

计的思路，在本科阶段设置的专业核心基础课。目标是，通过对制造核心内涵和方法的学习，建立关于零件精度、几何形状制造、材料去除加工原理、制造基础装备、加工误差、检测与控制方法、工艺设计、生产规划的基础知识体系。该课程的设置以先期学习的机械设计、公差与配合、工程材料等基础课程中的精度、误差、材料性能等知识为基础，以获得零件几何形状与机械物理性能为重点，以制造精度、效率、表面质量为切入点，围绕先进制造的内涵和发展趋势，重点强调本专业的专门基础知识的系统化，突出基础实验和学术性内容。课程的贯通设计如图 1－4 所示。

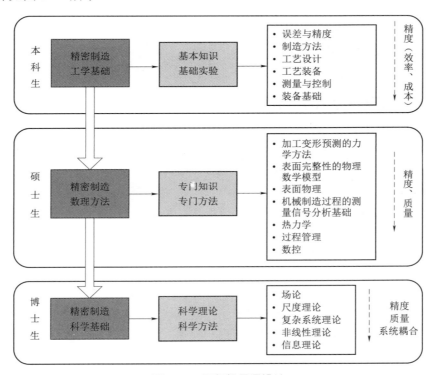

图 1－4　课程的贯通设计

　　本科阶段的课程内容主要包括精密制造工艺基础、加工成形的基本方法、机械制造装备及设计、数字化精密制造基础、精密制造装备运动控制基础。围绕课程内容，结合所进行的科学研究，开设加工精度统计分析、切削力与切削温度分析、电火花成形加工、精密加工、增材制造、基于激光干涉仪的机床精度测量与分析、零件受力变形的有限元仿真分析、典型零件数控加工程序设计、典型产品的虚拟装配、数控编程与插补原理、DSP 电机控制综合实验等 10 个课程实验，以增强学生的实践认识和专业实验能力。

第 2 章
精密制造工艺基础

2.1　加工质量的概念

2.1.1　机械加工精度和表面质量的概念

零件的加工质量是保证机械产品质量的基础，包含两部分内容：一部分是零件宏观方面的几何参数，即加工精度；另一部分是零件微观几何方面和物理－机械方面的参数，即表面质量。

1. 加工精度与加工误差

加工精度是指零件经加工后的尺寸、几何形状以及各表面相互位置等参数的实际值与理想值相符合的程度，而它们之间的偏离程度则为加工误差。两者的概念是相关联的，即精度越高，误差越小；反之，精度越低，误差就越大。

零件的几何参数包括尺寸、几何形状和相互位置三个方面，故加工精度包括尺寸精度、几何形状精度和相互位置精度。

尺寸精度：限制加工表面与其基准间尺寸误差不超过一定的范围。

几何形状精度：限制加工表面宏观几何形状误差，如圆度、圆柱度、平面度和直线度等的公差值。

相互位置精度：限制加工表面与其基准间的相互位置误差，如平行度、垂直度、同轴度和位置度等。

2. 加工表面质量

任何机械加工所得的表面，不可能是理想的光滑表面，总是存在一定的微观几何形状偏差。机械加工表面质量是指机械加工后零件表面层的几何结构，以及受加工影响表面层金属与基体金属性质产生变化的情况，即加工后零件表面的粗糙程度和表面层物理－机械性能（指表面硬度和残余应力等）的变化。

1）表面的几何形状（或表面形貌）

加工后的表面形貌描述零件外表层的三维几何形状，即它的起伏不平状态与理想的光滑表面有偏差。其偏差可分为宏观表面几何形状误差和微观表面几何形状误差（即粗糙度），介于两者之间的为波度。这种表面起伏不平的状态，一般以波距 S 和波高 H 的比值加以区分。若 $S/H > 1\,000$，为几何形状误差；若 $S/H = 50 \sim 1\,000$，则称为表面波度；若 $S/H < 50$，则称为表面粗糙度。一般宏观几何形状属于加工精度研究的范围；波度是由工艺系统的振动形成的；而表面粗糙度是完成切削运动后刀刃在被加工表面上形成的峰谷不平的痕迹。

表面粗糙度在不同截面（二维）内是有区别的，如图 2-1 所示。纵向表面粗糙度是在切削过程的主运动方向上形成的，而横向表面粗糙度是在横向进给运动中形成的。一般车削表面粗糙度根据后者来评定其粗糙度等级。

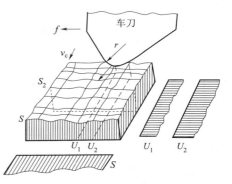

图 2-1　纵向和横向的表面粗糙度

2）表面层的物理-机械性能

表面层的材料在加工时会产生物理、机械以及化学性质的变化。图 2-2（a）所示为加工表面层沿深度的变化。最外层是吸附层，主要有氧化膜或其他化合物，并吸收、渗进了气体粒子。中间层为压缩层，是加工过程中由切削力造成的表面塑性变形区，厚度在几十至几百微米内，随加工方法的不同而变化。压缩层的上部为纤维层，是由被加工材料与刀具间的摩擦力造成的。另外，切削热也会使表面层产生各种变化，如淬火、回火同样使材料产生相变以及晶粒大小的变化等。所以表面层的物理-机械性能不同于基体，它主要包括以下几个方面。

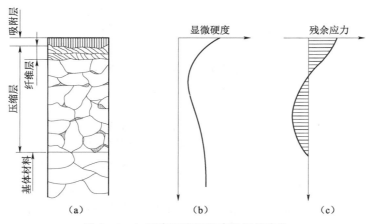

图 2-2　加工表面层沿深度的性能变化

（1）表面层表面冷作硬化。

工件在机械加工过程中，表面层金属产生强烈的塑性变形，使表面层的强度和硬度提高，这种现象称为表面冷作硬化，如图 2-2（b）所示，常用冷硬层深度 h_y 或硬化程度 N 来衡量，即

$$N = \frac{H - H_0}{H_0} \times 100\% \qquad (2-1)$$

式中，H 为加工后表面层的显微硬度；H_0 为原材料的显微硬度。

（2）表面层内残余应力。

在切削或磨削加工过程中，由于切削变形和切削热的影响，加工表面层会产生残余应力，其大小、方向及分布情况如图 2-2（c）所示。残余应力状态（拉应力或压应力）和大小对零件的使用性能有很大影响。

（3）表面层金相组织的变化。

在加工过程中，在切削热作用下所发生的不同程度的金相组织变化，主要包括组织结构、晶粒大小形状、析出物和再结晶等的变化。磨削过程中的烧伤大大降低了表面层的物理－机械性能。

（4）表面层内其他物理－机械性能的变化。

这种变化包括极限强度、疲劳强度、导热性和磁性等的变化。

2.1.2　加工精度的获得方法

1. 机械加工的经济精度

在机械加工过程中，影响加工精度的因素有很多，同一种加工方法，随着加工条件的改变，其所能达到的加工精度也是不同的。通常所说的机械加工经济精度，是指在正常加工条件下，使用符合质量标准的设备、工艺装备和标准技术等级的工人，不延长加工时间所能保证的加工精度。任何一种加工方法，只要精心操作，细心调整，并选用合适的切削用量进行加工，都能使加工精度得到一定的提高，但随之加工成本也会提高，生产率会降低。加工方法中的加工误差与加工成本之间的关系如图 2-3 所示，可以看出加工误差与加工成本成反比关系。用同一种加工方法，要获得较高的精度，即较小的加工误差，则成本就要提高；反之亦然。当加工误差减小到趋于极限时，则成本将大幅上升；而当加工误差大幅度增大趋于极限时，则成本降低至很少。一种加工方法的加工经济精度不是一个确定值，而是一个范围，在这个范围内都可以说是经济的。如图 2-3 中曲线 AB 段即该加工方法的经济精度范围。

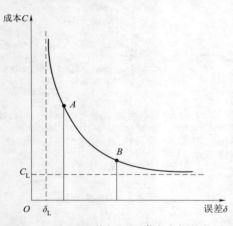

图 2-3　加工误差与加工成本之间的关系

加工方法的经济精度并不是固定不变的，随着科学技术的发展，设备、工艺装备及检测技术的不断改进，数字化技术的应用以及生产的科学管理水平的不断提高等，各种加工方法的加工经济精度等级范围也将不断提高。

2. 加工误差与误差敏感方向

加工误差是指加工后零件的实际几何参数（尺寸、形状和表面间的相互位置）与理想几何参数的偏离程度。从保证产品的使用性能分析，没有必要把每个零件都加工得绝对精确，允许有一定的加工误差。

切削加工过程中，由于各种原始误差的影响，刀具和工件间的正确几何关系遭到破坏，从而引起加工误差。通常，各种原始误差的大小和方向是不相同的，而加工误差则必须在工序尺寸方向度量，因此，不同的原始误差对加工精度有不同的影响。当原始误差的方向与工序尺寸方向一致时，其对加工精度的影响较大。下面以外圆车削为例进行说明。

如图 2-4 所示，车削时工件的回转轴心是 O，刀尖正确位置在 A 处，设某一瞬时由于各种原始误差的影响，刀尖移到 A' 处。$\overline{AA'}$ 即原始误差 δ，它与 $\overline{OA}$ 间的夹角为 ϕ，由此引起工件加工后的半径由 $R_0 = \overline{OA}$ 变为 $R = \overline{OA'}$，故半径上（即工序尺寸方向上）的加工误差 ΔR 为

$$\Delta R = \overline{OA'} - \overline{OA} = \sqrt{R_0^2 + \delta^2 + 2R_0\delta\cos\phi} - R_0 \approx \delta\cos\phi + \frac{\delta^2}{2R_0} \qquad (2-2)$$

可以看出，当原始误差的方向恰为加工表面法线方向时（$\phi = 0°$），引起的加工误差 $\Delta R_{\phi=0°} = \delta$ 为最大$\left(\text{忽略} \dfrac{\delta^2}{2R_0} \text{项}\right)$；当原始误差的方向恰为加工表面的切线方向时（$\phi=90°$），

引起的加工误差 $\Delta R_{\phi=90°} = \dfrac{\delta^2}{2R_0}$ 为最小，通常可

以忽略。为便于分析原始误差对加工精度的影响，我们把对加工精度影响最大的那个方向（即通过刀刃的加工表面的法向）称为误差的敏感方向。

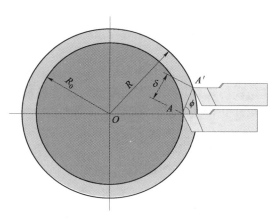

图 2-4　误差的敏感方向

3. 基准的概念与分类

基准是指用来确定生产对象上几何要素之间的几何关系所依据的那些点、线或面。任何零件都是由若干个表面组成的，它们之间有一定的相互位置和距离尺寸的要求，即位置尺寸与公差。机械产品从设计、制造到出厂经常会遇到基准问题，如设计时零件尺寸的标注、制造时工件的定位、检验时尺寸的测量以及装配时零部件的装配位置等都要用到基准的概念。

从设计和工艺两个方面，可以把基准分为两大类，即设计基准和工艺基准。工艺基准又可以分为工序基准、定位基准、测量基准和装配基准，具体如图 2-5 所示。

1）设计基准

设计图样上所采用的基准，即设计规定表面位置的依据，就是设计基准。设计基准可以是点，也可以是线或者面。具体来说，设计者在设计零件时，根据零件在装配结构中的装配关系以及零件本身结构要素之间的相互位置关系，确定标注尺寸（或角度）的起始位置。这些尺寸（或角度）的起始位置称作设计基准。在图 2-6 所示的阶梯轴中，端面和中心线就是设计基准。

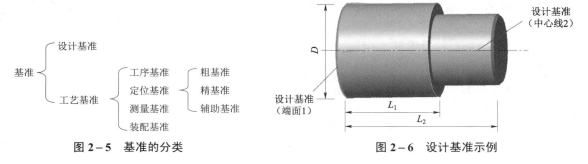

图 2-5　基准的分类　　　　　　　图 2-6　设计基准示例

对于整个零件来说，有很多位置尺寸和位置关系的要求，但是在各个方向上通常有一个设计基准作为主要设计基准。

2）工艺基准

零件在加工、测量和装配过程中所采用的基准称为工艺基准。按用途又可分为工序基准、定位基准、测量基准和装配基准。

（1）工序基准。

在工序图上用来确定本工序所加工表面加工后的尺寸、形状和位置的基准，称为工序基准。在图2－7所示的零件加工工序图中，底面、后面和中心线就是加工槽时采用的工序基准。工序基准和工序尺寸一般与设计基准和设计尺寸相同，某些情况下不相同。

（2）定位基准。

在加工时，使工件在机床或夹具上占有正确位置所采用的基准，称为定位基准。定位基准是获得零件尺寸的直接基准，占有很重要的地位。定位基准还可进一步分为粗基准、精基准和辅助基准。在图2－8所示的虎钳定位装夹工件中，底面和右侧面为定位基准，用于确定工件在夹具上的位置。

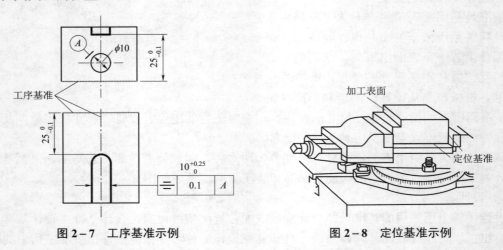

图2－7　工序基准示例　　　　图2－8　定位基准示例

① 粗基准。以未经机械加工的毛坯表面作为定位基准，称为粗基准。机械加工工艺规程中，第一道机械加工工序所采用的定位基准都是粗基准。

② 精基准。以经过机械加工的表面作为定位基准，称为精基准。

③ 辅助基准。为使工件安装方便而特意作出的，或者工件上原有的某个表面特意提高其精度而作为定位基准，称为辅助基准。它只在工艺过程中起作用，而在产品结构中往往没有什么作用。例如，轴类零件常用顶尖孔定位，顶尖孔就是专为机械加工工艺而设计的辅助基准。

（3）测量基准。

在加工过程中或加工后的检验中，用来确定被测量零件在量具上位置的表面，即测量工件的形状、位置和尺寸误差所采用的基准，称为测量基准。在图2－9所示测量工件深度的示例中，台阶面为测量加工表面位置尺寸时采用的测量基准。

（4）装配基准。

在装配时用来确定零件或部件在机器上位置的表面，称为装配基准。在图2－10所示的齿轮与轴部件装配图中，齿轮与挡圈的轴向间隙的装配基准为齿轮的端面。

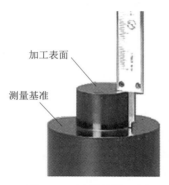

图 2 - 9　测量基准示例

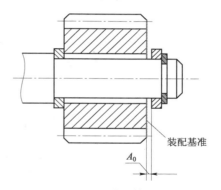

图 2 - 10　装配基准示例

2.1.3　表面质量对零件使用性能的影响

1. 对零件耐磨性的影响

1）表面粗糙度的影响

两接触表面相互滑动时，由于表面粗糙度的存在，实际接触面积比理论接触面积小得多，单位接触面积上的压力很大。因此，轮廓上的凸峰磨损很快，这种磨损其实质就是磨损过程中的初期磨损。表面越粗糙，磨损量越大。另一方面，如果摩擦表面过于光滑，则表面间分子引力增加，易挤破润滑膜而形成干摩擦，使摩擦系数和磨损量都增大。因此，就耐磨性而言，粗糙度值过大、过小都不利，在一定工作条件下，摩擦副表面的粗糙度总存在一个最佳值，由实验得出，其值为 $Ra\,0.32\sim1.25\,\mu m$。

2）表面层加工硬化的影响

表面层的加工硬化一般能使耐磨性提高 50%～100%，但过度的加工硬化会使金属组织疏松，甚至出现裂纹、剥落，反而使耐磨性下降。所以，只有适度的加工硬化才对耐磨性有利。

3）金相组织变化的影响

金相组织的变化使工件硬度改变（大多是下降），金相组织的比容变化可以引起残余应力，从而影响耐磨性和疲劳强度。

2. 对疲劳强度的影响

粗糙的表面存在许多凹谷，在交变载荷作用下凹谷处应力集中，容易形成裂纹并不断扩展，导致零件突然脆性断裂。因此，表面缺陷和交变应力中的拉应力大小是影响疲劳强度的主要因素。表面粗糙度值越小，疲劳强度越高。表面层加工硬化对疲劳强度的影响也很大，表面层强度、硬度的提高使微观裂纹的形成和扩展受阻，提高了疲劳强度。但加工硬化过量反而会造成裂纹，使疲劳强度降低，故加工硬化的程度及其深度应控制在一定范围内。表层中存在压应力时，能部分抵消交变载荷中的拉应力，减少裂纹产生的趋势，对提高疲劳强度有利；反之，表层中存在拉应力时，疲劳强度降低。

3. 对配合性质的影响

零件的配合关系是用过盈量或间隙值表示的，表面粗糙度值的存在使实际上的有效过盈量或有效间隙值发生改变，从而影响配合性质。对于间隙配合，粗糙的表面使初期磨损量大，增大了间隙值；对于过盈配合，在装配时配合表面的凸峰被压平，减小了实际过盈量，降低了连接强度。因此，在零件设计时，应保证零件的表面粗糙度与其尺寸公差、配合的对应关系。

4. 对耐腐蚀性的影响

表面粗糙度值越大，其凹谷处越容易积聚腐蚀性介质，且腐蚀性介质的渗透性强，因此减小表面粗糙度值可提高零件的耐腐蚀性。零件表层存在压应力时，其组织较致密，腐蚀介质不易渗透，可增强耐腐蚀性；而存在拉应力时，耐腐蚀性有所降低。

2.2 加工误差的规律及产生因素

2.2.1 加工误差的影响因素及分类

为研究工艺过程中如何保证并提高零件的加工精度，必须观察和分析加工误差产生的原因。加工精度的获得取决于工件和刀具在切削运动过程中的相互位置关系，而工件和刀具又安装在夹具和机床上，并受到夹具和机床的约束，因此，在机械加工时机床、夹具、刀具和工件就构成一个完整的系统，称为工艺系统，如图2-11所示。

图2-11 工艺系统示例

加工精度问题涉及整个工艺系统的精度问题。工艺系统中的种种误差，在各种不同的具体条件下，以不同程度反映为加工误差。工艺系统的误差是"因"，加工误差是"果"，因此把工艺系统的误差称为原始误差。

在切削过程中，首先工具与工件间需经调整得到准确的相互位置，然后由机床实现必要的切削运动（主轴转动，工件或刀具实现进给）。因此，工件与工具进行相对运动时造成几何轨迹误差的因素都能导致工件加工误差的产生。另一方面，刀具对工件进行切削时的切削变形所产生的物理现象（主要是切削力、切削热和刀具磨损）也会显著影响加工误差。工件加工后进行测量时的误差等也影响加工精度。根据切削过程的物理本质和工作阶段，可将造成加工误差的工艺系统误差（原始误差）分成三方面，如图2-12所示。

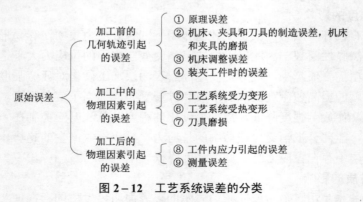

图2-12 工艺系统误差的分类

在零件的加工过程中，上述诸因素在不同程度上影响零件的加工精度，造成零件的加工误差。对先后进行加工的零件来说，由于其中许多因素的影响是变化的，即使在完全相同的条件下加工出来的各零件，同一部位的尺寸也可能不相同。因此又将加工误差分成单个零件的加工误差和一批零件的加工误差。前者是指与设计规定的数值的差异；后者是指一批零件尺寸、形状的分散范围（指相互差别大小）。

根据在连续加工一批零件的过程中造成误差的因素出现有无规律性，可将原始误差所造成的加工误差分成两类：一类称为系统误差，另一类称为随机性误差。

系统误差：一批零件加工时数值大小保持不变的误差，可称为不变的系统误差或常值误差；一批零件加工时按加工次序作有规律变化的误差，可称为变化的系统误差或变值误差。例如，利用直径比规定尺寸小 0.02 mm 的钻头加工时，加工后的孔都比尺寸要求小 0.02 mm，此项误差为不变的系统误差；又如，孔底与顶面间距离 c 将随钻头的磨损而不断减小，其变化有一定规律，而对每个零件来说，产生的误差数值并不相同，故为变值误差。

随机误差：一批零件加工时，误差是由无规律变化的偶然因素引起的，事先不能预料其大小和变化规律。例如，加工零件所用毛坯余量的不一致、材料物理性质不均匀而引起的切削力变化所造成的加工误差均为随机误差。

同一原始误差，有时会引起系统误差，有时则产生随机误差。例如在一批零件的加工中，机床调整产生系统误差，但如经过几次调整才加工成这批零件，则调整误差就无明显的规律，而成为随机误差；另外一批零件，如由数台机床或数把刀具加工而成的情况也是如此。

2.2.2　工艺系统的几何误差（加工前）——造成切削运动几何轨迹误差的因素

1. 加工原理误差

加工原理误差是指采用近似表面形成运动方案的近似方法或近似的刀具在原理上产生的误差。

在某些情况下（经常是复杂表面加工），按原理上准确的加工方法制造零件，将使设备的结构或刀具的外形复杂，造成生产的困难。用近似的加工方法不但可以简化机床或刀具的结构，而且能提高生产率，使加工过程更经济。如果近似方法原理上误差较小（一般应小于 10%～15%工件的公差值），则可用来代替理论上准确的加工方法，在某些情况下，其总的加工误差可能比理论上准确的方法更小。

例如，齿轮的齿形一般用滚切法加工，如图 2－13（a）所示。用滚刀加工齿轮所得到的齿形轮廓曲线并非理论上的光滑渐开线，而是滚刀有限切削刃所形成的折线，如图 2－13（b）所示。用模数铣刀加工齿轮时，如果所用刀具的齿形原设计的齿数与工件的齿数不相符，也会产生方法误差。用梳状圆柱形螺纹铣刀加工螺纹时，铣刀轴线与工件轴线平行，则刀齿切出的螺纹齿形就变窄（由于铣刀齿形按螺纹齿形设计，铣切时在径向面两边会有多切现象）。原理误差可以通过几何作图或分析计算确定。

2. 机床、夹具和刀具的误差

机床、夹具和刀具本身与其他机械加工的产品一样，只能按一定的精度制造出来，并在使用过程中有磨损（刀具磨损是造成加工误差的一个显著因素，故作为另一个因素来讨论），致使原有的精度逐渐降低。由于机床、夹具和刀具本身的误差会影响切削运动的几何轨迹，因而就影响由它们所加工的零件的精度。

图 2-13　滚齿的方法误差
（a）滚齿加工；（b）齿形包络线和原理误差

1）机床误差

机床误差是指机床静态误差（在没有切削负荷下的误差），它取决于机床本身零部件的制造和装配质量。机床本身的误差项目有很多，以下着重分析有较大影响的主轴轴系误差、导轨误差和传动链误差。

（1）主轴轴系误差。

机床主轴是决定工件和刀具位置并传递主要切削运动的重要零件。机床主轴在工作时，应使回转轴线在空间的位置固定不变，但主轴部件在制造、装配、使用过程中的各种误差（如轴颈的圆度、轴颈之间的同轴度和轴承之间的同轴度等）会使主轴产生回转误差并可分解成三种基本形式，如图 2-14 所示。

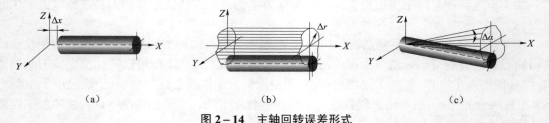

图 2-14　主轴回转误差形式
（a）轴向窜动；（b）径向跳动；（c）角向摆动

车削中主轴具有径向跳动时，会使工件产生圆度误差，因此一般精密车床的主轴径向跳动误差应控制在 5 μm 以内。主轴有轴向窜动，则会使车出的端面与外圆柱面不垂直，如图 2-15 所示。如果主轴回转一周，来回窜动一次，则加工出的端面近似为螺旋面，端面对轴心线的垂直度误差随切削直径的减小而增大，其关系式为

$$\tan\theta = \frac{A}{R} \qquad\qquad (2-3)$$

式中，A 为主轴轴向窜动的幅值；R 为工件切削端面的半径；θ 为端面切削后的不垂直度偏角。

加工螺纹时，主轴的轴向窜动将使螺距产生周期误差。精密车床的轴向窜动规定为 2～3 μm，甚至更严。

车外圆时，如果车床主轴存在角向摆动，则得到的工件形状将呈锥体，而不是圆柱体。外圆磨削加工中，前后顶尖都是不转的，这就可避免头架主轴回转误差对加工精度的影响。

实际上，主轴工作时的回转误差是上述三种基本误差的合成，故不同横截面内轴心误差运动轨迹既不相同，又不相似，既影响所加工工件圆柱面的形状精度，又影响端面的形状精度。

主轴回转误差产生的原因主要是：主轴的制造误差（锥孔或定心外圆与支承轴颈有同轴度误差、定心轴肩支承面与支承轴颈有垂直度误差）、轴承的误差、轴承间隙、与轴承配合零件的误差及主轴系统的径向不等刚度和热变形等。主轴转速对主轴回转误差也有一定的影响。

为提高主轴的回转精度，可提高主轴部件的制造精度；采用高精度的滚动轴承或高精度的多油楔动压轴承和静压轴承，或对滚动轴承进行预紧，以消除间隙；提高箱体支承孔、主轴轴颈和与轴承相配合零件有关表面的加工

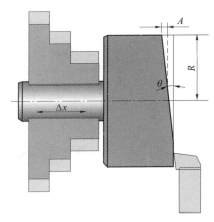

图 2-15　主轴轴向窜动引起的误差

精度；使主轴的回转误差不反映到工件上去，如在外圆磨削加工中，前后顶尖都是不转的，这就可避免头架主轴回转误差对加工精度的影响。

（2）导轨误差。

床身导轨决定机床各主要部件相对位置和运动的精度，它直接影响加工表面的几何精度和位置精度。在机床的精度标准中，直线导轨的导向精度一般包括下列主要内容：

a. 导轨在水平面内的直线度 ΔY（弯曲），如图 2-16 所示。

b. 导轨在垂直面内的直线度 ΔZ（弯曲），如图 2-17 所示。

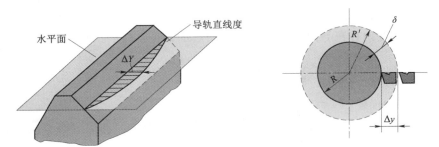

图 2-16　导轨在水平面内的直线度引起的误差

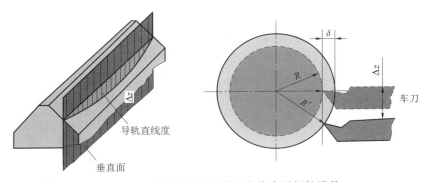

图 2-17　导轨在垂直面内的直线度引起的误差

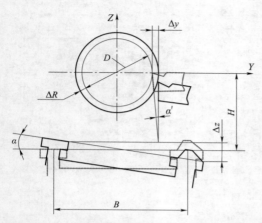

图 2－18　车床导轨扭曲引起车刀位置的改变

c. 前后导轨的扭曲，如图 2－18 所示。

d. 导轨对主轴回转轴线的平行度（或垂直度）。

导轨导向误差对不同的加工方法和加工对象，将会产生不同的加工误差。在分析导轨导向误差对加工精度的影响时，主要应考虑导轨误差引起的刀具与工件在误差敏感方向的相对位移。导轨误差中对加工误差影响较大的是导轨在水平面内的直线度误差、导轨的扭曲误差（即扭曲度），以及导轨与主轴间的位置误差。

① 导轨在水平面内的直线度误差。

普通车床导轨在水平面内的平直度是影响形状误差的主要因素，是造成工件误差的敏感方向。

例如在车床上车削圆柱面时，误差的敏感方向在水平方向。如果床身导轨在水平面内的直线度误差为 Δy，在加工工件半径为 R 时（见图 2－16），由 ΔY 引起的加工半径误差 ΔR_y 和加工表面圆柱度误差 $\Delta R_{\max}$ 分别为

$$\Delta R_y = \Delta y \tag{2－4}$$

$$\Delta R_{\max} = \Delta y_{\max} - \Delta y_{\min} \tag{2－5}$$

式中，$\Delta y_{\max}$ 和 $\Delta y_{\min}$ 分别为工件全长范围内，刀尖与工件在水平面内相对位移的最大值和最小值。

② 导轨在垂直面内的直线度误差。

在车床上车削圆柱面时，垂直方向不是误差的敏感方向，对外圆柱表面的形状精度影响不大。例如在垂直面内存在导向误差 Δz，由 Δz 引起的加工半径误差 ΔR_z 为

$$\Delta R_z = (\Delta z)^2 / (2R) \tag{2－6}$$

式中，ΔR_z 为 Δz 的二次方误差，数值很小，可以忽略。

③ 导轨的扭曲误差。

车床前后导轨扭曲误差对加工误差的影响如图 2－18 所示，所引起的工件半径变化量 ΔR 可近似按下式计算（图 2－18 中 $\alpha \approx \alpha'$）：

$$\Delta R \approx \Delta y = H\tan\alpha = \frac{H}{B}\Delta z \tag{2－7}$$

式中，H 为车床中心高；B 为导轨宽度；α 为导轨倾斜角；Δz 为前后导轨的扭曲量。

一般车床 $H/B \approx 2/3$，外圆磨床 $H \approx B$，因此导轨扭曲量 Δz 对加工形状误差的影响不可忽视。因为 Δz 沿工件纵向不同位置处的值不同，这样就会产生工件的圆柱度误差。

车床导轨与主轴回转轴线在水平面内不平行是使工件产生锥度的主要原因，在垂直面内的平行度误差会使加工表面呈旋转双曲面。（由于在误差非敏感方向，实际产生的工件误差极小。）

④ 导轨进给运动误差。

在普通镗床上镗孔时，如果工作台进给，由于镗刀的回转中心线与导轨方向不平行，则镗出的孔呈椭圆形。图 2－19 表示两者的夹角为 α，则椭圆长短轴之比为

$$a/b = \cos\alpha \qquad\qquad (2-8)$$

当 α 很小时，则误差不显著（如 $\alpha = -30'$，$a/b = \cos\alpha = 0.999\,96$），生产中也有应用此原理加工椭圆形孔的。

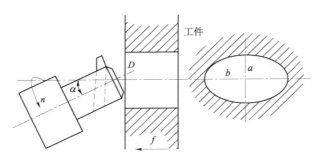

图 2-19　镗床镗出椭圆孔

如果以镗刀杆为进给方式进行镗孔，则导轨与镗刀回转轴线不平行时，会引起所镗出的孔与其基准的相互位置误差，而不会产生孔的形状误差。

端铣时，主轴回转轴线与进给运动方向不垂直，会使加工表面下凹。实际生产中，为了防止"扫刀"（防止不参加切削的刀刃划伤已加工好的表面），常将主轴向进给方向倾斜一个微小的角度（见图 2-20），其倾斜量一般不超过 0.05 mm/300 m（相当于 30"）。因主轴倾斜引起的下凹量计算式为

$$\Delta = R\left[1 - \sqrt{1 - \left(\frac{B}{2R}\right)^2}\,\right]\tan\alpha \qquad\qquad (2-9)$$

机床安装基础不良产生的导轨误差，往往远大于制造误差，如某些重型龙门刨床基础不良，由自重引起基础下沉而造成的导轨严重弯曲变形达 2～3 mm。因此，机床在安装时应有良好的基础，并严格进行测量和校正，而且在使用期间还应定期复校和调整。

导轨磨损是造成导轨误差的另一个重要原因。由于使用程度不同及受力不等，机床使用一段时期后，导轨沿全长上各段的磨损量不等，并且在同一横截面上各导轨面的磨损量也不相等。导轨磨损会引起溜板在水平面和垂直面内发生位移，且有倾斜，从而产生刀刃位置误差，这可根据具体条件进行计算。

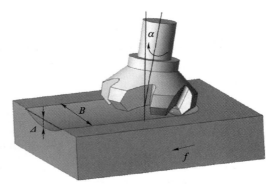

图 2-20　端铣时因主轴倾斜产生加工误差

（3）传动链误差。

传动链误差是指传动链始末两端传动元件间相对运动的误差，在螺纹及齿廓加工中（如滚齿、插齿），它是影响加工精度的主要因素。例如在车床上加工螺纹，要求主轴与传动丝杠的转速之比恒定，即

$$\frac{P}{t} = \frac{z_1}{z_2} \cdot \frac{z_3}{z_4} \cdot \frac{z_5}{z_6} = \frac{n_6}{n_1} \qquad (2-10)$$

式中，P 为工件螺距；t 为车床传动丝杠螺距；n_1 为主轴转速；n_6 为传动丝杠转速。

当传动链中的传动元件，如换向齿轮、交换齿轮有制造、装配和磨损等误差时，就会破坏正确的运动关系，使工件螺距产生误差。

一般传动齿轮、蜗轮和蜗杆等的转角误差主要是由几何偏心和运动偏心造成的，它是各传动元件转角的周期函数，可用正弦函数来表示，即

$$\Delta\varphi_i = A_i \sin(\omega_i t + \alpha_i) \qquad (2-11)$$

式中，$\Delta\varphi_i$ 为第 i 个传动元件的转角误差；A_i 为第 i 个传动元件转角误差的幅值；ω_i 为第 i 个传动元件的角速度；α_i 为第 i 个传动元件转角误差的初相位。

第 i 个传动元件的转角误差传递到末端元件（即第 n 个元件），引起末端元件的转角误差为

$$\Delta\varphi_{in} = \Delta\varphi_i \frac{\omega_n}{\omega_i} = \Delta\varphi_i K_i = K_i A_i \sin(\omega_i t + \alpha_i) \qquad (2-12)$$

式中，$K_i = \omega_n / \omega_i = 1/i_{in}$，为第 i 个传动元件转角误差传递系数。K_i 越小，对传动链精度的影响也越小。

整个传动链的总转角误差是各传动元件所引起末端元件转角误差的叠加，即

$$\begin{aligned}\sum \Delta\varphi_{in} &= \sum_{i=1}^{n} K_i A_i \sin(\omega_i t + \alpha_i) \\ &= \sum_{i=1}^{n} K_i A_i \sin\left(\frac{\omega_n}{K_i} t + \alpha_i\right)\end{aligned} \qquad (2-13)$$

可见，传动链的传动误差是其末端元件转角频率 ω_n 的一个复杂周期函数，其中包括各种频率误差成分，并可用误差频谱图来表示传动链的误差，根据频率的大小判断每种误差分量来自传动链中哪一个传动元件，从而找出影响传动误差的主要环节。

为减小传动链产生的误差，在设计机床传动链时，应尽量减少传动元件，即尽可能缩短传动链；减小各传动元件装配时的几何偏心，提高装配精度；合理规定各传动元件的制造精度。

2）夹具误差

夹具对工件加工误差的影响因素主要有以下三个方面：

① 定位元件、刀具导引件、分度机构和夹具体等的制造误差。

② 夹具装配后，以上各种元件工作面间的相对位置误差。

③ 夹具在使用过程中工作表面的磨损。

夹具误差将直接影响加工表面的位置精度或尺寸精度。例如，各定位支承板或支承钉的等高性误差将直接影响加工表面的位置精度；各钻模套间的尺寸误差和平行度（或垂直度）误差将直接影响所加工孔系的尺寸精度和位置精度；镗模导向套的形状误差直接影响所加工孔的形状精度等。

夹具误差引起的加工误差在设计夹具时可以进行分析计算，一般来说，夹具误差对加工表面的位置误差影响最大。在设计夹具时，凡影响工件精度的尺寸应严格控制其制造公差，可取工件上相应尺寸或位置公差的 1/2～1/5。

3）刀具制造误差

工件加工表面的形成方法常用的有：成形法、轨迹法、相切法和展成法。不同的加工方法采用的刀具不同，刀具误差对加工误差的影响根据刀具的种类不同而异。以下两种情况对工件加工精度的影响起主要作用：

① 采用定尺寸刀具（如钻头、铰刀、镗刀、拉刀和键槽铣刀等）加工时，刀具的尺寸直接决定工件的某些尺寸，这对加工精度有直接影响。

② 采用成形刀具（如成形车刀、模数铣刀等）加工时，刀具的形状直接决定工件被加工表面的形状，因此对加工精度也有直接影响。

此外，有些刀具同时有定尺寸和成形两方面的性质，如阶梯铰刀和成形孔拉刀等，为保证工件精度，必须合理控制这些刀具的制造误差。

对于一般刀具（如车刀、铣刀和镗刀等），其制造精度对加工精度无直接影响，但刀具的几何形状不准确将影响磨损及刀具耐用度，并会影响加工表面的质量等。

3. 机床调整误差

机械加工各工序中，应进行工艺系统的调整，例如在卧式镗床上镗箱体孔时，要进行夹具在工作台上的安置调整，镗床主轴的高度调整，后支承与主轴的同轴度调整，工作台纵向、横向位置的调整和进给行程的调整，以及镗刀刃在镗杆上伸出长度的调整等。上述调整应分静态的初调和试切工件后的精调两步进行，引起调整误差的因素主要有以下几种。

（1）测量产生的误差。

为保证刀具、夹具等调整精确，首先必须保证测量精确，而任何测量方法和精密量具都有测量误差。

（2）进给机构的位移误差。

这主要是指进给机构中各传动元件的误差和各传动环节间的间隙引起的位移误差。

（3）定程装置的重复定位精度。

在调整好的机床上连续加工一批工件时，定程装置的重复定位精度决定了每次加工中工件与刀具的相对位置精度。它的精度与挡块的结构形式、挡块与触头间的压力大小、挡块的位置和刚度等有关。机动进刀挡块与触头相压时，必须及时脱开进刀传动链，控制脱开传动链的离合器、限位开关或控制阀等的灵敏度，对重复定位的精度有很大影响。

（4）测量有限试件造成的误差。

由于切削过程中各种随机性误差的影响，一次调整加工出来的一批工件尺寸会在某一范围内变动。调整开始时，一般以试切加工的几个工件的平均尺寸作为判断调整是否准确的依据。试切加工的工件数（抽样件数）不可能太多，因此不能把整个加工中的随机误差和系统变值误差完全反映出来，故试切加工几个工件的平均尺寸与总体平均尺寸不符合，从而造成误差。

在正常情况下，可认为在一次机床调整中加工出来的一批工件，调整误差对每一工件的尺寸精度的影响程度是不变的。但由于刀具磨损后的小调整或更换刀具后的重新调整，不可能使每次调整所得的位置绝对相同，因此对全部加工工件来说，调整误差属于随机误差，有一定的分布范围。调整误差的大小只能用统计法确定。

对于在一次调整下加工出来的工件，可画出其尺寸分布曲线，每次机床调整改变时，分布曲线中心将发生位置偏移。机床的调整误差可理解为分布曲线中心的最大可能偏移量，如

图 2-21 所示。加工过程不产生废品的条件为

$$T \geqslant \Delta_p + \Delta_H \tag{2-14}$$

式中，T 为零件的公差；Δ_p 为尺寸分布范围；Δ_H 为调整误差，或定尺寸刀具的制造误差。

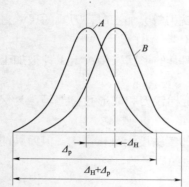

图 2-21 多次调整时分布曲线的偏移

为了减小调整误差，除了在调整时应仔细安装和调整刀具或夹具外，还可应用统计法所提供的理论来调整机床。刀具的位置经正确的调整后，在加工过程中由于刀具磨损作用，工件的尺寸逐渐移出公差范围而需要进行重新调整。为了使每次调整前加工的工件数目尽可能多，开始加工的工件尺寸应接近工作量规的不过端（对外表面来说是公差的下限）。在单件小批生产时，为了避免产生不可修复的废品，将尺寸调整在接近工作量规过端的一边。

4. 工件装夹时的误差

工件的装夹误差是指工件装夹到夹具内时，由定位和夹紧过程所引起的误差，它主要影响工件加工表面的位置精度。产生装夹误差的原因是，工件用作定位表面有形状和尺寸误差，夹紧时工件有变形等。另外，基准不重合也会造成很大误差。装夹误差一般是随机误差。

2.2.3 加工过程中物理因素引起的加工误差

2.2.3.1 工艺系统受力变形产生的加工误差

刀具对工件进行切削时产生的切削力，会使工件、刀具、机床以及夹具产生弹性变形（使刀尖与被加工表面间产生相对位置的改变），因此会造成加工误差。加工过程中工艺系统除受切削力作用外，还受重力、离心力和夹紧力等的作用而产生变形，一般情况下由切削力造成的变形是主要的。

1. 切削力引起的加工误差

工艺系统中除工件和刀具外，夹具和机床都是用各种零件按不同连接方式组合起来的，这一系统受力后的变形是复杂的，其中既有弹性变形，也有塑性变形，还受配合零件的间隙和摩擦等的影响。

切削力引起的变形如何造成加工误差，可以从镗孔的实例进行分析（见图 2-22）。如果毛坯的加工余量不均匀，则镗出的孔不圆；如果毛坯孔有偏心，则镗出的孔亦有偏心。设点 1 处最大切深为 a_{p1}，在点 2 处最小切深为 a_{p2}，则毛坯余量的不均匀误差 Δ_0 为

$$\Delta_0 = a_{p1} - a_{p2} \tag{2-15}$$

余量不均匀，将造成切削力的变化。纵向走刀车削碳钢毛坯时，切削力计算公式为 $F_z = C_{a_p} a_p f^{0.75}$，切削力与切削深度成正比。在这一条件下，工艺系统在径向切削力 F_y 方向的变形对工件加工精度的影响最大，这是误差的敏感

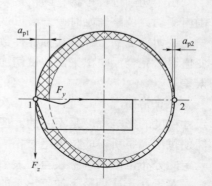

图 2-22 毛坯余量不均匀引起的误差

方向，故一般只讨论 y 方向的变形问题。具体哪一个方向的变形对加工精度有较大影响，亦需根据各种加工方法的具体情况进行分析。本例中 F_y 的计算式为

$$F_y = \lambda F_z = \lambda C_{a_p} a_p f^{0.75} = C a_p \tag{2-16}$$

式中，λ 为 F_y 与 F_z 的比例系数；a_p 为切削深度；C_{a_p} 为与工件材料和刀具等切削条件有关的系数；C 为径向切削力系数。

F_y 所造成的工艺系统的径向变形，其大小与工艺系统抵抗外力的能力有关。这种抵抗外力的能力称为工艺系统的"刚度"。

弹性变形与外力（即径向切削力）及刚度的关系式为

$$y = F_y / K \tag{2-17}$$

式中，y 为刀刃对工件加工表面的相对位移，mm；F_y 为垂直于工件加工表面的作用力，即径向力，N；K 为工艺系统刚度，N/mm。

上述加工中，在某确定的截面处工艺系统的刚度是一常数，故加工 1、2 点时变形并不相等，其差值为工件的加工误差 Δ（毛坯有偏心，工件亦有偏心），并有

$$\Delta = y_1 - y_2 = \frac{F_{y1}}{K} - \frac{F_{y2}}{K} = \frac{C}{K}[(a_{p1} - y_1) - (a_{p2} - y_2)] = \frac{C}{K}(\Delta_0 - \Delta) \tag{2-18}$$

或

$$\varepsilon = \frac{\Delta}{\Delta_0} = \frac{C}{K + C} \tag{2-19}$$

式中，ε 为误差复映系数，即 ε 说明毛坯误差在工件误差方面的复映程度。

由以上分析可知，当毛坯有误差时，切削力的变化会引起工艺系统产生与余量变化相对应的弹性变形，因此加工后工件必定有误差。同时，还可进一步推知，毛坯的误差将复映到从毛坯到成品的机械加工过程中，而每次走刀后工件的误差将逐渐减小，即 ε 值小于 1，这个规律是毛坯误差的复映规律。

误差的复映规律表明，当毛坯有形状误差或相互位置误差时，加工后工件仍会有同类的加工误差。成批或大量生产中用自动达到法加工一批工件时，如毛坯尺寸不同，则加工后这批工件的尺寸仍有不同。

误差复映系数与径向切削力系数成正比，与工艺系统刚度成反比。为了减小复映误差，可增大工艺系统刚度，减小毛坯误差，即增加工序、工步或走刀次数也是减小复映误差的有效措施，这就是为什么在生产中常采用粗、细、精加工等一系列工序和工步才能达到高精度要求。设 ε_1，ε_2，ε_3…分别为第一、第二、第三……次走刀时的复映系数，即

$$\begin{aligned} \Delta_1 &= \Delta_0 \varepsilon_1 \\ \Delta_2 &= \Delta_1 \varepsilon_2 = \Delta_0 \varepsilon_1 \varepsilon_2 \\ \Delta_3 &= \Delta_2 \varepsilon_3 = \Delta_0 \varepsilon_1 \varepsilon_2 \varepsilon_3 \\ &\vdots \end{aligned} \tag{2-20}$$

切削力的作用使刀具相对工件产生一定的"让刀"，这是加工中的普遍现象。例如车外圆、铣平面时，如果不使刀具先离开加工表面再退刀，就会划伤已加工的表面；磨削时砂轮回程虽然不进刀，但砂轮仍可在工件上磨出火花；刨削加工时回程有抬刀过程，等等。这些都是

由工艺系统产生变形造成的，而变形的大小与切削力大小成正比。

2. 工艺系统刚度引起的加工误差

由机床、工件、刀具和夹具四个环节组成的工艺系统，受到切削力、夹紧力和离心力的影响会产生变形，以下分别说明这些环节受力后的变形规律。

1）机床刚度对加工精度的影响

不同的机床，其刚度对加工精度的影响是不同的。下面以车床车削外圆为例进行分析（见图2-23），此时假定工件和刀具的刚度很大，不产生变形。

车刀在切削工件的不同部位时，切削力对机床有关部件施加的载荷大小不相同。当车刀切削工件的最右端时（见图2-23（b）），切削力集中作用于机床的尾座上，此时机床尾座的弹性变形量最大，同时刀架也产生一定的变形量，二者使刀具对于工件产生一个最大的位移值。当车刀切削到工件的左端时（见图2-23（d）），切削力集中作用于车床的主轴箱上，使它产生最大变形。由此可见，沿工件长度方向刀具相对于工件的位移量是不相同的，所以就会造成轴的尺寸和形状误差。

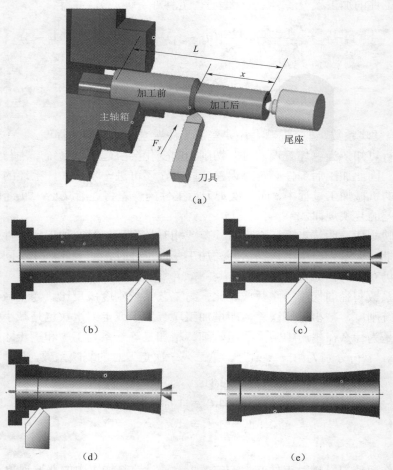

图 2-23　车削光轴工件的加工变形

（a）车削加工图；（b）车削工件右端；（c）车削工件中间；（d）车削工件左端；（e）车削后工件形状

已知车床各部件的刚度值，则刀具位于工件长度上任一位置时机床刚度值可以按以下方法分析计算。

刀架的变形：

$$y_d = \frac{F_y}{K_d} \tag{2-21}$$

主轴箱的变形：

$$y_z = \frac{x}{L} \cdot \frac{F_y}{K_z} \tag{2-22}$$

尾座的变形：

$$y_w = \frac{L-x}{L} \cdot \frac{F_y}{K_w} \tag{2-23}$$

式中，K_d、K_z 和 K_w 分别为刀架、主轴箱和尾座的刚度。

研究机床刚度时分析的机床变形量，是指机床使刀尖与被加工表面间位置的改变量。因此，上述主轴箱和尾座的变形量应折算成刀具切削平面内的变形量，此变形量再与刀架的变形量相加，则为机床总的变形量，即

$$y_j = y_d + \frac{x}{L} y_z + \frac{L-x}{L} y_w \tag{2-24}$$

$$y_j = \frac{F_y}{K_d} + \left(\frac{x}{L}\right)^2 \frac{F_y}{K_z} + \left(\frac{L-x}{L}\right)^2 \frac{F_y}{K_w} \tag{2-25}$$

由于机床变形与刚度的关系为

$$y_j = \frac{F_y}{K} \tag{2-26}$$

因此

$$\frac{1}{K} = \frac{1}{K_d} + \left(\frac{x}{L}\right)^2 \frac{1}{K_z} + \left(\frac{L-x}{L}\right)^2 \frac{1}{K_w} \tag{2-27}$$

由此可见，车床的刚度沿轴的长度是变化的，加工所得工件母线呈抛物线，而工件形状就成为中间部分缩减的旋转抛物体，如图 2-23（e）所示。

磨削光轴外圆时，机床刚度值变化与车床相似。工艺系统刚度随受力点位置变化而不同的例子较多，如立式车床、龙门刨床、龙门铣床的横梁及刀架，其刚度随刀架位置不同而异，也可采用类似方法分析。

2）工件刚度对加工精度的影响

工件刚度对加工精度的影响需根据情况进行具体分析。例如在车床上用顶尖加工长轴时，工件因受切削力作用而会发生弯曲，变形大小可近似地用自由支承的简支梁的弯曲公式来计算，即

$$y_g = \frac{F_y L^3}{3EI}\left(\frac{x}{L}\right)^2\left(\frac{L-x}{L}\right)^2 = \frac{F_y}{3EI} \cdot \frac{x^2(L-x)^2}{L} \tag{2-28}$$

由于

$$y_g = \frac{F_y}{K_g} \qquad (2-29)$$

因此

$$\frac{1}{K_g} = \frac{1}{3EI} \frac{x^2(L-x)^2}{L} \qquad (2-30)$$

式中，E 为工件材料的弹性模数；I 为工件截面的惯性矩。

由以上诸式可以看出，$x=0$ 或 $x=L$ 时，$y_g=0$；$x=L/2$ 时，工件刚度最小，变形最大，此时的最大变形为

$$y_{gmax} = \frac{F_y L^3}{48EI} \qquad (2-31)$$

即当车刀切到工件中间位置时其挠度最大，轴产生变形最大，所以切下金属层厚度最小；而在轴两端处挠度最小，切下的金属层的厚度最大，如图 2-24（a）所示。由于在加工后工件的轴线仍恢复为直线，故所得工件外形将呈腰鼓形（中间直径大，两端直径小），如图 2-24（b）所示。

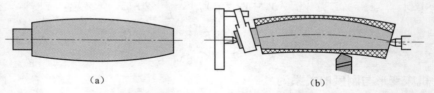

图 2-24　车削细长轴工件的加工变形
（a）车削时工件弯曲；（b）车削后工件形状

对细长轴来说，自重会引起下垂变形。例如外径为 80 mm、长为 4.8 m 的丝杠，其重力为 750 N，在中点的下垂量接近 4 mm，所以加工时也会产生几何形状误差。因此，在加工细长轴时必须采用中心架或跟刀架。轴太长时，常需多个中心架和跟刀架配合使用。

上述是对机床刚度和工件刚度对加工精度影响的分析计算。在实际生产中，两者是同时产生影响的，故总变形量为

$$y_x = y_j + y_g = F_y \left[\frac{1}{K_d} + \left(\frac{x}{L}\right)^2 \frac{1}{K_z} + \left(\frac{L-x}{L}\right)^2 \frac{1}{K_w} + \frac{x^2(L-x)^2}{3EIL} \right] \qquad (2-32)$$

$$\frac{1}{K_x} = \frac{1}{K_d} + \left(\frac{x}{L}\right)^2 \frac{1}{K_z} + \left(\frac{L-x}{L}\right)^2 \frac{1}{K_w} + \frac{x^2(L-x)^2}{3EIL} \qquad (2-33)$$

对薄壁工件来说，因夹紧而产生的弹性变形也应予以注意。例如，车床的三爪卡盘装夹薄壁套筒时，套筒在夹紧后发生弹性变形，如图 2-25（a）所示。套筒内孔经镗孔后呈图 2-25（b）所示的形状。从卡盘卸下工件后，套筒恢复成原来的外形，而内孔则变成图 2-25（c）所示的形状。此时孔的形状误差 $R_{max} - R_{min}$ 可用公式计算（$\approx 0.030FR^3/(EI)$）。

又如，在电磁工作台上磨翘曲的薄片工件，当电磁工作台吸紧工件时，工件产生不均匀

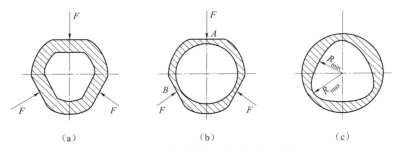

图 2-25 薄壁套筒工件的夹紧变形

(a) 装夹变形；(b) 镗孔后形状；(c) 工件卸下后形状

的弹性变形，加工后取下工件时，由于弹性恢复，已磨平的表面又变成翘曲。为避免因工件刚度不足产生变形，可在电磁工作台与工件间垫入一层薄橡皮或纸片，就可减小吸紧工件时弹性变形的不均匀程度，从而磨得较平的平面，如图 2-26 所示。

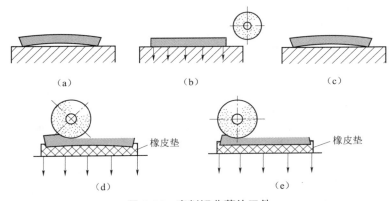

图 2-26 磨削翘曲薄片工件

(a) 翘曲薄片工件；(b) 电磁吸盘夹紧工件；(c) 磨削后工件弹性恢复；(d) 磨削工件上表面（夹紧时采用橡皮垫）；
(e) 磨削工件下表面（夹紧时采用橡皮垫）

3）刀具刚度对加工精度的影响

多数情况下刀具的刚度对工件精度无显著影响，例如车刀受主切削力影响在切线方向变形引起的加工误差就很小，通常可不予考虑。但在某些情况下刀具的变形也有显著影响，例如镗小直径孔时，镗刀杆的刚度对加工精度有较大的影响，如图 2-27 所示；钻小而深的孔时常发生轴线弯曲，等等。

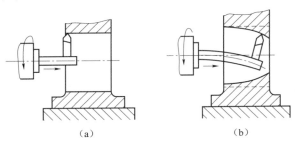

图 2-27 镗孔时工件变形

(a) 刚开始镗孔；(b) 镗刀杆变形

4）夹具刚度对加工精度的影响

这种影响可以单独考虑，也可以与机床一起考虑。

单独分析各个环节受力以后的变形规律，便于找出工艺系统中最薄弱的环节，从而可采取措施提高其刚度。

3. 减小受力变形对加工精度影响的措施

1）提高工艺系统的刚度

（1）采用合理的结构设计。

在设计工艺装备时，应尽量减少连接面的数目，并注意刚度的匹配，防止有局部低刚度环节出现。在设计基础件和支承件时，应合理选择零件结构和截面形状。一般来说，截面积相等时空心截形比实心截形的刚度高，封闭的截形又比开口的截形好。在适当部位增添加强筋也有良好的效果。

（2）提高连接表面的接触刚度。

由于部件的接触刚度大大低于实心零件本身的刚度，所以提高接触刚度是提高工艺系统刚度的关键，也是提高机床刚度最简单、有效的方法。

（3）采用合理的装夹和加工方式。

例如在卧式铣床上铣削角铁形零件，如果按图 2-28（a）所示装夹加工，工件刚度较低，当改用图 2-28（b）所示装夹加工时，则刚度可大大提高。又如加工细长轴时，改正向走刀为反向走刀，使工件从原来的轴向受压变为轴向受拉，也可提高工件的刚度。镗深孔时，镗杆的刚度很低，可采用拉镗形式来提高镗杆的刚度。此外，增加辅助支承也是提高工件刚度的常用方法。

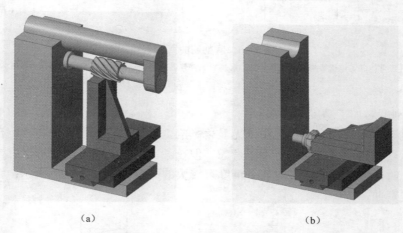

（a）   （b）

图 2-28 改变装夹方式提高刚度

（a）立式装夹；（b）卧式装夹

（4）合理使用机床。

例如尽量减少尾座套筒、刀杆和刀架滑枕等的悬伸长度，减少运动部件的间隙，锁紧加工时无须运动的可动部件等。

2）转移或补偿弹性变形

图 2-29 所示为龙门铣床上用附加梁转移横梁变形的示意图。龙门铣床上的横梁在铣头

重力作用下会产生挠曲变形而影响加工表面的形状精度，如果在横梁上加一附加梁，这时横梁不再承受铣头和配重的重力，于是变形就被转移到不影响加工精度的附加梁上去了。

另一种方法是使横梁先产生一个相反的预变形，以抵消铣头重力引起的挠曲变形。可在横梁上加一辅助梁，两梁间垫有一定高度差的一组垫块，如图 2-30 所示，当两梁用螺栓紧固时，就能使梁产生需要的反变形，铣头工作时就相当于在平直的导轨上运动。各垫块的高度差应根据横梁和辅助梁的变形曲线来确定。

图 2-29　附加梁转移横梁变形

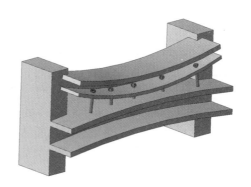

图 2-30　辅助梁使横梁产生相反变形

3）采取适当的工艺措施

合理选择刀具的几何参数（如增大前角 γ_0、主偏角 K_γ 接近 90° 等）和切削用量（适当减小进给量 f 和切深 a_p），以减小切削力（特别是减小 F_y），有利于减小受力变形。将毛坯分组，使机床在一次调整中加工的毛坯余量比较相近，就能减小复映误差。

2.2.3.2　工艺系统受热变形产生的加工误差

在金属切削加工过程中，工艺系统的温度会产生复杂的变化，这是由该系统所受到的切削热、摩擦热以及阳光和供暖设备的辐射热而引起的。工艺系统中机床、夹具、刀具和工件的结构一般比较复杂，所以热的传导和分布也比较复杂。对工件来说，温度升高会引起体积变化，并造成切深和切削力的改变。对工艺系统其他环节来说，温度的变化将导致工艺系统中各元件间正确的相互位置改变，使工件与刀具的相对位置和切削运动产生误差。例如，长的精密丝杠、薄的壳体类零件加工时，温度变形是造成加工误差的重要因素。

1. 工艺系统的热源

1）切削热

切削过程中，切削层金属的弹塑性变形及刀具、工件与切屑间的摩擦所消耗的能量，绝大部分（99.5%左右）转化为切削热，这些热量将传到工件、刀具、切屑和周围介质中去。

2）传动系统的摩擦热和能量损耗

轴承、齿轮副、摩擦离合器、溜板和导轨、丝杠和螺母等运动副的摩擦热以及动力源能量损耗（如电动机、液压系统的发热等）是机床热变形的主要热源。

3）派生热源

部分切削热由切削液和切屑带走，它们落到床身上，再把热量传到床身，就形成派生热源。此外，摩擦热还通过润滑油的循环散布到各处，也是重要的派生热源。派生热源对机床热变形也有很大影响。

4）外部热源

外部热源主要指周围环境温度通过空气的对流以及环境热源（如日光、照明灯具和加热器等）通过辐射传到工艺系统的热量。外部热源的影响有时也是不可忽视的。例如在加工大工件时，通常要昼夜连续加工，由于昼夜温度不同，引起工艺系统的热变形也不一样，从而影响到加工精度。再如照明灯具和加热器等对机床的辐射热往往是局部的，日光对机床的照射不仅是局部的，而且不同时间的辐射热量和照射位置也不同，都会引起机床各部分不同的温升而产生复杂的变形，这在大型精密加工时尤其不能忽视。

2. 工艺系统的温升和温度场概念

工艺系统在各种热源作用下，通过传导、对流和辐射三种热传递方式，热量由高温处传向低温处。同时切削热将分别传给工件、刀具和切屑，并散失到空间中。当工件、刀具或机床的温度达到某一数值时，单位时间内散出的热量便与热源传入的热量趋于相等。这时工件、刀具或机床就处于"热平衡"状态，而热变形也就达到某一程度的稳定。

由于作用于工艺系统各组成部分的热源，其发热量、位置和作用时间各不相同，各部分的热容量、散热条件也不一样，因此各部分的温升不等。即使在同一物体上，处于不同空间位置上的各点在不同时间其温度也是不同的。物体中各点温度的分布称为温度场。当物体未达到热平衡时，各点温度不仅是坐标位置的函数，也是时间的函数。这种温度场称为非稳态温度场。物体达到热平衡后，各点温度将不再随时间而变化，而只是其坐标位置的函数，这种温度场称为稳态温度场。机床在开始工作的一段时间里，其温度场处于不稳定状态，其精度也很不稳定，经过一定时间后，温度场才逐渐趋于稳定，其精度才变得较稳定。

工艺系统中，如刀具（或工件）与周围空间的温差不大，通过对流、辐射而散失的热量可用以下公式粗略进行估算，即

$$Q' = a_s A \Delta T \tag{2-34}$$

式中，Q'为刀具（或工件）的散热量，W；a_s为刀具（或工件）的表面散热系数，W/（m²·℃）；A为刀具（或工件）散热表面的面积，m²；ΔT为刀具（或工件）与周围空间的温差，℃。

实际上，刀具（或工件）各点的温度常常是不同的，故各点与周围空间的温差也就不同。为使问题简化，假定刀具（或工件）是等温体，即各点的温度是均匀的。

由刀具（或工件）传入的热量等于散失的热量时，则

$$F_z v K = a_s A \Delta T \tag{2-35}$$

$$\Delta T = \frac{F_z v K}{a_s A} \tag{2-36}$$

在加工过程中，刀具（或工件）一般不易达到热平衡状态，其温升ΔT可用下式进行粗略估算，即

$$F_z v t K = cm \Delta T \tag{2-37}$$

式中，t为切削时间，s；c为刀具（或工件）的比热容，J/（kg·℃）；m为刀具（或工件）的质量，kg。

因为

$$m = \rho V \tag{2-38}$$

故

$$F_z vtK = c\rho V \Delta T \qquad (2-39)$$

所以

$$\Delta T = \frac{F_z vtK}{c\rho V}(℃) \qquad (2-40)$$

式中，ρ 为刀具（或工件）材料的密度，kg/m^3；V 为刀具（或工件）的体积，m^3。

机床结构复杂，各部分达到热平衡的温升及所花的时间相差较大，难以视为等温体，不能用上述方法进行估算，可采用实验方法取得，也可采用差分法及有限元法进行较为精确的计算。

3. 工件的热变形

在加工过程中，传到工件上的热主要是切削热（或磨削热）。对于精密零件，周围环境温度和局部受到日光等外部热源的辐射热，也往往不容忽视。工件受热后的变形情况取决于工件本身的结构形状、所采用的加工方法以及连续走刀的次数等。工件在切削过程中受热，有均匀和不均匀两种情况。

1）工件均匀受热

一些形状较简单的轴类、套类和盘类零件的内、外圆加工时，切削热比较均匀地传入工件，如不考虑工件升温后的散热，其温度沿工件全长和圆周的分布都是比较均匀的，热变形也较均匀，它只引起工件尺寸的变化，而几何形状不受影响。用宽砂轮磨短轴时可认为接近这种状况。α 是热膨胀系数，单位为 $1/℃$。

工件直径方向的热膨胀：　　　$\Delta D = \alpha \Delta T D$ 　　　　　　　(2-41)
工件长度方向的热伸长：　　　$\Delta L = \alpha \Delta T L$ 　　　　　　　(2-42)

对于铁碳合金，由上式计算可知，每米工件，温度升高 1 ℃产生的热伸长为 0.01 mm。

2）工件不均匀受热

在加工时，工件的温升与传入其间的热量、工件的质量和工件材料的热容量等有关，而传入工件的切削热主要取决于切削用量。由于加工条件的复杂性和多样性，大多数情况是工件不均匀受热，因此要确切计算出工件温度变形的数值是困难的。

图 2-31 所示为用车刀加工实心轴时，热源（刀具与工件接触点）附近的温度分布状态。开始加工时工件处于冷却状态，故温度升高较小。在切削过程中，车刀切削沿螺旋线轨迹与工件表面各点瞬时接触，此时接触点的温度急剧上升。在刀刃前移的过程中，热量呈波浪式传向工件未加工部位和已加工部位，与此同时，工件表面上还有散热现象。当刀具接近工件左端时，由于热量不能向前传播而使该处温度有显著升高，所以工件的形状与尺寸产生误差。

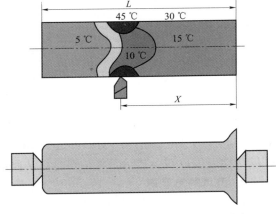

图 2-31　车削时温度对加工精度的影响

铣、刨、磨平面时，除沿进给方向有温差外，更严重的是工件只在单面受切削热作用，上下表面的温差导致工件拱起，中间被多切去，加工完毕冷却后，加工表面就产生了中凹的误差，其值可估算如下。

如图 2-32 所示，磨削长 L、厚 H 的薄板工件，其热变形挠度（或弯曲度）可作如下近似计算。

由于中心角 φ 很小，故中心层的弦长可近似看作原长 L，于是

$$\delta = \frac{1}{2} L \sin \frac{\varphi}{4} \approx \frac{L\varphi}{8} \qquad (2-43)$$

作 $AE /\!/ CD$，BE 可近似等于 L 的伸长量 ΔL，则

$$BE \approx \Delta L = \alpha \Delta T L \qquad (2-44)$$

$$\varphi = \frac{BE}{AB} \approx \frac{\alpha \Delta T L}{H} \qquad (2-45)$$

所以

$$\delta \approx \frac{L\varphi}{8} \approx \frac{\alpha \Delta T L^2}{8H} \qquad (2-46)$$

可以看出，虽然热变形挠度 δ 随 L 的增大而急剧增长，但由于 L、H、α 均为工件上的定量，故欲控制热变形 δ，就必须减小温差 ΔT，即要减少热量的传入。

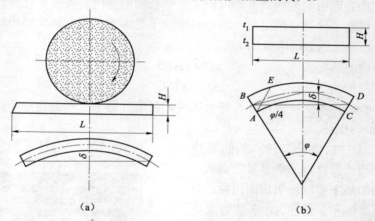

图 2-32　薄板弯曲度的计算

（a）单面受热弯曲；（b）弯曲度的计算

对于大型平板类零件，如高 600 mm、长 2 000 mm 的机床床身的磨削加工，工件顶面与底面的温差为 2.4 ℃时，热变形可达 20 μm（中凸）。因此要使用充足的冷却液，或者提高工件的进给速度以减少传给工件的热量，从而达到减小变形的目的。

4. 刀具的热变形

传给刀具的热主要是切削热，虽然仅占总热量的 3%~5%，但刀具质量小，热容量小，故仍会有很高的温升，例如高速钢车刀的工作表面温度可达 700~800 ℃。刀具受热伸长主要影响工件的尺寸精度，加工大型零件如车削长轴的外圆，也会影响零件的几何形状精度。

车刀受热时的伸长量与切削时间的关系可参考图 2-33 中"连续加工时"的曲线。

热伸长量与时间的关系式为

$$\xi = \xi_{max}\left(1 - e^{-\frac{\tau}{\tau_c}}\right) \qquad (2-47)$$

式中，τ_c 为与刀具质量 m、比热容 c、截面面积 A 及表面换热系数 a_s 有关的、量纲为时间的常数，根据试验 $\tau_c = 3 \sim 6$ min；ξ_{max} 则为达到热平衡后的最大伸长量。

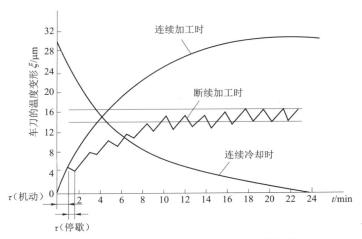

图 2-33　有节奏加工时车刀的温度变化规律

这一曲线说明，在切削的最初阶段伸长最为剧烈，然后变慢，待刀具吸收的热量与放出的热量平衡后，刀具不再伸长而保持其长度。当切削停止后，刀具温度立即下降，开始冷得较快，随后逐渐变慢，随时间变化，刀具缩短的规律如图 2-33 中的曲线所示。"连续冷却时"这一曲线的计算公式为

$$\xi = \xi_{max}e^{-\frac{\tau}{\tau_c}} \qquad (2-48)$$

式中，$\tau > \tau_c$。

在加工一批工件的过程中，刀具是断续工作的。如果刀具按照严格的节奏进行加工，即加工一个工件的切削时间与停歇时间的比例相同，则刀具的伸长和缩短应按照以上的规律变化，一定时间后便达到平衡，此时刀具热变形就成为系统常值误差。一般情况下，刀具的切削时间与停歇时间不同，则热变形就造成随机误差。为减小刀具的热变形误差，必须充分使用冷却液。

5. 机床的热变形

各类机床（包括夹具）的结构和工作条件相差很大，故引起机床热变形的热源和变形特性也是多种多样的。除切削热有一小部分会传入机床外，传动系统和导轨等运动零件产生的摩擦热为机床的主要热源。另外对于液压系统，冷却润滑液等也是机床的热源。

各类机床热变形的一般趋势如图 2-34 所示。图 2-34（a）表示车床的主要热源为床头箱的发热，它会导致箱体及床身在垂直面和水平面内的变形和翘曲，从而造成主轴的位移和倾斜，加工中心机床（自动换刀数控镗铣床）内部有很大的热源，在未采取适当的措施之前，它的热变形相当大，如图 2-34（b）所示；双端面磨床的冷却液喷向床身中部的顶面，使其局部受热而产生中凸的变形，从而使两砂轮的端面产生倾斜，如图 2-34（c）所示。

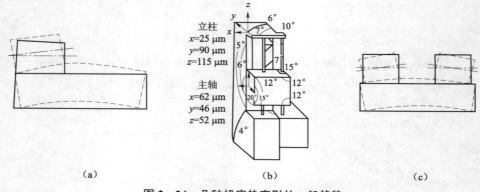

立柱
$x=25\ \mu m$
$y=90\ \mu m$
$z=115\ \mu m$

主轴
$x=62\ \mu m$
$y=46\ \mu m$
$z=52\ \mu m$

(a)　　　　　　　　　(b)　　　　　　　　　(c)

图 2 – 34　几种机床热变形的一般趋势

(a) 车床；(b) 加工中心机床；(c) 双端面磨床

机床热变形与刀具热变形的区别在于，前者进行得比较缓慢，并且机床的部件一般温升不能很高（低于 60 ℃），这是由于它的重力和体积比刀具大得多。

6. 减小工艺系统热变形的主要途径

为了减小热变形对加工精度的影响，可从下列几方面采取措施。

1）减少热源的发热量

为了减小机床的热变形，凡是有可能从主机分离出去的热源，如电动机、变速箱、液压装置的油箱等，尽可能放置在机床外部。对于不能与主机分离的热源，如主轴轴承、丝杠螺母副、高速运动的导轨副等，则可从结构、润滑等方面改善其摩擦特性，以减少发热。例如采用静压轴承、静压导轨，改用低黏度润滑油、锂基润滑脂等。

2）用热补偿方法减小热变形

单纯地减小温升往往不能收到满意的效果，此时可采用热补偿方法使机床的温度场比较均匀，从而使机床仅产生不影响加工精度的均匀热变形。例如平面磨床，如果将液压系统的油池放在床身底部，则使床身上冷下热而使导轨产生中凹的热变形；如果将油池移到机床外部，则又形成上热下冷而使导轨产生中凸的热变形。

3）改善机床结构来减小热变形

从机床结构上考虑有利于热的传导，如将机床轴、轴承和传动齿轮等对称布置。

4）保持工艺系统的热平衡

由热变形规律可知，大的热变形发生在机床开动后的一段时间内，当达到热平衡后，热变形趋于稳定，此后加工精度才有保证。因此，在精加工前可先使机床空运转一段时间（机床预热），等达到或接近热平衡时再开始加工，加工精度就比较稳定。如加工发动机连杆孔的金刚石镗床，每个班次开始时先开机预热半个小时以上，使轴承的发热稳定下来。

对大型精密工件，在开始工作后应不停歇地一次加工完毕，目的是保持在工艺系统的热平衡下工作。还可采用充分的冷却，对容易发热的机床零件采取特殊的冷却措施，例如，大型精密螺纹磨床有将床身与丝杠整个浸于润滑油中使之温度均匀，也有将螺母丝杠进行淋浴冷却的。

5）控制环境温度

对精加工机床应避免阳光直接照射，布置取暖设备也应避免使机床受热不均匀。对精密机床，则应安装在恒温车间中使用。恒温车间的指标有两个：恒温基数（即恒温车间内空气的平均温度）和恒温精度（即平均温度的允许偏差）。

2.2.3.3 刀具磨损造成的加工误差

任何刀具在使用过程中都会产生磨损。刀具的磨损与机床和夹具的磨损不同，因为在连续加工一批工件（或一个工件的加工尺寸很大）的过程中，它是影响工件加工精度的一个显著因素。刀具磨损后会改变工件的加工尺寸，产生几何形状误差，并且会引起切削力、切削热和表面质量等的变化。

切削加工过程中，刃口部分与切屑和已加工表面摩擦产生的磨损，在精加工时主要发生在刀具后刀面，它会使刀刃与加工表面的距离增加而引起加工尺寸的变化。刀具在磨钝前，其磨损量是随切削时间（或刀具在工件上的切削长）按一定的规律变化的（主要是直线关系），因此采用尺寸自动达到法连续加工一批工件的过程中，刀具磨损对加工精度的影响可以看作是有规律的，即工件的尺寸随加工时间的延续有规律地进行变化。

某些用合金钢（铬、钨、锰）制造的刀具，除了磨损以外，刃口部分还有塑性变形而使刀刃变钝，这一现象也会产生沿工件表面法线方向的尺寸变化。

由于刀具前刀面上形成积屑瘤，导致磨损对加工精度的影响复杂化。积屑瘤的顶端可能突出刃口，它在一定程度上可补偿后刀面磨损的影响。在切削过程中积屑瘤时生时灭，它的生长无一定规律，因此使工件的加工尺寸产生不均匀的变动。但与后刀面磨损的影响相比，积屑瘤对加工精度的影响则显得微不足道。

研究刀具磨损对加工精度的影响时，应考虑刀刃在加工表面法线方向的磨损值。图 2－35 中，VB 表示刀具后刀面磨损的棱面高度，U 则为加工表面法线方向的磨损值，称之为尺寸磨损。尺寸磨损主要与刀具后刀面的磨损有关，一般关系为

$$U = VB \tan \alpha_0 \tag{2-49}$$

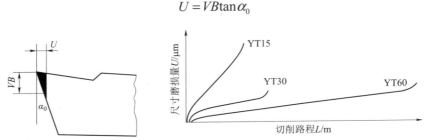

图 2－35 刀具磨损及其规律

一般刀具耐用度是以刀具两次刃磨间的工作时间来表示的。耐用度越大，则刀刃在工件表面切削所经历的路程越长。因此应研究刀具磨钝前的尺寸磨损值 U 与切削路程之间的关系，这样的关系只能通过实验求得。图 2－36 所示为刀具磨损的一般规律，刀具尺寸磨损过程可分为三个阶段：初期磨损、正常磨损和急剧磨损。在急剧磨损阶段，刀具已不能正常工作，因此，在达到急剧磨损阶段前就必须重新刃磨。在正常磨损阶段，尺寸磨损与切削路程接近正比关系，即

$$U = at, \ U = bL, \ U = cA \tag{2-50}$$

式中，a、b 和 c 在工件、刀具和切削用量一定时为常数；t 为切削时间，s；L 为刀具的切削

路程，m；A 为已加工表面面积，m^2。

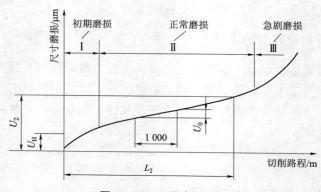

图 2-36　刀具磨损过程

通常尺寸磨损通过切削路程的长度来表示，后者在已知工件的加工尺寸及切削用量时就能确定。例如车削时为

$$L = \frac{\pi d l}{1\,000 f}\,(\text{m}) \tag{2-51}$$

式中，d 和 l 为加工表面的直径与长度，mm；f 为进给量，mm/r。

切削路程也可以用切削速度和加工时间来计算，即

$$L = vt\,(\text{m}) \tag{2-52}$$

式中，v 为切削速度，m/s；t 为切削时间，s。

在初期磨损阶段，刀具磨损较剧烈，这段时间的刀具磨损量称为初期磨损量 U_H；进入正常磨损阶段后，磨损量与切削路程成正比，单位磨损量 U_0 表示每切削 1 000 m 路程刀具的尺寸磨损量，计算公式为

$$U_0 = \tan \alpha = 1\,000 \frac{U_2}{L_2}\,(\mu\text{m}/\text{km}) \tag{2-53}$$

式中，U_2 为正常磨损阶段的磨损量，μm；L_2 为正常磨损阶段的切削路程，m。

在规定的加工条件下，已知 U_0 与 U_H，则经过切削路程 L 后刀具的尺寸磨损量 U 为

$$U = U_H + \frac{U_0 L}{1\,000}\,(\mu\text{m}) \tag{2-54}$$

2.2.4　加工后引起的加工误差

2.2.4.1　工件残余应力引起的变形

残余应力是指没有外力作用而存在于零件内部的应力。残余应力的存在使工件处于不稳定状态，其内部组织本能地会逐渐变化，使残余应力减小而逐渐向稳定状态转化，并伴随有变形发生，从而使原有的加工精度丧失，严重影响工件的精度。

制造零件的各种工艺过程，如铸造、锻造、焊接、热处理、冷冲压，以及切削加工等都会使材料内部产生内应力。产生内应力的原因主要有：

（1）因工件各部分受热不均匀或受热后冷却速度不同而产生的局部热塑性变形。

工件不均匀受热时，各部分温升不一致，高温部分的热膨胀受到低温部分的限制而产生温差应力（高温部分有温差压应力，低温部分是拉应力），温差大则应力也大。材料的屈服极限是随温度升高而降低的，当高温部分的应力超过屈服极限时，产生塑性变形，这时低温部分仍处于弹性变形状态。冷却时，由于高温部分已产生塑性变形，受到低温部分的限制，故冷却后高温部分产生拉应力，低温部分则带有压应力。

工件均匀受热后，因各部分厚度不同，冷却速度和收缩程度也不一致。如图 2-37 的铸件内 A、B 两处壁厚不同，冷却速度便不同。A 处先冷却，则 B 处冷却收缩时会受到阻碍，因此在其中产生拉应力，而在 A 处产生压应力。若这时将上面的连接部分切去，内应力就会重新分布，在 A' 处因压应力的释放而稍有伸长，在 B 处因拉应力释放而稍有缩短，下面连接部分就会产生两端向上的弯曲变形。

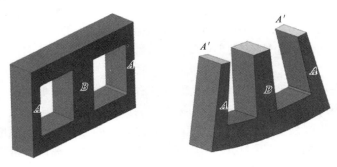

图 2-37　箱形铸件加工上侧壁后内应力引起的变形

（2）工件冷态受力较大而产生局部的塑性变形。

细长轴类零件加工后出现弯曲是常见的现象。图 2-38（a）所示为车削后弯曲的轴，伸长的一边有拉应力，缩短的一边有压应力。遇到这种情况，常用冷校直的方法将弯曲部分校

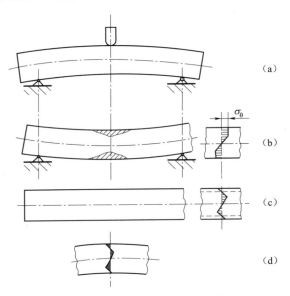

图 2-38　冷校直产生的内应力

直。如图 2-38 (b) 所示，加力 F 的方向应与弯曲的方向相反，即使产生的应力方向与原来的内应力方向相反，此时产生的应力分布如图 2-38 (b) 所示，图中所示应力超过弹性极限而造成一定的塑性变形。

外力去除后，零件在弹性应力的作用下立刻向相反方向变形，此时工件内部形成新的应力分布状态，达到新的应力相对平衡，如图 2-38 (c) 所示。但这种平衡同样是不稳定的，如果工件继续切去一部分外层（图 2-38 (c) 中的虚线所示），工件内部的内应力又会重新分布而使工件产生新的弯曲，如图 2-38 (d) 所示。因此一些要求较高的细长轴类零件，往往需要经过多次校直和时效处理，才能逐步减小弯曲，并且最后的质量还不够稳定。所以对精密丝杠来说，应尽可能不采用校直的方法来纠正零件的弯曲。

（3）工件材料金相组织转化不均匀。

不同金相组织的比热容不同，例如马氏体的比热容大于屈氏体和奥氏体等。淬火时，奥氏体转变为马氏体，体积膨胀，这时如果金相组织转变不均匀，则转变为马氏体部分的体积膨胀受阻，就会产生压应力（未转变部分则带有拉应力）。反之，回火时马氏体转变为屈氏体，如果金相组织转化不均匀，则转变为屈氏体部分的体积收缩受阻，就会产生拉应力，未转变部分则产生压应力。

以上各种情况在机械制造的许多工艺过程中都有可能发生。例如锻造过程中加热、冷却不均匀或塑性变形不均匀，会使毛坯带有内应力；焊接时工件局部受高温，也会产生内应力；切削加工时表面层发生强烈的局部塑性变形，同时切削热的作用使表层温度变化也不一致，都会产生内应力；磨削加工时切削热往往会使工件局部达到相变温度，故还可能引起金相组织变化不均匀而产生的内应力。因此在机械加工过程中，往往是毛坯进入机加工车间时已带有内应力。机械加工过程中，一方面切除表面一层金属，使内应力重新分布，原有的内应力逐步松弛而减小；另一方面又会产生新的内应力，对结构复杂、精度要求较高的工件，应将其工艺过程划分成粗、细、精加工几个阶段。将工件的加工余量在不同阶段中逐渐切除，使内应力引起的变形在各阶段中逐渐减小和消除。

减小内应力一般可采取下列措施：

（1）增加消除内应力的专门工序。

例如，对铸、锻、焊接件进行退火或回火；零件淬火后进行回火；对精度要求较高的零件，如床身、丝杠、箱体、精密主轴等在粗加工后进行时效处理（对一些要求极高的零件，如精密丝杠、标准齿轮、精密床身等则在每次切削加工后都要进行时效处理）。

（2）合理安排工艺过程。

例如安排粗、细、精加工等几个阶段，目的是使每一阶段加工后有一定的时间让内应力重新分布，以减小对精加工的影响。在加工大型工件时，粗、精加工往往在一个工序中完成，这时应在粗加工后松开工件，让工件有自由变形的可能，然后用较小的夹紧力夹紧工件后进行精加工。再如焊接时，工件先经预热以减小温差，并合理安排焊接顺序，也可减小内应力的产生。对于精密的零件，在加工过程中不允许进行冷校直（必要时可进行热校直）。

（3）改善零件结构。

简化零件结构，提高零件的刚性，使壁厚均匀、焊缝分布均匀等均可减小内应力的产生。

2.2.4.2　测量引起的误差

工件加工后能否达到预定的加工精度，必须用测量结果加以鉴别。为了防止废品的产生，首先在调整机床时必须以测量结果为依据，测量误差就直接影响调整精度；工件加工完毕后的测量误差，则将直接影响工件精度的评定，所以把它作为加工过程中产生误差的一种因素来考虑。

产生测量误差的原因有很多，如量具本身的制造误差和使用中的磨损；在测量过程中温度发生变化或量具与工件的温度有差别；量具与工件的相对位置不正确（如量孔径时量的是弦长）；量具使用过程中的测量力不一致，以及测量者的经验、技能等主观因素。

由于测量误差的存在，工件的实际尺寸会比规定的工件尺寸大或小一定的数值。由图 2−39 可以看出，工件规定的公差为 T，由于测量误差 ΔT 的存在，工件的实际制造公差会扩大成 T_{max} 或缩小成 T_{min}。前者降低了工件的质量；后者则对加工造成困难，增加成本。

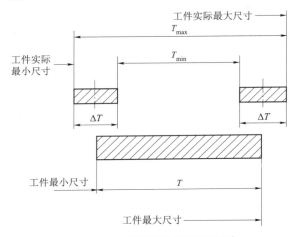

图 2−39　测量误差对精度的影响

一般测量误差与所用的量具有关，变动范围很大。例如，用一级千分尺测量 50～80 mm 的工件，测量误差为 ±9 μm；用刻度值为 0.02 mm 的游标卡尺测量时误差为 ±（45～60）μm。因此用后者测量内孔，如测得的尺寸为 ϕ58.42，则考虑测量工具本身误差的影响时，工件的实际尺寸应为 ϕ（58.42±0.06），所以应根据被测工件的尺寸精度要求选取适当的量具或规定适当的测量方法。

一般测量误差应控制在工件公差的 1/10～1/3，常用的为 1/5。工件精度较低时取值小，相反则取值大。如工件的公差为 IT5 级时取 1/3，IT9 级时取 1/5，IT11～IT16 级时取 1/10。

对大尺寸和精度要求较高的工件的测量，应特别注意温度引起的测量误差。例如测量 1 m 长的精密丝杠，由于温升为 1 ℃，螺距积累误差增大近 10 μm。因此测量工件要在标准恒温条件下进行，并力求使被测工件温度与量具温度相等，这可通过使工件与量具放在一起经历一定时间来达到。

2.2.5　机械加工中的振动

机械加工中产生的振动，一般来说是一种破坏正常切削过程的有害现象。各种切削和磨削过程都可能发生振动,当速度高、切削金属量大时常会产生较强烈的振动。

振动会使加工表面质量恶化,如使表面粗糙度值增大,产生明显的表面振痕;振动严重时,会产生崩刃打刀现象,使加工无法进行。振动一般会使机床过早地丧失精度,振动产生的噪声也会污染环境,所以切削加工中振动的控制已成为重要课题。随着机械加工工艺的发展,这一问题显得尤为重要。例如精密加工和超精密加工过程中不允许有微小的振动,使用陶瓷材料刀具时,由于它们较脆,容易崩刃,对振动很敏感。由于切削和磨削向高速和强力方向发展,出现振动的可能性增大。另外,生产中遇到的各种难加工材料的加工也易引起振动。

机械加工中产生的振动,根据其产生的原因,大体可分为自由振动、受迫振动和自激振动三大类。

1)自由振动

由于工艺系统受一些偶然因素的作用(如外界传来的冲击力,机床传动系统中产生的非周期性冲击力,加工材料的局部硬点等引起的冲击力等),系统的平衡被破坏,只靠其弹性恢复力来维持的振动称为自由振动。自由振动的频率就是系统的固有频率。由于工艺系统的阻尼作用,这类振动会很快衰减。

2)受迫振动

在外界周期性干扰力(激振力)持续作用下,系统被迫产生的振动称为受迫振动。机床空转时存在的激振力有机床各种转动件的不平衡力,从地基传来的周期性干扰力等;切削过程产生的激振力有由于切屑生成的周期性和断续切削产生的交变力等。受迫振动的特性与外部激振力的大小、方向和频率密切相关。一般认为,在精密切削和磨削时工艺系统产生的振动主要是受迫振动。

3)自激振动

在未受到外界周期性干扰力(激振力)作用而产生的持续振动称为自激振动。维持这种振动的交变力是振动系统在自身运动中激发出来的,这种振动是系统本身的调节环节把外界固定能源的能量转变为维持振动的交变力而引起的持续的周期性振动,也称为切削颤振。

机械加工中的三大类振动如图 2-40 所示。

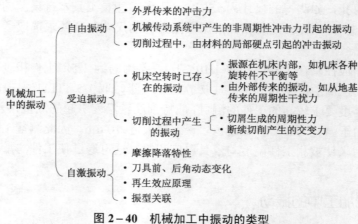

图 2-40 机械加工中振动的类型

1. 受迫振动及其消振措施

1）单自由度系统受迫振动

工艺系统是一个多自由度的机械系统，其振动特性很复杂，例如有多个固有频率、多种振动形态等。对刀具与工件间的振动来说，有时可简化成单自由度振动。

工艺系统的单自由度系统振动模型如图 2-41 所示。假设图中的工件因回转不平衡而使刀具系统产生的简谐激振力为 $F(t)$，并表示为

$$F(t) = F\cos(\omega t) = Me\omega^2 \cos(\omega t) \tag{2-55}$$

式中，M 为回转零件的质量；e 为重心偏移量；ω 为回转零件的角速度；t 为时间。

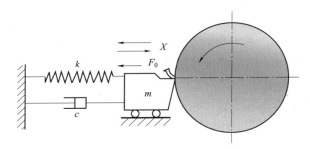

图 2-41　工艺系统的单自由度系统振动模型

图 2-41 中的振动模型表示：质量为 m 的刀具是由刚度为 k 的弹簧和黏性阻尼系数为 c 的阻尼器支承着。当给刀具作用一个周期力 $F(t)$ 时，该系统的运动方程可表示为

$$m\ddot{x} + c\dot{x} + kx = F\cos(\omega t) \tag{2-56}$$

此方程的特解为

$$x(t) = A\cos(\omega t - \varphi) \tag{2-57}$$

式中，A 为振动响应的幅值，即经过一个过渡过程以后，系统会产生一定的振动 $x(t)$，为 $F(t)$ 作用下的稳态响应。系统的稳态响应具有与激振力相同的角频率 ω，并且比激振力滞后一个相角 φ。

将式（2-57）及其导数代入式（2-56）得

$$A = \frac{F/k}{\sqrt{(1-\lambda^2)^2 + (2\zeta\lambda)^2}} \tag{2-58}$$

$$\varphi = \arctan\left(\frac{2\zeta\lambda}{1-\lambda^2}\right) \tag{2-59}$$

式中，$\lambda = \omega/\omega_n$，为激振频率 ω 与系统固有频率 ω_n 之比，$\omega_n^2 = k/m$，$2\zeta\omega_n = c/m$，ζ 为阻尼比；F/k 为与激振力幅值相等的静力 F 作用下系统的静变位。

2）受迫振动的消振措施

由单自由度受迫振动的幅值计算公式可以看出，为了减小或消除受迫振动，必须使幅值减小或变为零，其途径主要是：减少或消除激振力 F；提高工艺系统的刚度 K；增加工艺系统的阻尼系数 ξ；改变激振力频率或固有频率，即改变 λ 值等。

由于受迫振动是由工艺系统内部或外部的振源（周期变化的激振力）所激发的振动，受迫振动的频率等于振源的激振频率，因此查找振源的基本途径就是测出振动的频率。

测定振动频率的简单方法是数出工件表面的波纹数，然后根据切削速度计算出振动频率。但要注意的是，在工件已加工表面上沿切削速度方向一致的振纹，有时并不是刀刃在一次行程中的振动形成的，而可能是几次行程中振动叠加的结果（单位时间的切痕数可能比实际的振动频率大好几倍）。

测量振动频率较完善的方法是对机床的振动信号进行功率谱分析，功率谱中的尖峰点就是机床振动的主要频率。

振动隔离是消减振动危害的重要途径之一。隔振是在振动传递的路线上设置隔振材料，使本身是动力源的机器与地基隔离开来，或者避免周围振源对精密机器的影响。

受迫振动的消振措施包括：提高机床的制造和装配精度；消除工艺系统内部振源；增加工艺系统的刚度。当采用以上方法仍不能完全消除振动时，就要考虑采用各种减振装置，它分为阻振器和减振器两类。

阻振器一般通过固体摩擦阻尼或液体摩擦阻尼等，把振动的能量变成热能消散掉而达到减小振动的目的。

减振器则是一种阻尼器，其本身常构成一个弹簧质量系统，当系统振动时，由于自由质量反复冲击壳体消耗了振动的能量，因而可以显著地减小振动。

2. 自激振动及其消振措施

在切削加工时，还会发生一种在没有周期性外力作用下的稳定振动。振动时动态切削力也伴随产生，使加工表面残留有规律的振纹，这种现象称为自激振动，简称自振或颤振。这种振动在切削宽度（或切削深度）较小时不易发生，当切削宽度增大到一定数值时会突然发生，振幅急剧增加。当刀具离开工件时，则振动和伴随其出现的动态切削力也就消失。一般受迫振动的频率等于外加激振力的频率，而自激振动的频率接近或略高于主振系统的低阶固有频率。自由振动会因阻尼的影响而衰减，而自激振动不会因阻尼的影响而衰减。因此，自激振动在本质上与受迫振动和自由振动是不同的。

对图 2−41 工艺系统的单自由度系统振动模型来说，如果无激振力作用，则自由振动的运动方程为

$$m\ddot{x} + c\dot{x} + kx = 0 \qquad (2-60)$$

此式的通解为

$$x = Be^{-at}\sin(\omega_r t + \varphi) \qquad (2-61)$$

式中，$a = \dfrac{c}{2m}$，称为衰减常数；B 为振幅；φ 为初始相位角；而

$$\omega_r = \sqrt{\frac{k}{m} - \left(\frac{c}{2m}\right)^2} \qquad (2-62)$$

对一般的工艺系统来说，可认为系统结构的阻尼系数 c 为正值。当系统受到某种偶然性干扰而产生自由振动时，由于正阻尼作用，自由振动能很快衰减下去。但是，当正比于速度的阻尼项的系数 c 为负值时，只要初始振幅 B 不等于零，振幅就会逐渐增大。因此，若系统为负阻尼，它对系统的振动不仅不起阻尼作用，相反会起加强作用，也就是说会有能量进入系统（切削过程），从而使系统失去稳定性。目前关于切削过程自激振动的机理已有不少研究

成果，以下简要介绍几种主要的学说。

1）摩擦降落特性理论

如图 2－42 所示，假定在切削振动过程中工件不振动而刀具相对于工件在切削速度方向发生振动的情况。在这种情况下，切削厚度、切削速度及切削宽度是不变的。作用在车刀振动系统上有几个力，如水平分力 F 以及图中未画出的各个方向的切削力，这些力假定为常数。作用在车刀上的摩擦力是 μF。车刀由于某种偶然性干扰而产生振动时，车刀产生振动位移 x 及振动速度 $\dot{x}$，从而使刀具与工件的相对速度 $(v_0 - \dot{x})$ 发生变化。如图 2－42 所示，摩擦系数 μ 是随着摩擦速度 $(v_0 - \dot{x})$ 的变化而变化的，即 μ 是摩擦速度 $v = v_0 - \dot{x}$ 的函数。

通过图 2－42 可以导出车刀振动的运动方程：

$$m\ddot{x} + c\dot{x} + kx = f(v_0 - \dot{x})F \qquad (2-63)$$

式中，当 $\dot{x} \ll v$ 时，$f(v_0 - \dot{x})$ 可以用泰勒线性展开公式近似地表示为

$$\mu = f(v_0 - \dot{x}) \approx \mu_0 - \frac{\mathrm{d}\mu}{\mathrm{d}v}\dot{x} \qquad (2-64)$$

式中，μ_0 为对应于 v_0 时的摩擦系数。代入车刀振动方程（2－63）得

$$m\ddot{x} + \left(c + F\frac{\mathrm{d}\mu}{\mathrm{d}v}\right)\dot{x} + kx = \mu_0 F \qquad (2-65)$$

产生自激振动的条件是式（2－65）中与 $\dot{x}$ 有关的阻尼项的系数 $c + F\dfrac{\mathrm{d}\mu}{\mathrm{d}v} < 0$。从物理意义上说，系统的阻尼系数 c 和水平切削分力 F 均大于零，因此只有 $\mathrm{d}\mu/\mathrm{d}v < 0$ 才能满足这一条件。从图 2－43 中可以看出，在低速区域，即摩擦系数 μ 具有下降特性的区域内，如图中 T 点处，$\mathrm{d}\mu/\mathrm{d}v < 0$。

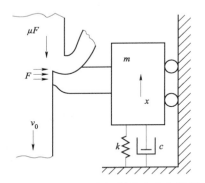

图 2－42　刀具在切削速度方向的振动

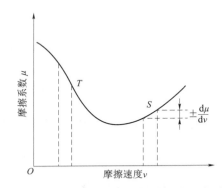

图 2－43　摩擦系数与摩擦速度的关系

为了避免产生这种自激振动，就必须使 $c + F\dfrac{\mathrm{d}\mu}{\mathrm{d}v} > 0$。由此点出发，在切削时要尽可能提高切削速度，使 $\mathrm{d}\mu/\mathrm{d}v > 0$；还要注意改善刀具的几何角度及切削条件，使水平分力 F 尽可能小。

2）刀具前、后角动态变化引起的自激振动

由切削原理可知，刀具的工作角度（有效角度）将随刀具的运动状态而变化，并且影响切削力的大小。刀具工作角度的大小取决于切削加工时切削平面的位置，切削平面必定与刀

具的运动轨迹相切。如图2-44所示，刀具与工件的相对速度为v，它和刀具的运动轨迹相切，就代表了切削平面。

当刀具在水平方向振动时，产生一个振动速度$\dot{y}$，使相对速度$v = \sqrt{v_0^2 + \dot{y}^2}$大小和方向都发生变化，也就是说由于$\dot{y}$随时间变化而改变着切削平面的位置，导致刀具的工作前角γ和工作后角α周期性变化。由于γ和α都直接影响切削力，它们周期性的变化将产生一个交变的切削力，而成为维持自激振动的内部激振力。

如图2-44所示，当刀具切入工件时，刀具的工作前角γ增大一个θ值，而工作后角α减小相同的θ值。前角增大使切削力减小，后角减小使切削力增大。但是，在一定范围内后角对切削力的影响要比前角小，因此，可以认为切入工件时由于刀具工作角度的变化而使切削力减小。与此相反，当刀具切出工件时，工作前角减小，工作后角增大，可以认为此时切削力增大。注意到切入工件时，切削力F_y与振动方向相反，切削力对振动系统做负功，而切出工件时则做正功。由于切出时的切削力要比切入时的切削力大，因此正功大于负功，有多余的能量输入系统以补偿系统阻尼的消耗，从而使自激振动得以产生和维持。

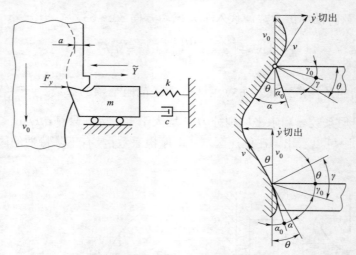

图2-44 刀具前、后角的动态变化

切削力的变化量取决于前角的变化量，从图2-44可以得到前角的变化量为

$$\theta = \arctan \frac{\dot{y}}{v_0} \approx \frac{\dot{y}}{v_0} \tag{2-66}$$

由此引起的水平切削力F_y的变化量为

$$dF_y = \frac{dF_y}{d\gamma}\theta = K_\gamma \frac{\dot{y}}{v_0} \tag{2-67}$$

式中，K_γ为前角对水平切削力的影响系数。如前所述，当γ增大时，F_y将减小，所以$K_\gamma > 0$。

分析振动系统的受力情况，得运动方程

$$m\ddot{y} + c\dot{y} + ky = K_\gamma \frac{\dot{y}}{v_0} \tag{2-68}$$

经整理后得

$$m\ddot{y} + (c - K_\gamma / v_0)\dot{y} + ky = 0 \qquad (2-69)$$

因此当 $c < K_\gamma / v_0$ 时，系统将产生自激振动。

3）再生效应原理

切削系统由于某种偶然原因引起自由振动，将迫使刀具与工件之间产生相对位移，从而在已加工表面上残留下有规律的但逐渐衰减的振纹。在金属切削过程中，除极少数情况外，刀具总是完全重复或部分重复地切削到前一次或者前一刀齿切削过的表面，如图 2－45 和图 2－46 所示。当刀具再一次切削这些有振纹的表面时，切削厚度就会发生变化，从而引起切削力的波动，且会激起一次振动，并再次残留下振纹。如此循环，有可能使开始较少的振纹波及整个加工表面，形成自激振动，这种现象称为再生效应。

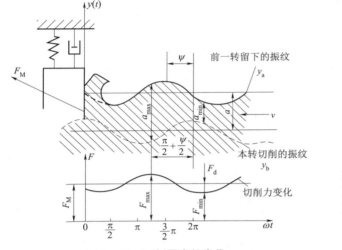

图 2－45 切削厚度的变化

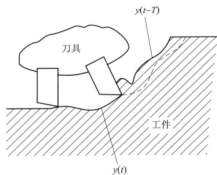

图 2－46 多齿刀具切削厚度的变化

由再生效应引起的切削厚度的变化量 d_a 引起动态切削力的变化量 $\mathrm{d}F_a$，$\mathrm{d}F_a$ 又反过来影响导致切削厚度产生变化的自激振动，所以 d_a 的大小决定再生振动产生的可能性。

图 2－45 中设前转（次）留下的振纹 y_a 与本转（次）切削的振纹 y_b 间的相位差为 ψ。从图 2－45 中表示的位置来看，y_b 滞后于老振纹 y_a。振纹 y_a 与 y_b 的方程如下：

$$y_a = y\cos(\omega t + \psi) \qquad (2-70)$$

$$y_b = y\cos(\omega t) \qquad (2-71)$$

式中，y 为振幅。此处为简单起见，设两次切削的振幅相等，于是可得切削厚度变化量的方程为

$$\mathrm{d}a = y_a - y_b = y\cos(\omega t + \psi) - y\cos(\omega t)$$
$$= 2y\sin\frac{\psi}{2}\cos\left(\omega t + \frac{\pi}{2} + \frac{\psi}{2}\right)(\mu m) \qquad (2-72)$$

由于切削厚度变化而产生的动态切削力为

$$\mathrm{d}F_a = C_\mathrm{d}b\mathrm{d}a = 2C_\mathrm{d}by\sin\frac{\psi}{2}\cos\left(\omega t + \frac{\pi}{2} + \frac{\psi}{2}\right) = F_\mathrm{d}\cos\left(\omega t + \frac{\pi}{2} + \frac{\psi}{2}\right) \qquad (2-73)$$

式中，C_d 为动态切削力系数，N/（mm·μm）。这里假定和稳态切削时一样，切削力和切削截面成正比，C_d 是比例系数，b 为切削宽度（mm），$F_d = 2C_d by\sin(\psi/2)$ 为动态切削力的幅值。

图 2-45 中下部的曲线就是切削力的变化曲线，它是稳态切削力 F_M 与动态切削力 dF_d 的叠加，这一曲线超前于新振纹曲线，二者的相位差为 $\pi/2 + \psi/2$。由图 2-45 还可以看出，当实际切削厚度达到最大值 a_{max} 和最小值 a_{min} 时，切削力也达到最大值 F_{max} 和最小值 F_{min}。图 2-45 中稳态切削力 F_M 是相当于稳态切削厚度 a 时的切削力。

由切削厚度变化引起的切削力变化，在什么条件下会使工艺系统产生自激振动，这需要对再生效应进行稳定性分析。为此必须将自激振动系统切削过程的动态特性与工艺系统的动态特性联系在一起进行描述。

以调整工件（或刀具）转速或进给量来减小或消除自振的方法不但对生产率的变动影响较小，而且有可能在切削过程中连续进行调节，从而实现对自振的在线控制。

4）振型耦合原理

上述主要分析的是单自由度振动系统，它是将振动系统进行高度简化，适合于系统固有频率分离得比较远的加工系统。在实际加工中也存在这样的过程，如一般车削和镗削，其自激振动的振幅没有固定的方向，刀尖在切削过程中描画出一个近似椭圆的运动轨迹，通常称为变形椭圆。这样的振动系统可看作平面内的二自由度系统，其各个自由度上的振动相互联系，叫作振型耦合。这一原理可通过图 2-47 来说明。

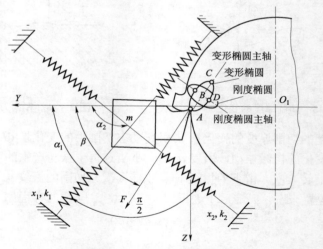

图 2-47 车床刀架振动系统

假设图 2-47 中切削过程的工艺系统可作为具有两个自由度的平面振动系统，工件不振动，主振系统是刀具系统。刀具和刀架系统的质量为 m，分别以刚度为 k_1 和 k_2 的两根相互垂直的弹簧支持着。两弹簧的轴线 x_1 和 x_2 称为刚度主轴，并表示振动系统的两个自由度方向。图中 x_1 与 Y 轴成 α_1 角，x_2 与 Y 轴成 α_2 角，切削力 F 与 Y 轴成 β 角（把切削力转化成作用于 m 点）。如果系统产生了角频率为 ω 的振动，则质量 m 同时在两个方向 x_1 和 x_2 以不同的振幅和相位进行振动。α_1、α_2、β 和刚度 k_1、k_2 等因素的一定组合，会使刀尖的合成运动轨迹接近于图中椭圆 $ABCD$。在刀具切入的前半周由 A 经 B 到 C 时，切削力 F 的方向与位移方向相反；在刀具切出的后半周由 C 经 D 到 A 时，切削力 F 的方向与位移方向相同。因此，刀具切入的前半周系统消耗能量，在刀具切出的后半周切削力将向系统输入能量。因为在刀具返回的后半周的平均切削深度比刀具切入的前半周的平均切削深度大，所以在刀具返回的后半周的平均切削力大于刀具切入的前半周的平均切削力，这就产生了维持自激振动的交变力。在这种交变力的作用下，在一个周期中输入系统的能量大于系统消耗的能量，多余能量足以补偿系统阻尼损耗的能量，从而支持或加强了系统的自振。

在图 2-47 中，设 x_1 是低刚度弹簧轴线，它与加工表面法向（Y 向）之间的夹角为 α_1。理论分析和实验证明，α_1 对振型耦合引起的自振有很大影响。只有当 $0 < \alpha_1 < \beta$，即低刚度主轴位于加工表面法线方向与切削力 F 之间时，才会产生自激振动，且当 $\alpha_1 = \beta/2$ 时，极限切削宽度最小，最容易发生振动。

由以上原理可以看出，为了提高工艺系统的稳定性，要求在各个方向上的刚度有一定的差别；另外要合理安排刚度较弱的方向，使它不在切削力和切削表面法线方向所夹的角度范围内，尤其不能位于该角度的平分线上。

2.2.6　数控编程对加工精度的影响

随着现代制造技术的发展，数控机床越来越普及。与普通机床相比，数控机床在控制系统、伺服驱动和机械结构等方面发生了巨大变化。数控机床采用计算机数字控制，各坐标轴采用闭环或半闭环伺服驱动，机械传动链变短，机械部件在消隙、减磨等方面进行了很多改进，因此数控机床具有加工精度高、生产效率高、产品质量稳定、加工过程柔性好、加工性能强等特点。数控编程对加工精度的影响主要来自编程原点的确定、数据处理、加工路线、插补运算、轨迹拟合选择等方面。

1. 编程原点的选择对加工精度的影响

数控编程遇到的首个问题就是确定编程原点。编程坐标系一般是编程人员根据零件加工特点和零件图纸确定的，编程原点的选择直接影响零件的加工精度，确定编程坐标系最根本的原则是编程基准、设计基准、工艺基准统一，这样可最大限度地减少尺寸公差换算所引起的误差。

2. 编程时数据处理对加工精度的影响

数控编程时的数据处理对轮廓轨迹的加工精度有直接影响，其中比较重要的因素是未知编程节点的计算以及编程尺寸公差带的换算。根据已知轮廓几何条件计算数控程序节点坐标时，编程尺寸圆整要依据数控机床的脉冲当量，即数控机床的最小控制单位；当图纸标注尺寸与编程尺寸不一致时，需建立工艺尺寸链，根据不同尺寸的公差范围求解编程尺寸，否则可能无法满足工件精度要求。

3. 加工路线对加工精度的影响

加工路线是编程的重要内容之一，加工路线对加工精度及加工效率影响很大，确定加工路线时主要应考虑以下几方面。

1）进、退刀方式对轮廓加工质量影响较大

若刀具在内、外轮廓的连续表面直接下刀或抬刀，会因刀具直径、机床运动误差、进给速度突变等在加工表面形成小凹痕，所以精加工时下刀或抬刀最好离开加工表面。若必须从加工表面进刀或退刀，则应尽可能采用圆弧切入或切出，切入或切出圆弧半径应大于刀具半径。

2）机床反向间隙对位置精度的影响

对位置精度要求不高的孔系加工可遵循加工路线最短原则；对位置精度要求较高的孔系，刀具移动路线要考虑避免机床各轴反向间隙的影响。以图2－48（a）所示的孔系加工为例，图2－48（b）所示的加工路线最短，但带入了 Y 向误差；图2－48（c）所示的加工路线避免了 Y 向误差，但加工路线较长。

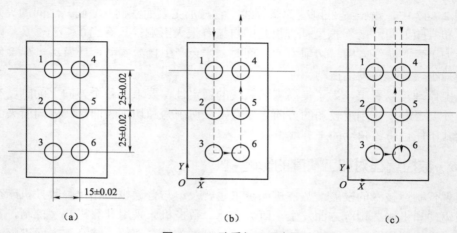

图 2－48　孔系加工示意图

4. 插补运算对加工精度的影响

插补运算对加工精度的影响取决于系统的插补方式。经济型数控系统多采用脉冲增量法，标准型数控系统则多采用数据采样法及软件/硬件相配合的两级插补法，但无论采用哪种插补方法，都会产生累积误差，当累积误差达到一定值时，会使机床产生移动和定位误差，影响加工精度。实际编程时可采用以下方法减小插补累积误差对加工精度的影响。

1）尽量用绝对方式编程

绝对方式编程以某一固定点（编程坐标原点）为基准，每一段程序和整个加工过程都以此为基准；而增量方式编程是以前一点为基准，连续执行多段程序必然产生累积误差。

2）插入回参考点指令

在加工过程中插入回参考点指令，特别是对于需要长时间运行才能完成的程序，这一点尤为重要。机床回参考点时，会使各坐标清零，这样可消除数控系统运算的累积误差，实际加工时常采用回参考点换刀的方法。

5. 轨迹拟合误差对加工精度的影响

数控机床进行非圆曲线加工时是利用小直线段或小圆弧段生成加工轨迹的拟合曲线，因为一般数控系统只具备直线和指定平面内圆弧插补功能，当加工轨迹为非圆曲线时，只能用直线和圆弧去逼近，这就是所谓的非圆曲线轨迹的拟合。非圆曲线轨迹的拟合常用等间距、等弦长、等误差法，其中等误差法可以在保证拟合精度的同时提高加工效率。非圆曲线轨迹拟合一般利用自动编程完成，例如 CAM 就是采用等弦长和等误差法进行非圆曲线轨迹拟合的。非圆曲线轨迹的拟合必定会带来拟合误差，这里最重要的是控制拟合误差小于工件的允许误差，必要时要经过严格的计算。

2.2.7　介观切削中尺度效应对加工精度的影响

介观切削是针对微小零件/微小特征的尺寸在 5 μm~5 mm 范围内，采用微细切削刀具对零件进行微量材料去除的加工过程，通常切削厚度在 200 μm 左右，切削厚度的临界值小于几十微米。

在介观切削过程中，由于切削厚度与刀具钝圆半径或工件材料的晶粒尺寸在同一数量级，其切削特性与加工精度并不是将宏观切削过程进行尺寸缩小，而会出现由于"尺寸效应"引起的许多新问题。例如切削过程钝圆半径、负前角、后刀面与工件材料的接触、最小切削厚度和微结构等对介观切削力、切削比能、切屑形成过程、表面生成、毛刺和微细刀具磨损机理等方面的影响。当切削厚度减小到某一临界值时，切削过程不产生切屑，此时这个临界值就是最小切削厚度。一旦切削厚度小于最小切削厚度，切削过程不仅会产生较大的负前角，而且不会产生切屑，工件材料在耕犁作用下产生弹性恢复，直接影响到加工表面的生成。另一方面，由于机床和切削刀具尺寸缩小而引起的尺寸效应直接影响切削加工的动态过程，从而影响微小零件的加工精度。

特里默（Trimmer）最早研究了微小零件加工中尺寸效应对不同性质作用力的影响。他提出了一个比例因子 S，它是两个组件的一维尺寸之比。例如，如果 S 为 10，该系统所有的尺寸都缩小为原来的 1/10。

1. 微细长轴介观车削中的尺寸效应对加工变形的影响

1）介观尺度车削非敏感方向误差的影响

在宏观车削加工中，刀尖偏离主轴所在水平面而产生的非敏感方向误差通常忽略不计。但在介观车削加工中，由于细长轴工件的半径尺寸 R 很小，随着半径尺寸的减小，非敏感方向刀尖的偏差带来的影响会显著上升，对介观尺寸的微细加工会造成非常大的误差，因此非敏感方向误差对加工精度的影响 $\Delta y^2 / R_2$ 不能忽略（见图 2–49），应采取相应措施加以补偿。

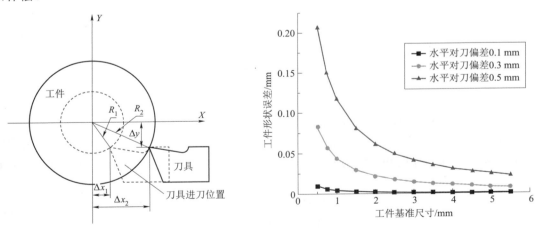

图 2–49　非误差敏感方向对微细长轴加工精度的影响

2）弯曲变形与应力

微细长轴介观车削中承受切削力的作用，在切深抗力的作用下容易产生弯曲变形，并在轴的约束端部产生较大应力，主切削力导致轴的压缩变形和弯曲，如图2-50所示。

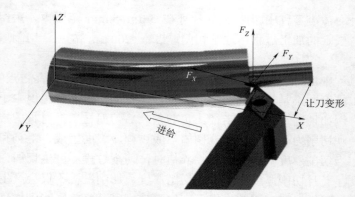

图 2-50　介观车削中微细长轴的变形

微细长轴在刀具－工件接触点的弯曲变形计算公式如下：

$$\delta = \frac{F_x l^3}{3EI} = \frac{64 F_x l^3}{3\pi E d^4} \tag{2-74}$$

式中，l 为轴的长度；d 为轴的直径；E 为弹性模量；I 为转动惯量。因此，可以得到轴的抗弯刚度为

$$k = \frac{F_x}{\delta} = \frac{3EI}{l^3} = \frac{3\pi E d^4}{64 l^3} \tag{2-75}$$

轴端的弯曲应力为

$$\sigma = \frac{32 F_x l}{\pi d^3} \tag{2-76}$$

细长轴 A 的长度为 l_A、直径为 d_A，普通轴 B 的长度为 l_B、直径为 d_B。这两根轴具有相同的长径比 d/l，比例因子 S 定义为 l_B/l_A，则有

$$E_B = E_A, l_B = Sl_A, d_B = Sd_A, l_B = S^4 I_A, m_B = S^3 m_A \tag{2-77}$$

将式（2-77）代入式（2-75）中得到

$$k_B = \frac{3 E_B I_B}{l_B^3} = \frac{3 E_A S^4 I_A}{S^3 l_A^3} = S k_A \tag{2-78}$$

采用式（2-78）可以计算出尺寸同比例缩小后的抗弯刚度值。

如果在轴 A 和轴 B 上施加相同的背向力（采用相同的切削条件，即在轴 A 和轴 B 的加工中采用相同的切屑厚度和进给速率，将产生相同的切削力）。将式（2-77）代入式（2-76）得到

$$\sigma_B = \frac{32 F_t l_B}{\pi d_B^3} = \frac{32 F_t S l_A}{\pi S^3 d_A^3} = \frac{1}{S^2} \sigma_A \tag{2-79}$$

或

$$\sigma_A = S^2 \sigma_B \tag{2-80}$$

式（2-80）表明在相同的作用力下，A 轴的最大应力是 B 轴的 S^2 倍。这就说明，在细

长轴的微车削过程中，材料更容易达到屈服强度，加工变形更大。

3）屈曲

微细长轴在较小的进给抗力的作用下会产生较小的压缩变形，但当进给抗力达到某一临界值时，微细长轴将变得不稳定，会产生不稳定的弯曲或屈曲。采用欧拉公式可以计算出微细长轴发生屈曲时的临界作用力，公式如下：

$$P_r = \frac{\pi^2 EI}{4l^2} \tag{2-81}$$

将式（2-77）代入式（2-81）中得到

$$P_{rB} = \frac{\pi^2 E_B I_B}{4l_B^2} = \frac{\pi^2 E_A S^4 I_A}{4S^2 l_A^2} = S^2 P_{rA}$$

或

$$P_{rA} = \frac{1}{S^2} P_{rB} \tag{2-82}$$

式（2-82）表明，结构尺寸缩小为 $1/S$ 后，产生屈曲的临界作用力会缩小为 $1/S^2$，因此细长轴更容易发生屈曲。

尺寸效应在很多方面都会影响到工件结构的变形，同样在主轴偏心力作用下也会产生较大的变形，因此应该慎重选择介观切削参数，使微小零件的加工变形尽可能小。

2. 介观铣削过程中尺寸效应对加工表面质量的影响

介观铣削过程中，径向方向的切削厚度从零逐步增大到每齿进给量，之后又逐渐减小为零。由于最小厚度的影响，每一次切削不可避免地会产生耕犁或摩擦。当径向切削厚度小于最小切削厚度时，耕犁作用就主导了切削过程，一旦径向切削厚度大于最小切削厚度，工件材料就会发生剪切变形并以切屑的形式被去除。耕犁作用主要发生在刀具刚切入和切出工件的区域，其他区域主要是剪切作用。如果每齿进给量小于最小切削厚度，产生耕犁作用和工件材料的弹性恢复可能导致在连续几刀的切削中都不会产生切屑。

1）介观球头铣削加工表面质量

在介观球头铣削过程中，球头铣刀铣削刃的不同位置处，工件的瞬时切削厚度各不相同（见图 2-51 所示），在靠近铣刀刀尖处，瞬时切削厚度比铣刀最小切削厚度 h_{min} 小，此时切削形式主要为耕犁和滑擦，工件将会被挤压、刮擦，材料发生塑性变形，堆积在工件表面；在远离铣刀刀尖部分，瞬时切削厚度比铣刀最小切削厚度 h_{min} 大，此时为宏观意义上的切削，将会产生切屑。

最小切削厚度对加工表面的形成具有显著影响，采用刃口半径约 3.97 μm 的微细球头铣刀铣削后的加工表面出现了锯齿形状的加工轮廓（见图 2-52），其铣削表面形貌如图 2-53 所示。

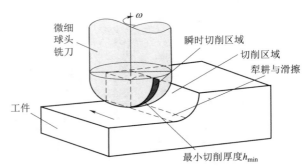

图 2-51　介观球头铣削瞬时切削厚度示意图

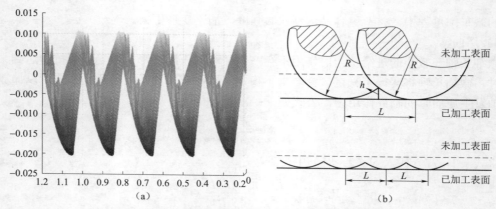

图 2-52　最小切削厚度对球头铣加工表面轮廓的影响

（a）实际加工轮廓；（b）理想加工轮廓

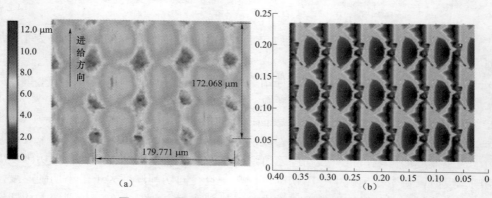

图 2-53　最小切削厚度对球头铣表面形貌的影响

（a）实际形貌；（b）仿真形貌

2）介观立铣削加工表面质量

在介观铣削（立铣刀）过程中，最小切削厚度对加工表面的形成也具有显著影响，采用刃口半径约 8.17 μm 的微细铣刀铣削后的加工表面出现了锯齿形状的加工轮廓（见图 2-54），其铣削表面形貌如图 2-55 所示。

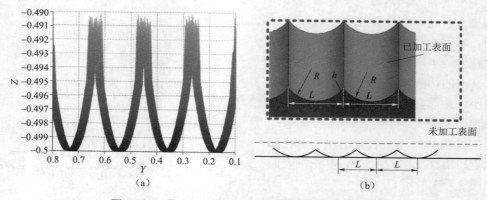

图 2-54　最小切削厚度对侧铣加工表面轮廓的影响

（a）实际加工轮廓；（b）理想加工轮廓

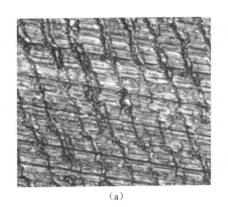
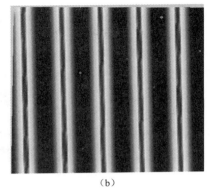

（a）　　　　　　　　　　　　　　（b）

图 2-55　最小切削厚度对侧铣表面形貌的影响

（a）实际形貌；（b）仿真形貌

2.3　工艺系统与加工过程误差的统计规律与控制

2.3.1　工艺系统及其误差分析

机械加工的工艺系统是一个由机床、刀具、工件和夹具等组成的复杂系统，其每个组成部分都是一个复杂的子系统。这些系统中存在多种影响加工误差的因素，造成加工零件的质量特性发生波动，这种现象在质量控制领域称为质量波动。影响工艺系统的误差因素可以分为 6 个方面：毛坯、设备、工艺方法、加工环境、加工人员和检测技术等。

这些误差因素从产生的机理可分为随机误差和系统误差。随机误差是工艺系统中一些偶然因素引起的且会使产品加工零件的质量特性发生微小变化的误差，其特点是误差变化的方向和大小随机，产生的原因难以查明和消除。在正常生产条件下，产生随机误差的原因通常有：工件毛坯性能和成分的微小差异，刀具材料的微小差异，工人操作的微小变化，设备的轻微振动和环境温度等的微小变化。系统误差是由加工过程中工艺系统发生某种异常现象而引起的误差，其特点是误差变化的方向和大小有一定的规律性，其产生的原因易于查明和消除。产生系统误差的原因通常有：工人违反操作规程，设备振动过大，夹具严重松动，定位基准发生改变，刀具过度磨损，设备与夹具调整发生变化等。系统误差对加工质量的影响比较大，必须采用一定的方法加以分析和消除。

通常所讲的误差分析方法包括两个方面：误差分析和误差综合。误差分析是指已知各误差的成分，计算对总的加工误差的影响；误差综合也叫误差分配，是指给定总的控制误差，通过合理分配各误差构成成分来降低加工成本。

2.3.2　加工总误差的分析计算

一个工序所加工完成的工件的尺寸和形状误差是一系列工艺因素综合影响的结果，因此找出所有因素综合作用的误差规律和具体数值，对于合理选择加工方法，确定工序公差，从而保证或提高工件的加工精度具有重要意义。

在具体的加工条件下，工序的各种工艺因素对工件加工精度的影响程度是不同的。因此，在分析具体工序时必须分清主次，找出起主要作用的因素并加以消除。通过实验研究和分析计算，求出各主要因素所造成的工件加工误差值，然后通过一定的方法（如作图或计算方法）把它们综合起来，就可求得加工总误差的大小。

图 2−56 表示在车床上加工光轴时一些主要因素所造成的尺寸和形状误差的图解。其中考虑了因工艺系统弹性变形所引起的误差，因刀具磨损所引起的误差，因刀具热变形所引起的误差，以及机床本身几何形状不准确所引起的误差。以上几项误差合成后，工件纵向形状误差由图 2−56 中曲线表示。从图 2−56 中可以看到加工后所得光轴的形状在工件各剖面上的总误差大小和变化情况，同时也可以看出各个因素产生的误差是互相补偿的。

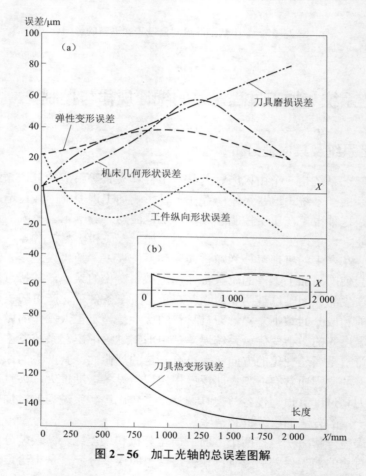

图 2−56　加工光轴的总误差图解

上例只分析了一个工件的纵向形状误差，而未考虑横向截面的形状误差。当成批加工此工件时，还必须考虑其他一些因素，如毛坯余量的不均匀、材料硬度不一致、刀具磨损等所引起的误差。

各种因素引起的单项加工误差的总和还可以采用以下方法进行数学计算。

1. 系统误差用代数法相加

各系统误差因素引起的单项误差有正、负符号（使工件尺寸增大或减小），可以相互抵消。一般情况下，加工方法本身的理论误差 Δ_f、刀具磨损引起的误差 Δ_d、刀具热变形引起的误差

$\varDelta_r$，以及机床本身几何形状的误差$\varDelta_j$等皆为系统误差，研究这些误差的形成机理并采用一定的方法加以避免是消除系统误差的一般方法。

2. 随机误差用平方和开方法合成

一般情况下，工艺系统弹性变形引起的误差$\varDelta_B$、安装工件所引起的定位误差$\varDelta_Y$以及调整机床所引起的误差$\varDelta_H$皆为随机误差。这些误差由于大小和方向随机，计算总的加工误差时应对各随机误差采用平方和再开方的方法进行合成。

3. 系统误差和随机误差相加用算术法

由系统误差和随机误差共同作用所形成的总的加工误差可以采用算术求和方法，实现误差综合计算。因此，加工总误差$\varDelta$可用下式估算为

$$\varDelta = \sqrt{\varDelta_B^2 + \varDelta_Y^2 + \varDelta_H^2} + \varDelta_f + \varDelta_d + \varDelta_r + \varDelta_j \tag{2-83}$$

此式未考虑内应力和测量误差。由于误差因素很多，应用此公式比较困难。

实际上，有些系统误差在调整过程中可以消除其影响，而切削过程中由物理现象所产生的误差可以利用分布曲线法进行统计（包括$\varDelta_B$、$\varDelta_d$和$\varDelta_r$三项），这样加工总误差可看作以下三项之和，即

$$\varDelta \approx \varDelta_P + \varDelta_Y + \varDelta_H \tag{2-84}$$

式中，$\varDelta_P$为无定位误差的情况下，在机床一次调整中切削过程引起的误差，用分布曲线法求之；$\varDelta_Y$为安装引起的误差，主要是指工件的定位误差；$\varDelta_H$为机床调整误差，包括对刀、定尺寸刀具的制造精度、刀具导向元件的位置精度等引起的误差。

考虑这些误差出现的偶然性，总误差为

$$\varDelta = \sqrt{\varDelta_P^2 + \varDelta_Y^2 + \varDelta_H^2} \tag{2-85}$$

要使加工后的工件满足公差要求，必须使总加工误差小于或等于尺寸公差T，即$\varDelta \leqslant T$。

由上述可以看出，加工误差的分析计算法与统计法是相辅相成的。在生产中对一些工序的主要工艺因素进行研究，掌握有关的计算资料（如$\varDelta_P$、$\varDelta_H$、$\varDelta_Y$值），就可以对各种加工方法的精度进行预估，从而可根据加工工件的要求正确地选择加工方法。同时，通过分析计算可以分别找出各工艺因素影响加工精度的程度，抓住其中的主要矛盾，从而可以提出保证并提高加工精度、减少或消除废品的措施。

2.3.3　加工误差统计方法

在加工过程中，影响加工误差的因素有很多，虽然随机因素的出现及其大小和方向在很大程度上带有随机性，但这种随机性不是杂乱无章的，而是服从一定的统计规律。可以针对这种统计规律对加工误差进行分析和控制，这正是统计过程控制（Statistical Process Control，SPC）的基础。因此，当测量一个工件而难以判断误差产生的原因时，可通过测量一批工件，对加工误差进行统计分析，找出误差出现的统计规律，从而发现导致误差出现的原因，并采用一定的方法加以改善。

加工误差的统计分析法有两种：分布曲线法与控制图分析法。

1. 分布曲线法

分布曲线法是指，测量某工序加工后所得一批工件的实际尺寸，根据测量所得数据作出

一条尺寸分布曲线，然后按照此曲线来判断这种加工方法所产生的尺寸误差大小。

1）实际尺寸分布曲线和直方图

分布曲线的作法是：先对某工序生产的一批工件的加工尺寸进行测量，根据实际的测量结果，按照从小到大的顺序将工件分成若干组，每组尺寸间隔相等，然后统计落在每组尺寸间隔内的工件的数目，称为频数。频数与这批工件的总数之比称为频率。统计结果可列成表格。然后以工件的尺寸为横坐标，以频数或频率为纵坐标，便可在坐标图上画出若干个点，以直线连接这些点后，便得到一条折线，这就是实际尺寸分布曲线。当工件数量很多且尺寸间隔取得很小时（即组数分得足够多时），折线就会接近圆滑的曲线。

【例 2-1】取在一次调整下加工出来的一轴类工件 200 个，测量每一个工件的尺寸，得到最大尺寸为 15.145 mm，最小尺寸为 15.015 mm。取 0.01 mm 作为尺寸间隔进行分组，统计每组的工件数，将所得结果列表（见表 2-1）。根据表中的工件数或频率可画出图 2-57 所示工件实际尺寸分布曲线（图中的实线 A），它能说明这批工件的误差分布。

表 2-1 工件数分布表

组别		1	2	3	4	5	6	7	8	9	10	11	12	13	14	
尺寸间隔/mm	从	15.01	15.02	15.03	15.04	15.05	15.06	15.07	15.08	15.09	15.10	15.11	15.12	15.13	15.14	总和
	到	15.02	15.03	15.04	15.05	15.06	15.07	15.08	15.09	15.10	15.11	15.12	15.13	15.14	15.15	
工件数		2	4	5	7	10	20	28	58	26	18	8	6	5	3	$n=200$
频率		0.010	0.020	0.025	0.035	0.050	0.100	0.140	0.290	0.130	0.090	0.040	0.030	0.025	0.015	1.000

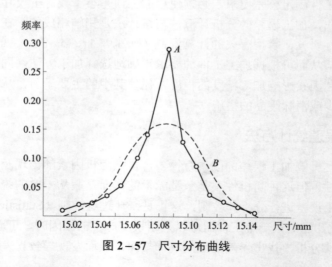

图 2-57 尺寸分布曲线

另外在加工质量分析工作中，常将以上同样的数据绘制成直方图。它是在坐标纸上以横坐标表示分组的组界（尺寸间隔），纵坐标为每组的工件数（频数或频率），以组距为底、频数为高画出一系列矩形，就成为直方图。上例工件的直方图如图 2-58 所示。

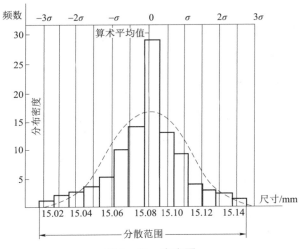

图 2-58　直方图

从实际尺寸分布曲线或直方图可清楚地看出：

① 尺寸有一定的分散范围，也就是最大尺寸与最小尺寸之差为 0.13 mm。

② 这批工件尺寸的算术平均值为 15.083 mm，基本上处于分散范围的中心。算术平均值 $\bar{x}$ 的计算公式为

$$\bar{x} = \frac{1}{n} \sum_{i=1}^{n} x_i \qquad (2-86)$$

式中，x_i 为第 i 个工件的尺寸；n 为测量的一批工件的数量。

上例中

$$\bar{x} = \frac{15.015 \times 2 + 15.025 \times 4 + \cdots}{200} = 15.083 \text{（mm）}$$

③ 图形本身表明这批工件的尺寸分布情况，它在一定程度上代表一个工序的加工精度。

对一个工序所加工的全部工件来说，以上统计的一小批工件只是它的一个局部，如果一个工序中造成加工误差的各种因素没有太大变化，即工艺比较稳定，没有引入系统误差，就可采用这一方法来估算整个工序的精度。

为了使实际分布曲线或直方图能比较可靠地代表一个工序的误差分布，测量的工件需要有一定的数量。在以每组的工件数（频数）为纵坐标作直方图时，如工件总数不同、组距不同，那么作出的图形就不一样。为了使分布图能代表该工序的加工精度，不受工件总数和组距的影响，可改分布密度为纵坐标，即

$$\text{分布密度} = \frac{\text{频数}}{\text{工件总数} \times \text{组距}} = \frac{\text{频率}}{\text{组距}} \qquad (2-87)$$

采用分布密度为纵坐标的好处是：直方图中每一矩形的面积恰好等于该组距内的频率，而图中所有矩形面积的总和等于 1。这样就便于对比几个组距不同的直方图，也便于将直方图与相应的理论分布曲线进行对比。

2）正态分布曲线

大量的实践表明，用尺寸自动达到法加工时，在调整好的机床上，一次连续加工所得到

的一批工件的实际尺寸分布曲线与概率论中的正态分布曲线近似相符。这一点的理论根据是概率论中的中心极限定理，其表述为：相互独立的大量微小随机变量的总和的分布接近正态分布。正态分布的公式为

$$Y = \frac{1}{\sigma\sqrt{2\pi}} e^{\frac{-(X-\mu)^2}{2\sigma^2}} \tag{2-88}$$

式中，Y 为分布密度（概率密度），即每尺寸间隔出现的频率；X 为工件的实际尺寸；e 为自然对数的底（2.718 1）；σ 为均方根偏差；μ 为工件尺寸的算术平均值。

从理论上严格地讲，正态分布曲线要统计无限多的工件样本才能得到，因此 μ 和 σ 是无法精确求出的。在生产中统计的工件数总是有限的，可以根据概率论中的估计方法对 μ 与 σ 根据有限的工件数进行估算。

μ 的计算方法与直方图的计算相同，而 σ 值可用下式计算，即

$$\sigma = \sqrt{\frac{1}{n}\sum_{i=1}^{n}(X_i - \bar{X})^2} \tag{2-89}$$

由统计学可知，测量一批工件得到的均方根偏差与全部工件（总体）相比，其平均偏差是 $\pm\sigma/\sqrt{2(n-1)}$，而算术平均值 $\bar{X}$ 的偏差是 $\pm\sigma/\sqrt{n}$。所以要使均方根偏差值有 $\pm5\%$ 的精度，测量的工件数由下式决定，即

$$0.05\sigma = \sigma/\sqrt{2(n-1)} \tag{2-90}$$

由此式得 $n \approx 200$。如果使 σ 的偏差不超过 10%，则测量 50 个工件就够了。因此，如果某工序的尺寸是符合正态分布的，则可以采用较少的工件数，一般 $n = 50 \sim 200$ 即可近似估计出全部工件的分布情况。

正态分布曲线呈钟形，它对称于 $X = \bar{X}$ 线。如果改变 $\bar{X}$ 值，则分布曲线将沿横坐标移动而其形状不改变，如图 2-59 所示。因此 $\bar{X}$ 表示曲线的位置，如果 $\bar{X} = 0$，即曲线移至纵坐标（Y）轴处，则正态分布曲线（见图 2-60）的方程为

$$Y = \frac{1}{\sigma\sqrt{2\pi}} e^{\frac{-X^2}{2\sigma^2}} \tag{2-91}$$

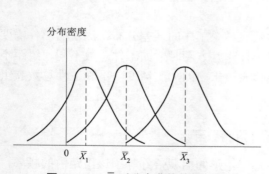

图 2-59　$\bar{X}$ 对分布曲线位置的影响

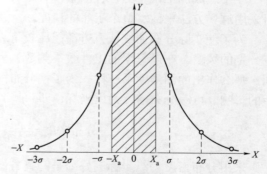

图 2-60　正态分布曲线（$\bar{X} = 0$）

图 2-60 中的曲线相对于 Y 轴左右对称，且在该处有最大值 $\left(Y_{max} = \frac{1}{\sigma\sqrt{2\pi}}\right)$。曲线在 $\pm\sigma$

处有转折点，并向两边伸展到无穷远而以 X 轴为渐近线。分布曲线下包括的面积相当于所测量的全部工件数（纵坐标用分布密度表示则面积为 1）。而在 $-X_a$ 至 X_a 间的面积相当于在这两个尺寸范围内的工件数，这一部分的面积 Q 可用以下公式计算，即

$$Q = \int_{-X_a}^{X_a} Y \mathrm{d}X = \frac{1}{\sigma\sqrt{2\pi}} \int_{-X_a}^{X_a} \mathrm{e}^{-\frac{x^2}{2\sigma^2}} \mathrm{d}X$$

$$= \frac{1}{\sqrt{2\pi}} \int_{-X_a}^{X_a} \mathrm{e}^{-\frac{1}{2}\left(\frac{x}{\sigma}\right)^2} \mathrm{d}\left(\frac{X}{\sigma}\right)$$

为计算方便，在表 2-2 中列出了不同 X/σ 时的 Q 值。从表 2-2 中可知，在尺寸 $X = \bar{X} \pm 3\sigma$ 范围内几乎包括全部工件数（99.73%）。在实际生产中，加工尺寸的分散范围是有一定限度的，其余的 0.27% 部分出现的可能性极小，所以可以认为 6σ 是这种加工方法在一定的机床调整下所得工件的最大尺寸分散范围，也就是这种加工方法在一次调整下的加工误差值。因此也把 $B = 6\sigma$ 称为工序能力，它反映了加工工具尺寸的分散程度，即工序固有的实际加工能力。

表 2-2　不同 X/σ 时的 Q 值

$\dfrac{X}{\sigma}$	Q	$\dfrac{X}{\sigma}$	Q	$\dfrac{X}{\sigma}$	Q
0	0	1.1	0.728 6	2.3	0.972 8
0	0.039 8	1.2	0.769 8	2.4	0.983 6
0.1	0.079 4	1.3	0.806 4	2.5	0.987 6
0.2	0.158 6	1.4	0.838 4	2.6	0.990 6
0.3	0.235 8	1.5	0.866 4	2.7	0.993 0
0.4	0.310 8	1.6	0.890 4	2.8	0.994 9
0.5	0.383 0	1.7	0.910 8	2.9	0.996 3
0.6	0.451 4	1.8	0.928 2	3.0	0.997 3
0.7	0.516 0	1.9	0.942 6	3.1	0.998 1
0.8	0.576 2	2.0	0.954 4	3.2	0.998 6
0.9	0.631 8	2.1	0.964 2	3.3	0.999 0
1.0	0.682 6	2.2	0.972 2	3.4	0.999 3

从正态分布的公式看出，分布曲线的纵坐标与 σ 值成反比。当 σ 减小时，分布曲线向上伸展，由于分布曲线所形成的面积总是保持等于 1，因此 σ 越小，分布曲线两侧越向中间紧缩。σ 值增大时，最大纵坐标值减小，分布曲线越平坦地沿横轴伸展。图 2-61 画出了 $\bar{X} = 0$ 时不同 σ 值的三条正态分布曲线。由此可见，σ 值表示分布曲线的形状，也就是分散特性。

分布曲线是一定生产条件下加工精度的客观标志。在大批大量生产时，对一些典型的加工方法进行这样的统计分析，并考虑调整误差后，可以制定出本工厂各种典型工序的加工精度标准（相当于上述的经

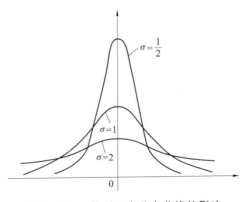

图 2-61　σ 值对正态分布曲线的影响

济加工精度）。

应用分布曲线可以比较两种加工方案的精度高低，或研究某一因素对加工精度的影响。比较的方法是：分别用两种方法加工两批工件，或采用同一种方法而只改变所研究的因素，然后测量两批工件的尺寸并画出分布曲线。根据求出的 σ 值大小便可判断其结果。

根据 3σ 原则，要使加工过程不产生废品，必须使工件的公差 $T \geqslant 6\sigma$（公差带中心和工艺能力分布中心重合时）。如果某种加工方法的尺寸分布曲线为已知，则可以用来计算工件的合格率（或废品率）。把工件的公差 T 与工艺能力 6σ 作比较，并称为工艺能力指数 C_P，即 $C_P = T/(6\sigma)$。

所谓工艺能力，是指加工过程中处于稳定状态的加工工艺能加工出产品质量的实际能力，亦即该工序的尺寸分散范围属于正态分布。如果 $C_P = 1$，可认为该工序具有不出废品的必要条件。如果 $C_P < 1$，则产生废品是不可避免的。根据工艺能力指数 C_P 的大小，可将工艺能力分为 5 级，如表 2-3 所示。

表 2-3　工艺能力等级的划分

工艺能力指数	工艺能力等级	说　明
$C_P > 1.67$	特级工艺	工艺能力很高，允许有异常波动或作相应考虑
$1.33 < C_P \leqslant 1.67$	一级工艺	工艺能力足够，可以有一定的异常波动
$1.00 < C_P \leqslant 1.33$	二级工艺	工艺能力勉强，必须密切注意
$0.67 < C_P \leqslant 1.00$	三级工艺	工艺能力不足，可能产生少量不合格品
$C_P \leqslant 0.67$	四级工艺	工艺能力很差，必须加以改进

利用尺寸分布曲线计算可能的废品率方法举例如下：

【例 2-2】如果工件的公差 $T = 0.02$ mm，加工尺寸按正态规律分布，$\sigma = 0.005$ mm，公差带中心与分散范围中心重合，求废品率。

解：$X = T/2 = 0.01$ mm；$X/\sigma = 0.01/0.005 = 2$。

根据表 2-2，在 $X = \pm 0.01$ mm 范围内工件数的 Q 值（即概率值）为 0.954 4（$X/\sigma = 2$ 时），故废品率 P 为

$$P = (1 - 0.954\,4) \times 100\% = 4.6\%$$

废品中一半是能修复的，另一半则不能修复。

【例 2-3】车削一批 $\phi 20^{\ 0}_{-0.1}$ 轴的外圆。测量结果为正态分布曲线，$\sigma = 0.025$ mm，分散范围中心与公差带中心点相差 0.03 mm，而偏于量规的过端（见图 2-62），试分析该工序的加工质量。

解：该工序的工艺能力指数 C_P 为

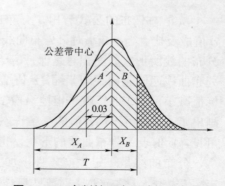

图 2-62　车削轴工序尺寸的分布曲线

$$C_P = \frac{T}{6\sigma} = \frac{0.1}{6 \times 0.025} = 0.67 < 1$$

工序的 $C_P < 1$，说明该工序工艺能力不足，因此产生废品是不可避免的。合格件的概率面积可分为 A 和 B 两部分计算，即

$$\frac{X_A}{\sigma} = \frac{0.5\delta + 0.03}{\sigma} = \frac{0.05 + 0.03}{0.025} = 3.2$$

$$\frac{X_B}{\sigma} = \frac{0.5\delta - 0.03}{\sigma} = \frac{0.05 - 0.03}{0.025} = 0.8$$

查表 2-2 得

$$Q_A = \frac{1}{2} \times 0.998\,6 = 0.499\,3$$

$$Q_B = \frac{1}{2} \times 0.576\,2 = 0.288\,1$$

故合格件的概率为

$$0.499\,3 + 0.288\,1 = 0.787\,4 = 78.74\%$$

能修复废品率（其尺寸大于量规过端）为

$$0.5 - Q_B = 0.5 - 0.288\,1 = 0.211\,9 = 21.19\%$$

不能修复的废品率为

$$0.5 - Q_A = 0.5 - 0.499\,3 = 0.000\,7 = 0.07\%$$

3）非正态分布曲线

非正态分布曲线工件的实际分布，有时并不近似于正态分布。例如将两次调整下加工的工件混在一起，尽管每次调整下的工件可能是按正态分布的，但由于两次调整的算术平均值及工件数可能不同，其分布将呈图 2-63（a）所示的双峰曲线。因此，多次调整得到的工件分布是多峰曲线。这样在多次调整下加工得到的工件也将呈正态分布，只是其分散范围较宽。

当刀具或砂轮磨损显著时，所得一批工件的尺寸分布如图 2-63（b）所示。尽管在加工的每一瞬间，工件的尺寸可能按正态分布，但是随着刀具或砂轮的磨损，不同瞬间尺寸分布的算术平均值是逐渐移动的（当均匀磨损时，瞬时平均值可看成匀速移动）。因此分布曲线为平顶，如曲线 BC 段所示。

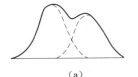 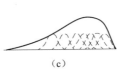

图 2-63　几种具有明显特征的分布图

（a）双峰；（b）平顶；（c）不对称

当工艺系统存在显著的热变形影响时，由于热变形在开始阶段变化较快，以后逐渐变慢，直至达到热稳定状态，因此分布图出现不对称状态，如图 2-63（c）所示。又如在用试切法加工时，由于主观上不愿产生不可修复的废品，在加工孔时"宁小勿大"，加工外圆时"宁大

勿小",其分布图也会出现不对称情况。

对于非正态分布的分散范围,就不能认为是 6σ,而必须除以相对分散系数 K(即分散范围 = $6\sigma/K$)。K 值大小与分布图形状有关,其具体数值可参考表 2-4,其中 α 为相对不对称系数,它是算术平均值坐标点与分散范围中心的距离和一半分散范围($R/2$)之间的比值。

表 2-4　各种分布图的 K 和 α 值

分布规律特征	正态分布	辛浦生分布(等腰三角形)	等概率分布	平顶分布	试切法(轴形)	试切法(孔形)
分布曲线简图	①	②	③	④	⑤	⑥
K	1	1.22	1.73	1.10～1.15	≈1.17	≈1.17
α	0	0	0	0	≈0.26	≈0.26

对于端面跳动和径向跳动等一类误差,一般不考虑正、负号,所以接近零的误差值较多,远离零的误差值较少,其分布也是不对称的。

2. 控制图分析法

用分布曲线法研究加工精度时没有考虑工件的先后加工顺序,不能把有规律变化的系统误差和随机误差区分开来,并且需要把一批工件全部加工完之后才能绘制出统计曲线。针对这些缺点,生产中又出现了另一种方法——控制图分析法来研究和控制加工精度,可用于判断加工过程有无系统误差,并且可以用于分析和控制正在进行着的加工过程,以利于随时调整机床,保证加工质量。

1)控制图的形式

(1)单值控制图。

如果按加工顺序逐个测量工件尺寸,并将它记入以工件顺序号为横坐标、工件尺寸为纵坐标的图中,则整批工件的加工结果便可画成控制图,如图 2-64 所示。控制图可以表示一次调整后工件尺寸变化的情况,还可以表示数次调整后的情况。图 2-64 中右方为所统计工件的分布曲线。从左右的对照可以看出,控制图能说明工件的尺寸随加工时间的延续而变化的规律,而分布曲线则能明显地表示出在各尺寸范围内工件数量的比例。

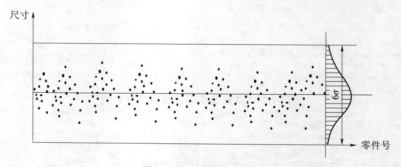

图 2-64　单值控制图

为了缩短控制图的长度，可将按顺序加工出的 m 个工件编为一组，以工件组序为横坐标，仍以工件尺寸为纵坐标绘制控制图，则可以清楚地看出加工过程中工件的尺寸变化趋势。图 2-65 所示控制图说明加工过程经过两次机床调整，也说明了调整前后工件的尺寸变化情况。

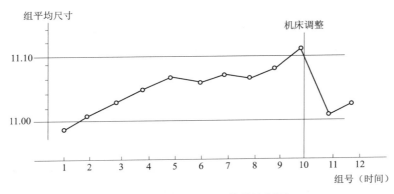

图 2-65　平均尺寸的单值控制图

（2） $\overline{X}-R$ 控制图。

在连续加工一批工件的过程中，为了看出工件尺寸的变化趋势（突出变值系统误差的影响），可以只将每 m 个零件误差的平均值标在控制图上（$\overline{X}$ 图），同时把每一组的极差（最大值与最小值之差）画在另一张控制图上（R 图），用以显示尺寸分散的大小和变化情况，如图 2-66 所示，两者合称 $\overline{X}-R$ 控制图（平均值-极差控制图），并有

$$\overline{X}=\frac{1}{m}\sum_{i=1}^{m}X_i, \qquad R=X_{\max}-X_{\min} \tag{2-92}$$

式中，$X_{\max}$ 和 $X_{\min}$ 分别为同一组中工件的最大尺寸和最小尺寸。

由于 $\overline{X}$ 在一定程度上代表了瞬时的分散中心，故 $\overline{X}$ 控制图主要反映系统误差及其变化趋势。R 在一定程度上代表了瞬时的尺寸分散范围，故 R 控制图可反映出随机误差及其变化趋势。单独的 $\overline{X}$ 控制图或 R 控制图不能全面地反映加工误差的情况，因此这种控制图必须结合起来应用。

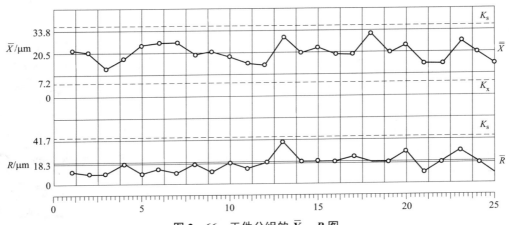

图 2-66　工件分组的 $\overline{X}-R$ 图

2）控制图分析法的应用

控制图分析法是全面质量管理中用以控制产品加工质量的主要方法之一，在实际生产中应用很广。它主要用于工艺验证、分析加工误差和加工过程的质量控制。下面着重介绍 $\bar{X} - R$ 控制图的应用。

（1）工艺验证。

工艺验证的目的是判定现行工艺或准备执行的新工艺能否稳定地满足产品的加工质量要求。工艺验证的主要内容是通过抽样检查，确定其工艺能力和工艺能力指数，并判别工艺过程是否稳定。从统计学的观点来看，工艺验证就是该工序加工精度分布的均值和标准差为未知量。

控制图上的尺寸点总是有波动的，也就是说任何一批产品的质量数据都是参差不齐的。要区别两种不同的情况：第一种情况是只有随机性的波动，这种波动的幅度一般不大，引起这种随机性波动的原因往往很多，有的甚至无法知道，有的即使知道也无法或不值得去控制它们，称这种情况为正常波动，并称工艺过程是统计稳定（受控）的；第二种情况是除上述原因外还有着某种占优势的误差因素，以致控制图中有明显的上升或下降倾向，或出现幅度很大的波动，称这种情况为异常波动，并称该工艺过程是不稳定（失控）的。

在此要说明的是，工艺过程是否稳定与产品是否会出现废品是两个概念。工艺过程的稳定性反映的是工序本身的特性，而工艺过程是否稳定只取决于该工序所采用工艺过程本身的误差情况（要求 $\bar{X}$、σ 值没有明显变化）。工件是否合格则要根据工序尺寸与工序规定的公差数值的比较而定。

为了判断工艺过程是否稳定，需要在 $\bar{X} - R$ 控制图上标出中心线及上下控制线。中心线的位置可按下列公式计算，即

$$\bar{X} \text{ 图中心线 } \bar{\bar{X}} = \frac{\sum_{i=1}^{j} \bar{X}_i}{j} \qquad (2-93)$$

$$R \text{ 图中心线 } \bar{R} = \frac{\sum_{i=1}^{j} R_i}{j} \qquad (2-94)$$

式中，j 为组数；$\bar{X}_i$ 为第 i 组的平均值；R_i 为第 i 组的极差。

从概率论可知，当整批工件（即总体）是正态分布时，其样本平均值 $\bar{X}$ 的分布也服从正态分布。因此 $\bar{X}$ 的分散范围是 $\pm 3\sigma_{\bar{X}}$（这里 $\sigma_{\bar{X}}$ 是 $\bar{X}$ 的均方根偏差）。R 的分布虽不是正态分布，但当 $m<10$ 时，其分布与正态分布也是比较接近的，因而 R 的分散范围也可取为 $\pm 3\sigma_R$（σ_R 是 R 分布的均方根偏差）。$\sigma_{\bar{X}}$ 和 σ_R 分别与总体均方根偏差 σ 间有如下关系，即

$$\sigma_{\bar{X}} = \sigma / \sqrt{m}, \ \sigma_R = d\sigma \qquad (2-95)$$

式中，d 的数值与样本数量 m 有关，如表 2-5 所示。

根据数理统计的证明，样本平均值的数学期望就等于总体平均值，样本极差的数学期望等于 $c\sigma$，因此

$$\hat{\mu} = \bar{\bar{X}}, \ \hat{\sigma} = \frac{\bar{R}}{c} \qquad (2-96)$$

式中，$\hat{\mu}$ 和 $\hat{\sigma}$ 为分别表示 μ、σ 的无偏估计值；c 为系数，其值如表 2-5 所示。由此得

$$\sigma_{\bar{X}} = \frac{\sigma}{\sqrt{m}} = \frac{\bar{R}}{c\sqrt{m}} \tag{2-97}$$

$$\sigma_R = d\sigma = \frac{d\bar{R}}{c} \tag{2-98}$$

表 2-5　系数 c、d、A、D_1、D_2 的数值

m	2	3	4	5	6	7	8	9	10
c	1.128 0	1.693 0	2.059 0	2.326 0	2.534 0	2.704	2.847 0	2.970 0	3.078 0
d	0.852 8	0.888 4	0.879 8	0.864 1	0.848 0	0.833 0	0.820 0	0.808 0	0.797 0
A	1.880 6	1.023 1	0.728 5	0.576 8	0.483 3	0.419 3	0.372 6	0.336 7	0.308 2
D_1	3.268 1	2.574 2	2.281 9	2.114 5	2.003 9	1.924 2	1.864 1	1.816 2	1.776 8
D_2	0	0	0	0	0	0.075 8	0.135 9	0.183 8	0.223 2

如前所述，根据 3σ 原则，正常波动时，$\bar{X}$ 的波动范围应不超出 $\overline{\bar{X}} \pm 3\sigma_{\bar{X}}$；$R$ 的波动范围应不超出 $\bar{R} \pm 3\sigma_R$，在控制图上作出平均线和控制线后，就可根据图中点的情况来判别工艺过程是否稳定（波动状态是否正常）。

工艺过程出现异常波动，是指总体分布的特征参数 μ、σ 发生了变化。这种变化可能有好有坏，例如发现尺寸点密集在平均线上下附近，说明分散范围 σ 变小了。这是有利的方面，但也应查明原因，使之巩固，以提高工艺能力（即减小 6σ 值）。再如刀具磨损是机械加工过程中发生的正常现象，但刀具磨损会使工件平均尺寸的误差逐渐增加，必须适当地加以调整，故不能认为工艺是稳定的。即工件平均尺寸趋近于控制线时，必须重新调整机床，预防产生废品。

（2）工艺控制。

工艺控制是对经过工艺验证的工序过程，判断当前的工序生产是否稳定。从统计学的观点看，就是该工序加工的质量特征的均值和标准差已知，来判断工序过程是否稳定，从而实现工艺控制。

用于工艺控制的控制图的绘制相对工艺验证的控制图绘制来讲，因不需要估计工序的均值和标准差而相对简单。对于 $\bar{X} - R$ 控制图来讲，此时加工质量特性值的平均值的 $\overline{\bar{X}}$ 和 $\sigma_{\bar{X}}$，以及极差的 $\mu_{\bar{R}}$ 和 σ_R 均为已知，此时 $\bar{X} - R$ 控制图绘制方法中的控制界限分别是（控制图的控制界限都取为 3 倍的标准差）：

$\bar{X}$ 的上控制线位置 $K_s = \overline{\bar{X}} + 3\sigma_{\bar{X}}$；

$\bar{X}$ 的下控制线位置 $K_x = \overline{\bar{X}} - 3\sigma_{\bar{X}}'$；

R 的上控制线位置 $K_s' = \bar{R} + 3\sigma_R$；

R 的下控制线位置 $K_x = \bar{R} - 3\sigma_R$（当 $D_1 < 0$ 时，R 的下控制线不存在）。

2.3.4　加工误差综合分析与控制方法——机床调整

在大批量生产中，每调整一次机床，要连续加工相当数量的一批工件，直到刀具的尺寸磨损有可能使工件尺寸超差时才重新调整机床；如果刀具的尺寸磨损比公差值小得多，则要等刀具磨钝（或定期强制换刀）时才重新调整。

因此每一次调整时，就不仅仅是控制几个试切工件的尺寸问题，而是要控制整批工件的尺寸分布，以求尽量延长两次调整之间的间隔时间，或者保证在下次定期调整之前不会出现废品。

为此需根据以往对工艺过程的统计资料，如 $\bar{X} - R$ 控制图，抽象成图 2−67 所示的精度变动图。图 2−67 中的粗黑线代表 $\bar{X}$ 的变化规律，阴影部分代表各瞬间的分散范围（极差），以此预测今后控制图可能出现的范围。图 2−67 所示为车外圆的精度变动图，开始时因刀具受热伸长而使工件尺寸缩小，随后因刀具磨损而使尺寸增大。与此同时，由于刀具磨钝引起的切削力增大等现象，尺寸的瞬时分散（指瞬时起作用的随机因素可能使工件尺寸产生的变化范围，相当于极差）也逐渐扩大。

图 2−67 中，开始调整时（t_1）瞬时尺寸分布的均方根差为 σ_1，由刀具的热伸长所引起的系统误差为 a，t_2 是下次调整时间，刀具磨损所引起的误差为 b。

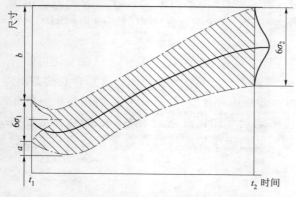

图 2−67　车外圆的精度变动图

根据精度变动图原理，在调整机床时可以解决刀具按照什么尺寸来调整的问题。这个尺寸称为调整尺寸，也就是在进行正常加工前，按调整尺寸试切几个工件，用通用量具测量出这些零件的实际尺寸，其平均值应该近似地等于调整尺寸。

从精度变动图可以看出，为了使工件的公差带得到充分利用，调整尺寸应靠向公差带的边界，与检验规不过端尺寸相差 $3\sigma_1 + a$。加工轴时检验规不过端的尺寸为最小尺寸，而加工孔时则为最大尺寸。如果不考虑刀具热变形的影响，则调整尺寸与检验规不过端尺寸相差 $3\sigma_1$。σ_1 值要根据现场的统计资料来决定，它是无系统误差情况下分布曲线的均方根偏差。用调整法加工的理想情况如图 2−68 所示。

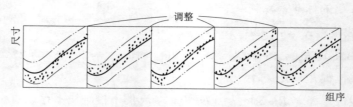

图 2−68　用调整法加工的理想情况

2.4　精密加工的工艺设计

2.4.1　机械加工工艺规程

规定零件制造工艺过程和操作方法等的工艺文件称为机械加工工艺规程。它是根据具体的生产条件，以最合理或较合理的工艺过程和操作方法，按规定的形式书写并经审批后用来指导生产的工艺文件。

1. 工艺规程文件的内容与形式

工艺规程文件一般应包括下列内容：工件加工工艺路线及所经过的车间和工段，各工序的内容及所采用的机床和工艺装备，工件的检验项目及检验方法，切削用量，工时定额及操作人员的技术等级要求等。将上述内容填入一定格式的卡片，即成为生产准备和加工所依据的工艺文件。各种工艺文件的形式如下：

1）机械加工工艺过程卡片

这种卡片主要列出整个零件加工所经过的工艺路线（包括毛坯、机械加工和热处理等），它是制定其他工艺文件的基础，也是生产技术准备、编制作业计划和组织生产的依据。在这种卡片中，由于各工序的说明不够具体，故一般不能直接指导工人操作，而是用于生产管理。在单件小批生产中，通常以这种卡片指导生产，而不再编制其他的工艺文件。机械加工工艺过程卡片的格式如表 2−6 所示。

表 2−6　机械加工工艺过程卡片

工厂		机械加工工艺过程卡片			产品型号		零（部）件图号			共　页
					产品名称		零（部）件名称			第　页
材料牌号		毛坯种类		毛坯外形尺寸			每种毛坯件数		每台件数		备注
工序号	工序名称	工序内容				车间	工段	设备	工艺装备	工时	
										准终	单件
							编制（日期）		审核（日期）	会签（日期）	
标记	处记	更改文件号	签字	日期	标记	处记	更改文件号	签字	日期		

2）机械加工工序卡片

这种卡片包括工序简图，能更详细地说明零件的各个工序应如何进行加工。工序简图注明了该工序的加工表面及应达到的尺寸及公差、工件的装夹方式、刀具的类型和位置、进刀方向和切削用量等。在零件批量较大时，一般采用这种工序卡片，其格式如表 2−7 所示。

表 2−7　机械加工工序卡片

工厂		机械加工工序卡片		产品型号		零（部）件图号			共　页
				产品名称		零（部）件名称			第　页
材料牌号		毛坯种类		毛坯外形尺寸		每种毛坯件数		每台件数	备注
					车间	工序号	工序名称		材料牌号
					毛坯种类	毛坯外形尺寸	每坯件数		每台件数
					设备名称	设备型号	设备编号		同时加工件数
					夹具编号		夹具名称		切削液
									工序工时
								准终	单件
工步号	工步内容		工艺装备	主轴转速/ (r·min⁻¹)	切削速度/ (m·min⁻¹)	进给量/ (mm·r⁻¹)	背吃刀量 /mm	进给次数	工时定额
									机动　辅助
						编制 (日期)	审核 (日期)	会签 (日期)	
标记	处记	更改文件号	签字	日期	标记	处记	更改文件号	签字	日期

2. 工艺规程设计的原始资料

① 产品的装配图和零件图。

② 产品验收的质量标准。

③ 产品的生产纲领。

④ 现有生产条件和资料。它包括毛坯的生产条件或协作关系工艺装备及专用设备的制造能力，有关机械加工车间的设备和工艺装备的条件，技术工人的水平以及各种工艺资料和标准等。

⑤ 国内外同类产品的有关工艺资料等。

3. 工艺规程设计内容与步骤

① 分析零件图和产品的装配图。

② 确定毛坯。

③ 拟定工艺路线。

④ 确定各工序的设备、刀具、量具和辅助工具。

⑤ 确定各工序的加工余量，计算工序尺寸及公差。

⑥ 确定各工序的切削用量和时间定额。

⑦ 确定各主要工序的技术要求及检验方法。

⑧ 进行技术经济分析，选择最佳方案。

⑨ 填写工艺文件。

2.4.2 零件图和零件毛坯的确定

1. 零件图分析

零件图是制定工艺规程的主要原始资料。在制定加工工艺时，零件图的技术分析主要包括以下两方面内容。

1）产品零件图与装配图的分析

通过认真分析产品零件图与装配图，可以熟悉产品的用途、性能及工作条件，明确零件在产品中的位置和功用，以及各项技术条件制定的依据，从而确定主要技术要求和分析加工精度要求，以便在制定工艺规程时采取适当的工艺措施加以保证。

2）零件结构工艺性分析

零件结构工艺性是指所设计的零件在满足使用要求的前提下制造的可行性和经济性。结构工艺性的问题比较复杂，它涉及毛坯制造、机械加工、热处理和装配等各方面的要求。表 2-8 中列举了一些零件机械加工工艺性对比的例子，供参考。

表 2-8 零件机械加工工艺性

序号	工艺性不好的结构（A）	工艺性好的结构（B）	说明
1	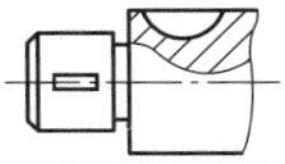	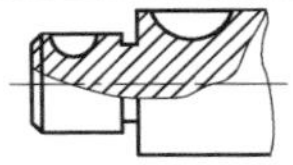	键槽的尺寸、方位相同，则可在一次装夹中加工出来全部键槽，以提高生产率
2	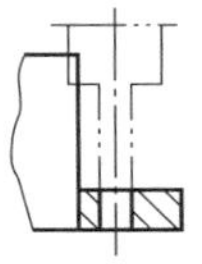	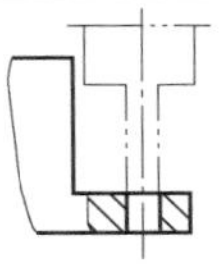	结构 A 的加工面不便引进刀具
3	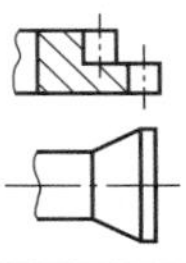	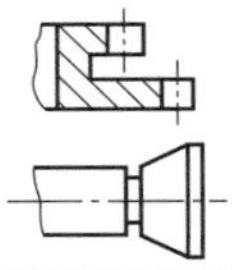	结构 B 有退刀槽，保证了加工的可能性，减少刀具（砂轮）的磨损
4	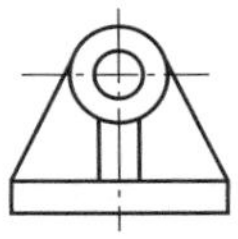	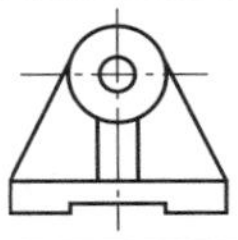	结构 B 的底面接触面积小，易保证加工精度，稳定性好
5	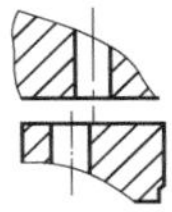	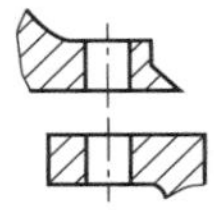	加工结构 A 上的孔钻头容易引偏
6	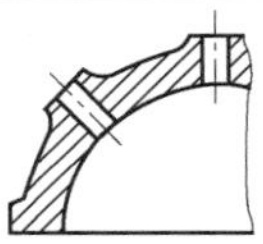	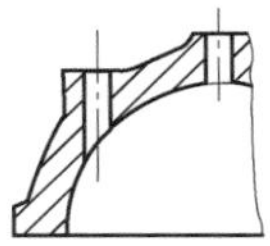	结构 B 被加工表面的方向一致，可以在一次装夹中进行加工
7	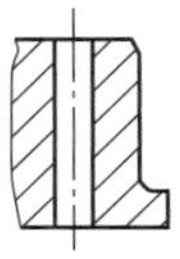	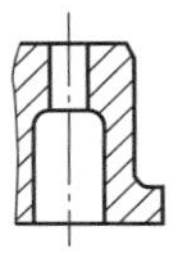	结构 B 避免了深孔加工

续表

序号	工艺性不好的结构（A）	工艺性好的结构（B）	说明
8	 4　3	 3　3	结构B凹槽尺寸相同,可减少刀具种类,减少换刀时间

2. 毛坯的确定

毛坯的选择涉及毛坯制造和机械加工的经济性。在确定毛坯时，既要考虑到热加工方面的因素，也要兼顾冷加工方面的要求，以便从确定毛坯这一环节中降低零件的制造成本。

确定毛坯的主要任务是：根据零件的技术要求、结构特点、材料和生产纲领等方面的情况，合理确定毛坯的类型、毛坯的制造方法以及毛坯的形状和尺寸等。

1）毛坯类型的确定

毛坯的类型有铸件、锻件、压制件、冲压件、焊接件、型材和板材等。选择何种形式的毛坯，应该全面考虑下列因素的影响：

（1）零件的材料及其力学性能。

当零件的材料确定后，毛坯的类型也就大致确定了。例如，材料是铸铁，就选铸造毛坯；材料是钢材，且力学性能要求较高时，可选锻件，当力学性能要求较低时可选型材或铸钢。

（2）生产类型。

大批量生产时，可选精度和生产率都比较高的毛坯制造方法，用于毛坯制造的昂贵费用可由材料消耗的减少和机械加工费用的降低来补偿。如锻件应采用模锻、冷轧和冷拉型材；铸件应采用金属模机器造型或精铸等。单件小批生产时，可选精度和生产率都比较低的毛坯制造方法，如木模手工造型和自由锻等。

（3）零件的形状和尺寸。

形状复杂的毛坯常用铸造方法。对于薄壁零件不应使用砂型铸造，尺寸大的零件宜用砂型铸造，中小型零件可用较先进的铸造方法。常见的一般用途的钢质阶梯轴零件，如各台阶的直径相差不大，则可选用棒料；如各台阶的直径相差较大，宜选用锻件。对于锻件，尺寸大的可选自由锻，尺寸小时可选模锻。

（4）充分考虑利用新工艺、新技术和新材料的可能性。

如考虑精铸、精锻、冷轧、冷挤压、粉末冶金和工程塑料等在机械中的应用，这样可大大减少机械加工量，甚至有时无须机械加工，其经济效率将非常显著。

2）毛坯形状和尺寸的确定

现代机械制造技术的发展趋势之一，就是通过毛坯的精化使之形状和尺寸尽量接近于零件，以减少机械加工的劳动量，力求实现少、无切屑加工。但是，受毛坯制造技术所限，加之对零件精度和表面质量的要求越来越高，毛坯某些表面仍留有一定的加工余量，以便通过机械加工来达到质量要求。这样，毛坯尺寸与零件尺寸就不同，其差值称为毛坯加工余量，毛坯制造尺寸的公差称为毛坯公差。毛坯加工余量及公差与毛坯制造方法有关，生产中可参照有关工艺手册和部门或企业的标准来确定。毛坯加工余量确定后，将其附加在零件相应加工表面的设计尺寸上，形成毛坯尺寸。

毛坯形状确定还需考虑毛坯制造、机械加工和热处理等多方面工艺因素的影响。如为了加工时安装工件方便，有些铸件毛坯需铸出工艺搭子，如图 2-69 所示。工艺搭子在零件加工好后一般应切除。为了保证加工质量，同时也为加工方便，常将一些分离零件先组合成一个整体毛坯，加工到一定阶段后再切割分离。此外，为了提高机械加工的生产率和便于加工过程中的装夹，对于形状比较规则的小型零件，应将多件合成一个毛坯，当加工到一定阶段后，再分离成单件。

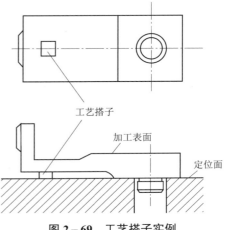

图 2-69　工艺搭子实例

2.4.3　定位基准的选择

1. 粗基准的选择

以未加工过的表面进行定位的基准称为粗基准，即第一道工序所用的定位基准为粗基准。粗基准的选择应能保证加工面与非加工面之间的位置要求以及合理分配各加工面的余量，同时粗基准要为后续工序提供精基准。粗基准的选择应考虑以下原则：

1）应选非加工表面为粗基准

应保证非加工表面与加工表面之间的位置要求。如图 2-70 所示的套类零件，外圆表面为非加工表面，为了保证镗孔后零件的壁厚均匀，应选该表面为粗基准来镗孔、车外圆、车端面。当零件上有几个非加工表面时，应选择与加工表面相对位置精度要求较高的非加工表面作为粗基准。

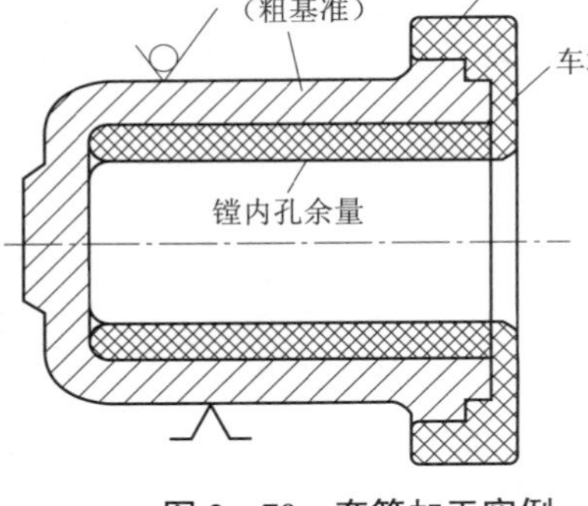

2）应选重要表面、余量较小的表面、大面积表面作粗基准

此原则主要是考虑加工余量的合理分配。如图 2-71 所示的床身零件，其导轨面是重要表面，加工时应先以导轨面为粗基准加工床脚（见图 2-71（a）），再以床脚为精基准加工导轨面（见图 2-71（b）），使导轨面加工时所切除的余量尽可能薄而均匀，以便保留组织紧密耐磨的金属。选择大面积表面作粗基准可使以后加工大面积表面时余量均匀，减少金属切除的总量。

图 2-70　套筒加工实例

3）粗基准不宜重复使用

在同一尺寸方向上，粗基准通常只允许用一次。粗基准是未经加工的面，较粗糙，如二次使用，定位时误差较大。如图 2-72 所示的阶梯轴，用 B 面为粗基准加工 A 面，调头后仍用 B 面定位加工 C 面，则会因毛坯面 B 的二次定位误差而造成 A 面和 C 面有较大的同轴度误差。一般在工艺安排时，每个工序都要尽可能为下一工序准备好精基准，尽量避免用毛坯面再次定位。

4）应选质量较好的毛坯面作粗基准

为保证定位准确和夹紧可靠，选作粗基准的表面应平整光洁，要避开锻造毛边和铸造浇冒口、分型面及毛刺等部位。

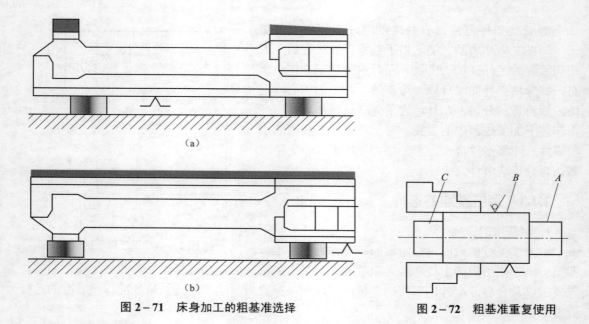

图 2-71　床身加工的粗基准选择　　图 2-72　粗基准重复使用

2. 精基准的选择

以加工过的表面进行定位的基准称为精基准。在零件的机械加工过程中，除起始工序采用粗基准外，其余工序均应采用精基准定位。精基准的选择应考虑以下原则：

1）基准重合原则

当用调整法加工工件时，由于刀具与定位元件的位置固定不变，故应选择设计基准作为定位基准，这就是基准重合原则。采用基准重合原则，可以保证设计精度，避免基准不重合产生的工件定位误差，即基准不重合误差。在运用这一原则时应注意，当采用试切法加工时，由于设计尺寸一般可通过试切得到，故不存在基准不重合误差。

2）基准统一原则

当工件以某一组精基准定位可以比较方便地加工其他各表面时，应尽可能在多数工序中采用同一组精基准定位，这就是基准统一原则。例如，轴类零件的大多数工序都采用中心孔为定位基准，齿轮的齿坯和齿形加工多采用齿轮的内孔及基准端面为定位基准。

采用基准统一原则简化了工艺过程，使各工序所用夹具比较统一，从而减少了设计和制造夹具的时间和费用，可减少基准变换所带来的基准不重合误差。

3）自为基准原则

某些要求加工余量小而均匀的精加工工序，可选择加工表面本身作为定位基准，称为自为基准原则。例如图 2-73 所示的导轨面磨削，在导轨磨床上，用百分表找正导轨面相对机床运动方向的正确位置，然后加工导轨面保证导轨面余量均匀，以满足对导轨面的质量要求。另外，如浮动镗刀、浮动铰刀和珩磨等加工孔的方法也都是自为基准的实例。采用自为基准原则加工时，只能提高加工表面本身的尺寸、形状精度，而不能提高加工表面的位置精度，加工表面的位置精度应由前道工序保证。

4）互为基准原则

为了使加工面间有较高的位置精度，使其加工余量小而均匀，可采用反复加工、互为基

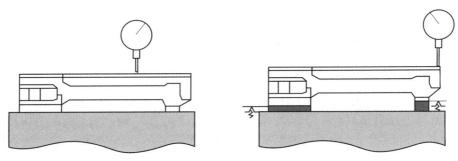

图 2-73　自为基准实例

准的原则。例如，加工精密齿轮时，齿面高频感应加热淬火后需进行磨削。因齿面淬硬层较薄，所以要求磨削余量小而均匀。这时，就要先以齿面为基准磨孔，再以孔为基准磨齿面，从而保证齿面余量均匀，且孔和齿面又有较高的位置精度。

5）保证工件定位准确、夹紧可靠、操作方便的原则

所选精基准应能保证工件定位准确、稳定、夹紧可靠、操作方便。通常，定位基准面应有较大的分布面积，在定位基准面存在一定的制造误差时，定位面的跨度越大，所造成的定位误差就越小。同时，较大的分布面积也使工件的支承比较稳定可靠。

3. 辅助基准的应用

工件定位时，为了保证加工精度，一般应以其设计基准或装配基准为定位基准，这些定位基准大多数是零件上的重要表面。但有些零件的加工，为了安装方便或易于实现基准统一，人为地设定一种定位基准，称为辅助基准。作为辅助基准的表面不是零件的工作表面，在零件的工作中不起任何作用，只是由于工艺上的需要而做出的，例如，轴类零件加工所用的两中心孔、箱体类零件加工时专门加工出的两工艺孔以及图 2-69 所示零件上的工艺搭子等。此外，零件上的某些次要自由表面（非配合表面），因工艺上将它作为定位基准，则可以提高其加工精度和表面质量，这种表面也属于辅助基准。例如，丝杠的外圆表面是非配合的次要表面，但在丝杠螺纹的加工中，外圆表面是导向基面，它的圆度和圆柱度误差直接影响螺纹的加工精度，所以应提高其形状精度和表面粗糙度的加工要求。

上述选择定位基准的各项原则都是从生产实践中总结出来的，具有各自的意义。但针对具体的工件，在应用时往往难以面面俱到，有时甚至是互相矛盾的。因此，要对具体情况做具体分析，抓住主要问题，兼顾次要方面，合理地选择定位基准。

2.4.4　工艺路线的拟定

拟定工艺路线的主要工作内容，包括选择零件各表面的加工方法和安排各表面的加工顺序等，它是制定零件加工工艺的关键步骤。

1. 表面加工方法的选择

1）加工表面经济精度和经济表面粗糙度

根据零件加工面（平面、外圆、孔、复杂曲面等）、零件材料和加工精度以及生产率的要求，考虑工厂（或车间）现有工艺条件，考虑加工经济精度等因素，选择合适的加工方法。

2）加工表面的几何形状精度和表面相互位置要求

各种加工方法所能达到的几何形状精度和相互位置精度可参阅有关机械加工手册。

3）工件材料的性质及热处理状况

对于硬度低而韧性较高的金属材料，如有色金属等不宜采用磨削加工，只能采用切削加工的方法；而淬火钢、耐热钢等因硬度较高多用磨削加工的方法。

4）工件的结构和尺寸

工件的结构形状与尺寸涉及工件的装夹与切削运动方式，因此对加工方法的限制较多。如孔的加工方法有多种，但箱体类等较大的零件不宜采用磨和拉，而常常采用铰孔（孔小时）和镗孔（孔大时）。普通内圆磨床只能磨套类零件的孔，铰适于孔径较小且有一定深度的孔。

5）生产类型

选择的加工方法要与生产类型相适应。大批量生产可采用高效率的机床和先进的加工方法，如平面与内孔的加工可采用拉削，轴类零件可采用半自动液压仿形机车，盘类零件可采用专用车床等。而小批量生产只能采用通用机床、通用工艺装备和一般的加工方法。

6）具体生产条件

加工方法的选择，不能脱离本企业现有生产条件、工艺手段和工人的技术水平，同时，不但要充分利用现有设备挖掘生产潜力，还要重视新工艺和新技术，不断提高工艺水平。

2. 加工阶段的划分及其目的

1）加工阶段的划分

通常将整个工艺路线划分为以下几个阶段：

（1）粗加工阶段。

主要任务是切除各加工表面上的大部分余量，并加工出精基准。该阶段的作用是提高生产率。

（2）半精加工阶段。

主要任务是减小粗加工留下的误差，为主要表面的精加工做好准备，并完成一些次要表面的加工（如钻孔、攻螺纹和铣键槽等）。

（3）精加工阶段。

主要任务是保证各主要表面达到图样规定要求，即保证加工质量。

（4）光整加工阶段。

主要任务是减小表面粗糙度值和进一步提高精度。常用的加工方法有金刚车、金刚镗、研磨、珩磨、超精加工、镜面磨、抛光及无屑加工等。

2）划分加工阶段的主要目的

（1）保证加工质量。

毛坯本身就具有内应力，加上粗加工时要切除工件上的大部分余量，造成切削力、切削热及工件的夹紧力大，因此加工后工件的内应力将重新分布，会使工件产生较大的变形。若不划分加工阶段，粗、精加工工序混杂交错进行，则会使精加工表面的精度被后续的粗加工工序破坏。划分加工阶段后，粗加工产生的误差和变形可通过半精加工和精加工予以修正，并逐步提高零件的精度和表面质量。

（2）及时发现和处理毛坯的缺陷。

当粗加工去除了加工表面的大部分余量后，可及早发现毛坯的缺陷（气孔、砂眼等），并及时报废或修补，可避免精加工工时的浪费。

（3）合理使用设备。

粗加工可安排在精度低、功率大、生产效率高的机床上进行，精加工则可安排在精度高、功率小的机床上进行，使各种机床充分发挥各自的效能，从而延长设备的使用寿命。

（4）便于组织生产。

各加工阶段要求的生产条件和目的不同，如精密加工要求恒温洁净的生产环境；一些精密零件要求粗加工后安排去除应力的时效处理，可减少内应力对精加工的影响；某些零件半精加工后要安排淬火处理，这不仅容易达到零件的性能要求，而且淬火后引起的变形又可通过精加工工序予以消除等。所以划分加工阶段后，便于热处理工序的安排，便于合理地组织生产。

应当指出，加工阶段的划分不是绝对的。对于那些刚性好、余量小、加工要求不高或内应力影响不大的工件，可以不划分加工阶段。

3. 加工顺序的安排

加工顺序的安排对保证加工质量、提高生产效率和降低成本都有着重要的作用。复杂零件的加工工艺路线中包含机械加工、热处理和辅助工序。因此，在拟定工艺路线时，工艺设计人员要系统地将三者加以考虑。

1）机械加工工序的安排

（1）先基准面，后其他面。

首先加工被选为精基准的表面，以便尽快为后续工序的加工提供可靠的基准表面，这是确定加工顺序的一个重要原则。

（2）先粗加工，后精加工。

工件的加工质量要求较高时，一般很难用一道工序的加工来满足其要求，也不应采用一道工序来完成，而应分为几道工序逐渐达到应有的加工质量。

机械加工工艺路线按工序的性质不同，一般可分为粗加工、半精加工和精加工三个阶段，零件的加工质量要求特别高时，还应增设光整加工和超精密加工阶段。

（3）先加工面，后加工孔。

平面轮廓尺寸较大的零件（如箱体、支架和连杆等），因其上平面的轮廓平整，安放和定位比较稳定可靠，若先加工好平面，就能以平面定位加工孔（即先面后孔），保证平面和孔的位置精度。此外，先加工好平面，给平面上孔的加工带来方便，刀具的初始工作条件也能得到改善。

（4）先主要面，后次要面。

零件的主要表面是加工精度和表面质量要求较高的面，它的工序较多，且加工的质量对零件质量的影响很大，因此应先进行加工，而次要表面（如螺孔、键槽等）一般加工量较少，加工比较方便。若把次要表面穿插在各阶段之间进行，就能使加工阶段更加明显，又增加了阶段之间的间隔时间，便于工件有足够的时间释放残余应力，重新分布引起零件变形，以便在后续工序中纠正其变形。

2）热处理工序的安排

热处理可以提高材料的力学性能，改善金属的切削性能以及消除残余应力，在制定工艺路线时，应根据零件的技术要求和材料的性质合理安排热处理工序。

（1）粗加工前后的热处理工序。

安排在粗加工之前进行的如正火、退火、调质和时效处理等热处理工序，可改善粗加工时材料的加工性能，减少车间之间的运输工作量；粗加工后安排的如人工时效、退火等热处理工序，有利于粗加工后残余应力的消除；对于结构复杂的铸件，如机床床身、立柱等，则在粗加工前后都要进行时效处理。

（2）精加工前后的热处理工序。

安排在半精加工后、精加工前的热处理工序，如淬火、渗碳淬火、氰化和氮化等，可改善工件的材料力学性能。变形较大的热处理，如渗碳淬火应安排在精加工磨削前进行，以便在精加工磨削时纠正热处理的变形。变形较小的热处理，如氮化等可安排在精加工后，调质处理有时也可安排在精加工前进行。

其他如镀铬、镀锌、发蓝等表面装饰性镀层和处理，一般安排在工艺过程的最后阶段进行。

3）辅助工序的安排

辅助工序包括工件的检验、去毛刺、清洗、防锈、去磁和平衡等。辅助工序也是必要的工序，若安排不当或遗漏，将会给后续工序和装配带来困难，影响产品质量，甚至使机器不能使用。其中检验工序是最主要的辅助工序，它对保证产品质量有极其重要的作用。检验工序应安排在：粗加工全部结束后；精加工之前；重要工序前后；从一个车间转向另一个车间前后；全部加工结束之后。

4. 工序的集中与分散

工序集中与工序分散是拟定工艺路线时确定工序数目的两种不同原则，它与设备的类型选择有密切的关系。

1）工序集中的工艺过程

工序集中就是将工件的加工集中在少数几道工序内完成，每道工序的加工内容较多。其特点为：

① 工件装夹次数减少。不但可缩短辅助时间，而且一次装夹中可以加工出较多的工件表面，有利于保证这些表面间的相互位置精度。

② 由于工序少，可减少机床数量、操作工人数和生产面积，便于生产计划和生产组织工作。

③ 工序集中有利于采用自动化程度较高的高效机床，采用多刀、多刃、多工位加工方式，如数控加工中心、组合机床等。

2）工序分散的工艺过程

工序分散就是将工件的加工分散在较多的工序内进行，每道工序的加工内容尽量少。其特点为：

① 设备和工艺装备简单，调整方便，工人容易掌握，容易适应产品的变换。

② 有利于采用最合理的切削用量，减少机动时间。

③ 设备数目多，操作工人多，生产面积大。

2.4.5 加工余量

在选择好毛坯，拟定出机械加工工艺路线之后，就可以确定加工余量并计算各工序的工序尺寸。加工余量大小与加工成本、加工质量有密切的关系。加工余量过大，不仅浪费材料，而且要增加切削工时，增大刀具的磨损与机床的负荷，从而使加工成本增加；加工余量过小，会使前一道工序的缺陷得不到修正，造成废品，从而影响加工质量和成本。

1. 基本知识

加工余量是指加工过程中所切去的金属层厚度。余量有工序余量和加工总余量两种。工序余量是相邻两工序的工序尺寸之差；加工总余量是毛坯尺寸与零件图的设计尺寸之差，它等于各工序余量之和。

由于工序尺寸有公差，实际切除的余量是一个变值，因此，工序余量分为基本余量（又称公称余量）、最大工序余量和最小工序余量。

为了便于加工，工序尺寸的公差一般按"入体原则"标注，即被包容面（轴）的工序尺寸取上极限偏差为零；包容面（孔）的工序尺寸取下极限偏差为零；毛坯尺寸的公差一般采用双向对称分布。

中间工序的工序余量与工序尺寸及其公差的关系如图 2-74 所示。由图 2-74 可知，公称余量 Z_b、最大加工余量 Z_{bmax}、最小加工余量 Z_{bmin}、上工序最大加工尺寸 a_{max}、上工序最小加工尺寸 a_{min}、本工序最大加工尺寸 b_{max}、本工序最小加工尺寸 b_{min}、上工序公差 T_a、本工序公差 T_b 及工序余量公差 T_Σ 的关系如下：

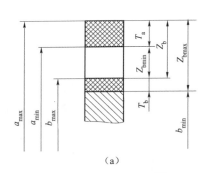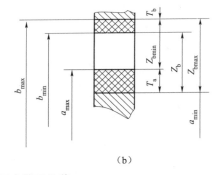

（a）　　　　　　　　　　　　　　　　（b）

图 2-74　加工余量及公差

（a）被包容面（轴）；（b）包容面（孔）

对于被包容面：

$$Z_b = a_{max} - b_{max}$$
$$Z_{bmax} = a_{max} - b_{min} = Z_b + T_b$$
$$Z_{bmin} = a_{min} - b_{max} = Z_b - T_a \qquad (2-99)$$
$$T_\Sigma = Z_{bmax} - Z_{bmin} = T_a + T_b$$

对于包容面：

$$Z_b = b_{min} - a_{min}$$
$$Z_{bmax} = b_{max} - a_{min} = Z_b + T_b$$
$$Z_{bmin} = b_{min} - a_{max} = Z_b - T_a \qquad (2-100)$$
$$T_\Sigma = Z_{bmax} - Z_{bmin} = T_a + T_b$$

加工余量有单边余量和双边余量之分。平面的加工余量指单边余量，它等于实际切削的金属层厚度。对于内圆和外圆等回转体表面，加工余量指双边余量，即以直径方向计算，实际切削的金属层厚度为加工余量的一半。应当指出，一般所说的工序余量都是指公称余量。

由工艺手册直接查出的加工余量和计算切削用量时所用的加工余量就是公称余量。但在计算第一道工序的切削用量时，应采用最大工序余量，因为该道工序的余量公差很大，对切削过程的影响也大。

2. 影响加工余量的因素

加工余量的大小对工件的加工质量和生产率有较大的影响。余量过大，会浪费工时，增加刀具、金属材料及电力的消耗；余量过小，既不能消除上道工序留下的各种缺陷和误差，又不能补偿本道工序的装夹误差，会造成废品。影响加工余量的各种因素如下：

1）上道工序的各种表面缺陷和误差

① 上道工序留下的表面粗糙度和表面缺陷层应全部切除。

② 上道工序留下的几何形状误差，如圆度、圆柱度等，在本工序中应得到修正。

③ 上道工序留下的形位误差，如轴心线的弯曲、位移、偏心、偏斜以及平行度、垂直度等，在本工序中应得到修正。

2）本工序加工时的安装误差

安装误差包括工件的定位和夹紧误差及夹具在机床上的对定误差，这些误差会使工件在加工时的正确位置发生偏移，所以加工余量的确定还应考虑装夹误差的影响。

3. 确定加工余量的方法

1）分析计算法

利用以上介绍的余量计算公式，对影响加工余量的各项因素进行分析和综合计算来确定加工余量的大小。这种方法确定的加工余量较为经济合理，但需要有关资料，可惜常常由于资料不全，计算有困难，目前应用较少。一般仅用于大批大量生产或贵重零件的加工。

2）查表修正法

查表修正法是以工厂的生产实践和试验研究中积累的有关统计资料为基础，再按实际情况加以修正来确定加工余量。此方法在生产实际中应用比较广泛。

3）经验估计法

经验估计法是根据工艺人员的经验来确定加工余量。为防止因余量过小而产生废品，估计的余量一般偏大。此方法常用于单件小批生产中。

2.4.6 尺寸链

在机器设计、装配或零件加工过程中，由相互连接的尺寸所形成的封闭尺寸组，称为尺寸链，这些尺寸彼此之间有一定的内在联系，往往一个尺寸的变化会引起其他尺寸的变化。如图 2-75 所示，将图 2-75（a）中的有关尺寸从零件图中取出，画成单纯的首尾相接的封闭尺寸图，如图 2-75（b）所示，即尺寸链图。尺寸链是解决机械制造中相关尺寸问题的有效方法。

1. 尺寸链的基本概念

1）尺寸链的基本术语

（1）环。

组成尺寸链的各个尺寸统称为尺寸链的环，尺寸链的环分为封闭环和组成环两种。

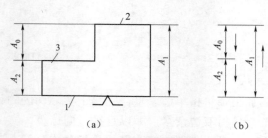

（a）　　　　　　（b）

图 2-75　台阶面加工尺寸链

（2）封闭环。

尺寸链中，在装配过程或加工过程中最后形成的一环称为封闭环，每个尺寸链只能有一个封闭环。例如图 2-75（a）中，用调整法加工台阶面，以平面 1 定位，先加工平面 2，获得了尺寸 A_1，然用同样的方法加工平面 3，获得尺寸 A_2，这时尺寸 A_0 也就自然形成了，所以 A_0 是封闭环。

（3）组成环。

尺寸链中除封闭环以外的其他环都是组成环。根据其对封闭环的影响不同，组成环又可分为增环和减环。

（4）增环。

在其他组成环不变时，某一组成环的增大或减小会导致封闭环的增大或减小，则该环称为增环，用 $\vec{A}$ 表示。图 2-75 中的 A_1 即增环。

（5）减环。

在其他组成环不变时，某一组成环的增大或减小会导致封闭环的减小或增大，则该环称为减环，用 $\overleftarrow{A}$ 表示。图 2-75 中的 A_2 即减环。

当尺寸链的环数较多时，直接判断增环和减环有一定难度，且容易出错。简易的方法是在绘制尺寸链图时，用首尾相接的箭头依次表示各环，如图 2-76 所示。凡箭头方向与封闭环箭头方向相反的是增环，反之即减环。图 2-76 中，A_0 是封闭环，A_4、A_6、A_8 是增环，其余为减环。

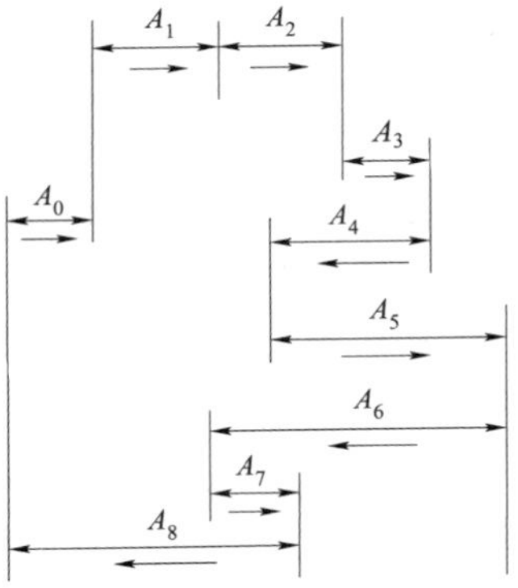

2）尺寸链的分类

尺寸链可以由直线组成，也可以由角度组成；可以是平面的，也可以是空间的。因此，尺寸链可分为直线尺寸链、平面尺寸链、角度尺寸链和空间尺寸链。

本节只讨论在同一平面内的直线尺寸链，其定义为全部组成环都是平行于封闭环的尺寸链。

2. 尺寸链计算的基本公式

尺寸链的计算方法有极值法和概率法两种。

1）极值法

（1）封闭环的基本尺寸。

封闭环的基本尺寸 A_0 等于增环的基本尺寸 $\vec{A}_i$ 之和减去减环的基本尺寸 $\overleftarrow{A}_j$ 之和，即

$$A_0 = \sum_{i=1}^{m} \vec{A}_i - \sum_{j=m+1}^{n-1} \overleftarrow{A}_j \qquad (2-101)$$

式中，m 为增环的环数；n 为尺寸链的总环数。

（2）极限尺寸。

封闭环最大极限尺寸 $A_{0\max}$ 等于所有增环的最大极限尺寸 $\vec{A}_{i\max}$ 之和减去所有减环的最小极限尺寸 $\overleftarrow{A}_{j\min}$ 之和，即

$$A_{0\max} = \sum_{i=1}^{m} \vec{A}_{i\max} - \sum_{j=m+1}^{n-1} \overleftarrow{A}_{j\min} \qquad (2-102)$$

图 2-76　增、减环的判定方法

封闭环最小极限尺寸 $A_{0\min}$ 等于所有增环的最小极限尺寸 $\vec{A}_{i\min}$ 之和减去所有减环的最大极限尺寸 $\vec{A}_{j\max}$ 之和，即

$$A_{0\min} = \sum_{i=1}^{m} \vec{A}_{i\min} - \sum_{j=m+1}^{n-1} \vec{A}_{j\max} \tag{2-103}$$

（3）上、下极限偏差。

封闭环的上极限偏差 $\mathrm{ES}A_0$ 等于所有增环的上极限偏差 $\mathrm{ES}\vec{A}_i$ 之和减去所有减环的下极限偏差 $\mathrm{EI}\vec{A}_j$ 之和，即

$$\mathrm{ES}A_0 = \sum_{i=1}^{m} \mathrm{ES}\vec{A}_i - \sum_{j=m+1}^{n-1} \mathrm{EI}\vec{A}_j \tag{2-104}$$

封闭环的下极限偏差 $\mathrm{EI}A_0$ 等于所有增环的下极限偏差 $\mathrm{EI}\vec{A}_i$ 之和减去所有减环的上极限偏差 $\mathrm{ES}\vec{A}_j$ 之和，即

$$\mathrm{EI}A_0 = \sum_{i=1}^{m} \mathrm{EI}\vec{A}_i - \sum_{j=m+1}^{n-1} \mathrm{ES}\vec{A}_j \tag{2-105}$$

（4）公差。

封闭环的公差 TA_0 等于各组成环的公差 TA_i 之和，即

$$TA_0 = \sum_{i=1}^{n-1} TA_i \tag{2-106}$$

由上式可知，封闭环的公差比任何一个组成环的公差都大。组成环公差越大，环数越多，则封闭环的公差就越大。欲提高封闭环的精度，减小其公差，就必须减少组成环的环数（尺寸链最短原则）或提高组成环的精度。

极值法又叫极大值极小值解法。这种计算方法是从最不利的情况出发，即取两个极端状态，其一是各增环均为最大值而各减环又都是最小值，其二是各增环都是最小值而各减环又都是最大值，以此来求解封闭环。由于极值法简单、可靠，所以目前生产中尺寸链的环数较少时常用此法，但当尺寸链的环数较多时，同时出现这种最为不利的组合实际可能性几乎为零，极值法的不合理性就显得很明显，所以当尺寸链的环数较多时，用概率法比较合理。

2）概率法

概率法与极值法的实质性差异是概率法可放大组成环的公差。概率法的封闭环公差与各组成环公差之间有如下关系：

$$TA_0 = \sqrt{\sum_{i=1}^{n-1} (TA_i)^2} \tag{2-107}$$

用概率法解算尺寸链，可使各组成环的公差比极值法平均放大 $\sqrt{(n-1)}$ 倍，而理论上由此增加的废品率仅为 0.27%。用概率法计算时，各组成环的上、下极限偏差不能按极值法那样计算。一般是计算出各环的公差和平均尺寸，各环的公差标注为平均尺寸的双向对称分布形式，或标注为具有基本尺寸和上、下极限偏差的形式。

3. 尺寸链的计算

1）计算形式

尺寸链的计算形式有正计算、反计算和中间计算三种类型。

（1）正计算。

正计算是已知各组成环的基本尺寸和极限偏差，求封闭环的相应参数，多用于产品设计的校验工作。

（2）反计算。

反计算是已知封闭环的基本尺寸和极限偏差，求各组成环的相应参数。由于组成环有若干个，所以反计算形式是将封闭环的公差值合理地分配给各组成环。产品设计工作中常遇到此形式。

（3）中间计算。

中间计算是已知封闭环和部分组成环的公差和极限偏差，求其余组成环的相应参数。工艺尺寸链多属此种计算形式。

2）计算步骤

① 画尺寸链图。先确定要计算的问题与哪些尺寸相关，把相关尺寸从工序图中移出，画成尺寸链图。选择组成环时，要考虑能使尺寸链简化，如工序图上是一个直径尺寸，有时用其半径作为尺寸链的环可能更合适。

② 确定封闭环。这是解尺寸链最关键的一步。

③ 确定增环和减环。

④ 按尺寸链计算公式进行计算，一般是计算某一环的基本尺寸及其上、下极限偏差。

⑤ 校核。对计算结果进行公差校核。校核只对步骤④有效，不能查出前面步骤中的差错。

4. 工艺尺寸链的计算

由于加工余量的影响、基准的变动、中间工序的安排等，在拟定工艺过程中经常要进行工序尺寸计算。

1）工艺基准与设计基准不重合时的工序尺寸计算

【**例 2-4**】图 2-77（a）所示为某零件的镗孔工序图，M、N 表面已加工，孔轴线的设计基准是 M 面，而定位基准是底面 N，这样孔的设计尺寸是由工序尺寸 A_1 来保证的，由于孔的设计基准和定位基准不符，工序尺寸 A_1 需要换算。

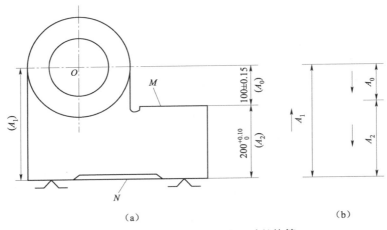

图 2-77 轴承座镗孔工序尺寸的换算

解： ① 画尺寸链图，如图 2-77（b）所示，A_0 为封闭环，A_1 为增环，A_2 为减环。

② 计算 A_1 的基本尺寸与上、下极限偏差。

$$100 = A_1 - 200, \quad A_1 = 300$$

A_1 的上极限偏差：$+0.15 = ESA_1 - 0$，$ESA_1 = +0.15$。

A_1 的下极限偏差：$-0.15 = EIA_1 - 0.1$，$EIA_1 = -0.05$。

计算结果：$A_1 = 300^{+0.15}_{-0.05}$ mm。

A_1 作为中心高，其偏差值也可按双向标注，则为

$$A_1 = (300.05 \pm 0.1) \text{ mm}$$

③ 校核，$TA_0 = 0.2 + 0.1 = 0.3$，结果符合。

【例 2-5】 图 2-78（a）所示为轴套零件加工 $\phi40$ 沉孔的工序图，其余表面已加工。因孔深的设计基准为垂直孔轴线，尺寸（30 ± 0.15）mm 无法测量，问能否以间接测量孔深 A 来检验。

解： 按题意，以测量 A 来检验（30 ± 0.15）mm 尺寸，测量基准为左端面，与设计基准不重合，需进行尺寸链换算。

① 画尺寸链图，确定封闭环。将相关的尺寸画成尺寸链图，如图 2-78（b）所示。因尺寸（30 ± 0.15）mm 是间接得到的，为封闭环，其余尺寸均为组成环。此时若检验一下公差的分配可发现，两个已知的组成环公差之和已大于封闭环公差，故该尺寸链无解（计算结果为上极限偏差小于下极限偏差），原设想的方案不可行。

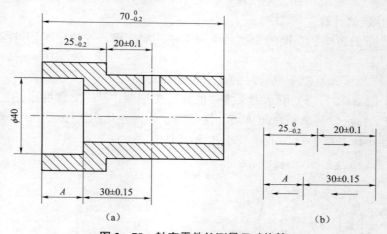

（a）　　　　　　　　　　　　　（b）

图 2-78　轴套零件的测量尺寸换算

为了解决问题，建议将前工序的公差压缩。组成环 $25^{\ 0}_{-0.2}$ mm 在加工时较容易控制，故将其改为 $25^{\ 0}_{-0.05}$ mm，再进行尺寸链换算。

② 确定增、减环。A 为减环，其余两个组成环为增环。

③ 计算 A 的基本尺寸与上、下极限偏差。

$$30 = 25 + 20 - A, \quad A = 15$$

极限偏差：

$$+0.15 = +0.1 + 0 - EIA, \quad EIA = -0.05$$

$$-0.15 = -0.1 + (-0.05) - ESA, \quad ESA = 0$$

即 $A=15_{-0.05}^{0}$ mm，校核结果符合。

本例中，因以测量尺寸 A 保证尺寸（30±0.15）mm，需压缩尺寸 $25_{-0.2}^{0}$ mm 的公差，增加了前工序的加工难度。因此该方案将使零件的加工成本提高。

2）多工序尺寸的计算

【例 2-6】图 2-79（a）所示为孔和键槽加工时的尺寸计算示意图。内孔表面需渗碳淬火，最终磨削至 $\phi40_{0}^{+0.05}$ mm，并同时保证键槽深度 $43.6_{0}^{+0.34}$ mm。有关孔及键槽的加工顺序如下：

① 镗孔至 $\phi39.6_{0}^{+0.1}$ mm。

② 插键槽，工序尺寸为 A。

③ 热处理，渗碳淬火。

④ 磨孔，至设计尺寸。

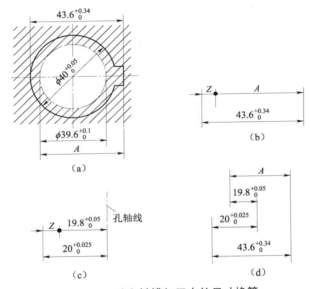

图 2-79　孔和键槽加工中的尺寸换算

由于孔径的公差远比槽深的公差小，故磨孔时只控制孔径，要求在孔径满足的同时，键槽深度也得到保证，求插键槽时的中间工序尺寸 A。

解： 由于插键槽时的工序尺寸 A 与键槽最终尺寸相差一个磨孔的单边余量 Z，由此可直接列出一个三环尺寸链，如图 2-79（b）所示。因单边余量 Z 没有现成的数据，需要再建一个尺寸链，如图 2-79（c）所示，由于上述两个尺寸链中 Z 环是共有的，故可以将两个尺寸链合二为一，变为一个四环尺寸链，如图 2-79（d）所示。该尺寸链中，键槽深度 $43.6_{0}^{+0.34}$ mm 是由磨孔尺寸间接保证的，是封闭环，镗孔后的半径 $19.8_{0}^{+0.05}$ mm 是减环，其余为增环。故计算可得：

A 基本尺寸：$43.6=A+20-19.8$，$A=43.4$；

上极限偏差：$+0.34=\mathrm{ES}A+0.025-0$，$\mathrm{ES}A=+0.315$；

下极限偏差：$0=\mathrm{EI}A+0-0.05$，$\mathrm{EI}A=+0.05$。

即 $A=43.4_{+0.050}^{+0.315}$ mm，公差校核结果符合。

A 按入体方向标注为： $A = 43.45^{+0.265}_{0}$ mm。

2.4.7 三维工艺设计

随着设计及制造过程技术逐渐实现在三维环境下进行，也要求工艺设计在三维环境下进行，因此提出了三维工艺设计。三维工艺规划作为三维工艺设计的关键环节，决定了零件加工过程是否顺利，以及能否保证加工质量及低制造成本。工艺路线决策的多因素和制造资源的多样性，造成了三维工艺规划的复杂性和特殊性。本节针对三维工艺规划问题，引入加工的最小单位——加工元的概念，并以此为基础提出一种模拟退火和蚁群算法相结合的混合式算法，最后通过实例验证了该方法的有效性。

1. 三维工艺规划

加工设备的选择受到很多因素的影响，如零件的加工成本、加工时间、加工质量或者设备资源的状态（已损坏或者正在使用），等等。根据生产厂商不同的目标要求，往往得出不同的设备选择方案。如航天器的生产对质量的要求非常高，相对而言，加工时间和加工成本的影响因素较小，因此航天器件的生产一般选择高精尖的加工中心。一般民用的产品，对加工成本或者加工时间的控制非常严格，而对加工质量的要求相对不是非常苛刻，会倾向于使用普通机床。因此需要针对不同的场合考虑相应的因素，通过建立相应数学优化模型实现工艺方案的优选。三维工艺规划过程信息流示意图如图 2-80 所示。

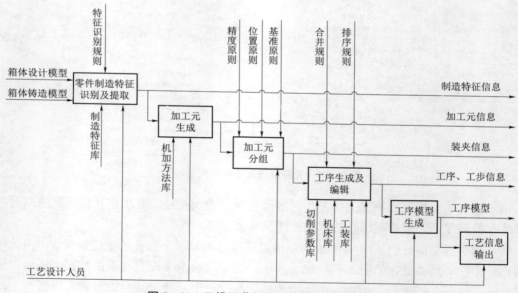

图 2-80 三维工艺规划过程信息流示意图

1）工艺规划的数学模型

工艺方案的优选是一个多目标优化问题。众所周知，多目标优化决策的最优值问题一般转化为通过求解目标函数的最大值或者最小值得出，数学模型表示如下：

$$\min(\text{or max})u = F(x)$$
$$\text{s.t. } G(x) \leqslant 0(\text{or } G(x) \geqslant 0)$$

$$(2-108)$$

式中，$F(x) = \bigcup\limits_{i=1}^{m} f_i(x)$ 为目标函数；$G(x) = \bigcup\limits_{j=1}^{n} g_j(x)$ 为约束函数；x 为相应的函数变量。

在加工设备的评价优选时，传统的加工设备选择主要依靠设计者多年的生产经验，定性地给出相应的选择结果。这样得出的评价结果不一定是最优的，而且不容易操作。因此可以对影响零件加工设备选择的条件进行建模，对每个影响因素赋予相应的权重，在约束函数的约束条件下，将加工设备的选择问题转化为多个目标函数的求极值问题。用数学的方法代替设计人员的经验，得出的评价结果更加可靠，同时更加符合现代设计的基本要求。

在零件的实际加工过程中，一般影响设备选择的因素可以分成三大类：工艺成本、工序时间和加工质量。相较于此三类因素，其他因素对零件的生产影响较小，可以忽略。因此，零件加工方案的选择是一个典型的多目标优化决策问题，该问题的数学模型如下：

$$\min u = F(x) = \bigcup\limits_{i=1}^{3} f_i(x) \qquad\qquad (2-109)$$

$$\text{s.t.}\quad G(x) = \bigcup\limits_{j=1}^{n} g_j(x) \leqslant 0$$

式中，x 为决策变量，即影响设备选择的各个因素（工艺成本、工序时间和加工质量）；$f_i(x)$ 为影响设备选择各个因素的目标函数（i 的取值为 $0\sim3$）；$g_j(x)$ 为影响因素的变化范围（j 的取值根据实际情况而定）。

2）评价指标建模

根据上面提出的影响加工方案选择的数学模型，这里重点对影响机床选择的因素进行建模。

（1）工艺成本。

在加工过程中，工艺成本的核算非常复杂，在零件加工方案的选择过程中，挑选构成成本的主要费用，合理忽略对生产成本构成影响不大的费用。可以将工艺成本归结为四部分——机床使用费用 C_1、工装使用费用 C_2、设备折旧费用 C_3 和工人的工资 C_4，各部分定义如表 2-9 所示。

表 2-9　工艺成本定义

工艺成本	定义
C_1	包含机床的修理费、机床的动力费以及润滑和冷却费等
C_2	包含刀具和夹具的使用费用
C_3	主要为机床的折旧费用
C_4	主要为在零件生产过程中对零件进行加工所耗用的工人的工资、奖金和各种津贴等

（2）工序时间。

在零件的生产过程中，工序时间的核算相对简单，主要包含四大类——基本时间 T_1、辅助时间 T_2、工作地服务时间 T_3 和生理需要时间 T_4，各部分定义如表 2-10 所示。

表 2-10 工序时间的定义

工序时间	定义
T_1	主要为切削时间，即直接改变工件的形状、尺寸和表面质量等所消耗的时间
T_2	在一道工序中，为保证基本工作所做动作需要的时间，包括装夹工件和卸下工件等所耗费的时间
T_3	在工序之外，用于保证加工过程的顺利进行所做工作消耗的时间在每个工件上的分摊，如换刀、机床调整等的时间
T_4	工作中，工人自然需要花费的时间在每一个工件上的分摊

（3）加工质量。

加工质量主要包含三类——产品表面质量 Q_1、尺寸公差 Q_2 和形位公差 Q_3，各部分定义如表 2-11 所示。

表 2-11 加工质量定义

加工质量	定义
Q_1	包含表面微观几何精度和表面层机械物理性质两方面
Q_2	切削加工中零件尺寸允许的变动量
Q_3	包含形状公差和位置公差

在零件的加工方案评价中，通过对不同的指标进行建模，设定不同指标的不同权重，根据相应的数学公式计算得出最符合每道工序要求的加工设备。整个加工方案评价指标体系如图 2-81 所示。

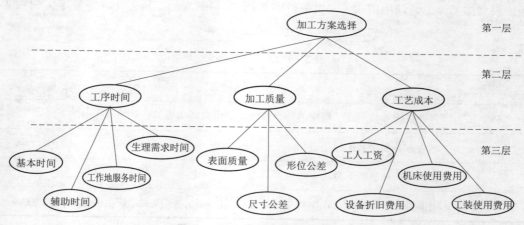

图 2-81 加工方案评价指标体系

3）基于加工元的工艺模型表示

（1）加工元定义。

加工元是某个制造特征的最小加工操作，类似于加工的工步。例如，某孔特征的加工过程是钻、扩、铰，则钻孔、扩孔和铰孔分别是该孔的加工元。加工元包括该加工操作的加工阶段、刀具接近方向、候选机床和候选刀具。可以采用如下方式表示加工元：

$$u_i = \{O_u, P_u, T_u, F_u, M_u, C_u\}$$　　　　　　（2-110）

式中，O_u 为加工元的几何模型；P_u 为加工阶段，如粗加工、半精加工和精加工等；T_u 为制造特征的刀具接近方向，如三轴机床包括 $+x$，$-x$，$+y$，$-y$，$+z$，$-z$；F_u 为加工元的定位基准；M_u 为候选机床，如 m_1 和 m_2 等；C_u 为候选刀具，如 t_1 和 t_2 等。

（2）加工元分组。

加工元分组是将具有相似加工属性的加工元分成一组，是工序生成的基础。分在同一组的加工元就构成了工艺过程的一个工序。加工元分组需要遵循精度原则、位置关系原则和定位基准原则。

① 精度原则。精度原则是将具有相同或相近加工精度的加工元分成一组。为了使工艺过程多次装夹的误差累积最小，应按照加工精度要求，对那些有严格尺寸、位置、方向或形状公差要求的特征共用一个基准，分在同一加工元组。同组内的特征紧密相关，最好在同一装夹中被加工。

② 位置关系原则。位置关系原则是在精度原则分组的基础上将具有相同刀具接近方向的加工元分成一组。尽管建议有严格公差要求的加工特征在一次装夹中完成加工，但机床能力不一定能保证在一次装夹中完成所有特征加工。因此对于按照加工精度原则分在一起的加工元，还要结合刀具接近方向对工序进行重新编组，使相同刀具接近方向的特征可重组到一起，从而构成一个加工元组。

③ 定位基准原则。定位基准原则是在依据位置关系原则分组的基础上将具有相同定位基准的加工元分成一组。

4）工艺模型表示

在充分考虑加工元定义和加工元分组的基础上，基于加工元的工艺模型定义为：

定义 1　$PM ::= \{WM, PA\}$，具体含义如下：

① PM 表示工艺模型。

② WM 表示工序总模型。

③ PA 表示工艺模型的工艺属性信息。

定义 2　工序总模型是由许多工序模型构成的，工序总模型表示如下：

$$WM = \bigcup_{q=1}^{sum} WM_q$$　　　　　　（2-111）

① sum 是工序总个数。

② WM_q 是工序模型，$q = 1, 2, \cdots, sum$。

定义 3　$WM_q ::= \{PCS, WPA, WN\}$，具体含义如下：

① WPA 表示工序属性，包含工序名称、工序内容、设备、工装和工步信息等工序属性信息。

② WN 表示工序注释信息，包含装夹基准、技术要求等信息。

③ PCS 表示工序包含的加工元集合，是按照工艺安排基本原则（先主后次、先面后孔、基准先行、先粗后精），对加工元分组进行排序和组合，最终生成工序包含的加工元集合。

5）基于加工元的工艺路线规划

（1）基于加工元的工艺路线决策过程描述。

零件的加工工艺路线是将各个制造特征的所有加工元按一定顺序排列而成的。零件的加工工艺过程往往由若干道工序组成，一道工序包含若干个加工工步，一个工步中只能包含一个加工元。

（2）基于工艺规则的加工顺序推理方法。

零件制造特征之间存在的加工顺序约束关系，一般遵循一定的工艺原则，如先主后次、先面后孔、基准先行、先粗后精等，可以用零件特征之间的公差关系来表征这些规则。图2-82（a）中描述了一个简单工件的尺寸和位置公差，根据公差值信息，通过上述工艺规则，生成加工元顺序关系，如图2-82（b）所示。

零件的全部加工元的加工顺序约束关系建立完成后，它们在工艺路线中的前后位置关系可以使用加工元顺序约束矩阵 $R_{sum \times sum} = (u_{i,j})$ 表示，$i,j = 1,2,\cdots,sum$。图2-82（a）中描述简单工件的加工元顺序约束矩阵如图2-82（c）所示。

$$u_{i,j} = \begin{cases} 1, & \text{加工元}u_i\text{优先于}u_j \\ 0, & \text{其他} \end{cases}$$

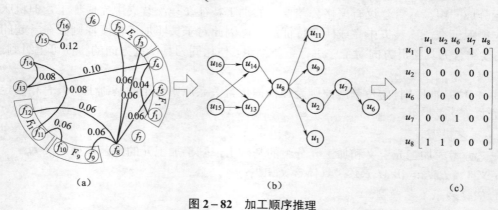

图2-82　加工顺序推理

（a）面与面的尺寸公差关系；（b）加工元顺序关系；（c）加工元顺序约束矩阵

根据式中加工元顺序约束矩阵的概念和性质，给出如下定义：

定义4　优先约束矩阵行矢量的模 $|H_i| = \sum_{j=1}^{sum} u_{i,j}$ 表示第 i 个加工元提供加工约束的数量。

定义5　优先约束矩阵列矢量的模 $|L_j| = \sum_{i=1}^{sum} u_{i,j}$ 表示第 j 个加工元受到加工约束的数量。

对于优先约束矩阵中任一个加工元 u_k，根据定义4和定义5可得出如下推论：

推论1　若 $|H_k| \neq 0$ 且 $|L_k| = 0$，此加工元 u_k 可以作为加工路线的起点。

推论2　若 $|H_k| = 0$ 且 $|L_k| \neq 0$，此加工元 u_k 可以作为加工路线的终点。

推论3　若 $|H_k| \neq 0$ 且 $|L_k| \neq 0$，此加工元 u_k 是位于加工路线中的中间工序。

（3）基本蚁群算法的工艺路线决策求解算法。

① 优化目标。尽量减少装夹次数、换刀次数和机床变换次数为工艺路线的优化目标。

$$\min \ C(x) \quad (x \in \mathbf{N}^{sum})$$

$$C(x) = a_F C_F(x) + a_C C_C(x) + a_M C_M(x)$$

$$C_F(x) = \sum_{i=1}^{sum-1} \max[\delta(G_i D, G_{i+1} D), \delta(G_i FS, G_{i+1} FS), \delta(G_i F_t, G_{i+1} F_t)]$$

$$C_M(x) = \sum_{i=1}^{sum-1} [\delta(G_i M, G_{i+1} M)] \qquad (2-112)$$

$$C_C(x) = \sum_{i=1}^{sum-1} [\delta(G_i C, G_{i+1} C)]$$

式中，a_F、a_C 和 a_M 分别为夹具变换次数、换刀次数和机床变换次数的权重系数，由工艺人员根据具体情况确定；$C_F(x)$、$C_C(x)$ 和 $C_M(x)$ 分别为装夹次数、换刀次数和机床变换次数；GD、GFS、GF、GM 和 GC 分别为加工中用到的定位基准、装夹表面、夹具、刀具和机床；$\delta(a,b)$ 是一个判断函数，表示为

$$\delta(a,b) = \begin{cases} 1, a = b \\ 0, a \neq b \end{cases} \qquad (2-113)$$

② 禁忌准则和约束条件的处理。在进行加工元节点选择时，符合禁忌准则的节点会被放入禁忌列表 $\text{Tab}(u_k)$ 中，在遍历过程中将被筛除。禁忌节点分为两类：已经过的加工元节点；不满足本书中所定义的加工顺序约束的加工元节点。

③ 路径转移概率。在 t 时刻，蚂蚁 k 从加工元 u 移动到加工元 v 的概率 $P_{u,v}^k(t)$ 可以表示为

$$P_{u,v}^k(t) = \begin{cases} \dfrac{[r_{u,v}(t)]^\alpha [\eta_{u,v}(t)]^\beta}{\sum_{s \in a_k} [r_{u,s}(t)]^\alpha [\eta_{u,s}(t)]^\beta}, & v \in a_k \\ 0, & v \notin a_k \end{cases} \qquad (2-114)$$

式中，$r_{u,v}(t)$ 为 t 时刻加工元 u 和 v 之间的信息素；α 为信息启发因子；β 为期望启发因子；$\eta_{u,v}(t)$ 为加工元 u 移动到加工元 v 的期望程度，定义为相邻两个加工元 u 和 v 之间制造资源更换率 $C_{u,v}$ 的倒数；$a_k = \{C - \text{Tab}(u_k)\}$，表示 t 时刻蚂蚁 k 下一步允许选择加工元节点的集合。

④ 信息素更新。在应用蚁群算法的计算迭代过程中，一个很重要的步骤就是在每轮蚂蚁爬行结束之后更新节点间的信息素含量，以指导下一轮的蚂蚁搜索过程。所谓指导，是指计算节点间移动概率的时候会用到节点间信息素含量，以确定节点曾经被选择的频率，被选频率越高，该节点此轮备选的可能性也就越大。

基本蚁群算法直接应用在实际问题中会有一定的缺陷，如搜索效率不高，尤其是容易过早收敛而陷入局部最优，无法搜索最优解。路径中所有节点对于蚂蚁的选择来说都是随机的，也就意味着信息素更新是随机的，这样就会造成收敛速度过慢且容易陷入局部最优，本算法通过引入模拟退火思想完成信息素更新，达到快速搜索最优解或者次优解。因为基本蚁群算法在最开始寻优过程中所有路径都没有信息素，第一条被选择的路径肯定会引导其他蚂蚁的选择，如果该路径不是最好的路径，随着更多蚂蚁的参与，会造成局部最优情况出现。因此，在工艺路线决策算法中引入模拟退火算法，模拟退火算法会以一定的概率选择非最优解，避免局部最优的出现。

局部更新时信息素增减将按照下式进行：

$$r_{u,v}(t+n) = (1-\theta)r_{u,v}(t) + \sum_{k=1}^{m} r_{u,v}^{k}(t) \qquad (2-115)$$

式中，θ 为挥发系数；$r_{u,v}^{k}(t)$ 为蚂蚁 k 本次遍历中在加工元 u 和 v 之间留下的信息素。

因此，基于加工元的工艺路线决策求解算法步骤如图 2-83 所示。图 2-84 所示为基于加工元的工艺路线示意图。

1.生成加工元顺序约束矩阵 $R_{n \times n} = (u_{ij})$；

2.设置参数，初始化信息素踪迹；

3.算法开始

while(不满足条件时) do：

{

    for 蚁群中的每个蚂蚁 k

      for 每个节点构造解步骤(直到构造出完整解)

4.   进行信息素局部更新；

5.   为蚂蚁 k 选择下一个节点遍历 $a_k = \{C - Tab(u_k)\}$；

6.   计算蚂蚁 k 转移到下一个节点 v、h 的概率 $P_{u,v}^{k}(t)$、$P_{u,h}^{k}(t)$；

7.   If $P_{u,v}^{k}(t) < P_{u,h}^{k}(t)$

           接受 h 作为蚂蚁 k 转移的下一个节点；

        Else

           以概率 $\min\{1, \exp(-df/T)\} > random(0,1)$ 接受 h 作为蚂蚁 k 转移的

           下一个节点，其中 $random(0,1)$ 是 0 与 1 间的随机数；

8.   蚂蚁按信息素及启发式信息的指引构造下一问题的解；

9.   进行信息素全局更新；

        end

    end

图 2-83　基于加工元的工艺路线决策求解算法步骤

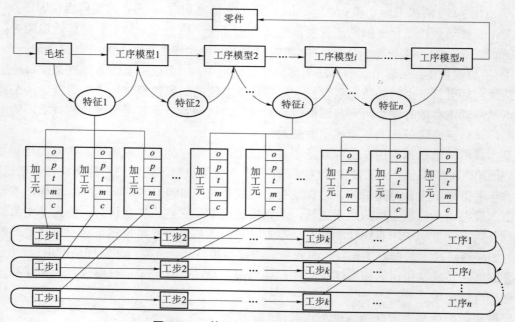

图 2-84　基于加工元的工艺路线示意图

2. 基于特征的三维工序几何模型生成技术

工序模型是指产品从原材料形态到最终成品的过程中反映零件模型加工工序所对应的模型状态。工序模型形象地表达了零件在生产制造过程中各工序的变化。

工序模型一般可以通过正向和逆向两种方法生成。工序模型正向生成法是从毛坯模型向设计模型通过"减材料"方式生成工序模型的方法，该方法适用于设计特征与制造特征之间不具备特定映射关系的产品结构，需要采用特征建模技术。工序模型逆向生成法是指由设计模型向毛坯模型通过"增材料"方式生成工序模型的方法。工序模型逆向生成法适用于设计特征与制造特征具有明确映射关系的情形，通过抑制或删除设计特征达到抑制制造特征的目的。

1）正向生成法

工序模型正向生成法是由工艺信息转化为建模信息后，利用特征建模技术，选择制造特征相对应的用户自定义特征，并完成用户自定义特征的相关特征参数设置。将上一步工序模型与用户自定义特征做布尔差运算后得到本道工序模型，并在工序模型上三维标注工序的工艺要求信息。工序模型正向生成过程如图 2-85 所示。

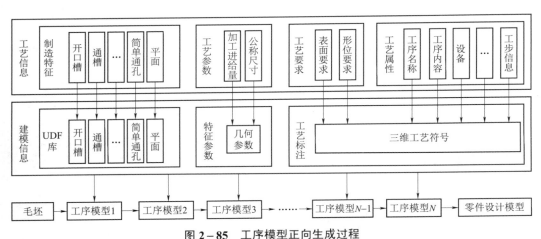

图 2-85   工序模型正向生成过程

工序模型正向生成过程可以分为两个阶段：

（1）工艺信息整理阶段。

提取在三维工艺设计中生成的各个工序的工艺信息，包括加工方法、工艺参数、制造特征和工艺属性等。该阶段负责收集、整理这些工艺信息，并形成结构化描述的工艺信息模块。

（2）特征建模。

特征建模是利用用户自定义特征（UDF）来构建模型，分为三个阶段：定义制造特征；建立用户自定义特征库；从特征库中调用特征，构造零件模型。

该阶段主要负责将制造特征映射为用户自定义特征，把工艺参数转换为建模参数，将工艺要求映射为三维工艺标注。最终实现将工艺信息模块转换成几何建模模块。

利用工艺信息转换阶段生成的建模信息修改前一道工序的工序模型，从而生成本道工序的工序模型，并完成工序模型上的三维标注。

其中，工艺参数是约束加工结果的各种参数值，是对加工余量的定量描述。工艺参数包含公称尺寸和公差，映射为几何建模中的特征几何参数。

工艺要求是在工序模型上表达加工精度、基准等工艺约束，映射为几何建模中的工艺符号标注。

2）逆向生成法

零件设计模型是通过设计特征（DF）构建的，而工序模型是由制造特征（MF）组合而成的。在构成设计模型的 DF 与形成工序模型的 MF 之间存在明确的几何映射关系的情况下，可以采用逆向生成法生成工序模型，如图 2-86 所示。逆向生成法具有简单、易操作等特性，但其局限性比较大。

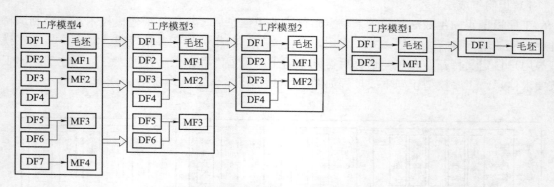

图 2-86 工序模型逆向生成过程

3. 三维工艺规划实例

以图 2-87 箱体零件设计模型为例，说明利用模拟退火蚁群混合算法生成及优化其加工工艺路线的过程。零件单件小批量生产，材料为灰口铸铁。

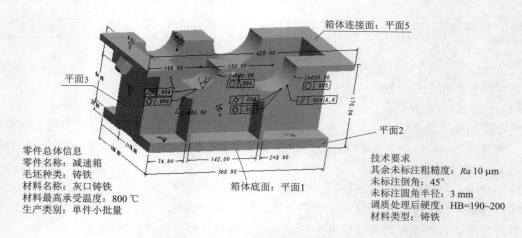

零件总体信息
零件名称：减速箱
毛坯种类：铸铁
材料名称：灰口铸铁
材料最高承受温度：800 ℃
生产类别：单件小批量

技术要求
其余未标注粗糙度：Ra 10 μm
未标注倒角：45°
未标注圆角半径：3 mm
调质处理后硬度：HB=190~200
材料类型：铸铁

图 2-87 箱体零件设计模型实例

首先采用基于图的特征识别方法识别出该箱体零件设计模型中 9 个制造特征，这些制造特征分别为 f_1、f_2、f_3、f_4、f_5、f_6、f_7、f_8、f_9，它们的制造特征类型如表 2-12 所示。

表 2-12 箱体制造特征类型

制造特征	f_1	f_2	f_3	f_4	f_5	f_6	f_7	f_8	f_9
类型	简单通孔	简单通孔	简单通孔	简单通孔	简单通孔	简单通孔	通槽	平面1	平面5

然后利用特征提取的方式提取制造特征上的非几何信息。根据零件设计模型上制造特征的几何公差、表面质量和材料等加工要求信息，检索机加方法库，生成制造特征的加工元，如表 2-13 所示。

表 2-13 加工元生成表

制造特征	加工元	制造特征	加工元
f_1	钻 f_1，铰 f_1	f_3	钻 f_3，扩 f_3，铰 f_3
f_2	精镗 f_2	f_4	精镗 f_4
f_5	钻 f_5，扩 f_5，铰 f_5	f_8	粗铣 f_8
f_6	钻 f_6，铰 f_6	f_9	粗铣 f_9，精铣 f_9
f_7	粗铣 f_7，精铣 f_7		

在生成加工元的基础上，按照精度原则、位置关系原则和定位基准原则，对加工元分组，分组结果如表 2-14 所示。

表 2-14 加工元分组结果

分组号	加工元	加工阶段	刀具接近方向	定位基准
1	钻 f_1	粗加工	$-z$	平面1、平面2、平面3
	钻 f_3			
	钻 f_5			
	钻 f_6			
	粗铣 f_7			
	粗铣 f_8			
2	粗铣 f_9		$+z$	平面2、平面3、平面5
3	扩 f_3	半精加工	$-z$	平面1、平面2、平面3
	扩 f_5			
4	铰 f_1	精加工	$-z$	平面1、平面2、平面3
	铰 f_3			
	铰 f_5			
	铰 f_6			
	精铣 f_7			
5	精铣 f_9		$+z$	平面2、平面3、平面5

续表

分组号	加工元	加工阶段	刀具接近方向	定位基准
6	精镗 f_2	精加工	$+x$	平面 1、平面 3、平面 5
	精镗 f_4			

根据制造特征的公差值信息，通过上述工艺规则（包含加工元分组的工艺规则）推理，生成加工元的顺序约束矩阵，如图 2－88 所示。

$$
\begin{array}{c}
 \\ u_1 \\ u_2 \\ u_3 \\ u_4 \\ u_5 \\ u_6 \\ \\ \\ \\ \\ \\ \\ u_{15} \\ u_{16} \\ u_{17}
\end{array}
\begin{array}{c}
\begin{array}{cccccccccccccc} u_1 & u_2 & u_3 & & & & & & & & & u_{15} & u_{16} & u_{17} \end{array} \\
\left[\begin{array}{cccccccccccccc}
0 & 1 & 1 & 0 & 0 & 0 & 0 & 0 & \cdots & 0 & 0 & 0 & 0 & 0 & 0 \\
0 & 0 & 1 & 0 & 0 & 0 & 0 & 0 & \cdots & 0 & 0 & 0 & 0 & 0 & 0 \\
0 & 0 & 0 & 0 & 0 & 0 & 0 & 0 & \cdots & 0 & 0 & 0 & 0 & 0 & 0 \\
0 & 0 & 0 & 0 & 1 & 1 & 0 & 1 & \cdots & 0 & 0 & 0 & 0 & 0 & 0 \\
0 & 0 & 0 & 0 & 0 & 1 & 1 & 1 & \cdots & 0 & 0 & 0 & 0 & 0 & 0 \\
0 & 0 & 1 & 0 & 0 & 0 & 1 & 1 & \cdots & 0 & 0 & 0 & 0 & 0 & 0 \\
0 & 0 & 0 & 0 & 0 & 0 & 0 & 0 & \cdots & 0 & 0 & 0 & 0 & 0 & 0 \\
0 & 0 & 0 & 0 & 0 & 0 & 0 & 0 & \cdots & 0 & 0 & 0 & 0 & 0 & 0 \\
\vdots & \vdots & \vdots & \vdots & \vdots & \vdots & \vdots & \vdots & \ddots & \vdots & \vdots & \vdots & \vdots & \vdots & \vdots \\
0 & 0 & 0 & 0 & 0 & 0 & 0 & 0 & \cdots & 0 & 0 & 0 & 0 & 0 & 0 \\
0 & 0 & 0 & 0 & 0 & 0 & 0 & 0 & \cdots & 1 & 0 & 1 & 1 & 0 & 0 \\
0 & 0 & 0 & 0 & 0 & 0 & 0 & 0 & \cdots & 1 & 0 & 0 & 1 & 0 & 0 \\
0 & 0 & 0 & 0 & 0 & 0 & 0 & 0 & \cdots & 1 & 0 & 0 & 0 & 0 & 0 \\
0 & 0 & 0 & 0 & 0 & 0 & 0 & 0 & \cdots & 0 & 0 & 0 & 0 & 0 & 1 \\
0 & 0 & 0 & 0 & 0 & 0 & 0 & 0 & \cdots & 0 & 0 & 0 & 0 & 0 & 0
\end{array}\right]
\end{array}
$$

图 2－88　加工元的顺序约束矩阵

在现有机床、刀具和夹具等制造资源能力的约束条件下，满足加工单元的顺序约束关系，采用模拟退火和蚁群算法相结合的混合算法，对上述零件的加工工艺路线进行设计和优化，得出目标函数的最优值为 10，其中装夹次数为 4，刀具变换次数为 4，机床变换次数为 2，对应的最优工艺路线为：钻 f_1→钻 f_5→钻 f_3→钻 f_6→扩 f_5→扩 f_3→铰 f_1→铰 f_5→铰 f_3→铰 f_6→粗铣 f_8→粗铣 f_7→精铣 f_7→粗铣 f_9→精铣 f_9 →精镗 f_4→精镗 f_2。

按照工艺原则和最优工艺路线中加工元的顺序，并且考虑制造资源能力，生成图 2－89 中箱体零件的工序，工序所包含加工元如表 2－15 所示。

表 2－15　工序与加工元关系

工序号	工序名	工序包含的加工元
10	加工箱底孔	钻 f_1，钻 f_5，钻 f_3，钻 f_6，扩 f_5，扩 f_3，铰 f_1，铰 f_5，铰 f_3，铰 f_6
20	加工箱底槽和平面 1	粗铣 f_8，粗铣 f_7，精铣 f_7
30	加工箱体平面 5	粗铣 f_9，精铣 f_9
40	加工轴承孔	精镗 f_4，精镗 f_2

采用工序模型正向生成法，生成箱体各个工序对应的工序几何模型，如图 2－89 所示。

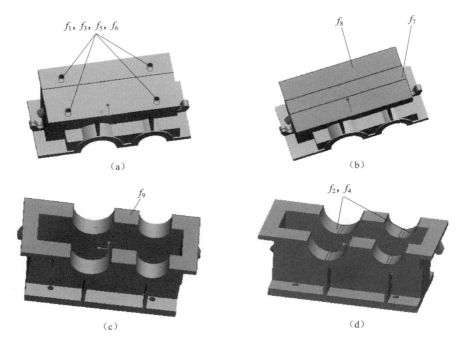

图 2 - 89　箱体零件工序几何模型

（a）工序 10：加工箱底孔；（b）工序 20：加工箱底槽和平面 1；

（c）工序 30：加工箱体连接面；（d）工序 40：加工轴承孔

第3章
加工成形的基本方法

加工成形是制造技术系统的核心和基础，也是制造过程要实现的目标。加工成形的方法多种多样，从古到今，层出不穷，主要分为减材加工（大量使用）和增材加工（应用较少），如机械加工、特种加工、高能束流加工和 3D 打印等。机械加工中，由机床、刀具、夹具与被加工工件构成实现某种加工方法的整体系统，称为机械加工工艺系统。对应不同的加工方法，有不同的机械加工工艺系统，如车削工艺系统、铣削工艺系统和磨削工艺系统等。

3.1 加工方法的原理、工具和特点

3.1.1 机械加工工艺方法及原理

采用机械加工工艺方法获取零件形状，是指利用机床和刀具将毛坯上多余的材料切除以获得设计要求的形状。根据机床运动形式或刀具，可以分为不同的加工工艺方法，主要有车削、铣削、刨削、钻削、镗削和磨削等。

1. 车削

车削加工工艺方法的特点是：工件旋转，形成主切削运动，车刀在平面内做直线或曲线的进给运动，实现切削加工。因此，车削加工形成的主要是回转表面，也可以加工工件的端面。如图 3－1 所示，通过刀具相对工件实现不同的进给运动，可获得不同的工件形状。车削一般在车床上进行，用以加工工件的内外圆柱面、端面、圆锥面、成形面和螺纹等。

当刀具沿平行于工件旋转轴线运动时，就形成内外圆柱面；当刀具沿与轴线相交的斜线运动时，就形成锥面。数控车床可以控制刀具沿着一条曲线进给，从而形成特定的旋转曲面。采用成形车刀横向进给时也可以加工出旋转曲面来。车削还可以加工螺纹面、端平面及偏心轴等。

车削一般分为粗车和精车（包括半精车）两类。粗车力求在不降低切削速度的条件下，采用大的切削深度和大进给量以提高车削效率，但加工精度只能达到 IT11，表面粗糙度为 $Ra\ 20\sim10\ \mu m$；半精车和精车尽量采用高速且较小的进给量和切削深度，加工精度可达 IT10～IT7，表面粗糙度为 $Ra\ 10\sim0.16\ \mu m$。在高精度车床上用金刚石车刀高速精车有色金属件，可使加工精度达到 IT7～IT5，表面粗糙度为 $Ra\ 0.04\sim0.01\ \mu m$，这种车削称为"镜面车削"。

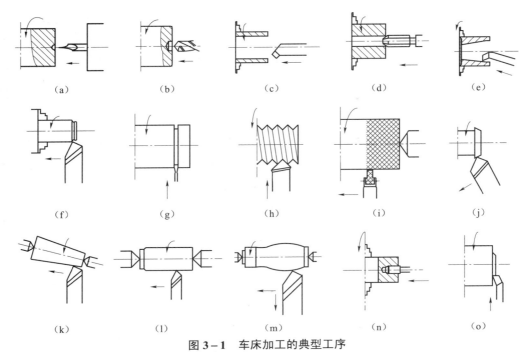

图 3-1 车床加工的典型工序

（a）钻中心孔；（b）钻孔；（c）车内孔；（d）铰孔；（e）车内锥孔；（f）车端面；（g）切断或车外沟槽；
（h）车螺纹；（i）滚花；（j）车外圆锥；（k）车长外圆锥；（l）车外圆；（m）车特形面；（n）攻内螺纹；（o）车台阶

车削加工的工艺参数主要包括：切削速度 v（m/min），由此确定主轴转速 n（r/min）；进给量 f（mm/r），由此确定进给速度 v_f（mm/min）；切削深度 a_p（mm）。其中进给量和切削深度是影响切削力的主要因素，切削速度和切削力是影响切削温度的主要因素。

2. 铣削

铣削是指用旋转的铣刀作为刀具的断续切削加工，是一种高效率的加工方法。加工时，刀具旋转为主运动，工件移动为进给运动；工件也可以固定，但此时旋转的刀具必须移动以同时完成主运动和进给运动。铣削一般在铣床或镗床上进行，适于加工平面、沟槽、各种成形面（如铣削花键、齿轮和螺纹）和模具的特殊形面等。如图 3-2 所示，铣削用的机床有卧式铣床和立式铣床，也有大型的龙门铣床。

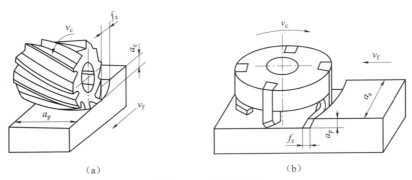

图 3-2 铣削加工

（a）卧铣；（b）端铣

铣削刀具较复杂，一般为多刃刀具。不同的铣削方法，铣刀完成切削的切削刃不同。卧铣时，平面的加工是由铣刀外圆面上的刃完成的；立铣时，平面的加工是由铣刀端面上的刃完成的。提高铣刀的转速可以获得较高的切削速度，从而提高生产率。但由于铣刀刀齿的切入切出形成冲击，切削过程容易产生振动，因而限制了表面质量的提高。这种冲击也加速了刀具的磨损和破损。铣削时，铣刀在切离工件的一段时间内可以得到一定的冷却，因此散热条件较好。

按照铣削时主运动速度方向与进给方向相同或相反，可分为顺铣和逆铣，如图 3-3 所示。顺铣时，铣削力的水平分力与工件的进给方向相同，而工作台进给丝杠与固定螺母之间一般有间隙存在，因此切削力容易引起工件和工作台一起向前窜动，使进给量突然增大，容易引起打刀。逆铣则可避免这一现象，因此生产中多采用逆铣。在顺铣铸件或锻件等表面有硬度的工件时，铣刀齿首先接触工件的硬皮，加剧了刀具的磨损，逆铣则无这一缺点。但逆铣时，切削厚度从零开始逐渐增大，因而切削刃开始时经历一个在切削硬化的已加工表面上挤压滑行的阶段，也会加速刀具的磨损。同时，逆铣时，铣削力使工件具有向上抬的趋势，也易引起振动。

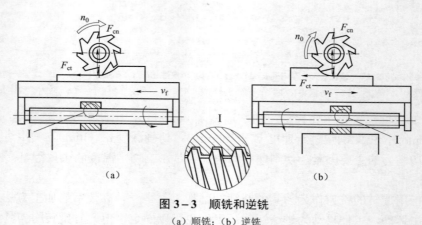

图 3-3 顺铣和逆铣

(a) 顺铣；(b) 逆铣

铣削的加工精度一般可达 IT8～IT7，表面粗糙度 Ra 为 6.3～0.8 μm。普通铣削能加工平面或槽面等，用成形铣刀也可以加工出特定的曲面，如铣削齿轮等。数控铣床可通过数控系统控制多个轴按一定关系联动，铣出复杂曲面来，这时刀具一般采用球头铣刀。数控铣床广泛应用于模具的模芯和型腔、叶轮机械的叶片等复杂形状工件的加工。

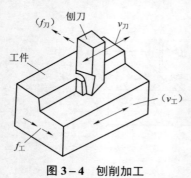

图 3-4 刨削加工

3. 刨削

刨削，作为切削加工的一种特殊方式，加工中刀具的往复直线运动为主切削运动，如图 3-4 所示。因为刨刀在变速时具有惯性，限制了切削速度的提高，并且在回程时不切削，所以刨削加工生产效率低。但刨削所需的机床和刀具结构简单，制造安装方便，调整容易，通用性强，可加工垂直、水平的平面，还可加工 T 形槽、V 形槽、燕尾槽等。因此，在单件、小批量生产中，特别是加工狭长平面时被广泛采用。刨削比铣削平稳，其加工精度一般可达 IT8～IT7，表面粗糙度 Ra 为

3.2～1.6 μm，精刨表面粗糙度 Ra 可达 0.8～0.4 μm。常见的刨床类型有牛头刨床、龙门刨床和插床等。

4. 钻削与镗削

孔加工中最常用的加工方法是在钻床上用旋转的钻头钻孔。钻头的旋转运动为主切削运动，钻头的轴向运动为进给运动，如图 3-5 所示。钻削的加工精度较低，一般只能达到 IT13～IT11，表面粗糙度 Ra 一般为 12.5～0.8 μm。在单件小批量生产中，常用立式机床加工；大中型工件上的孔，用摇臂钻床进行加工。精度和表面质量要求高的小孔，在钻削后常常采用扩孔和铰孔来进行半精加工和精加工。扩孔采用扩孔钻头，铰孔采用铰刀进行加工。铰削加工精度一般为 IT9～IT8，表面粗糙度 Ra 为 1.6～0.4 μm。扩孔、铰孔时，扩孔钻和铰刀均在原底孔的基础上进行加工，因此无法提高孔轴线的位置精度和直线度。

镗孔时，孔轴线是由镗杆的回转轴线决定的，因此可以矫正原底孔轴线的位置精度。镗孔可以在镗床上或车床上进行，如图 3-6 所示。镗孔的加工精度一般为 IT10～IT8，表面粗糙度 Ra 为 3.2～0.8 μm。

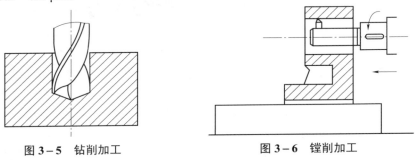

图 3-5　钻削加工　　　　　　图 3-6　镗削加工

5. 磨削

在机械制造中，磨削是一种使用非常广泛的加工方法。磨削加工是利用高速旋转的砂轮等磨具加工工件表面的切削加工，如图 3-7 所示。主运动是砂轮的旋转运动。砂轮上每个磨粒都可以看成一个微小刀齿，砂轮的磨削过程，实际上是磨粒对工件表面的切削、刻削和滑擦三种作用的综合效应。其加工精度可达 IT6～IT4，表面粗糙度 Ra 可达 1.25～0.01 μm。磨削的优势在于，其对各种工件材料和多种几何表面有广泛的适应性。通常磨削用于精加工，但在特殊情况下亦可用于高效率粗加工（如蠕动磨削）。

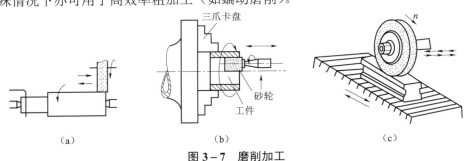

（a）　　　　　　　（b）　　　　　　　（c）

图 3-7　磨削加工

（a）外圆磨削；（b）内圆磨削；（c）平面磨削

磨削中，磨粒本身也会由尖锐逐渐变钝，使切削能力变差，切削力变大。当切削力超过黏结剂的强度时，磨钝的磨粒会脱落，露出一层新的磨粒，这就是砂轮的"自锐性"。但切屑和碎磨粒仍会阻塞砂轮，因而，每磨削一定时间，需用金刚石刀具等对砂轮进行修整。

磨削可用于加工各种工件的内外圆柱面、圆锥面和平面，以及螺纹、齿轮和花键等特殊、复杂的成形表面。磨削时，由于切削刃很多，所以加工过程平稳，精度高，表面粗糙度值小。由于磨粒的硬度很高且磨粒具有自锐性，磨削可用于加工各种材料，包括淬硬钢、高强度合金钢、硬质合金、玻璃、陶瓷和大理石等高硬度金属和非金属材料。但磨削时产生的热量很大，需要有充分的切削液进行冷却，否则会产生磨削烧伤，降低表面质量。按功能不同，磨削可分为外圆磨削、内圆磨削、平面磨削和无心磨削等，分别用于外圆、内孔及平面的加工。磨削机床如图 3–8 所示。

（a）

（b）

（c）

图 3–8　磨削机床

外圆磨削主要在外圆磨床上进行，用以磨削轴类工件的外圆柱、外圆锥和轴肩端面。磨削时，工件低速旋转，如果工件同时做纵向往复移动并在纵向移动的每次单行程或双行程后砂轮相对工件做横向进给，称为纵向磨削法。如果砂轮宽度大于被磨削表面的长度，则工件在磨削过程中不做纵向移动，而是砂轮相对工件连续进行横向进给，称为切入磨削法。一般切入磨削法的效率高于纵向磨削法。如果将砂轮修整成成形面，切入磨削法可加工成形的外表面。

内圆磨削主要用在内圆磨床、万能外圆磨床和坐标磨床上磨削工件的圆柱孔、圆锥孔和孔端面。一般采用纵向磨削法。磨削成形内表面时，可采用切入磨削法。在坐标磨床上磨削内孔时，工件固定在工作台上，砂轮除做高速旋转外，还绕所磨孔的中心线做行星运动。内圆磨削时，由于砂轮直径小，磨削速度常常低于 30 m/s。

平面磨削主要用于在平面磨床上磨削平面、沟槽等。平面磨削有两种：用砂轮外圆表面磨削的称为周边磨削，一般使用卧轴平面磨床，如用成形砂轮也可加工各种成形面；用砂轮端面磨削的称为端面磨削，一般使用立轴平面磨床。

无心磨削，一般在无心磨床上进行，用于磨削工件外圆。磨削时，工件不用顶尖定心和支承，而是放在砂轮与导轮之间，由其下方的托板支承，并由导轮带动旋转。当导轮轴线与砂轮轴线调整成斜交 1°～6° 时，工件能边旋转边自动沿轴向做纵向进给运动，这称为贯穿磨削。贯穿磨削只能用于磨削外圆柱面。采用切入式无心磨削时，需把导轮轴线与砂轮轴线调整成互相平行，使工件支承在托板上不做轴向移动，砂轮相对导轮连续做横向进给。切入式无心磨削可加工成形面。无心磨削也可用于内圆磨削，如用于磨削轴承环内沟道。

3.1.2　机械加工工艺及工具

生产中，为实现工艺规程，保证加工质量，提高劳动生产率以及改善劳动条件，需要各种刀具、夹具、模具、辅具和器具等，这些统称为工艺装备，简称工装。机械加工工艺工具主要包括车刀、铣刀、钻头和砂轮等。

1. 常用加工工具

加工工具按加工方式和具体用途，可分为加工各种外表面的刀具（包括车刀、铣刀、刨刀、外表面拉刀和锉刀等）、孔加工刀具（包括钻头、扩孔钻、镗刀、铰刀和内表面拉刀等）、螺纹加工刀具（包括丝锥、板牙、自动开合螺纹切头、螺纹车刀和螺纹铣刀等）、齿轮加工刀具（包括滚刀、插齿刀、剃齿刀和铣齿刀等）、切断刀具（包括镶齿圆锯片、带锯、弓锯、切断车刀和锯片铣刀等）、磨具等几大类型。

按所用工具材料性质，可分为高速钢刀具、硬质合金刀具、陶瓷刀具、立方氮化硼刀具和金刚石刀具等。

按结构形式，可分为整体刀具、镶片刀具、机夹刀具和复合刀具等。

按是否标准化，可分为标准刀具和非标准刀具等。

1）车刀

（1）车刀的分类。

车刀是金属切削加工中应用最广的一种刀具，它可以在车床上加工外圆、端平面、螺纹和内孔，也可以用于开槽和切断等。

车刀按加工表面特征来分类，有外圆车刀、端面车刀、切断车刀、内孔车刀、螺纹车刀和成形车刀等。外圆车刀，主要用来加工工件的圆柱形或圆锥形外表面。端面车刀，专门用来加工工件的端面。切断车刀，专门用于切断工件。内孔车刀，主要用来加工工件内孔。螺纹车刀，专门用来加工螺纹。

车刀按结构分类，包括整体式、焊接式，机夹固式和机夹可转位式。

焊接车刀是将一定形状的硬质合金刀片，用黄铜、紫铜或其他材料焊接在普通结构钢刀杆上制成的，如图 3-9 所示。由于其结构简单、紧凑，抗振性好，制造方便，使用灵活，所以应用非常广泛。

机夹车刀是将一定形状的硬质合金刀片，采用机械夹固的方法夹紧在普通结构钢刀杆上而制成的，如图 3-10 所示。常用的机夹车刀有切断车刀、切槽车刀、螺纹车刀和大型车刨刀。常用的夹紧结构有上压式、自锁式和弹性夹紧式。

图 3-9　焊接车刀

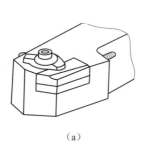
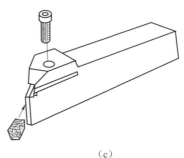

（a）　　　　　　　　（b）　　　　　　　　（c）

图 3-10　机夹车刀

（a）上压式车刀；（b）自锁式车刀；（c）弹性夹紧式车刀

可转位车刀是将一定形状的可转位刀片，采用机械夹固的方法夹紧在普通结构钢刀杆上而制成的。其主要组成部分包括刀片、刀垫、夹紧元件和刀杆。对刀片夹固机构的基本要求是：转位操作方便，定位精度高，夹紧可靠，不妨碍排屑，工艺性好。

（2）车刀的组成。

刀具由刀头和刀杆（刀体）两部分组成，刀头用于切削，刀杆（刀体）用于装夹，如图 3-11 所示。刀具的切削部分由以下几部分构成：

前刀面 A_γ（前面）：切屑沿其流出的表面。

主后刀面 A_α（主后面）：与工件上过渡表面相对的面。

副后刀面 A'_α（副后面）：与工件上已加工表面相对的面。

主切削刃 S（主刀刃）：前刀面与主后刀面相交形成的边缘，用以形成工件的过渡表面，它完成主要的金属切除工作。

副切削刃 S'（副刀刃）：前刀面与副后刀面相交形成的刀刃，它协同主切削刃完成金属切除工作，以最终形成工件的已加工表面。

刀尖（过渡刃）：三个刀面在空间的交点，也可理解为主、副切削刃两条刀刃汇交的一小段切削刃。

刀具切削部分的几何角度是在刀具静止参考系定义的（也是刀具设计、制造、刃磨和测量时几何参数的参考系）。刀具静止参考系中常用的正交平面参考系如图 3-12 所示。

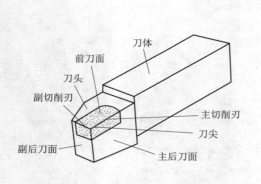

图 3-11　车刀几何结构

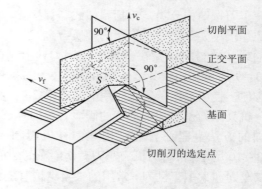

图 3-12　正交平面参考系

基面 P_r：通过切削刃选定点且垂直于主运动方向的平面。对车刀，其基面平行于刀具的底面；对钻头、铣刀等旋转刀具来说，则为通过切削刃某选定点且包含刀具轴线的平面。基面是刀具制造、刃磨及测量时的定位基准。

切削平面 P_s：通过切削刃选定点与主切削刃相切并垂直于基面的平面。当切削刃为直线刃时，过切削刃选定点的切削平面即包含切削刃并垂直于基面的平面。

正交平面 P_0：通过切削刃选定点并同时垂直于基面和切削平面的平面。

（3）刀具的主要标注角度及作用。

在刀具静止参考系中定义的角度称为刀具标注角度，如图 3-13 所示，几个主要角度的定义和作用如表 3-1 所示。

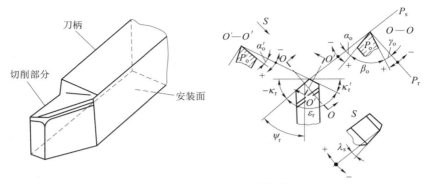

图 3 – 13　车刀角度投影标注

表 3 – 1　刀具切削角度的定义和作用

名称	定义	作用
前角 γ_o	前刀面与基面间的夹角，在正交平面 P_o 中测量	减小切削变形和刀－屑间摩擦；影响切削力、刀具寿命、切削刃强度，使刃口锋利，利于切下切屑
后角 α_o	后刀面与切削平面间的夹角，在正交平面 P_o 中测量	减小刀具后刀面和已加工表面间的摩擦；调整刀具刃口的锋利性和强度
主偏角 κ_r	主切削平面与假定工作平面间的夹角，在基面 P_r 中测量	适应系统刚度和零件外形需要；改变刀具散热情况，涉及刀具寿命
副偏角 κ_r'	副切削平面与假定工作平面间的夹角，在基面 P_r 中测量	减小副切削刃与工件间的摩擦，影响工件表面粗糙度和刀具散热情况
刃倾角 λ_s	主切削刃与基面间的夹角，在主切削平面 P_s 中测量	能改变切屑流出的方向，影响刀具强度和刃口锋利性

2）铣刀

铣刀是一种应用广泛的多刃回转刀具。其按用途分类，可分为加工平面用铣刀（如圆柱平面铣刀和面铣刀等）、加工沟槽用铣刀（如立铣刀、两面刃或三面刃铣刀、锯片铣刀、T 形槽铣刀和角度铣刀）、加工成形表面用铣刀（如凸、凹半圆铣刀和加工其他复杂加工表面的铣刀）。下面从各种几何表面的铣削需要出发，对常用的铣刀及其应用作一简单介绍。铣削加工典型工序如图 3–14 所示。

① 柱铣刀，用于在卧式铣床上加工平面，加工效率不太高。

② 面铣刀，也称端铣刀，用于在立式铣床上加工平面，尤其适合加工大平面。主切削刃分布在圆柱或圆锥面上，刀齿由硬质合金刀片制成，常被夹固在刀体上。目前一般采用可转位形式。

③ 槽铣刀，主要用于加工直槽，也可加工台阶面。前者在圆周上的刀齿呈左右旋交错分布，既具有刀齿逐渐切入工件、切削较为平稳的优点，又可以使来自左右方向的二轴向力获得平衡。这种三面刃错齿槽铣刀相比直齿槽铣刀，在同样的切削条件下有更高的效率。

④ 立铣刀，主要用于在立式铣床上铣沟槽，也可用于加工平面、台阶面和二维曲面（如平面凸轮的轮廓）。主切削刃分布在圆柱面上，副切削刃分布在端面上。

⑤ 键槽铣刀，它只有两个刀刃，兼有钻头和立铣刀的功能。铣削时先沿铣刀轴线对工件钻孔，然后沿工件轴线铣出键槽的全长。

⑥ T形槽铣刀，如不考虑柄部和尺寸的大小，它类似于三面刃铣刀，主切削刃分布在圆周上，副切削刃分布在两端面上。它主要用于加工T形槽。

⑦ 角度铣刀，用于铣削角度槽和斜面。

⑧ 盘形齿轮铣刀，用于铣削直齿和斜齿圆柱齿轮的齿廓面。

⑨ 成形铣刀，是用于加工外成形表面的专用铣刀。

⑩ 鼓形铣刀和球头铣刀，用于数控铣床和加工中心上，加工立体曲面以及三维模具型腔。

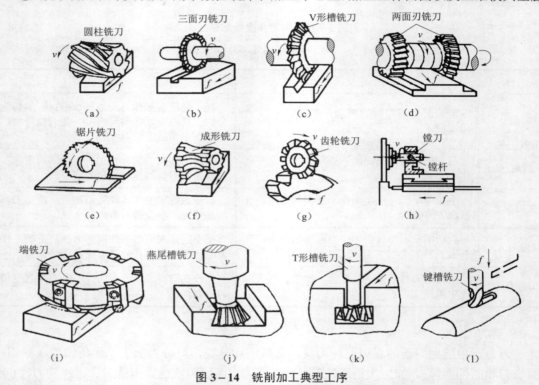

图3-14　铣削加工典型工序

（a）铣平面；（b）铣直槽；（c）铣V形槽；（d）用组合铣刀铣台阶面；（e）铣槽或锯断；（f）铣成形面；
（g）铣齿轮；（h）镗支架；（i）铣端面；（j）铣燕尾槽；（k）铣T形槽；（l）铣键槽

如图3-15所示，圆柱铣刀一般由高速钢制成整体，螺旋形切削刃分布在圆柱表面上，没有副切削刃，螺旋形刀齿切削时逐渐切入和脱离工件，切削过程较平稳。该类铣刀主要用

图3-15　圆柱铣刀

于卧式铣床上加工宽度小于铣刀长度的狭长平面。根据加工要求不同，圆柱铣刀有粗齿和细齿之分，粗齿的容屑槽大，用于粗加工，细齿用于精加工。铣刀外径较大时，常制成镶齿结构。

如图 3-16 所示，面铣刀主切削刃分布在圆柱或圆锥表面上，端面切削刃为副切削刃，铣刀的轴线垂直于被加工表面。按刀齿材料，可分为高速钢和硬质合金两大类，多制成套式镶齿结构，刀体材料为 40Cr。高速钢面铣刀按国家标准规定，直径 $d=80\sim250$ mm，螺旋角 $\beta=10°$，刀齿数 $Z=10\sim26$。

（a）　　　　　　　　　　（b）　　　　　　　　　　（c）

图 3-16　面铣刀

硬质合金面铣刀与高速钢面铣刀相比，铣削速度较高，加工表面质量也较好，并可加工带有硬皮和淬硬层的工件，故得到广泛应用。硬质合金面铣刀按刀片和刀齿的安装方式不同，可分为整体式、机夹-焊接式和可转位式三种。

面铣刀主要用在立式铣床或卧式铣床上加工台阶面和平面，特别适合较大平面的加工，主偏角为 90° 的面铣刀可铣底部较宽的台阶面。用面铣刀加工平面，同时参加切削的刀齿较多，又有副切削刃的修光作用，使加工表面粗糙度值小，因此可以采用较大的切削用量，生产率较高，应用广泛。

立铣刀如图 3-17 所示，是数控铣削中较常采用的一种铣刀，其圆柱面上的切削刃是主切削刃，端面上分布着副切削刃。主切削刃一般为螺旋齿，这样可以增加切削平稳性，提高加工精度。由于普通立铣刀端面中心处无切削刃，所以立铣刀工作时不能做轴向进给，端面刃主要用来加工与侧面相垂直的底平面。

（a）　　　　　　　　　　　　　　　（b）

图 3-17　立铣刀

（a）4 刃立铣刀；（b）2 刃立铣刀

为了改善切屑卷曲情况，增大容屑空间，防止切屑堵塞，设置刀齿数比较少，容屑槽圆弧半径则较大。一般粗齿立铣刀齿数 $Z=3\sim4$，细齿立铣刀齿数 $Z=5\sim8$，套式结构齿数

$Z=10\sim20$，容屑槽圆弧半径 $r=2\sim5$ mm。当立铣刀直径较大时，还可制成不等齿距结构，以增强抗振作用，使切削过程平稳。

标准立铣刀的螺旋角 β 为 $40°\sim45°$（粗齿）和 $30°\sim35°$（细齿），套式结构立铣刀的 β 为 $15°\sim25°$。直径较小的立铣刀，一般制成带柄形式。$\phi2\sim\phi71$ mm 的立铣刀为直柄；$\phi6\sim\phi63$ mm 的立铣刀为莫氏锥柄；$\phi25\sim\phi80$ mm 的立铣刀为带有螺孔的 7:24 锥柄，螺孔用来拉紧工具。直径在 $\phi40\sim\phi160$ mm 的立铣刀可做成套式结构。

三面刃铣刀如图 3-18 所示，可分为直齿三面刃铣刀和错齿三面刃铣刀。它主要用在卧式铣床上加工台阶面和一端或两端贯穿的浅沟槽。三面刃铣刀除圆周具有主切削刃外，两侧面也有副切削刃，从而改善了切削条件，提高了切削效率，减小了表面粗糙度值。但重磨后宽度尺寸变化较大，镶齿三面刃铣刀可解决这一问题。

(a)　　　　　　　　　(b)　　　　　　　　　(c)

图 3-18　三面刃铣刀

键槽铣刀的外形与立铣刀相似，不同之处在于，其圆周上只有两个螺旋刀齿，其端面刀齿的刀刃延伸至中心，既像立铣刀，又像钻头，如图 3-19 所示。因此在铣两端不通的键槽时，可以做适量的轴向进给。它主要用于加工圆头封闭键槽，使用它加工时，要做多次垂直进给和纵向进给才能完成键槽加工。

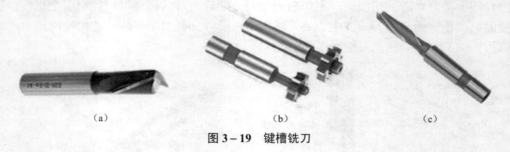

(a)　　　　　　　　　(b)　　　　　　　　　(c)

图 3-19　键槽铣刀

3）孔加工工具

孔加工工具按其用途可分为两大类，一类是从实体材料中加工出孔的刀具，常用的有麻花钻、扁钻、中心钻和深孔钻等；另一类是对工件上已有孔进行再加工的刀具，常用的有扩孔钻、锪钻、铰刀及镗刀等。

① 麻花钻，是最常用的孔加工刀具，一般用于实体材料上孔的粗加工。标准麻花钻的结构如图 3-20 所示。钻头切削部分由一条过钻心的横刃、两条主切削刃和两条侧刃组成，螺旋槽用以排除切屑。

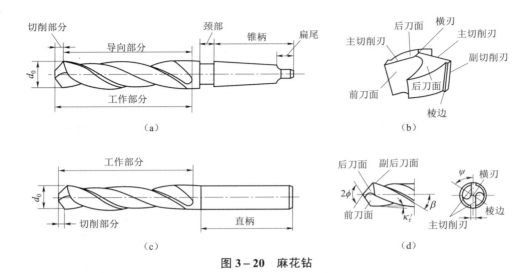

（a）　　　　　　　　　　　　　　　　（b）

（c）　　　　　　　　　　　　　　　　（d）

图 3－20　麻花钻

② 中心钻，用来加工各种轴类工件的中心孔，其结构如图 3－21 所示。

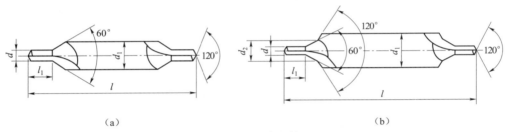

（a）　　　　　　　　　　　　　　　　（b）

图 3－21　中心钻

（a）A 型中心钻；（b）B 型中心钻

③ 深孔钻，结构如图 3－22 所示。在钻削孔深 L 与孔径 d 之比为 5～20 的普通深孔时，一般可用接长麻花钻加工；对 $L/d \geqslant 20$～100 的特殊深孔，由于在加工中必须解决断屑、排屑、冷却润滑和导向等问题，因此需要在专用设备或深孔加工机床上用深孔刀具进行加工。

此外，还有加工 $\phi 50$～$\phi 120$ mm，深径比小于 100，加工精度达 IT6～IT9，表面粗糙度 Ra 值为 3.2 μm 的内排屑深孔钻；利用切削液体的喷射效应排屑的喷吸钻；以及当钻削直径大于 60 mm 时，为提高生产率，减少金属切除量而将材料中部的料芯留下的套料钻等。

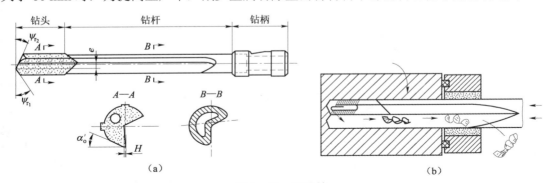

（a）　　　　　　　　　　　　　　　　（b）

图 3－22　深孔钻

④ 扩孔钻,结构如图3-23所示。常用作铰孔或磨孔前的预加工扩孔以及毛坯孔的扩大,在成批或大量生产时应用很广。扩孔的加工精度可达IT11～IT10,表面粗糙度 Ra 值达6.3～3.2 μm。

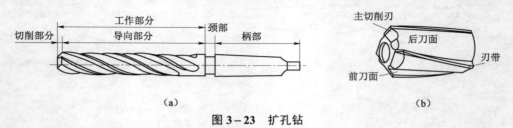

（a）　　　　　　　　　　　　　　　（b）

图3-23　扩孔钻

⑤ 锪钻,用于在已加工孔上锪各种沉头孔和孔端面的凸台平面,其结构如图3-24所示。

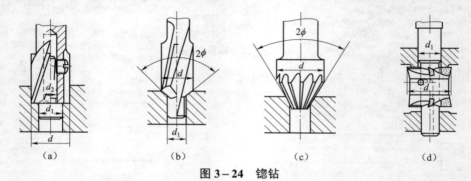

（a）　　　　　　（b）　　　　　　（c）　　　　　　（d）

图3-24　锪钻

（a）带导柱平底锪钻；（b）带导柱90°锥面锪钻；（c）不带导柱锥面锪钻；（d）端面锪钻

⑥ 铰刀,用于对孔进行半精加工和精加工。铰刀的基本类型如图3-25所示,加工精度可达IT8～IT6,表面粗糙度 Ra 值可达1.6～0.4 μm。钻孔铰刀用于铰制锥孔。铰锥孔时,由于切削量大,刀具的工作负荷较大,常以粗铰刀和精铰刀成套使用。

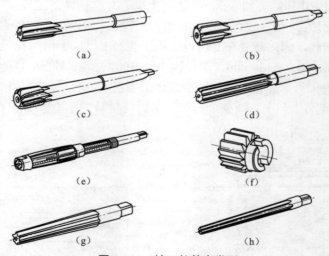

（a）　　　　　　　　　　　　　　（b）

（c）　　　　　　　　　　　　　　（d）

（e）　　　　　　　　　　　　　　（f）

（g）　　　　　　　　　　　　　　（h）

图3-25　铰刀的基本类型

（a）直柄机用铰刀；（b）锥柄机用铰刀；（c）硬质合金锥柄机用铰刀；（d）手用铰刀；（e）可调节手用铰刀；

（f）套式机用铰刀；（g）直柄莫氏圆锥铰刀；（h）手用1:50锥度销子铰刀

⑦ 镗刀，多用于箱体孔的粗、精加工，一般可分为单刃镗刀和多刃镗刀两大类，如图 3-26 所示。单刃镗刀结构简单、制造方便、通用性好，故使用较多。单刃镗刀一般设有尺寸调节装置。多刃镗刀工作时可以消除径向力对镗杆的影响，工件的孔径尺寸与精度由镗刀径向尺寸保证。镗刀上的两个刀片径向可以调整，因此可以加工一定尺寸范围的孔。孔的加工精度达 IT7~IT6，表面粗糙度值达 0.8 μm。

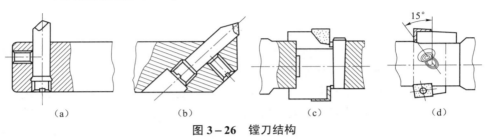

图 3-26　镗刀结构

(a)，(b) 单刃镗刀；(c)，(d) 多刃镗刀

⑧ 拉刀，是一种加工精度和切削效率都比较高的多齿精密刀具，广泛应用于大批量生产中，可加工各种内、外表面。拉刀按所加工工件表面的不同，可分为内拉刀和外拉刀两类。圆孔拉刀结构如图 3-27 所示。

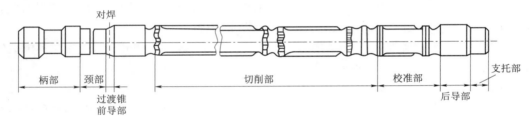

图 3-27　圆孔拉刀结构

⑨ 孔加工复合刀具，是由两把或两把以上同类或不同类的孔加工刀具经复合后同时或按先后顺序完成不同工序的刀具，如钻扩复合刀具。孔加工复合刀具的加工范围很广，它不仅可以从实心材料上加工同轴孔或型面孔，也可以进行扩孔、镗孔、铰孔、锪端面及锪沉头孔等。使用孔加工复合刀具可减少机动或辅助时间，提高生产率。

4）砂轮

砂轮是磨削加工中使用最广泛的磨具，是由结合剂将磨料颗粒黏合在一起后经焙烧而成的，其特性主要由磨料、粒度、结合剂、硬度、组织及形状尺寸等因素决定。对超硬磨料砂轮还要增加一个特性指标，即磨料的体积浓度。

磨料是构成砂轮的主要成分，它直接担负着磨削工作，因此磨料应具有锋利的形状，较高的硬度和热硬性，适当的坚韧性，以便磨下工件材料并承受磨削力和磨削热的作用。

制造普通砂轮的磨料主要有氧化物系和碳化物系两大类。

氧化物系（刚玉类），它的主要成分是氧化铝，适宜磨削各种钢材。包括以下几种：

① 棕刚玉（代号 A），显微硬度为 2 200~2 280 HV，呈棕褐色，韧性好，适于磨削碳素钢、合金钢、可锻铸铁和硬青铜等。

② 白刚玉（代号 WA），显微硬度为 2 200~2 300 HV，呈白色，硬度高，韧性稍低，适

于磨削淬火钢、高速钢、高碳钢及薄壁零件。

③ 铬刚玉（代号 PA），显微硬度为 2 000～2 200 HV，呈玫瑰红色，硬度稍低，韧性比白刚玉好，磨削表面粗糙度好，适于磨削高速钢、不锈钢等。

碳化物系，主要成分是碳化硅和碳化硼，硬度比氧化铝高，磨粒锋利，但韧性差，适于磨削脆性材料，如铸铁及硬质合金等。常用的有以下两类：

① 黑色碳化硅（代号 C），显微硬度为 2 800～3 400 HV，呈黑色，有光泽，导热性和导电性好，适于磨削铸铁、黄铜、铝、耐火材料及非金属材料等。

② 绿色碳化硅（代号 GC），显微硬度为 3 280～3 400 HV，呈绿色，比黑色碳化硅硬度高，导热性好，但韧性差，适于磨削硬质合金、宝石、陶瓷和玻璃等材料。

砂轮的粒度是指磨料颗粒的大小。以磨粒刚能通过的那一号筛网的网号来表示磨料的粒度。例如，46#粒度是指磨粒刚可通过每英寸[①]长度上有 46 个孔眼的筛网。当磨粒的直径小于 40 μm 时，这种磨粒称为微粉，微粉以 W 表示，微粉粒度共有 14 级，每级用颗粒的最大尺寸（以 μm 计）表示粒度号，例如 W20 表示微粉的颗粒尺寸在 20～14 μm 之间。

磨粒粒度对磨削生产率和加工表面粗糙度有很大关系。一般来说，粗磨用粗粒度，精磨用细粒度。当工件材料软、塑性大和磨削面积大时，为避免堵塞砂轮，应该采用粗粒度。

结合剂是将细小的磨粒黏固成砂轮的一类物质，结合剂的作用是将磨料黏合成具有一定强度和形状的砂轮。砂轮的强度、耐腐蚀性、耐热性、抗冲击性和高速旋转而不破裂的性能，主要取决于结合剂的性能。常用的结合剂主要有以下四种：

① 陶瓷结合剂（代号 V），它是由黏土、长石、滑石、硼玻璃和硅石等陶瓷材料配成的，特点是化学性质稳定、耐水、耐酸、耐热、价廉、性脆。大多数砂轮（90%以上）都采用陶瓷结合剂，所制成砂轮的许用线速度一般为 35 m/s。

② 树脂结合剂（代号 B），它的主要成分为酚醛树脂，也可采用环氧树脂。这种结合剂强度高、弹性好，多用于高速磨削、切断和开槽等工作，也可制作荒磨用砂瓦等，但耐热、耐腐蚀性差。

③ 橡胶结合剂（代号 R），它的主要成分为合成或天然橡胶。这种结合剂的强度高、弹性及自锐性好，但耐酸、耐油及耐热性较差，磨削时有臭味，适于无心磨削的导轮、抛光轮及薄片砂轮等。

④ 金属结合剂（代号 J），这种结合剂强度高、成形性好，有一定韧性，但自锐性差，用于制造各种金刚石砂轮。

砂轮的组织反映了砂轮中磨料、结合剂和气孔三者之间体积的比例关系。砂轮组织通常由气孔率和磨粒率表示。气孔率，以砂轮中气孔数量的大小来表示。磨粒率，表示磨料在砂轮中所占的比例，它间接反映了砂轮的疏密程度。高密度组织的砂轮适于重压力下的磨削。在成形磨削和精密磨削时，高密度组织的砂轮能保持砂轮的成形性，并可获得较高的加工表面质量；中等密度组织的砂轮适于一般的磨削工作，如淬火钢的磨削及刀具刃磨等。疏松组织的砂轮不易堵塞，适于平面磨、内圆磨等磨削接触面积较大的工序，以及磨削热敏感性强的材料或薄工件。一般砂轮未标明组织号，即中等密度组织。

砂轮硬度是指砂轮工作时在磨削作用下磨粒脱落的难易程度。易脱落，则砂轮硬度低；

---

① 1 英寸（in）=25.4 mm。

不易脱落，则砂轮硬度高。砂轮的硬度主要取决于结合剂的黏结能力，并与其在砂轮中所占比例大小有关，而与磨料本身硬度无关，即同一种磨料可以制出不同硬度的砂轮。砂轮硬度对磨削质量和生产率都有很大影响，如硬度过高，磨粒磨钝后仍不脱落，就会增加摩擦热，不但降低切削效率，也会降低工件表面质量，严重时会产生烧伤和裂纹。但如果砂轮太软，磨粒尚未磨钝就会从砂轮上脱落，这样不但会增加砂轮的消耗，砂轮形状也不易保持，会降低加工精度。如果硬度选择合适，磨钝的磨粒在磨削力的作用下适时自行脱落，使新的锋利磨粒露出继续进行切削，这就是所谓的砂轮"自锐作用"。这样，不但磨削效率高，砂轮消耗小，而且工件表面质量好。

砂轮的形状和尺寸是根据磨削条件和工件形状来确定的。在可能的条件下，在安全线速度范围内，砂轮外径宜选大一些，以提高生产率和降低工件表面粗糙度值；纵磨时，应选用较宽的砂轮；磨削内圆时，砂轮外径一般取工件孔径的 2/3 左右。

2. 刀具材料

刀具材料应满足的基本要求：较高的硬度和良好的耐磨性，足够的强度和韧性，较高的耐热性，良好的热物理性能和耐热冲击性能，良好的工艺性和经济性。

常用的刀具材料分为四大类：工具钢（包括碳素工具钢、合金工具钢和高速钢）、硬质合金、陶瓷、超硬刀具材料（如金刚石和立方氮化硼）等。碳素工具钢和合金工具钢因耐热性较差，仅用于一些手工工具及切削速度较低的工具；陶瓷、金刚石和立方氮化硼仅用于有限场合。目前，刀具材料中应用最为广泛的仍是高速钢和硬质合金类普通刀具材料。各类刀具材料的硬度与韧性如图 3-28 所示。一般硬度越高者可允许的切削速度越高，韧性越高者可承受的切削力越大。

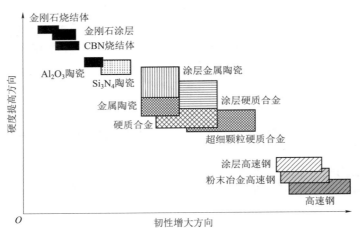

图 3-28　各类刀具材料的硬度与韧性

1）高速钢

高速钢是一种含有较多 W、Mo、Cr、V 等合金元素的高合金工具钢。高速钢是综合性能较好、应用范围较广的一种刀具材料，具有良好的热稳定性，热处理后硬度 HRC 达 62～66，抗弯强度约 3.3 GPa，此外还具有热处理变形小、能锻造、易磨出较锋利的刃口等优点。高速钢的使用广泛，特别适用于制造结构复杂的成形刀具，例如，各类孔加工刀具、铣刀、拉刀、螺纹刀具和切齿刀具等。高速钢可分为普通高速钢、高性能高速钢、粉末冶金高速钢和涂层高速钢。其中普通高速钢分为钨系高速钢（如 W18Cr4V（18-4-1））、钨钼系高速钢（如 W6Mo5Cr4V2（6-5-4-2）和 W9Mo3Cr4V（9-3-4-1））。高性能高速钢分为高碳高速钢、高钒高速钢、钴高速钢和铝高速钢。

2）硬质合金

硬质合金是由硬度和熔点很高的碳化物（称硬质相）和金属（称黏结相）通过粉末冶金工艺制成的。硬质合金刀具中常用的碳化物有 TiC、WC、TaC、NbC 等。常用的黏结剂是 Co，碳化钛基的黏结剂是 Mo、Ni。根据硬质相的不同，国产硬质合金主要有 YG、YT、YW 三类，可参考对应国际牌号 K、M、P 三类。

硬质合金的物理力学性能取决于合金的成分、粉末颗粒的粗细以及合金的烧结工艺。含高硬度、高熔点的硬质相越多，硬质合金的硬度与高温硬度越高。含黏结剂越多，强度越高。但强度和韧性比高速钢低，工艺性较差。

硬质合金可以通过在合金中加入 TaC、NbC 等来细化晶粒，提高合金的耐热性。新型硬质合金主要有细晶粒、超细晶粒硬质合金，钢结硬质合金，涂层硬质合金，高速钢基硬质合金。几种特殊的硬质合金材料如下：

① 细晶粒、超细晶粒硬质合金：普通硬质合金中 WC 粒度为几微米，细晶粒合金平均粒度在 1.5 μm 左右。超细晶粒合金粒度在 0.2～1.0 μm 之间，其中绝大多数在 0.5 μm 以下。细晶粒合金中由于硬质相和黏结相高度分散，增加了黏结面积，提高了黏结强度。因此，其硬度与强度都比同样成分的合金高。

② 钢结硬质合金：钢结硬质合金是由 TiC、WC 作硬质相，高速钢作黏结相，通过粉末冶金工艺制成的。它可以锻造、切削加工、热处理与焊接，淬火后硬度高于高速钢，强度、韧性胜过硬质合金。钢结硬质合金可用于制造模具、拉刀和铣刀等形状复杂的工具或刀具。

③ 涂层硬质合金：采用化学气相沉积（CVD）工艺，在硬质合金表面涂敷一层或多层（5～13 μm）难熔金属碳化物。涂层合金有较好的综合性能，基体强度韧性较好，表面耐磨、耐高温，但涂层硬质合金刃口锋利程度与抗崩刃性不及普通硬质合金。目前硬质合金涂层刀片广泛用于普通钢材的精加工、半精加工及粗加工。

3）涂层刀具

涂层刀具是在韧性较好的硬质合金基体上或高速钢刀具基体上，涂敷一层耐磨性较高的难熔金属化合物而制成的。常用的涂层材料有 TiC、TiN、Al_2O_3 等。TiC 的硬度比 TiN 高，抗磨损性好，不过 TiN 与金属亲和力小，空气中抗氧化能力强。摩擦剧烈的刀具，宜采用 TiC 涂层；容易产生黏结的条件下，宜采用 TiN 涂层；Al_2O_3 较稳定，因此在高速切削产生大热量的场合较适合采用。

4）超硬材料刀具

超硬材料刀具主要包括陶瓷刀具、立方氮化硼刀具和金刚石刀具。

① 陶瓷刀具是以氧化铝（Al_2O_3）或以氮化硅（Si_3N_4）为基体再添加少量金属，在高温下烧结而成的一种刀具。其主要特点是：具有较高的硬度与耐磨性、耐热性、化学稳定性和良好的抗黏结性能，因此刀具的热磨损较少、有较低的摩擦因数，切屑不易黏刀，不易产生积屑瘤；但强度与韧性低，热导率低。陶瓷刀具与传统硬质合金刀具相比，可加工硬度高达 65 HRC 的高硬度难加工材料；可进行粗车及铣、刨等大冲击间断切削；耐用度可提高几倍到十几倍，切削效率提高 3～10 倍；可用于车、铣代磨工艺。

② 立方氮化硼（CBN）是由六方氮化硼（白石墨）在高温高压下转化而成的。立方氮化硼刀具有很高的硬度与耐磨性，达到 3 500～4 500 HV，仅次于金刚石；具有很高的热稳定性，与大多数金属、铁系材料都不起化学作用。因此能高速切削高硬度的钢铁材料及耐热合金，刀具的黏结与扩散磨损较小。有较好的导热性，与钢铁的摩擦系数较小。抗弯强度与断裂韧性介于陶瓷与硬质合金之间。

③ 金刚石是自然界中最硬的材料，其硬度可达 10 000 HV。金刚石是碳的同素异形体。金刚石刀具有三类：天然单晶金刚石刀具、人造聚晶金刚石和金刚石烧结体。天然单晶金刚石刀具主要用于非铁材料及非金属的精密加工。人造金刚石是通过合金触媒的作用，在高温高压下由石墨转化而成的。人造聚晶金刚石是将人造金刚石微晶在高温高压下烧结而成的，可制成所需形状尺寸，镶嵌在刀杆上使用。金刚石烧结体是在硬质合金基体上烧结一层约 0.5 mm 厚的聚晶金刚石。金刚石烧结体强度较好，允许切削断面较大，也能间断切削，可多次重磨使用。

金刚石刀具的主要优点：极高的硬度与耐磨性；良好的导热性，较低的热膨胀系数，有利于精密加工；刃面粗糙度较小，可用于超精密加工。虽然金刚石刀具耐磨性高、切削刃锋利，但是热稳定性差，切削温度不宜超过 700～800 ℃。金刚石刀具的缺点是：强度低、脆性大、对振动敏感，只宜微量切削；由于与铁元素亲和力强，不宜加工钢铁件。

3. 刀具磨损与刀具寿命

刀具磨损方式可分为正常磨损和非正常磨损两大类。正常磨损指在刀具与工件或切屑的接触面上，刀具材料的微粒被切屑或工件带走的现象。非正常磨损指由于冲击、振动、热效应等致使刀具崩刃、卷刃、断裂、表层剥落而损坏，也称为刀具的破损。其中正常磨损包括前刀面磨损，后刀面磨损，前、后刀面同时磨损。

刀具磨损的原因：与一般机械零件不同，刀具磨损是高温高压下机械和热化学作用的综合结果。刀具磨损可分为磨料磨损、粘接磨损、扩散磨损和氧化磨损。定义如下：

① 磨料磨损：也称机械磨损，是切屑或工件的摩擦面上有一些微小的硬质点，能在刀具表面刻划出沟纹。

② 粘接磨损：也称冷焊磨损，是切屑或工件的表面与刀具表面之间发生粘接现象，由于有相对运动，刀具上的微粒被对方带走而造成的磨损。

③ 扩散磨损：是刀具材料和工件材料在高温高压下化学元素相互扩散而造成的磨损。

④ 氧化磨损：当切削温度达到 700～800 ℃时，空气中的氧与硬质合金中的 Co 及 WC、TiC 等发生氧化作用，产生较软的氧化物被切屑或工件摩擦掉而形成的磨损。

刀具的磨损过程，分为初期磨损、正常磨损和剧烈磨损三个阶段。通常刀具使用控制在剧烈磨损阶段之前，即可换刀和重磨。

刀具的磨钝标准：刀具磨损后将影响切削力、切削温度和加工质量，因此必须根据具体情况规定一个最大允许磨损量，这个最大允许磨损量称为磨钝标准。

刀具耐用度：是指一把新刃磨的刀具，从开始切削至达到磨钝标准所经过的切削时间，用 T 表示。刀具寿命则是指一把新刀具从使用到报废的切削时间累积。对于不可重磨刀具，刀具寿命等于刀具耐用度。下面给出最大生产率使用寿命（T_p）和经济使用寿命（T_c）的公式：

$$T_p = \left(\frac{1-m}{m}\right)t_a$$

$$T_c = \frac{1-m}{m}\left(t_a + \frac{C_t}{M}\right)$$

式中，m 为指数；t_a 为刀具磨钝后，换刀一次所需要的时间；C_t 为刀具成本；M 为该工序单位时间的机床折旧费及所分担的全厂开支。

3.1.3　机械加工工艺特点与加工方法选择

机械加工工艺特点与加工方法选择主要考虑加工工艺自由度、精度、效率等特点，以及加工工艺的选择与组合。在分析和研究零件图的基础上，根据零件的形状、尺寸、材料、技术要求、生产类型及企业现有工艺条件等，针对各加工表面选择相应的加工方法和加工方案。

一般情况下，应根据零件精度（包括尺寸精度、形状和位置精度以及表面粗糙度）要求，结合本企业现有工艺条件，按照经济精度选择加工方法。一些加工表面有时只需用一种加工方法经一次（一道工序）或几次加工就可达到精度要求，但有些加工表面则需用多种加工方法（加工方法的组合）经若干次加工才能达到所需精度要求。

1. 基于加工质量的工艺选择

各种加工方法的加工精度和粗糙度都有其自身可达到的范围，不同的加工方法如车、磨、刨、铣、钻、镗等，其用途各不相同，所能达到的精度和表面粗糙度也大不一样。即使是同一种加工方法，在不同的加工条件下所得到的精度和表面粗糙度也大不一样。这是因为在加工过程中，有各种因素对精度和表面粗糙度产生影响，如工人的技术水平、切削用量、刀具的刃磨质量、机床的调整质量，等等。

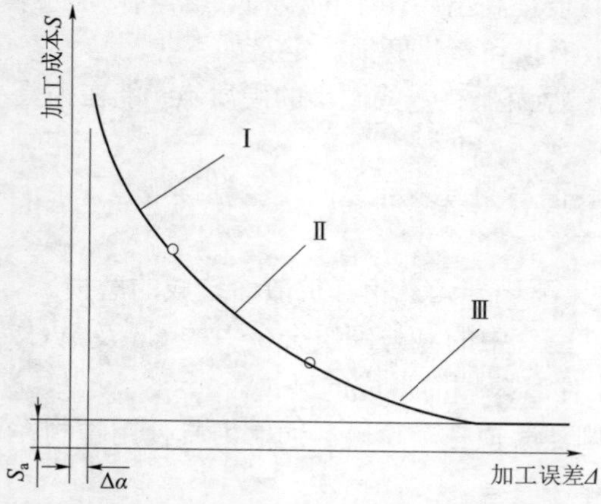

根据统计资料，加工方法的加工误差（或精度）和成本的关系如图 3-29 所示。在 Ⅰ 段，当零件加工精度要求很高时，零件成本要提得很高，甚至成本再提高，其精度也不能再提高了，存在着一个极限的加工精度，其误差为 $\Delta\alpha$。相反，在 Ⅲ 段，虽然精度要求很低，但成本也不能无限降低，其最低成本的极限值为 S_a。因此在 Ⅰ 和 Ⅲ 段应用此法加工是不经济的。

在 Ⅱ 段，加工方法与加工精度是相互适应的，加工误差与成本基本上是反比关系，可以较经济地达到一定的精度，Ⅱ 段的精度范围就称为这种加工方法的经济精度。

图 3-29　加工误差（或精度）与成本的关系

所谓某种加工方法的经济精度，是指在正常的工作条件下（包括完好的机床设备、必要的工艺装备、标准的工人技术等级、标准的耗用时间和生产费用）所能达到的加工精度。与经济加工精度相似，各种加工方法所能达到的表面粗糙度也有一个较经济的范围。

2. 基于加工稳定性的工艺选择和方案规划

在分析研究零件图的基础上，根据每个加工表面的技术要求，对各加工表面选择相应的加工方法和加工方案。

这里的主要问题是，选择零件表面的加工方案，这种方案必须在保证零件达到图纸要求方面是稳定而可靠的，并在生产率和加工成本方面是最经济合理的。表 3-2、表 3-3 和表 3-4 分别介绍了机器零件的三种最基本的表面（外圆表面、内孔表面和平面）较常用的加工方案及其所能达到的经济精度和表面粗糙度。这都是生产实际中的统计资料，可以根据被加工零件加工表面的精度和粗糙度要求，零件的结构和被加工表面的形状、大小以及车间工厂的具体条件，选取经济合理的加工方案，必要时应进行技术经济论证。但必须指出，这是在一般情况下可能达到的精度和表面粗糙度，在具体条件下是会有差别的。随着生产技术的发展，工艺水平的提高，同一种加工方法所能达到的精度和表面质量也会提高。例如，过去在外圆磨床上精磨外圆仅能达到 IT6 的公差和 0.20 μm 的表面粗糙度，但是在采用适当的措施提高磨床精度以及改进磨削工艺后，现在已能在普通外圆磨床上进行镜面磨削，可达 IT5 以上精度、小于 0.100～0.012 μm 的表面粗糙度。用金刚石刀车削，也能获得小于 0.01 μm 的表面粗糙度。另外，在大批、大量生产中，为了保证高生产率和高成品率，常把原用于小粗糙度的加工方法用于获得粗糙度较大的表面。

选择加工方法时要考虑被加工零件材料及其物理力学性能。不同材料的工件，或者同一种材料但具有不同物理力学性能的工件，其加工方法不尽相同。例如，对淬火钢应采用磨削方法加工；而有色金属则磨削困难，一般宜采用金刚石镗削或高速精密车削的方法进行精加工。

表 3-2 外圆表面加工方案及其经济精度

加工方案	经济精度公差等级	表面粗糙度 $Ra/\mu m$	适用范围
粗车 → 半精车 　→ 精车 　　→ 滚压（或抛光）	IT11～IT13 IT8～IT9 IT7～IT8 IT6～IT7	50～100 3.2～6.3 0.8～1.6 0.08～2.00	适用于除淬火钢以外的金属材料
粗车 → 半精车 　→ 精车 　　→ 滚压（或抛光）	IT6～IT7 IT5～IT7 IT5	0.40～0.80 0.10～0.40 0.012～0.100	除不宜用于有色金属外，主要适用于淬火钢件的加工
粗车 → 半精车 → 磨削 　　　→ 粗磨 → 精磨 　　　　　→ 超精磨	IT5～IT6	0.025～0.400	主要用于有色金属加工
粗车 → 半精车 → 粗磨 → 精磨 → 镜面磨 　　　→ 精车 → 精磨 → 研磨 　　　　　→ 粗研 → 抛光	IT5 以上 IT5 以上 IT5 以上	0.025～0.200 0.05～0.10 0.025～0.400	主要用于高精度要求的钢件加工

表 3-3　内孔表面加工方案及其经济精度

加工方案	经济精度公差等级	表面粗糙度 $Ra/\mu m$	适用范围
钻 　→扩 　　→铰 　　→粗铰 → 精铰 　　→铰 　　→粗铰 → 精铰	IT11～IT13 IT10～IT11 IT8～IT9 IT7～IT8 IT8～IT9 IT7～IT8	≥50 25～50 1.60～3.20 0.80～1.60 1.60～3.20 0.80～1.60	加工未淬火钢及其铸铁的实心毛坯，也可用于加工有色金属（所得表面粗糙度 Ra 值稍大）
钻 →（扩）→ 拉	IT7～IT8	0.80～1.60	大批、大量生产（精度可由拉刀精度而定），如校正拉削后，则 Ra 值降低到 0.40～0.20 μm
粗镗（或扩） 　→半精镗（或精扩） 　　→精镗（或铰） 　　→浮动镗	IT11～IT13 IT8～IT9 IT7～IT8 IT6～IT7	25～50 1.60～3.20 0.80～1.60 0.20～0.40	除淬火钢外的各种钢材，毛坯上已有铸出或锻出的孔
粗镗（扩）→ 半精镗 → 磨 　　→粗磨 → 精磨	IT7～IT8 IT6～IT7	0.20～0.80 0.10～0.20	主要用于淬火钢，不宜用于有色金属
粗磨 → 半精磨 → 精磨 → 金刚镗	IT6～IT7	0.05～0.20	主要用于精度要求较高的有色金属
钻 →（扩）→ 粗铰 → 精铰 → 珩磨 　→拉 → 珩磨 粗铰 → 半精磨 → 精铰 → 珩磨	IT6～IT7 IT6～IT7 IT6～IT7	0.025～0.200 0.025～0.200 0.025～0.200	精度要求很高的孔，若以研磨代替珩磨，精度可达 IT6 以上，Ra 可降低到 0.1～0.01 μm

表 3-4　平面加工方案及其经济精度

加工方案	经济精度公差等级	表面粗糙度 $Ra/\mu m$	适用范围
粗车 　→半粗车 　　→精车 　　→磨	IT11～IT13 IT8～IT9 IT7～IT8 IT6～IT7	≥50 3.20～6.30 0.80～1.60 0.20～0.80	适用于工件的端面加工
粗刨（或粗铣） 　→精刨（或精铣） 　　→刮研	IT11～IT13 IT7～IT9 IT5～IT6	≥50 1.60～6.30 0.10～0.80	适用于不淬硬的平面（用端铣加工，可得较低的表面粗糙度值）
粗刨（或粗铣）→ 精刨（或精铣）→ 宽刃精刨	IT6～IT7	0.20～0.80	批量较大，宽刃精刨效率高
粗刨（或粗铣）→ 精刨（或精铣）→ 磨 　　→精磨 → 砂带磨	IT6～IT7 IT5～IT6	0.20～0.80 0.025～0.40	适用于精度要求较高的平面加工

加工方案	经济精度公差等级	表面粗糙度 $Ra/\mu m$	适用范围
粗铣 —→ 拉	IT6～IT9	0.20～0.80	适用于大量生产中加工较小的不淬火平面
粗铣 —→ 精铣 —→ 磨 —→ 研磨 　　　　　　　└→ 抛光	IT5～IT6 IT5 以上	0.025～0.20 0.025～0.10	适用于高精度平面的加工

3. 基于生产效率与经济性的工艺选择

选择加工方法要考虑到生产类型，即要考虑生产率和经济性的问题。在大批、大量生产中，可采用专用的高效率设备和专用工艺装备。例如，平面和孔可用拉削加工，轴类零件可采用半自动液压仿形车床加工，盘类或套类零件可用单能车床加工等。甚至在大批、大量生产中可以从根本上改变毛坯的形态，大大减少切削加工的工作量。例如，用粉末冶金制造油泵齿轮，用熔蜡铸造浇注制造雷达、柴油机上的小尺寸零件等。在单件小批生产中，宜采用通用机床、通用工装及常规的加工方法。提高单件小批生产的生产率也是目前机械制造工艺的研究课题之一，例如，在车床上安装液压仿形刀架，采用数控车床或采用成组加工方法。

4. 基于现有设备情况及技术条件的工艺选择

选择加工方法时，应该充分利用企业的现有设备，挖掘企业潜力，发挥工人和技术人员的积极性和创造性，不断改进现有的加工方法和设备，应注意积极采用新技术，提高工艺水平。在生产中，有时虽具备所需设备，但因设备负荷的平衡问题，也需改用其他的加工方法。

3.2　精密成形加工方法及模具设计

模具塑性成形加工及特点：塑性加工是利用材料的可塑性，借助外力（锻压机械的锤头、砧块、冲头或通过模具对坯料施加压力）的作用使其产生塑性变形，获得所需形状尺寸和一定组织性能锻件的材料加工方法。金属材料塑性成形加工包括锻压成形、粉末冶金成形等，非金属成形主要有注塑成形、模压成形等成形方法。

3.2.1　精密成形加工方法及原理

1. 注塑成形

注塑成形也称为注射成形，是将塑料颗粒定量加入注塑机的机筒内，通过机筒的传热，以及螺杆转动时产生的剪切摩擦作用使塑料逐步熔化呈黏流状态，然后在柱塞或螺杆的高压推挤下，以很大的流速通过机筒前端的喷嘴注入温度较低的闭合模具的型腔中。由于模具的冷却作用，型腔内的熔融塑料逐渐凝固并定型，最后开启模具便可从型腔推出具有一定形状和尺寸的注塑件。图 3-30 所示为注塑成形的几个典型过程，可以生产空间几何形状非常复杂的塑料制件。注塑成形应用面广，成形周期短，花色品种多，制件尺寸稳定，产品易更新换代，生产效率高，模具服役条件好，塑件尺寸精度高，生产操作容易实现机械化和自动化。

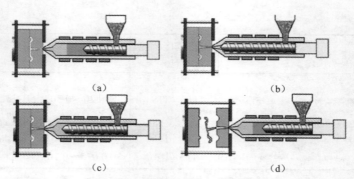

图 3－30　注塑成形的几个典型过程
（a）塑化；（b）注射；（c）成形；（d）脱模

　　塑化压力又称背压，是指注射机螺杆顶部的熔体在螺杆转动后退时所受到的压力。背压是通过调节注射液压缸的回油阻力来控制的。背压增加了熔体的内压力，加强了剪切效果，由于塑料的剪切发热，提高了熔体的温度。背压的增加使螺杆退回速度减慢，延长了塑料在螺杆中的受热时间，塑化质量得以改善。但过大的背压会增加料筒计量室内熔体的反流和漏流，降低熔体的输送能力，减少塑化量，增加功率消耗，并且过高的背压会使剪切发热或切应力过大，熔体易发生降解。其缺点是模具温度越高，模具冷却时间越长，制品的生产率越低。

　　注射速度主要影响熔体在型腔内的流动行为。通常伴随着注射速度的增大，熔体流速增加，剪切作用加强，黏度降低，熔体温度因剪切发热而升高，所以有利于充模。

　　注塑成形具有以下优点：

　　① 成形周期短，能一次成形外形复杂、尺寸精确、带有金属或非金属嵌件的塑件。

　　② 对成形各种塑料的适应性强，目前除氟塑料外，几乎所有的热塑性塑料都可用此种方法成形，某些热固性塑料也可采用注塑成形。

　　③ 生产效率高，易于实现自动化生产。

　　④ 注塑成形所需设备昂贵，模具结构比较复杂，制造成本高，所以注塑成形特别适合大批量生产。

2. 模压成形

　　模压成形又称为压缩成形或压制成形。它是历史最悠久的用以成形热塑性和热固性材料的一种加工方法，即将塑料、橡胶胶料或低熔点光学玻璃直接加入成形温度下的模具型腔中，然后闭模加压使其成形并固化成制件。模压的过程涉及加热、模压、退火、冷却等几个阶段，图 3－31 所示为典型的低熔点光学玻璃模压成形过程。

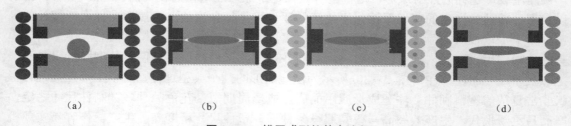

图 3－31　模压成形的基本流程
（a）加热；（b）模压；（c）退火；（d）冷却

　　模压成形中对材料的形状要求不高，可以是粉状、粒状、团粒状、片状，甚至先做成与制品相似形状的预形体；对于生产效率高、尺寸精确、表面光洁、价格低廉、多数结构复杂的制品可一次成形，不需要辅助加工（如车、铣、刨、磨、钻等），制品外观及尺寸的重复性好，容易实现机械化和自动化。但是也有模具设计、制造复杂，模压机及模具投资高，制品尺寸受设备限制等缺点，一般只适合制造大批量的中小型制品。

　　自 20 世纪 70 年代日本研究人员首次成功将模压成形技术应用于玻璃球面透镜的批量生产以来，经过近半个世纪的发展，目前，模压成形技术在塑料或玻璃透镜、非球面透镜的精密、超精密加工中得到广泛应用，使传统加工方法难以加工的材料（尤其是玻璃材料）变得容易加工，大大降低了球面、非球面光学元器件的制造成本，加快了光学产业的发展步伐。图 3－32 所示为日本 SYS 机械公司生产的模压成形设备。目前，我国也有几家光学单位使用模压成形技术对球面、非球面的透镜进行批量生产。未来几年，模压成形技术将继续向着超精密、复杂零件的加工方向发展，如将模压成形技术应用于微沟槽、微结构阵列、微透镜阵列的加工中也取得了可喜的进展。图 3－33 所示为模压成形技术生产出的非球面透镜及微沟槽阵列。

（a）　　　　　　　　　　　　　　　（b）

图 3－32　日本 SYS 机械模压成形机

（a）控制柜；（b）模压设备主机

 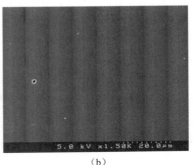

（a）　　　　　　　　　　　　　　　（b）

图 3－33　模压成形加工得到的光学产品

（a）非球面透镜；（b）微沟槽阵列

模压成形工艺的优点：

① 机械化、自动化程度高，适用于大批量制品的生产。

② 设备制造费用低，由于模压机构造简单、制造精度不高，所以耗资少。成形压力低，模压成形需要的压力比其他成形方法低得多，相同吨位的模压机可以成形投影面积较大的制品。

③ 多数产品可一次成形，无须进行后处理机械加工。

④ 制品的尺寸精度高、表面光洁、质量稳定、重复性好、互换性好。

⑤ 相比挤塑和注塑玻璃纤维时因取向而引起制品翘曲变形，模压成形中塑料的流动距离很短，因此受填料的定向影响小，制件的尺寸变动和变形也相应较小，机械性能稳定。

⑥ 由于没有浇注系统，其原始材料损耗少，这在废料不能回收的情况下显得特别重要。

⑦ 厚度变化范围大，在同一个模制件中，厚度可以有很大变化而不致对制件整体性能有不良影响。

但模压成形工艺也存在以下缺点：

① 模压成形过程中，由于温度较高，所以需要专门的设备，或将模压区域抽成真空，或通入惰性气体，防止设备、模具及预压件发生氧化，从而影响精度。

② 模压成形过程中，模压精度很大一部分受模具精度影响，而模具的加工一般成本较高，磨损后的修复难度较大，造成了成本的提高，因此，模压用模具的制造是模压成形中不可忽略的重要一环。

③ 模压成形整个过程涉及材料的升温、降温过程，而在这个过程中难免会遇到不同材料热膨胀系数不同和不同温度阶段膨胀系数改变的问题，因此，针对热膨胀问题造成的尺寸精度的变化与补偿是精密模压工艺的难点。

3.2.2　模具设计与制造

1. 注塑成形用模具

按照上述成形方法的不同，可以划分出对应不同工艺要求的塑料成形模具的主要类型。

1）注射模

塑料注射成形模具简称注射模，又称注塑模，安装在注射机上使用，这是一类应用广泛且技术较为成熟的塑料成形模具。塑料注射成形是根据金属压铸成形原理发展起来的，首先将粒状或粉状的塑料原料加入注射机的料筒中，经过加热熔融成黏流态，然后在注射机的柱塞或螺杆的推动下，以一定的流速通过料筒前端的喷嘴和模具的浇注系统注射入闭合的模具型腔中，经过一定时间后，塑料在模腔内硬化定型，然后打开模具，从模内脱出成形的塑件。注射模主要用于热塑性塑料的成形，近年来，热固性塑料注射成形的应用也在逐渐增加。此外，反应注射成形、双色注射成形等特种注射成形工艺也在不断开发与应用。

2）压缩模

压缩模又称压塑模。压缩成形是塑件成形方法中较早采用的一种。成形时，首先将预热过的塑料原料直接加入敞开的、经加热的模具型腔（加料腔）内，然后合模，塑料在热和压力的作用下呈熔融流动状态充满型腔，然后经化学反应（热固性塑料）或物理变化（热塑性塑料），塑料逐渐硬化定型。压缩模多用于热固性塑料的成形，也可用于热塑性塑料的成形。

3）传递模

传递模又称压注模。成形时，首先将预热过的塑料原料加入预热的加料腔内，然后通过压柱向加料腔内的塑料原料施加压力，塑料在高温高压下熔融并通过模具浇注系统进入型腔，最后发生化学交联反应逐渐硬化定型。传递模主要用于热固性塑料的成形。

4）挤出模

挤出模通常称为挤出机头。挤出成形是利用挤出机机筒内螺杆旋转加压的方式，连续地将塑化好的、呈熔融状态的成形物料从挤出机的机筒中挤出，并通过特定断面形状的口模成形，然后借助牵引装置将挤出后的塑件均匀地拉出，并同时进行冷却定型处理。这类模具能连续不断地生产断面形状相同的热塑性塑料的型材，如塑料管材、棒材、板材、片材及异型材等，也用于中空塑件的型坯成形，是一类用途广泛、品种繁多的塑料成形模具。

5）气动成形模

气动成形模包括中空吹塑成形模、真空成形模和压缩空气成形模等。

中空吹塑成形是将挤出机挤出或注射机注射出的，处于高弹性状态的空心塑料型坯置于闭合的模腔内，然后向其内部通入压缩空气，使其胀大并贴紧于模具型腔表壁，经冷却定型后成为具有一定形状和尺寸精度的中空塑料容器。

真空成形是将加热的塑料片材与模具型腔表面所构成的封闭空腔内抽真空，使片材在大气压力下发生塑性变形而紧贴于模具型面上成为所需塑件的成形方法。

压缩空气成形是利用压缩空气，使加热软化的塑料片材发生塑性变形并紧贴在模具型面上成为符合要求的塑件的成形方法。

与其他模具相比，气动成形模具结构最为简单，一般只有热塑性塑料才能采用该方法成形。

2. 精密模压成形用模具

由于模压成形针对的材料主要是塑料、橡胶胶料或低熔点光学玻璃等材料，区别于注射成形模具，模压成形用模具受到的瞬间大冲击较少，在结构上也相对简单。模压成形用模具一般分为上、下模芯，根据需要还可设计内、外套筒来分别控制成形零件径向和轴向的精度。模压成形用模具主要在高温下进行工作，因此，应尽量选择热膨胀系数较低的材料作为模具材料。此外，鉴于模压成形的特点，在模具中应设计具备自排气的结构。作为精密、超精密加工中用到的模压模具，应具备较好的表面粗糙度，以减少模具表面与成形件的粘连，可以考虑表面镀层，如类金刚石碳膜（DLC）、贵金属膜等；由于精密、超精密加工中模具一般为不可修复的，因此模具应具备较大的强度和较好的抗磨损抗剪切能力。图 3-34 所示为用于加工非球面透镜的模具结构。

鉴于模压成形用模具的特点，一般模具材料选用耐热模具钢、硬质合金等，模具的加工

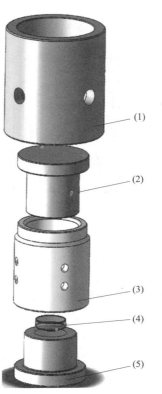

(1)

(2)

(3)

(4)

(5)

(1) 外套筒

(2) 上模芯

(3) 内套筒

(4) 预形体

(5) 下模芯

图 3-34　模压光学非球面透镜模具

方式可以采用切削、磨削等，对于精密、超精密加工，则一般选取硬质合金作为模具材料，采用超精密切削、磨削获取高的形貌精度与表面粗糙度。模具的制造方法在 3.4 节精密/超精密加工的主要工艺中详细介绍。

3.3 精密特种加工的原理、工具和特点

3.3.1 精密电火花加工和电解加工

特种加工是指那些不属于传统加工工艺范畴的加工方法，直接利用电能、热能、声能、光能、化学能和电化学能，有时也结合机械能对工件进行加工。特种加工中以采用电能为主的电火花加工和电解加工应用较广，泛称电加工。

1. 电火花加工

电火花加工是利用浸没在工作液中的工具电极和工件电极之间产生脉冲性放电进行电腐蚀蚀除加工的特种加工方法。当进行电火花加工时，工具电极和工件电极分别接脉冲电源的两极，并浸入工作液中，或将工作液充入放电间隙，通过间隙自动控制系统控制工具电极向工件进给，当极间间隙达到一定距离时，两极间的工作液被击穿，产生脉冲放电，此时，在放电的微细通道中，瞬时集中大量的热能，通道内部压力也产生急剧增高变化，使放电点处的工件表面局部微量的金属材料立刻熔化、汽化，于是，工件表面放电点处就被蚀除一个微小的凹坑痕迹，放电后的电蚀除产物被工作液迅速冷凝，形成固体的金属微粒被工作液排至放电间隙之外，与此同时，经过短暂的间隔时间，极间恢复绝缘，进行下一次脉冲放电，工件又被蚀除一个微小的凹坑痕迹。如此不断地进行放电蚀除，工具电极不断地向工件移动，维持适宜的放电间隙，这样在工件上就能加工出与工具电极形状相似的型孔或型腔。电火花加工原理如图 3-35 所示。

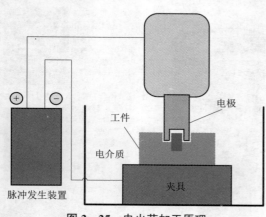

图 3-35 电火花加工原理

1）实现放电的基本条件

① 作为工具和工件的两极之间要有一定的距离，并能维持这一距离。

② 两极之间应充入介质。

③ 输送到两极间的能量要足够大，即放电通道要有很大的电流密度。

④ 放电应是短时间的脉冲放电。

⑤ 脉冲放电需重复多次进行，并且每次脉冲放电在时间和空间上是分散的。

⑥ 脉冲放电后的电蚀产物能及时排运至放电间隙之外，使重复性脉冲放电顺利进行。

2）电火花加工的特点

① "以柔克刚"。加工时，工具电极与工件材料不接触，两者之间基本没有宏观机械作用力，因此能用"软"的工具电极加工"硬"的工件材料。材料的可加工性主要取决于材料的导电性及热学特性，如熔点、沸点（气化点）、比热容、热导率、电阻率等，而几乎与其力

学性能（硬度、强度等）无关，这样可以突破传统切削加工对刀具的限制，从而实现用软的工具加工硬韧的工件。例如，可以在淬火以后进行加工，从而免除淬火变形对工件尺寸和形状的影响。目前电极材料多采用紫铜或石墨，因此工具电极较容易加工。

② "精密微细"。由于脉冲放电的能量密度可精确控制，两极间又无宏观机械作用力，因此可实现低刚度工件及精密微细加工。如模具和零件窄缝、窄槽、微细小孔等的加工，加工精度可达微米级，甚至亚微米级。

③ "仿形逼真"。直接利用电能加工，便于实现加工过程的自动化、智能化，现代计算机技术的应用使加工工件仿形更加逼真。

④ 可以改进结构设计，改善结构的工艺性。例如可以将拼镶结构的硬质合金冲模改为用电火花加工的整体结构，减少了加工工时和装配工时，延长了使用寿命。又如喷气发动机中的叶轮，采用电火花加工后可以将拼镶、焊接结构改为整体叶轮，既大大提高了工作可靠性，又大大减小了体积和质量。

3）电火花加工的表面质量

电火花加工亦有其自身的局限性：

① 加工后表面产生变质层，在某些应用中需进一步去除。

② 工作液的净化和加工中产生的烟雾污染处理比较麻烦。

在电火花加工过程中，零件表面在热力、电动力、磁力、流体动力等综合作用下，其表面微观几何特征和表面层物理性能均发生变化，这些变化反映为表面粗糙度、表面变质层的形成和表面机械性能的变化。在电火花加工过程中，如加工参数选择不当，零件表面质量就差，零件的使用性能和寿命就低。

在电火花加工中，电极材料的物理性能对放电蚀除量、电极损耗、加工速度和加工精度的影响很大，在参数选定的条件下，采用不同的电极材料与加工极性将直接影响加工质量，并且存在电极损耗。电极损耗多集中在尖角或底面，影响成形精度，近年来粗加工时已能将电极相对损耗比降至 0.1%以下。

紫铜的耐蚀性比较高，这是因为它的热导率和传温系数都很大，所以常常用作中小型腔模具零件加工时的电极材料，而且它的电极损耗较小；石墨耐蚀性高，这是由于它的熔点、沸点很高，并且石墨的热容量很大，在宽脉冲粗加工时能吸附游离的碳来补偿电极的损耗，因此相对损耗较低。所以，在电参数选定的条件下，采用不同的电极材料与加工极性，加工速度和加工效果均不同。

对电火花加工表面残余应力形成的机理，目前尚无统一的认识，主要有两种解释：

① 温度梯度理论：认为电火花加工实质上是剧烈的热过程，在热过程中产生大量的热量，并通过以热传导为主的方式扩散到加工表面不同深度的部位，使加工表面变质层不同深度处的温度不一致，即产生了温度梯度。温度梯度的出现引起了热应力，残余热应力在加工结束后就转变为表面变质层内的残余应力。

② 相变理论：认为在电火花加工过程中，冷却速度的不同造成变质层内产生不同的金相组织，不同的金相组织产生的相变不一致，不一致的相变引起了不同的塑性变形，从而导致表面变质层内残余应力的出现。

电火花加工的表面粗糙度和加工速度之间存在很大矛盾，例如当表面粗糙度 Ra 由 2.5 μm 提高到 1.25 μm 时，加工速度要下降十多倍。按目前的工艺水平，较大面积的电火花成形加

工要达到 Ra 优于 0.32 μm 是比较困难的，但是采用平动或摇动加工工艺可以大为改善。目前，电火花穿孔加工侧面的最佳表面粗糙度 Ra 为 1.25～0.32 μm，电火花成形加工加平动或摇动后最佳表面粗糙度 Ra 为 0.63～0.04 μm，而类似电火花磨削的加工方法，其表面粗糙度 Ra 可优于 0.04～0.02 μm，但这时加工速度很低。因此，一般电火花加工到 Ra 为 2.50～0.63 μm 之后，再采用其他研磨或抛光方法，有利于改善其表面粗糙度并节省工时。

工件材料对加工表面粗糙度也有影响，熔点高的材料（如硬质合金），单脉冲形成的凹坑较小，在相同能量下加工的表面粗糙度要比熔点低的材料（如钢）好。当然，加工速度会相应下降。精加工时，工具电极的表面粗糙度也将影响到加工粗糙度。由于石墨电极很难加工出非常光滑的表面，与紫铜电极相比，用石墨电极加工的表面粗糙度较差。

表面变质层：电火花加工过程中，在煤油、火花放电局部的瞬时高温高压下，煤油中分解出的碳微粒渗入工件表层，又在工作液的快速冷却作用下，材料的表面层发生很大变化，粗略地可把它分为熔化凝固层和热影响层。

熔化凝固层位于工件表面最上层，放电时被瞬时高温熔化后大部分抛出，小部分滞留下来，受工作液快速冷却而凝固。熔化凝固层的厚度随脉冲能量的增大而变大，为 1～2 倍的 R_{max} 值，但一般不超过 0.1 mm。单个脉冲能量一定时，脉宽越窄，熔化凝固层越薄，因为大部分金属不是熔化而是在汽化状态下被抛出蚀除，不再残留在工件表面。

热影响层介于熔化层和基体之间。热影响层的金属材料并没有熔化，只是受到高温的影响，材料的金相组织发生变化，它和基体材料之间并没有明显的界限。由于温度场分布和冷却速度的不同，对淬火钢，热影响层包括再淬火区、高温回火区和低温回火区；对未淬火钢，热影响层主要为淬火区。因此，淬火钢的热影响层厚度比未淬火钢大。

由于受到瞬时高温作用并迅速冷却而产生拉应力，电火花加工表面往往出现显微裂纹。实验表明，一般裂纹仅在熔化层（白层）内出现，只有在脉冲能量很大的情况下（粗加工时）才有可能扩展到热影响层。脉冲能量对显微裂纹的影响是非常明显的，能量越大，显微裂纹越宽、越深。脉冲能量很小时（例如加工表面粗糙度 Ra 优于 1.25 μm 时），一般不出现显微裂纹。模具钢的安全区域远比硬质合金大，但即使在有裂纹的加工中，用精加工也可以去掉粗加工后的表面裂纹。

表面机械性能：电火花加工后表面层的硬度一般比较高，但对某些淬火钢，也可能稍低于基体硬度。对未淬火钢，特别是原来含碳量低的钢，热影响层的硬度都比基体材料高。因此，一般来说，电火花加工表面最外层的硬度比较高，耐磨性好。但对于滚动摩擦，由于是交变载荷，特别是干摩擦，则因熔化凝固层和基体的结合不牢固，容易剥落而加快磨损。

电火花加工表面存在由于瞬时先热胀后冷缩作用而形成的残余应力，而且大部分表现为拉应力。残余应力的大小和分布，主要与材料在加工前的热处理状态及加工时的脉冲能量有关。因此，对表面层质量要求较高的工件，应尽量避免使用较大的电加工规准。

电火花加工表面存在着较大的拉应力，还可能存在显微裂纹，因此其耐疲劳性能比机械加工的表面低许多倍。采用回火处理、喷丸处理等，有助于降低残余应力，或使残余拉应力转变为压应力，从而提高其耐疲劳性能。

电火花加工是模具制造的一种重要工艺方法，尤其是在塑料模制造中更具有着举足轻重的作用。塑料模的型腔、滑块、镶件、斜销等零件的众多沟槽、拐角都需进行电火花加工。但电火花加工又是一种加工速度较慢的工艺方法，与电火花加工效率直接相关的三大方面是电火花加工工艺、电火花加工的参数调整和电火花加工操作。

4）电火花加工工艺

第一步：用机械加工去除大部分材料。工件的加工部位在进行电火花加工之前，要先用机械加工方法进行粗加工，仅将刀具精铣困难或无法精铣的部位留给电火花加工，这样能使电火花加工的材料量大为减少，可大幅度提高电火花加工效率。

第二步：根据加工情况决定工艺方法。电火花加工有单电极直接成形工艺和多电极更换成形工艺等。选择工艺时不仅要考虑加工速度，还应详细考虑加工精度和表面粗糙度要求。单电极直接成形工艺只用一只电极加工出所需的型腔形状，这种工艺方法用于加工形状简单、精度要求不高的型腔，无须进行重复的装夹操作，可提高电火花加工的效率。对于加工要求较高的场合，通常采用多电极加工的工艺方法。首先用粗加工电极蚀除大量材料，然后用精加工电极进行精加工，精加工时还可考虑换用多个电极来补偿电极的损耗。

第三步：合理选用电极材料。电极材料直接关系到放电的效果，材料的选取是否恰当在很大程度上决定了放电速度、加工精度及表面粗糙度的最终情况。应根据不同类型模具加工的实际需求，有针对性地进行电极材料的选用。电火花加工通常使用紫铜电极和石墨电极。紫铜做电极较容易获得稳定的加工状态，可获得轮廓清晰的型腔，加工表面粗糙度值低，通常适用于低损耗的加工条件，不适合大电流、高生产率的加工；石墨电极在加工蚀除量较大的情况下能实现低损耗、高速粗加工，但在精加工中放电稳定性较差，容易过渡到电弧放电，因而能选取损耗较大的加工参数来加工。

第四步：确定适当的电极缩放量。模具的电火花加工中，通常会因电极缩放量取得太小不能选用较大的放电条件而导致加工效率低下。如在加工允许的情况下，粗加工电极的缩放量取单侧 0.30 mm 选用的电参数比取单侧 0.15 mm 选用的电参数要提高 2～3 倍速度。平动加工时，精加工电极可根据加工情况适当增大电极缩放量，以利于提高加工速度。必须注意，增大电极缩放量后必须相应提高放电参数的能量，且不可盲目增大电极缩放量，否则反而会降低加工效率。数控电火花加工机床如按传统机床的电极缩放方法，不利用平动加工的功能，必将降低加工效率，尤其是在精加工中。如电极缩放量取单侧 0.03 mm，那么只能选用一个较小的放电参数进行加工，如果粗加工中的材料余量稍多的话，甚至可能产生无法加工的情况；如将电极缩放量增加到单侧 0.08 mm，那么加工的放电参数可增大，并可很快将材料余量去除，然后再利用平动功能来逐步修光侧面。对于加工电极是圆形、方形的情况，更应如此。

5）电火花加工的参数调整

（1）电参数的调节。

调整电参数时，应优先考虑调整电参数主规准以外的参数，如抬刀高度、放电时间和抬刀速度等；其次可按次序考虑调整脉冲间隔、脉冲宽度和加工电流等，特殊材料加工可使用负极性加工（电极为负极）。在加工状态稳定的前提下，减少抬刀动作及幅度、降低脉冲间隔、增大加工电流有利于提高加工效率。但在加工状态不稳定的情况下，一定要保持勤抬刀，适当选用较大的脉冲间隔，否则反而会降低加工效率，甚至引起电弧放电，使加工过程不能正常进行。根据加工经验，适当保守地进行电参数的调节，可维持加工的正常进行，且可获得较高的加工效率。脉冲峰值电流一定时，脉冲宽度增加，加工速度随之增加，脉冲宽度增加到一定数值时，加工速度最高，此后再继续增加脉冲宽度，加工速度反而下降。最高加工速度对应的脉冲宽度往往很小，因此电极损耗较大，在很多情况下不宜采用，而实际加工中机床选配的电规准一般都考虑到降低电极损耗。那么,在低损耗加工规准中,如加大脉冲宽度,加工速度必然降低;降低脉冲宽度,加工速度会得到一定程度的提升。

(2)加工留量的控制。

数控电火花加工是用多个条件段来进行加工的,条件段之间要有一定的加工留量。各条件段之间加工留量大小的控制与加工效率有很大的关系。适当减小加工留量能提高电火花加工效率,尤其是在大面积的精加工场合作用显著。

(3)平动加工的选择。

平动加工是数控电火花加工的一种重要工艺方法。不同的数控电火花加工机床,其平动加工的方式有所区别,应根据所用机床灵活、合理应用平动加工。某数控电火花加工机床的平动加工方式有两种:自由平动和伺服平动。自由平动是指主轴伺服加工时,另外两轴同时按一定轨迹做扩大运动,一直加工到指定深度。伺服平动是指主轴加工到指定深度后,另外两轴按一定的轨迹做扩大运动。自由平动一般用于浅表加工,加工时边打边平动可改善排屑性能,提高加工速度,减少积炭;但对于深度较大的场合,却会降低加工速度,增大电极的边角损耗。伺服平动一般用于加工深度较大的场合,先加工完底面再修侧面,深度较小时其加工效果不如自动平动,常用于加工型腔侧壁的沟槽、环,还可用在其他两轴平动的场合等。

(4)定时加工。

数控电火花加工机床一般具有定时加工功能,可用于控制面积较大电极精加工的最后几段电参数的加工时间。精加工时电火花的电蚀能力非常弱,由于间隙内加工屑及其他因素的影响,需很长的加工时间,可根据经验采用定时加工方法,这样可大幅度提高精加工效率。

6)电火花加工操作

(1)提高重复定位精度。

模具电火花加工往往使用多个电极,这时需进行重复定位。实际加工中,重复定位精度也是影响加工效率的一个重要因素,这些情况主要发生在精加工中。如第一个电极在对深度时没有对准,导致第一次加工的深度浅了,那么第二次加工在必须保证加工深度的情况下,要加工的材料量必然增加,精加工中又不能选用大的电规准,这就导致加工效率低下。

(2)冲液的方式与大小。

电火花加工过程中,为了将产生的气体、电蚀物等及时排出,必然需要高效率地排出加工屑,为此,应使用合理的冲液方式,控制好冲液压力,使加工稳定进行,提高加工效率。一般要冲油或抽油,适当增加冲油压力会使加工速度提高,但冲油压力超过某一数值后,再继续增加,加工速度则略有降低。

7)电火花加工的应用

电火花加工主要用于模具生产中的型孔、型腔加工,已成为模具制造业的主导加工方法,推动了模具行业的技术进步。电火花加工零件的数量在 3 000 件以下时,比模具冲压零件在经济上更加合理。按工艺过程中工具与工件相对运动的特点和用途不同,电火花加工可大体分为电火花成形加工、电火花线切割加工、电火花磨削加工、电火花展成加工、非金属电火花加工和电火花表面强化等,这里详细介绍前两种方法。

(1)电火花成形加工。

该方法是通过工具电极相对于工件做进给运动,将工件电极的形状和尺寸复制在工件上,从而加工出所需要的零件。它包括电火花型腔加工和穿孔加工两种。电火花型腔加工主要用于加工各类热锻模、压铸模、挤压模、塑料模和胶木膜的型腔。电火花穿孔加工主要用于型孔（圆孔、方孔、多边形孔、异形孔）、曲线孔（弯孔、螺旋孔）、小孔和微孔的加工。近年来，为了解决小孔加工中电极截面小、易变形、孔的深径比大、排屑困难等问题，在电火花穿孔加工中发展了高速小孔加工，并取得了良好的社会经济效益。

（2）电火花线切割加工。

该方法是利用移动的细金属丝作工具电极，按预定的轨迹进行脉冲放电切割。按金属丝电极移动的速度大小，分为高速走丝线切割和低速走丝线切割。我国普遍采用高速走丝线切割，近年来正在发展低速走丝线切割。高速走丝时，金属丝电极是直径为 0.02～0.30 mm 的高强度钼丝，往复运动速度为 8～10 m/s；低速走丝时，多采用铜丝，线电极以小于 0.2 m/s 的速度做单方向低速运动。线切割时，电极丝不断移动，其损耗很小，因而加工精度较高。其平均加工精度可达 0.01 mm，大大高于电火花成形加工，表面粗糙度 Ra 值可达 1.6 μm 或更小。

2. 电解加工

电解加工是利用金属在电解液中发生电化学阳极溶解的原理将工件加工成形的一种特种加工方法。加工时，工件接直流电源的正极，工具接负极，两极之间保持较小的间隙。电解液从极间间隙中流过，使两极之间形成导电通路，并在电源电压下产生电流，从而形成电化学阳极溶解。随着工具相对工件不断进给，工件金属不断被电解，电解产物不断被电解液冲走，最终两极间各处的间隙趋于一致，工件表面形成与工具工作面基本相似的形状。电解加工原理如图 3－36 所示。

1）实现电解的基本条件

① 工件阳极和工具阴极（大多为成形工具阴极）间保持很小的间隙（称作加工间隙），一般为 0.1～1.0 mm。

② 电解液从加工间隙中不断高速流过（6～30 m/s），以保证带走阳极溶解产物和电解电流通过电解液时所产生的热量，并去极化。

③ 工件阳极和工具阴极分别与直流电源（一般为 10～24 V）连接，在上述两项工艺条件下，通过两极加工间隙的电流密度很高，高达 10～100 A/cm² 数量级。

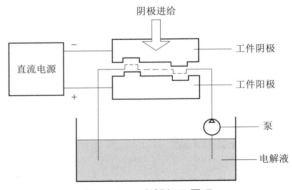

图 3－36　电解加工原理

④ 工件上与工具阴极凸起部位的对应处比其他部位溶解更快。随着工具阴极不断缓慢地向工件进给，工件不断地按工具端部的型面溶解，电解产物不断被高速流动的电解液带走，最终工具的形状就"复制"在工件上。

2）电解加工的特点

电解加工的优点：

① 加工范围广。电解加工几乎可以加工所有的导电材料，并且不受材料的强度、硬度、韧性等机械、物理性能的限制，加工后材料的金相组织基本上不发生变化。它常用于加工硬质合金、高温合金、淬火钢和不锈钢等难加工材料。

② 生产率高，且加工生产率不直接受加工精度和表面粗糙度的限制。电解加工能以简单

的直线进给运动一次加工出复杂的型腔、型面和型孔，而且加工速度可以和电流密度成比例地增加。据统计，电解加工的生产率为电火花加工的 5～10 倍，在某些情况下，甚至可以超过机械切削加工。

③ 加工质量好，可获得一定的加工精度和较小的表面粗糙度。加工精度：型面和型腔为 ±（0.05～0.20）mm，型孔和套料为 ±（0.03～0.05）mm。表面粗糙度：对于一般中、高碳钢和合金钢，可稳定地达到 Ra 1.6～0.4 μm。

④ 可用于加工薄壁和易变形零件。电解加工过程中工具和工件不接触，不存在机械切削力，不产生残余应力和变形，没有飞边毛刺。

⑤ 工具阴极无损耗。在电解加工过程中，工具阴极仅仅析出氢气，而不发生溶解反应，所以没有损耗。只有在产生火花、短路等异常现象时才会导致阴极损伤。

电解加工的局限性：

① 加工精度和加工稳定性不高。电解加工的加工精度和加工稳定性取决于阴极的精度和加工间隙的控制。而阴极的设计、制造和修正都比较困难，阴极的精度难以保证。此外，影响电解加工间隙的因素很多，且规律难以掌握，加工间隙的控制比较困难。

② 由于阴极和夹具的设计、制造及修正困难，周期较长，因而单件小批量生产的成本较高。同时，电解加工所需的附属设备较多，占地面积较大，且机床需要足够的刚性和防腐蚀性能，造价较高。因此，批量越小，单件附加成本越高。

3）电解加工的应用

① 模具型腔加工。电解加工具有适应难加工材料（高镍合金钢、粉末合金），加工复杂结构的优势。电解加工在模具制造领域中已占据重要地位。

② 叶片型面加工。这类加工效率高，生产周期短，加工质量好，但设备、阴极均较复杂，需采用三头或斜向进给机床、复合双动阴极。国外自动生产线上已采用此方案，国内也已开始试制。

③ 型孔及小孔加工。

④ 枪、炮管膛线加工。传统的枪、炮管膛线制造工艺为挤线法，该法生产效率高，但挤线冲头制造困难，毛坯材料损耗严重，且校正、电镀、回火等辅助工序较多。

⑤ 整体叶轮加工。通常整体叶轮多为不锈钢、钛合金或高温耐热合金等难切削材料，加之其为整体结构且叶片型面复杂，使得其制造非常困难。

⑥ 电解去毛刺。电解去毛刺的加工间隙较大，加工时间又很短，因而工具阴极不需要相对工件做进给运动，即可采用固定阴极加工方式，机床不需要工作进给系统及相应的控制系统。

⑦ 数控展成电解加工。数控展成电解加工工具阴极形状简单（棒状、球状及条状），设计制造方便，且适用范围广，大大缩短了生产准备周期，因而可适应多品种、小批量生产趋势，弥补电解加工在小量、单件加工时经济性差的缺点。

⑧ 微精电解加工。目前微精电解加工还处于研究和试验阶段，其应用还局限于一些特殊的场合，如电子工业中微小零件的电化学蚀刻加工（美国 IBM 公司）、微米级浅槽加工（荷兰飞利浦公司）、微型轴电解抛光（日本东京大学）已取得很好的加工效果，精度可达微米级。

3.3.2 激光、电子束和离子束等高能束流加工

高能束流通常指高能量密度的束流，包括激光束、电子束和离子束。高能束流加工技术

以高能量密度束流为热源与材料作用，从而实现材料去除、连接、生长和改性。高能束流加工技术具有独特的优势，受到越来越多的重视，已经应用到焊接、表面工程和快速制造等方面，在航空、航天、船舶、兵器、交通和医疗等诸多领域发挥着重要作用。

1. 激光加工

激光加工是将激光束照射到工件的表面，以激光的高能量来切除、熔化材料以及改变物体表面性能。由于激光加工是无接触式加工，工具不会与工件的表面直接摩擦产生阻力，所以激光加工的速度极快，加工对象受热影响的范围较小且不会产生噪声。由于激光束的能量和光束的移动速度均可调节，因此激光加工可应用到不同层面和范围上。激光加工原理如图 3-37 所示。

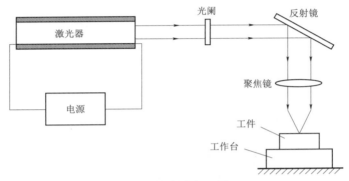

图 3-37　激光加工原理

从激光器输出的高强度激光经过透镜聚焦到工件上，其焦点处的功率密度高达 $10^7 \sim 10^{12}$ W/cm^2，温度高达 10 000 ℃，任何材料都会瞬时熔化、汽化。激光加工就是利用这种光能的热效应对材料进行焊接、打孔和切割等加工的。通常用于加工的激光器主要是气体激光器和固体激光器。使用二氧化碳（CO_2）气体激光器切割时，一般在光束出口处装有喷嘴，用于喷吹氧、氮等辅助气体，以提高切割速度和切口质量。

绝大部分激光加工是一种热加工，影响因素很多，因此，精微加工时的精度，尤其是重复精度和表面粗糙度不易保证。必须进行反复试验，寻找合理的参数，才能达到一定的加工要求。由于光的反射作用，对于表面光泽或透明材料的加工，必须预先进行色化或打毛处理。

按光与物质相互作用机理，大体可将激光加工分为激光热加工和激光冷加工两类。激光热加工是指激光束作用于物体所引起的快速热效应的各种加工过程；激光冷加工也称为光化学反应加工，它是指激光束作用于物体，借助高密度高能量光子引发或控制光化学反应的各种加工过程。热加工和冷加工均可对金属材料和非金属材料进行切割、打孔、刻槽、标记等。热加工对金属材料进行焊接、表面强化、切割等均极有利；冷加工则对光化学沉积、激光刻蚀、掺杂和氧化很合适。

1）激光的分类

激光的分类方法有很多，可以按照其切割的材料来分，可以按照其功率大小来分，也可以按照波段来分。激光设备按照波段可分为可见光、红外、紫外、X 光、多波长可调谐激光，目前工业用红外及紫外激光。按照工作介质可分为固体、气体、液体、半导体和染料等几种类型，气体激光包括二氧化碳激光、氦氖激光、准分子激光和氩离子激光。气体激光因为效率高、寿命长、连续输出功率大，多应用于切割、焊接、热处理等加工。图 3-38 所示为气体激光加工原理。固体激光的效率比较低，通常采用脉冲工作方式以避免固体介质过热，图 3-39 所示为固体激光加工原理。

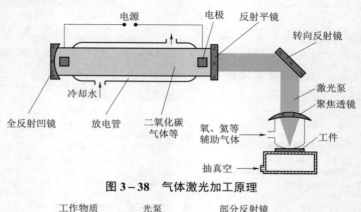

图 3-38　气体激光加工原理

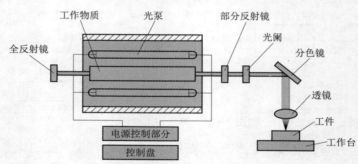

图 3-39　固体激光加工原理

激光加工过程可分为以下几个阶段：

① 激光束照射工件材料（光的辐射能部分被反射，部分被吸收并对材料加热，部分因热传导而损失）。

② 工件材料吸收光能。

③ 光能转变成热能使工件材料无损加热（激光进入工件材料的深度极小，所以在焦点中央，表面温度迅速升高）。

④ 工件材料被熔化、蒸发、汽化并溅出去除或破坏。

⑤ 作用结束与加工区冷凝。

2）激光加工的特点

激光所具有的宝贵特性决定了其在加工领域存在的优势：

① 由于它是无接触加工，并且高能量激光束的能量及其移动速度均可调，因此可以实现多种加工目的。

② 它可以对多种金属、非金属加工，特别是可以加工高硬度、高脆性及高熔点的材料。

③ 激光加工过程中无"刀具"磨损，无"切削力"作用于工件。

④ 激光加工过程中，激光束能量密度高，加工速度快，并且是局部加工，对非激光照射部位没有影响或影响极小。因此，其热影响区小，工件热变形小，后续加工量小。

⑤ 它可以通过透明介质对密闭容器内的工件进行各种加工。

⑥ 由于激光束易于导向、聚集实现作各方向变换，极易与数控系统配合，对复杂工件进行加工，因此是一种极为灵活的加工方法。

3）激光加工的应用

由于激光具有强度高、单色性好、相干性好和方向性好等特点，在先进制造技术领域得到广泛应用，大大推动了制造业的进步。在制造业中广泛应用激光视觉三维测量、激光层析成像、激光无损检测技术和激光振动测量。激光快速成形技术、激光焊接技术、激光切割技术、激光打孔技术、激光标记技术、激光热处理技术和激光内腔加工技术在制造业中的应用，对提高产品质量、提高劳动生产率、减少材料消耗具有重要意义，也为实现自动化、无污染制造提供了技术基础。

（1）激光快速成形（3D 打印）技术。

传统的工业成形技术大部分遵循"去除法"，如车削、铣削、钻削、磨削、刨削；另外一些采用模具进行成形，如铸造、冲压。激光快速成形技术集成了激光技术、CAD/CAM 技术和材料技术的最新成果，根据计算机设计的零件的 CAD 模型立体图形，直接制造出模型，它制造模型的办法是在一层接一层的基础上不断添加材料。激光快速成形方法有液态光敏聚合物选择性固化、薄型材料选择性切割、丝状材料选择性熔覆、粉末材料选择性烧结。

（2）激光焊接技术。

激光焊接是目前工业激光应用的第二大领域。激光焊接是把激光聚焦成很细的高能量密度光束照射到工件上，使工件受热熔化，然后冷却得到焊缝。激光焊接熔深大，速度快，效率高；激光焊道窄，热影响区很小，工件变形也很小，可实现精密焊接；激光焊道结构均匀，晶粒小，气孔少，夹杂缺陷少，在机械性能、抗蚀性能和电磁学性能上优于常规焊接方法。

（3）激光切割技术。

激光切割技术一直是激光加工应用最广泛的一项技术。激光切割是利用激光束聚焦形成高功率密度的光斑，将材料快速加热至汽化温度，再用喷射气体吹化，以此分割材料。脉冲激光适用于金属材料，连续激光适用于非金属材料，后者是激光切割技术的重要应用领域。

（4）激光打孔技术。

激光打孔技术具有精度高、通用性强、效率高、成本低和综合技术经济效益显著等优点，已成为现代制造领域的关键技术之一。目前，工业发达国家已将激光深微孔技术大规模地应用到航空航天、汽车制造、电子仪表、化工等行业。国内目前比较成熟的激光打孔应用是在人造金刚石和天然金刚石拉丝模的生产及钟表和仪表的宝石轴承、飞机叶片、多层印刷线路板等行业的生产。目前，激光打孔正朝着多样化、高速度、孔径更微小的方向发展。

（5）激光热处理技术。

激光热处理是利用高能激光照射到金属表层，通过激光和金属的交互作用达到改善金属表面性能的目的。激光热处理技术包括激光相变硬化技术、激光涂覆技术、激光合金化技术、激光冲击强化技术等，这些技术对改变材料的机械性能、耐热性和耐腐蚀性等有重要作用。激光相变硬化（即激光淬火）是激光热处理中研究最早、最多，且进展最快、应用最广的一种工艺，适用于大多数材料和不同形状零件的不同部位，可提高零件的耐磨性和疲劳强度。激光合金化和激光涂覆是利用高功率激光束快速扫描金属工件表面，使一种或多种合金元素与工件材料表面一起快速熔化再凝固，共同形成硬化层。激光冲击强化使用脉冲宽度极短的激光照射到材料表面，可以产生高强度冲击波，使金属材料的机械性能改善，阻止裂纹的产

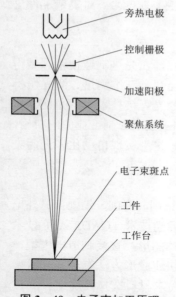

图 3-40 电子束加工原理

生和扩展，改善其抗疲劳性能。激光热处理技术在汽车工业中应用广泛，如缸套、曲轴、活塞环、换向器和齿轮等零部件的热处理，同时在航空航天、机床行业和其他机械行业也应用广泛。

2. 电子束加工

电子束加工是利用能量密度极高的高速电子细束，在高真空腔体中冲击工件，使材料熔化、蒸发、汽化而达到加工目的。电子束加工原理如图 3-40 所示。电子束能量密度很高，在极微小的束斑上能达到 $10^6 \sim 10^9$ W/cm^2，使照射部分的温度超过材料的熔化和汽化温度，去除材料主要靠瞬时蒸发，是一种非接触式加工。工件不受机械力作用，不产生宏观应力和变形。由于电子束加工在真空中进行，因而污染少，加工表面不氧化，特别适用于加工易氧化的金属及合金材料，以及纯度要求极高的半导体材料。

电子束的加工装置主要由电子枪、真空系统、控制系统和电源系统四部分组成。各个部分的主要组成如下：

① 电子枪。它是获得电子束的装置，包括以下几个部分：电子发射阴极——用钨或钽制成，在加热状态下发射电子；控制栅极——既控制电子束的强弱，又有初步的聚焦作用；加速阳极——通常接地，由于阴极有很高的负压，所以能驱使电子加速。

② 真空系统。用于保证电子加工时所需要的真空度，一般电子束加工的真空度维持在 $1.33 \times 10^{-4} \sim 1.33 \times 10^{-2}$ Pa。

③ 控制系统和电源系统。控制系统包括束流聚焦控制、束流位置控制、束流强度控制以及工作台位移控制。束流聚焦控制的作用是提高电子束的能量密度，它决定加工点的孔径或缝宽。聚焦方法有两种：一种是利用高压静电场使电子流聚焦成细束，另一种是利用"电磁透镜"靠磁场聚焦。束流位置控制的作用是改变电子的方向。工作台位移控制是指加工过程中控制工作台的位置。由于该系统对电压的稳定性要求较高，所以电源系统常采用稳压电源。

电子束加工具有以下特点：

① 它是一种精密微细的加工方法。

② 它是一种非接触式加工，不会产生应力和变形。

③ 加工速度很快，能量使用率高达 90%。

④ 加工过程可自动化。

⑤ 在真空腔中进行，污染少，材料加工表面不发生氧化。

⑥ 电子束加工需要一整套专用设备和真空系统，价格较高。

3. 离子束加工

离子束加工是在真空条件下，先由电子枪产生电子束，再引入已抽成真空且充满惰性气体的电离室中，使低压惰性气体离子化。离子束加工原理如图 3-41 所示。

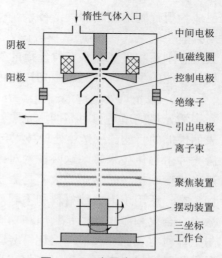

图 3-41 离子束加工原理

由负极引出阳离子，又经加速、集束等步骤，最后射入工件表面。由于离子带正电荷，其质量比电子大数千倍乃至数万倍，所以离子束比电子束具有更大的撞击动能，是靠微观的机械撞击能量来加工的。

离子束加工与电子束加工相比，其加工原理基本相同，但也存在一些比较明显的差别。其不同点在于，离子带正电荷，其质量比电子大数千倍乃至数万倍，故在电场中加速较慢，但一旦加速至较高速度，就比电子束具有更大的撞击动能。因此，电子束加工是靠电能转化为热能进行加工的，而离子束加工则是靠电能转化为动能进行加工的。

离子束加工的主要特点：

① 加工精度高，易精确控制。离子束可以通过离子光学系统进行聚焦扫描，共聚焦光斑可达 1 μm，因而可以精确控制尺寸范围。离子束轰击材料是逐层去除原子，所以离子刻蚀可以达到毫微米级的加工精度。离子镀膜可以控制在亚微米级精度，离子注入的深度和浓度也可极精确地控制。

② 污染少。离子束加工在高真空中进行，污染少，特别适合于加工易氧化的金属、合金及半导体材料。

③ 加工应力、热变形等极小，表面质量高。离子束加工是一种原子级或分子级的微细加工，作为一种微观作用，其宏观压力很小，适合于各类材料的加工，而且加工表面质量高。

④ 离子束加工设备费用高，成本昂贵，加工效率低。

3.3.3　超声加工和超声辅助加工

1. 超声加工

超声加工是利用超声频振动的工具端面冲击工作液中的悬浮磨粒，由磨粒对工件表面撞击抛磨来实现对工件加工的一种方法。超声加工原理示意图如图 3-42 所示。

超声加工机床由电源（即超声波发生器）、振动系统（包括超声波换能器和变幅杆）和机床本体三部分组成。超声波发生器将 50 Hz 的交流电转换为超声频电功率输出，功率由数瓦至数千瓦，最大可达 10 kW。通常使用的超声波换能器有磁致伸缩换能器和电致伸缩换能器两类。磁致伸缩换能器又有金属的和铁氧体的两种，金属的通常用于千瓦以上的大功率超声加工机；铁氧体的通常用于千瓦以下的小功率超声加工机。电致伸缩换能器用压电陶瓷制成，主要用于小功率超声加工机。变幅杆起着放大振幅和聚能的作用，按截面变化规律有锥形、指数曲线形、悬链线形、阶梯形等。机床本体一般有立式和卧式两种类型，超声振动系统则相应地垂直放置和水平放置。

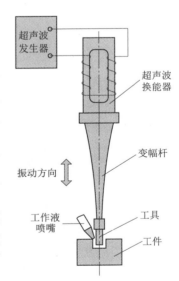

图 3-42　超声加工原理示意图

超声加工的特点：

① 适宜加工各种硬脆材料，特别是电火花和电解加工无法加工的不导电材料和半导体材料；对于导电的硬质合金、淬火钢等也能加工，但加工效率比较低。

② 能获得较好的加工质量。

2. 超声辅助加工

在加工难切削材料时，常将超声振动与其他加工方法配合进行复合加工，如超声辅助车削、超声辅助磨削、超声辅助钻削等。这些复合加工方法是在传统切削加工中工具与工件相对运动的基础上，在切削工具或工件上施加超声振动，以获得更好的加工性能。超声辅助切削加工过程中，通过工具对被加工材料的机械和超声复合作用，使工具与被加工材料的接触状态和作用机制发生变化，主要通过机械切削作用、高频微撞击作用以及超声空化作用等进行材料去除。超声振动的引入，改变了材料去除机理，降低了工具与工件之间的摩擦力和接触时间，增强了工具对工件的切削去除作用，从而有效提高了材料去除率和加工质量。

超声辅助切削加工系统主要由超声电源、超声能量传输系统、超声波换能器、变幅杆、工具或工件、冷却液供给单元等组成。在超声辅助切削加工过程中，超声电源通过超声波发生器将产生大于 15 kHz 的高频电信号，并经过功率放大后输出功率超声信号，通过传输系统将功率超声信号传输到超声波换能器，再经过超声波换能器将电信号转换成相应频率的机械振动，通过变幅杆将机械振动的幅度增大，并传递给工具或工件，使其产生超声振动，实现超声辅助切削加工。超声辅助切削加工的分类如图 3-43 所示。

1）超声辅助车削

超声辅助车削是在普通车削机床运动基础上，在车刀上施加超声振动，超声振动方向主要有沿着工件旋转方向切向的振动和沿着进给方向的振动。图 3-44 所示为一种安装在普通卧式车床上的超声辅助车削加工装置。

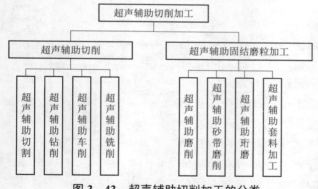

图 3-43　超声辅助切削加工的分类

图 3-44　超声辅助车削加工装置

与普通车削加工表面相比，超声辅助车削表面碳纤维和基体过渡部位相对光滑，碳纤维复合材料表面加工质量明显改善，刀具磨损量可明显减小。采用硬质合金刀具超声辅助车削 Ni718 和 C263 等高温合金并和普通车削加工质量进行对比试验表明，超声辅助车削的加工表面粗糙度降低 25%～50%，圆度提高 40%～50%。超声辅助车削作为先进的复合加工技术，已在发动机轴、叶轮坯体、机匣和活塞等航空难加工材料零件加工领域获得了重要应用。

二维的超声椭圆振动车削（UEVC）是新发展起来的一种加工方法。目前 UEVC 的驱动主要包括两种方式：一种是非共振方式，主要是基于平行配置压电叠堆和相互垂直配置压电叠堆的直驱结构，这种椭圆振动需要两个激振源同时激振，其工作原理和基于该原理研制的加工装置如图 3-45 所示；另一种是共振方式，主要是利用变幅杆的两个模态振动组合实现椭圆振动，其工作原理如图 3-46 所示。

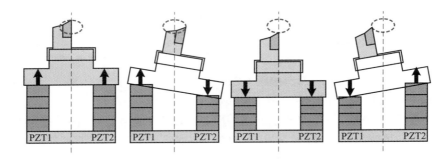

图 3 – 45　非共振超声椭圆振动车削

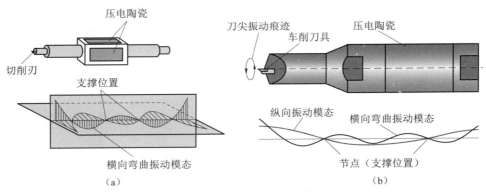

图 3 – 46　双模态椭圆振动超声辅助车削
（a）两个横向振动组合；（b）一个横向和一个纵向振动组合

　　研究表明，这种方法不仅能够减小切削力，改善加工精度和表面质量，减少刀具磨损，而且能实现脆性材料延性切削，既可用于宏观加工，也可进行微细结构加工。

　　2）超声辅助磨削

　　超声辅助磨削技术是采用电镀或烧结法制备的固结超硬磨料（金刚石和立方氮化硼）磨削工具，在磨削工具或工件上施以超声振动的复合加工方法。根据施加超声振动的方式不同，分为两种形式：一种是在传统磨床的基础上，通过在工件上施加超声振动，实现超声辅助磨削加工，典型的超声辅助磨削加工装置是在传统卧式平面磨床上通过对工件上施加超声振动进行加工；另一种是利用数控机床或加工中心，将超声振动施加于旋转的磨削工具上实现超声辅助磨削加工，也称为旋转超声加工。超声辅助磨削分为工件沿砂轮切向、轴向和径向振动几种类型，如图 3–47 所示。

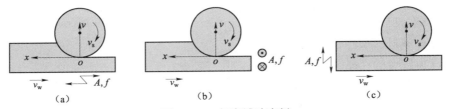

图 3 – 47　超声辅助磨削
（a）切向振动；（b）轴向振动；（c）径向振动

　　在磨削加工中引入功率超声振动，能有效解决普通磨削时砂轮堵塞和磨削烧伤问题，提高磨削质量和磨削效率。尤其是小孔磨削，在普通磨床上进行小孔磨削，由于砂轮线速度较低，得不到好的磨削效果。用功率超声磨削小孔可以提高砂轮耐用度，降低砂轮磨损，提高磨削比，降低表面粗糙度。由于功率超声有清洗作用，砂轮不易堵塞，可以避免工件烧伤，提高加工效率，是小孔精密磨削的一种新方法。

3. 超声振动塑性加工

超声振动塑性加工技术是指在传统金属塑性成形加工工艺中，在工件或模具上主动施加方向、频率和振幅可调的超声振动，以达到改善工艺效果、提高产品质量的目的。

超声振动塑性加工系统由超声波发生器、超声波换能器、变幅杆和模具等组成，如图 3 - 48 所示。超声发射装置与上述系统大致相同，区别在于成形所用模具不同。图 3 - 49 所示为一超声振动辅助成形装置，上模具在伺服电动机的驱动下对工件进行成形加工，下模具由超声振子驱动产生高频振动，从而在塑性成形加工过程中引入超声。

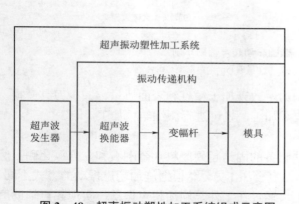

图 3 - 48　超声振动塑性加工系统组成示意图

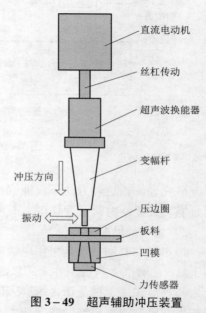

图 3 - 49　超声辅助冲压装置

超声振动塑性加工技术相对于传统金属塑性成形工艺，通常认为具有以下优点：
① 降低成形力。
② 降低金属流动应力。
③ 减小工件与模具间的摩擦。
④ 扩大金属材料塑性成形加工范围。
⑤ 提高金属材料塑性成形能力。
⑥ 可获得较好的产品表面质量和较高的尺寸精度。

3.3.4　水射流加工和磨料喷射加工

1. 水射流加工

水射流加工（Liquid Jet Machining，LJM），又称为水喷射切割（Water Jet Cutting，WJC），是利用超高压、超高速流动的水束流冲击工件进行加工的，其原理示意图如图 3 - 50 所示。

超高压（可达 700 MPa）的水由口径 0.5 μm 的喷嘴射出，以 2～3 倍声速的速度冲击加工表面，对各类材料施以切割、分离、穿孔、破碎和表层材料去除等加工。加工时，能量密度可达 10^{10} W/mm²，流量达 7.5 L/min。

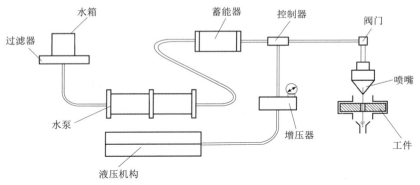

图 3 – 50　水射流加工原理示意图

根据 1987 年《日本机械学会志》上提供的理论，水射流可分为以下 8 类：

① 纯水射线流。

② 添加不同溶液的水射线流。

③ 添加磨料的水射线流。

④ 利用气蚀现象的水射线流。

⑤ 非稳定水射线流。

⑥ 脉冲水射线流。

⑦ 气体保护层水射线流。

⑧ 与机加工复合的水射线流。

在实用中，以纯水射线流应用为最多，其次为使用添加磨料的水射线流，以及利用气蚀现象与机加工复合的水射线流。

水射流加工系统，以切割为加工目的加工系统为代表，一般是由产生数百兆帕超高压的射流泵（或水经过水泵后通过增压器增压）、储液蓄能器（使脉冲的液流平稳）、孔径为 0.1～0.5 mm 的人造蓝宝石喷嘴、水平工作台、机器人和综合控制装置所组成的。切割装置运动的方式可分为：工件固定、喷嘴移动式，工件、喷嘴相互移动式；采用数控装置及多关节机器人进行控制。目前，水射流数控装置系统已推广使用，多关节机器人及龙门架式机器人也进入实用阶段，使用计算机控制加工坐标曲面的复杂形状，也已多次试验成功。

水射流加工的关键参数主要包括喷射压力、喷射速度、喷嘴直径、喷射距离等。增大喷嘴直径可提高加工效率，增大液体压力也可提高切割速度并增大加工深度，改善切割质量。喷嘴距离和切割速度有密切关系，针对某一具体的加工条件，喷射距离 H 有一个最佳值。

水射流加工的特点是：

① 由于水射流也是一种高能束流射线，所以可以进行灵活柔软的加工。在进行数控切割时，喷嘴的位置极为重要，如果喷射方向与断面相垂直，就可以得到与切割路线无关的均匀切口。切割可以从任意位置开始，到任意位置结束，这是其他机械加工方法所达不到的，因此适用于任何不规则表面形状的加工。

② 与使用热的、机械的加工方法不同，在加工点处温度很低，因此对加工件的热应力极小，不会引起其表层组织的变化，可以在易燃、易爆、有毒的多种危险场所作业，安全可靠。

③ 由于使用水作为加工介质，辅助材料的管理十分方便，喷孔直径很小，水的用量不大。作为工具的射流束是不会变钝的，喷嘴寿命也相当长。

④ 在高速流体力学作用下，水射流能够与多种化学、物理作用复合。若流量控制大到某种程度，就能在加工的同时顺利地排除切屑，因而具有清洗作用，这在粉尘严重的加工环境下更能显示其优越性。

⑤ 当使用细小喷嘴时，加工件上承受的作用力极小，能顺利切割质地柔软的材料（如橡胶、纸、木头、石棉和复合材料等）和容易变形的构件（如飞机蒙皮的蜂窝夹层、海绵构造等）。

2. 磨料喷射加工

磨料喷射加工（Abrasive Jet Machining，AJM）是采用含有微细磨料的高速干燥气流对工件表面喷射以实现材料去除的。磨料喷射加工不同于喷砂，这种加工所选用的磨料更细，而且不能循环使用，加工参数和切割作用需精密控制。可对精密零件进行表面清理和去毛刺，也可对脆硬材料进行切割和刻蚀。图 3-51 所示为磨料喷射加工示意图。

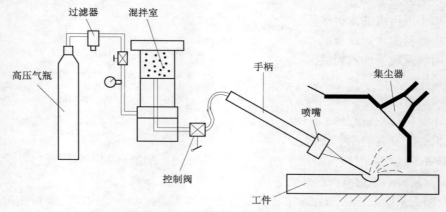

图 3-51 磨料喷射加工示意图

磨料喷射加工的特点是：

① 它属于精细加工工艺，主要用于去毛刺、清洗表面、刻蚀等。

② 可以加工导电或非导电材料，也可以加工像玻璃、陶瓷、淬硬金属等硬脆材料或者尼龙、聚四氟乙烯、乙缩醛树脂等软材料。

③ 可以清理各种沟槽、螺纹及异型孔。

磨料喷射加工效率低，金属切除率低。增大喷嘴压力会稍微提高切速，但相对其他条件变化影响较弱，而且会降低喷嘴寿命，因此压力一般在 20～100 N/cm²。整体切除速率较低，一般在 50～100 mg/min，但对于在硬脆金属上进行复杂精密加工来说已经足够。

磨料喷射加工的缺点是：磨料喷射加工去除率慢；喷嘴容易堵塞；加工孔时加工时间与孔深度不成比例，加工深孔时效率低；还存在磨料混合均匀程度和磨料流量精确控制等问题；一些磨料在加工后可能会滞留在工件表面，影响表面粗糙度和加工效率；不适合加工大型零件及去除超大毛刺；对于软质和弹性金属加工效果不理想。

提高金属去除率，首先要有合适的喷嘴距离：喷嘴距离越小，切削面积越小，切宽越小，切除的精度越高，但是距离太近会导致磨粒间发生干涉，降低实际切削时间，而且磨粒容易滞留在工件表面，致使工件的表面粗糙度提高；喷嘴距离越大，切削面积越大，切宽越大，而且边缘会有圆角，使加工控制程度降低，对特定部位的加工效率降低，但是适合大面积加工而且磨粒不易滞留在工件表面。因此，对于特定的加工工件和不同的磨粒种类，都应该有最合适的喷嘴距离，不仅能保证较高的效率，还可以保证较好的精度；其次是增加磨料流量，提高切削效率，但是流量过大会导致喷嘴磨损过快，而且磨料流量过大会产生干涉，使很多磨粒没有和工件接触而直接废弃掉，使生产成本增加。因此，寻找合适的磨料流量对于提高加工效率是至关重要的。

磨料的作用和刀具类似，磨料的硬度和锋利度是切除金属的主要影响因素，所以选择耐磨损、锋利度高、硬度好的磨粒可以降低生产成本，提高加工效率，使磨粒在工件表面的滞留量降低，提高工件的加工精度。

3.4　精密/超精密加工的主要工艺

3.4.1　精密/超精密加工的概念、方法和特点

精密加工是指加工精度和表面质量达到极高精度的加工工艺。目前，精密加工的技术指标为加工精度 $0.1\sim1.0\ \mu m$，表面粗糙度 $0.02\sim0.10\ \mu m$。精密加工包括微细加工、超微细加工和光整加工等加工技术。

超精密加工就是在超精密机床设备上，利用零件与刀具之间产生的具有严格约束的相对运动，对材料进行微量切削，以获得极高形状精度和较低表面粗糙度的加工过程。当前的超精密加工是指被加工零件的尺寸精度高于 $0.1\ \mu m$，表面粗糙度 Ra 小于 $0.025\ \mu m$，以及所用机床定位精度的分辨率和重复性高于 $0.01\ \mu m$ 的加工技术，亦称为亚微米级加工技术，且正在向纳米级加工技术发展。超精密加工主要包括超精密切削加工、超精密磨削和研磨加工、超精密特种加工等。

根据精度水平不同，加工分为三个档次：

① 精度为 $3.00\sim0.30\ \mu m$，表面粗糙度为 $0.30\sim0.03\ \mu m$ 的加工归为精密加工。

② 精度为 $0.30\sim0.03\ \mu m$，表面粗糙度为 $0.030\sim0.005\ \mu m$ 的加工归为超精密加工。

③ 精度为 $0.030\ \mu m$，表面粗糙度优于 $0.005\ \mu m$ 的则称为纳米加工。

根据加工方法的机理和特点，精密加工和超精密加工方法可分为三大类：

① 机械超精密加工技术，例如金刚石刀具超精密切削、金刚石微粉砂轮超精密磨削、精密研磨和抛光等一些传统的加工方法。

② 非机械超精密加工技术，例如微细电火花加工、微细电解加工、微细超声加工、电子束加工、离子束加工、激光束加工等一些非传统加工方法，也称为特种加工方法。

③ 复合超精密加工技术，其中包括传统加工方法的复合、特种加工方法的复合以及传统加工方法与特种加工方法的复合（如机械化学抛光、精密电解磨削、精密超声珩磨等）。

1. 精密/超精密加工的特点

1）创造性原则

对于精密加工和超精密加工，采用现有机床已不能满足被加工零件的精度要求，要研制

专门的超精密机床，或在现有机床上通过工艺手段或附加仪器设备来达到加工要求，这就是创造性原则。

2）微量切除（极薄切除）

超精密加工时，背吃刀量极小，是微量切除和超微量切除，因此对刀具刃磨、砂轮修整和机床精度均有较高要求。

3）综合制造工艺系统

精密加工和超精密加工要达到高精度和高表面质量，涉及被加工材料的结构及质量，加工方法的选择，工件的定位与夹紧方式，加工设备的技术性能和质量，工具及其材料选择，测试方法及测试设备，恒温、净化、防振的工作环境，以及人的技艺等诸多因素，因此，精密加工和超精密加工是一个系统工程，不仅复杂，而且难度很大。

4）自动化程度高

现代的精密加工和超精密加工广泛应用计算机技术、在线检测和误差补偿、适应控制和信息技术等，自动化程度高，同时自动化能减少人为影响因素，提高加工质量。

5）加工检测一体化

精密加工和超精密加工中，不仅要进行离线检测，而且有时要采用在线检测（工件加工完成后，机床停车，工件先不要卸下，在机床上进行检测）和误差补偿，以提高检测精度。

2. 精密/超精密切削

精密/超精密切削以 SPDT 技术开始，该技术以空气轴承主轴，气动滑板，高刚性、高精度工具，反馈控制和环境温度控制为支撑，可获得纳米级表面粗糙度。多采用金刚石刀具切削，广泛用于铜的平面和非球面光学元件、有机玻璃、塑料制品（如照相机的塑料镜片、隐形眼镜镜片等）、陶瓷及复合材料的加工等。此外，MEMS 组件等微小零件的加工需要微小刀具，目前微小刀具的尺寸可达 50～100 μm，但如果加工几何特征在亚微米级甚至纳米级，刀具直径必须再缩小，其发展趋势是利用纳米材料如纳米碳管来制作超小刀径的车刀或铣刀。

3. 精密/超精密磨削

精密/超精密磨削是在一般精密磨削基础上发展起来的一种镜面磨削方法，其关键技术是金刚石砂轮的修整，使磨粒具有微刃性和等高性。精密/超精密磨削的加工对象主要是脆硬的金属材料、半导体材料、陶瓷和玻璃等。磨削后，被加工表面留下大量极微细的磨削痕迹，残留高度极小，加上微刃的滑挤、摩擦、抛光作用，可获得高精度和低表面粗糙度的加工表面，当前超精密磨削能加工出圆度为 0.01 μm、尺寸精度为 0.1 μm 和表面粗糙度 Ra 为 0.005 μm 的圆柱形零件。

3.4.2　精密/超精密光整加工

光整加工是指不切除或从工件上切除极薄材料层，以减小工件表面粗糙度为目的的加工方法，如超级磨光和抛光等。主要表面的光整加工（如研磨、珩磨、精磨、滚压加工等）应放在工艺路线的最后阶段进行，加工后的表面粗糙度 Ra 在 0.8 μm 以下，轻微的碰撞都会损坏表面。在光整加工后，都要用绒布进行保护，绝对不允许用手或其他物体直接接触工件，以免光整加工的表面由于工序间的转运和安装而受到损伤。

按照工具在加工过程中所处的状态来分，光整加工可分为非自由工具光整加工和自由工具光整加工两大类。在加工时，工具与工件保持确定的相对位置，称为非自由工具光整加工，如研磨、抛光和珩磨等。当工具与工件没有确定的相对位置而处于游离状态实现的加工，称为自由工具光整加工，如滚磨加工等。

1. 研磨加工

1）研磨加工的概念

研磨是使用研具、游离磨料进行微量去除的精密加工方法，加工时在被加工表面和研具之间放置游离磨料和冷润液，使被加工表面和研具产生相对运动并加压，通过磨料产生切削、挤压、塑性变形等作用，去除被加工表面的凸出，使被加工表面的精度得以提高，表面粗糙度值得以降低。

研磨可用于加工各种金属和非金属材料，加工的表面形状有平面，内、外圆柱面和圆锥面，凸、凹球面，螺纹，齿面及其他型面。加工精度可达 IT5～IT1，表面粗糙度 Ra 可达 0.63～0.01 μm。

2）研磨加工的分类

研磨可分为湿研磨和干研磨两类。

湿研磨又称敷砂研磨，是把研磨剂连续加注涂敷在研具上，形成对被加工表面的研磨，通常多用于机械研磨。

干研磨又称嵌砂研磨，是把磨粒均匀地嵌入研具的工作表面，通常称之为"压砂"，研磨时，研具的表面涂少量的润滑添加剂即可进行加工。干研磨多用于微粉磨料，研具材质较软，主要作精研，由于复杂成形表面的嵌砂比较困难，多用于加工平面。

研磨从操作方式上又可分为手工研磨和机械研磨两大类。

3）研磨加工的特点

（1）研磨是由研具和微细磨粒实现微量切削，并通过监测来控制和修正精度，因此能获得较高的尺寸和形状精度。

（2）研磨时压力小、磨粒细，运动轨迹复杂而不重复，因此可获得极低的表面粗糙度值。

（3）研磨时压力小、速度低，切削热小，工件表面变质层薄，且表面层物理力学性能好。

（4）研磨时一定要有相应的研具，研具通常比较简单，多用铸铁等材料制成，为了使磨粒能嵌入其上，一般其硬度比工件低。研磨过程中，研具也要磨损，因此要及时更换或修整。

（5）研磨既可进行单件手工生产，又可进行成批机械生产。手工研磨条件比较简单，可利用现有的普通机床产生必要的运动。手工研磨仍是当前有效的主要精密加工方法之一；机械研磨时设备可以自制，也可购买系列产品。

（6）研磨可加工外圆、孔、平面或成形表面，可加工各种金属和非金属材料，适用范围广泛。

4）研磨机理和加工要素

（1）研磨机理。

研磨加工模型如图 3－52 所示，研磨机理可以归纳如下。

首先是磨粒的切削作用：在研具材料较软、研磨压力较大的情况下，磨粒可嵌入研具表面，产生刮削作用；在研具材料较硬时，磨粒嵌入研具表面很少，而是在被加工表面

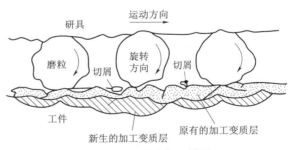

图 3－52　研磨加工模型

和研具之间移动和滚动，以其锐利的尖角产生切削。

然后是塑性变形作用：磨粒的滚压和挤压会压平被加工表面的峰部，产生塑性变形和流动，使表面平缓和光滑。

此外还有加工硬化和裂纹作用：研磨压力使被加工表面产生加工硬化和裂纹，会使材料产生疲劳断裂而形成微切屑。

最后是化学作用：对于研磨中所使用的研磨剂，若含有起化学作用的活性物质，例如硬脂酸、油酸等，则在被加工表面会形成氧化膜，而磨粒的摩擦作用会反复去除氧化膜，从而起到加工作用。

（2）加工要素。

研磨的加工要素如表 3 – 5 所示。

表 3 – 5　研磨的加工要素

项目		内容
加工方式	驱动方式	手动、机动、数字控制
	运动形式	回转、往复
	加工面数	单面、双面
研具	材料	硬质（淬火钢、铸铁）、软质（木材、聚氨酯）
	表面状态	平滑、沟槽、空穴
	形状	平面、圆柱面、球面、成形面
磨粒	材料种类	金属氧化物、金属碳化物、氮化物、硼化物
	粒度	数十微米至 0.01 微米
	材质	硬度、韧性
切削液	种类	油性、水性
	作用	冷却、润滑、活性（化学作用）
加工参数	相对速度	$1 \sim 100$ m/min
	压力	$0.001 \sim 3.000$ MPa
	加工时间	视加工材料、磨粒材料及其粒度、加工表面质量、加工余量等而定
环境	温度	(20 ± 0.1) ℃
	净化	净化间，$1\,000 \sim 100$ 级

对于研磨轨迹而言，因为研磨时的磨粒运动轨迹与研磨质量关系密切，因此要求工件与研具的相对运动能遍及整个研具表面，使研具的工作表面均匀磨损，故磨粒的轨迹应该复杂而不重复，交叉角较大，有利于降低表面粗糙度值。常用的研磨轨迹有直线往复式、正弦曲线式、次摆式、8 字式、外摆线式和椭圆形等。

研具是研磨的成形工具，工件的几何形状和精度受到其复映作用；研具又是磨粒的载体，用于涂敷和镶嵌磨粒，产生微切削作用。因此，研磨效果与研具关系密切。研具有各种类型，视具体的加工要求而定，可分为平面、外圆、孔和成形四大类。研具上又有开槽和不开槽两种，开槽主要是为了在研具的工作表面上能存有磨料。

研磨剂是磨料、冷润液和辅助材料按一定比例调配而成的混合物。磨粒根据被加工材料来选择，其粒度可根据工件表面的质量和加工效率要求来选择；冷润液的作用主要是冷却、润滑和稀释，可以使研磨剂均匀黏附在研具和被加工表面上，有效散发热量；辅助材料主要起润滑、黏附和化学作用，可形成氧化膜，以加速研磨过程。常用的辅助材料有硬脂酸、油酸、脂肪酸、蜂蜡、硫化油和工业甘油等。

研磨通常分为粗研、精研和光研几个阶段，因此研磨工艺也有所不同。粗研时，磨粒可以粗一些，以求其效率；精研时磨粒比较细，以求其达到所要求的表面粗糙度；光研的目的是降低表面粗糙度值，去除被加工表面上所黏附的磨粒，这时可不加磨料。

5）精密/超精密研磨方法

（1）油石研磨。

油石研磨的机理是微切削作用，由加工压力来控制微切削作用的强弱，加工压力增大，油石与被加工表面的接触压强加大，参加切削的磨粒增多，效率提高，但压力太大会使被加工表面产生划痕和裂纹。油石与被加工表面之间还可以加入抛光液，使加工效果好。油石研磨可以加工平面、外圆等。加工中的运动与普通研磨相同。

（2）磁性研磨。

磁性研磨原理如图 3 – 53 所示，工件放在两磁极之间，工件与磁极间放入磁性磨粒，在直流磁场的作用下，磁性磨粒沿磁力线方向整齐排列，如同刷子一般对被加工表面施加压力，并保持加工间隙，因此又称为磁性磨粒刷。研磨时，工件一面旋转，一面做轴向振动，使磁性材料与被加工表面之间产生相对运动，在被加工表面上形成均匀网状纹路，提高了工件的精度和表面质量。

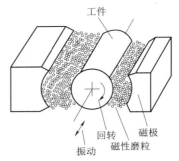

图 3 – 53　磁性研磨原理

磁性磨粒是由强磁性的铁磁材料和磨粒按一定比例混合后，经烧结或粘接等方法制成的，常用的铁磁材料有氧化铁和铝铁硼等，常用的磨料有氧化铝、碳化硅和金刚石等，视被加工材料而定。磁性磨粒是加工的关键之一，它影响加工质量和加工效率。

磁性研磨时，研磨压力的大小随磁场中磁通密度及磁性磨料填充量的增大而增大，因此可以调节研磨压力。基于这种特点，磁性研磨的应用范围非常广泛。磁性研磨不但可以研磨磁性材料零件，而且可以研磨非磁性材料零件，如钢、不锈钢、铜、铝等；还可以研磨非金属材料，如陶瓷、硅片等；同时因其加工精度可达 1 μm，表面粗糙度 Ra 可达 0.01 μm，对于钛合金也有较好的研磨效果；此外，磁性研磨也可用于工件的外圆、内孔等的加工和去毛刺；同时由于加工间隙有 1～4 mm，磁性磨粒在未加磁场前是柔性的，还可以研磨成形表面。

2. 珩磨加工

珩磨是用镶嵌在珩磨头上的油石（又称珩磨条）对精加工表面进行的精整加工，又称镗磨。如图 3 – 54（a）所示，珩磨时，工件固定不动，珩磨头与机床主轴浮动连接，机床主轴带动珩磨头旋转，同时在被加工孔内做上下往复直线进给运动，并由珩磨头内的进给机构保证珩磨条在孔径方向均匀胀出，控制珩磨深度及珩磨压力，即可从被加工表面上切除一层极薄的材料，形成切屑。由珩磨头的旋转运动和上下往复直线进给运动的复合，可使珩磨条上的磨粒在孔的被加工表面上形成交叉而不重复的网纹切削轨迹，网纹交叉角为 2θ，如图 3-54（b）所示。

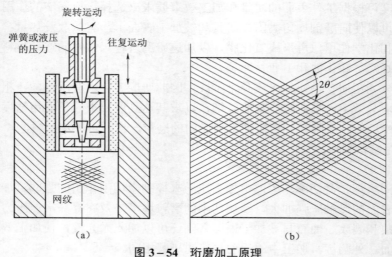

图 3-54 珩磨加工原理
(a) 珩磨运动；(b) 珩磨运动轨迹

珩磨的主要加工直径为 5～500 mm，甚至可以加工更大的各种圆柱孔，孔深与孔径之比可达 10 或更大。在一定条件下，也可加工平面、外圆面、球面和齿面等。珩磨头外周镶有 2～10 根长度为孔长 1/3～3/4 的油石，在珩孔中既做旋转运动又做往返运动，同时通过珩磨头中的弹簧或液压控制而均匀外涨，所以与孔表面的接触面积较大，加工效率较高。珩磨后孔的尺寸精度为 IT7～IT4 级，表面粗糙度 Ra 可达 0.32～0.04 μm。珩磨余量的大小，取决于孔径和工件材料，一般铸铁件为 0.02～0.15 mm，钢件为 0.01～0.05 mm。珩磨头的转速一般为 100～200 r/min，往返运动的速度一般为 15～20 m/min。为冲去切屑和磨粒，改善表面粗糙度和降低切削区温度，操作时常需用大量切削液，如煤油或内加少量锭子油，有时也用极压乳化液。

1）珩磨的特点

① 珩磨在珩磨机上进行，由于珩磨头与机床主轴浮动连接，故对机床要求不高，机床结构也比较简单。

② 珩磨加工精度高，孔径精度为 1.0～0.1 μm，孔的圆柱度可达 1.0～0.5 μm，直线度可达 1 μm。

③ 加工表面质量好，表面粗糙度 Ra 可达 0.010～0.008 μm，因表面有交叉网纹，有利于储油和保持油膜，使表面有较好的润滑性。

④ 珩磨有较高的加工效率。

2）珩磨的应用范围

由于珩磨加工范围较广，因此可加工各种金属材料，加工孔径范围为 8～100 mm，同时也可加工小孔、特大孔、薄壁孔和深孔等，通常珩磨加工用于加工气缸孔、油泵油嘴中的小孔等，是一种有效的精密孔加工方法。

3. 抛光加工

抛光是指利用机械、化学或电化学的作用，使工件表面粗糙度降低，以获得光亮、平整表面的加工方法。抛光加工是利用抛光工具和磨料颗粒或其他抛光介质对工件表面进行的修饰加工。

抛光不能提高工件的尺寸精度或几何形状精度，而是以得到光滑表面或镜面光泽为目的，有时也用以消除光泽（消光）。

1）抛光加工的机理

抛光加工的模型如图 3 – 55 所示，其机理可归纳为以下几种作用。

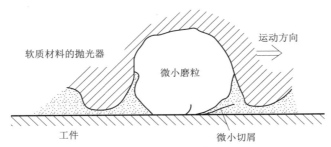

图 3 – 55　抛光加工模型

① 微切削：指微粒切除微量切屑。

② 塑性流动：由于磨粒与被加工表面摩擦所产生的冷塑性流动，以及高速时磨粒摩擦发热所引起的热塑性流动。

③ 滑移变形：由于材料存在微缺陷，因位错缺陷或微裂纹产生晶体内的滑移变形。

④ 化学作用：在抛光剂中添加活性物质，与被加工表面材料起化学反应产生某种生成膜，被磨粒反复去除。

2）抛光加工的要素

抛光加工的要素与研磨基本相同，抛光时有抛光工具和抛光剂等。传统的手工抛光方式是抛光轮做高速回转，将抛光剂均匀涂在抛光轮上，手持工件进行抛光。

（1）抛光工具。

最常用的抛光工具是抛光轮、抛光片和抛光棉等。

抛光轮的种类很多，有干式抛光轮和液中抛光轮。液中抛光轮是将抛光轮浸泡在抛光液中，使其表面浸含抛光液。

（2）抛光剂。

抛光剂分为固体和液体两类。

固体抛光剂是由微粉磨料、油脂和添加剂所组成的，呈块状或膏状。

液体抛光剂是由微粉磨料、乳化液和一些添加剂所组成的，通常可自行配制。

常用的磨料种类繁多，有氧化铝、碳化硅、氧化铬、氧化铁、氧化锆、氧化硅等，粒度也有多种，可根据被加工材料的种类、表面粗糙度要求等选择。

（3）抛光工艺参数。

抛光工艺参数有抛光轮速度、进给速度和压力等。

抛光轮速度一般为 15～50 m/s，加工钢、铁等硬材料时取高值，加工铝、锌和塑料等软材料时取低值。速度过高，抛光时发热量大，会影响表面粗糙度和表面质量，速度过低会影响加工效率。

抛光轮与工件的相对进给速度一般为 3～12 m/min，视被加工材料、加工表面粗糙度和加工效率等而定。表面粗糙度要求低时宜选较小的进给速度；进给速度越高，加工效率越高。

抛光压力一般为 1 kPa，太大会造成发热；同时在加工表面上有孔、槽等凹面时，会在其棱边上出现塌角。

3）抛光和研磨复合加工

抛光与研磨是不同的。抛光时所用的抛光工具一般是软质的，抛光速度也较高，其塑性流动作用和微切削作用较强，加工效果主要表现在降低表面粗糙度值。研磨时所使用的研具一般是硬质的，研磨速度低，其微切削作用、挤压塑性变形作用较强，在精度和表面质量两个方面都能得到提高。近年来，出现了研磨和抛光复合加工方法，称之为研抛，它所用的抛光工具和研具是用橡胶、塑料等制成的，可通过选择材料及其硬度来控制抛光作用和研磨作用的比例，能同时降低表面粗糙度值和提高加工精度，考虑到所用工具带有韧性，故多归属于抛光加工一类。

4）精密/超精密抛光方法

（1）软质磨粒抛光。

软质磨粒的特点是可以用较软的磨粒，甚至比工件材料还软的磨粒（如氧化硅、氧化铬等）来抛光。它在加工时不会产生机械损伤，大大减少了一般抛光中所产生的微裂纹、微磨粒嵌入、凹坑、麻点、附着物、污染等缺陷，能获得极好的表面质量。

（2）化学机械抛光。

它是一种非机械抛光方法，但强调了化学作用，在抛光液中加入添加剂，形成活性抛光液。抛光时，靠活性抛光液的化学作用，在被加工表面上生成一种化学反应生成物，由磨粒的机械摩擦作用去除，因此是一种软质磨粒抛光方法。化学机械抛光是一种精密复合加工方法，可以获得无机械损伤的加工表面，化学作用不仅可以提高加工效率，而且可以提高加工精度和降低表面粗糙度值，应用十分广泛。

（3）浮动抛光。

它是一种非接触抛光方法，利用流体动力学原理使抛光工具与工件浮离，其原理如图 3－56 所示。在抛光工具的工作表面上做出若干个与其转动方向相应的沟槽，当抛光工具高速旋转时，由于楔形槽的动压作用，抛光工具浮起，其间的磨粒就对工件表面进行抛光。

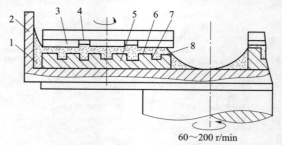

60～200 r/min

图 3－56 流体动力浮动抛光原理

1—抛光液；2—加工槽；3—工件；4—工件保持器；5—抛光器；6—金刚石刀具的切削面；7—沟槽；8—液膜

（4）液中研抛。

液中研抛是在恒温抛光液中进行研抛。图 3 - 57 所示为研抛工件平面的装置，研抛盘的材料为聚氨酯，由主轴带动旋转，工件装夹于夹具中，被加工表面要全部浸泡在抛光液中，载荷使工件与磨粒间产生一定的压力。恒温装置通过不断循环流动在螺旋管道中的恒温油，使研抛区内的抛光液保持一定温度。搅拌器使磨粒与抛光液均匀混合，抛光液可用水加一些添加剂配制而成。

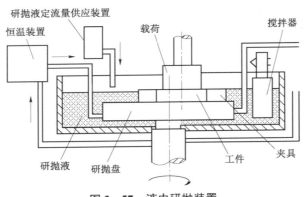

图 3 - 57　液中研抛装置

（5）磁流体抛光。

磁流体抛光又称为磁浮抛光。磁流体是由强磁性粉（例如 $10 \sim 15$ nm 的 Fe_3O_4）、表面活化剂和运载液体构成的悬浮液，在重力和磁场作用下呈稳定的胶体分散状态，具有很强的磁性，其磁化曲线几乎没有磁滞现象，磁化强度随磁场强度的增大而增大。将非磁性材料的磨粒混入磁流体中，置于有磁场梯度的环境内，则非磁性磨粒在磁流体中将受磁浮力作用向低磁力方向移动。例如，当磁场梯度为重力方向时，将电磁铁或永久磁铁置于磁流体的下方，则非磁性磨粒将漂浮在磁流体的上表面；相反，如将磁铁置于磁流体的上方，则非磁性磨粒将下沉到磁流体的下表面。将磁铁置于磁流体的下方，工件置于磁流体的上表面，并与磁流体在水平面上产生相对运动，则上浮的非磁性磨粒将对工件下表面进行抛光，抛光压力由磁场强度控制。

（6）水合抛光。

水合抛光是利用水合反应的作用来进行抛光。当被加工表面与抛光工具产生相对摩擦时，在接触区将产生高温高压，被加工表面上的原子或分子呈活性化状态。这时利用过热水蒸气分子和水作用，被加工表面就会形成水化合层，再利用外来的摩擦力将其去除。

3.4.3　微细/微纳米加工原理

1. 微细加工原理

微细加工技术是一种制造微小尺度零器件或薄膜图形的方法，通过一种机械化学作用来清除金属零件表面上 $1 \sim 40$ μm 的材料，实现被加工表面粗糙度达到或者好于 ISO 标准的 N1 级的表面质量。加工尺度从亚毫米到毫微米量级，面加工单位则从微米到原子或分子线度量级。微细加工技术的一个突出优点是能够赋予零件表面新的微观结构。这些微观结构能提高零件表面对特定应用功能的适应性，如减小摩擦和机械差异，提高抗磨损性能，改善涂镀前后表面的沉积性能等。

从广义的角度讲，微细加工包括各种传统精密加工方法，如切削加工、磨料加工，和非传统精密加工方法，如电火花加工、电解加工、化学加工、超声加工、微波加工、等离子体加工、外延生产、激光加工、电子束加工、粒子束加工、光刻加工、电铸加工等，几乎涉及全部现代特种加工、高能束加工等方式。从基本加工类型看，微细加工可大致分为 4 类——分离加工、接合加工、变形加工、材料处理或改性，而微细加工方法主要有以下 5 种：

① 采用微小型化的成形整体刀具或磨料工具进行机械加工，如车削、钻削、铣削和磨削。由于刀具具有清晰明显的界限，因此可以方便地定义刀具路径加工出各种三维形状的轮廓。

② 采用电加工或在其基础上的复合加工，如微细电火花加工（MEDM）、线放电磨削加工（WEDG）、线电化磨削加工（WECG）、电化加工（ECM）。

③ 采用光、声等能量加工法，如微细激光束加工（MLBM）、微细超声加工。

④ 采用光化掩膜加工法，如光刻法、LIGA 法和电铸制模成形法。

⑤ 采用层积增生法，如曲面的磁膜镀覆、多层膜镀覆（用于 SMA 微型线圈制造）和液滴层积。

从狭义的角度讲，微细加工主要是指半导体集成电路制造技术，因为微细加工和超微细加工是在半导体集成电路制造技术的基础上发展起来的。随着现代科技的发展，半导体集成技术逐渐成为与国计民生息息相关的前沿科技，所以微细加工在这方面的研究与发展显得尤为重要。传统的切割方法，例如金刚石刀具等可以用于半导体行业的终端封装，或者切割精度要求不太高的轮廓线，激光技术至今仍是一种比较好的加工技术；在加工精度要求比较高时，就可以用水射流微细加工技术。另外，由于水射流加工技术是冷加工，所以在微细加工时明显优于激光等加工手段，大大降低了加工成本。微细加工技术在不断发展，切割加工的方法和种类也在不断增加，人类的生活环境科技化程度也越来越高。

2. 微纳米加工原理

随着制造业的发展，对加工精度提出更高要求，传统机床的加工精度已经不能满足飞速发展的研究需求，特别是军工领域的要求，于是微纳米加工技术这一具有更高精度的加工技术应运而生。

功能结构的尺寸在微米或纳米范围的加工技术，可以统称为微纳米加工技术。微纳米加工所涉及的尺度经历了从传统微细加工尺寸到大规模集成电路的复杂系统，其特征尺寸存在一个快速发展的过程，目前已涉及 22 nm 以下的结构，考虑到单个原子的尺寸以及原子间距离，现代微纳米技术已进入物理学的微观与介观领域，在微纳米尺度内可能只包含几十到几百个原子，这种有限原子体系的材料性质常常显示出尺度或量子效应，其机械、热学、电学和光学方面的性质与宏观体材料有显著区别。微纳米加工技术依赖于微纳米尺度的功能结构与器件，实现功能结构微纳米化的基础是先进的微纳米加工技术。微纳米加工技术是一项涵盖门类广泛并且不断发展中的技术。已开发出的微纳米加工技术可归纳为三种类型：

（1）平面工艺。

平面工艺依赖于光刻（Lithography）技术。首先将一层光敏物质感光，通过显影使感光层受到辐射的部分或未受到辐射的部分留在基底材料表面，它代表了设计的图案。然后通过材料沉积或腐蚀将感光层的图案转移到基底材料表面，通过多层曝光、腐蚀或沉积，复杂的微纳米结构可以从基底材料上构筑起来。平面工艺是最早开发的，也是目前应用最广泛的微纳米加工技术。

（2）探针工艺。

探针工艺可以说是传统机械加工的延伸，这里各种微纳米尺寸的探针取代了传统的机械切削工具。微纳米探针不仅包括诸如扫描隧道显微探针、原子力显微探针等固态形式的探针，还包括聚焦离子束、激光束、原子束和火花放电微探针等非固态形式的探针。探针工艺与平面工艺的最大区别是，探针工艺只能以顺序方式加工微纳米结构；而平面工艺是以平行方式加工，即大量微结构同时形成。因此，平面工艺是一种适合于大批量生产的工艺，但探针工艺是直接加工材料，而不是像平面工艺那样通过曝光光刻胶间接加工。

（3）模型工艺。

模型工艺则是利用微纳米尺寸的模具复制出相应的微纳米结构。模型工艺包括纳米压印技术、塑料模压技术和模铸技术。纳米压印是利用含有纳米图形的图章压印到软化的有机聚合物层上，纳米压印技术可以低成本大量复制纳米图形。模压技术即传统的塑料模压成形技术，模压的结构尺寸在微米以上，多用于微流体与生物芯片的制作。模压技术也是一种低成本的微细加工技术。模铸技术包括塑料模铸和金属模铸。无论模压还是模铸，都是传统加工技术向微纳米领域的延伸。模压与模铸的成形速度快，因此也适用于大批量生产的工艺。

微型机电系统（MEMS）是目前微纳米加工最为广泛的应用。MEMS 的大规模生产和应用决定了必须有新的加工技术与之相适应。因此，微纳米加工技术作为获得微机械、微机电系统的必要手段，得到了快速发展。在 MEMS 产品的制作中，所使用的相关技术其实就是将微纳米加工基本的工艺手段进行单独或者相互组合。一般来说，微纳米加工工艺有基片清洗和表面预处理、光刻、溅射、刻蚀、离子注入、化学机械抛光、键合和图层转移以及浇铸和压印等。

3.5　3D 打印原理及应用

3D 打印（3D Print），也称增材制造（Additive Manufacturing，AM）、快速原型制造或快速成形（Rapid Prototyping Manufacturing，RPM）、实体自由成形（Solid Freeform Fabrication，SFF）等。传统上，"3D 打印"是指采用打印头喷嘴或其他打印技术沉积材料来制造物体的技术。"增材制造"是依据三维 CAD 数据将离散材料（粉末、丝、板材等）按形状要求逐层堆积结合形成三维实体的过程。相对于传统的减材（车削加工等）及等材（锻/铸造和粉末冶金）制造，增材制造是一种原理性的变革，具有无须模具、快速响应、材料利用率高、可成形任意复杂构件等优点。3D 打印技术融合了机械装备、材料加工、CAD/CAM 技术、数控技术、逆向工程技术等多学科领域，形成了机械零件的独特制造方式。

3D 打印技术源于 20 世纪 80 年代的快速原型技术。由于 CAD 技术的飞速发展，人们希望 CAD 设计的东西迅速生成实际的物体或实际的应用模型，因而发明了这种新的制造技术，它具有研制速度快、周期短、不需要专用的夹具和刀具等特点。Charles Hull 教授在 UVP 公司的支持下，完成了一个能自动制造零件的快速原型系统，称为立体平板印刷机，即现在的立体光刻成形装置或光固化成形装置（Stereo Lithography Apparatus，SLA），并于 1986 年获得专利，这是 RP 发展史上的一个里程碑。Michael Feygin 于 1984 年提出了分层实体制造的方法（Laminated Object Manufacturing，LOM），并在 1991 年生产了第一台商业机型。美国得克萨斯大学奥斯汀分校的研究生 C. R. Deckaed 于 1986 年提出选区激光烧结技术（Selective Laser Sintering，SLS），随后组建 DTM 公司，并于 1992 年生产了基于 SLS 的商业成形机。美国的 Scott Crump 于 1988 年提出了熔丝沉积成形（Fused Deposition Modeling，FDM）技术，1992 年由 Stratasys 开发了第一台商业机型。麻省理工学院（MIT）的 Emanual Sachs 教授等于 1993 年开发了基于粉末床和喷墨技术的三维印刷技术（3D Printing，3DP，1989 年获得专利），于 1995 年由 ZCorporation 公司生产了商业成形机。这也是后来 3D 打印一词的来源。

2012 年 4 月 21 日出版的英国《经济学家》杂志刊登的《第三次工业革命》（作者：保罗·麦基里）一文认为，以 3D 打印技术为代表的数字化制造技术将引发第三次工业革命，将使产品设计、制造工艺、制造装备及生产线、材料制备、相关工业标准、制造企业形态乃至整个传统制造体系产生全面、深刻的变革。2012 年 3 月，美国白宫宣布了振兴美国制造的新举措。其中把 3D 打印技术作为"再工业化""重新夺回制造业""重振经济"的国家战略，强调了通过改善增材制造的打印材料、装备及标准，实现创新设计的小批量、低成本数字化制造。

3D 打印技术是增材制造技术，具有很多减材制造技术无法实现的优点。3D 打印机一台设备几乎就是一个工厂，可完成多台设备共同完成的任务，用户可直接将设计的产品交给企业生产，而不需要考虑可加工性，减少了企业和用户对可加工性及工艺进行磋商的环节，可提高研制效率，减少购买高端设备的成本。

3.5.1 3D 打印原理及其特点

1. 3D 打印原理

3D 打印的基本原理是将零件的三维数字化实体模型切片成具有一定厚度的薄片，然后采用一定的方法将成形材料按每层切片的厚度和形状逐层结合，最后形成所要制造的立体零件，如图 3-58 所示。根据将材料逐层结合的方法不同，分为不同的成形工艺。整个过程由 3D

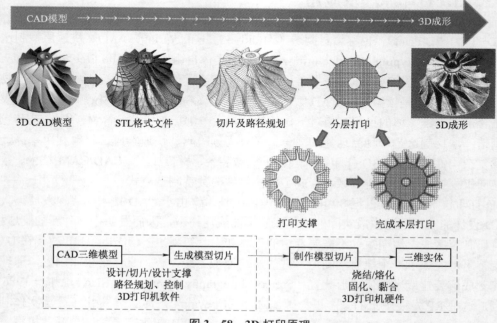

图 3-58 3D 打印原理

打印机按设定的工艺参数自动完成。3D 打印机由硬件和软件构成，软件包括 CAD 三维模型设计、实体模型切片、支撑设计、每层成行的路径规划以及机械控制部分。

3D 打印的过程如下：

① 由 CAD 软件建立零件的三维实体模型，或利用已有的 CAD 文件建立三维模型，或利用逆向工程软件由已有的零件通过扫描及数字化建模生成 CAD 三维实体模型。

② 将三维模型文件转换为 3D 打印文件格式，一般为 STL 格式，然后对三维模型形状进行修复。

③ 对三维实体模型切片，把三维数字化模型切为一层层薄片，存为切片的文件，切片的厚度将与机器单层打印的厚度完全一致，切片的厚度取决于使用的 3D 打印设备的分辨率。一般厚度越小，精度越高，但消耗时间越长；厚度越大，切片就越粗糙，有些小于层厚的细节就有可能被忽略。切片的最小厚度应不小于 3D 打印设备的纵向分辨率，从而确保每层的成形能够和数据文件相吻合，满足打印质量要求。

④ 设计支撑。在打印复杂形状时，需要给悬空部分加支撑，以保证新生成的部分不塌陷变形，完成打印后再将支撑去除。

⑤ 路径规划。每一层切片都是通过点点相连或线段连接而成的，路径规划即同一层切片成形的先后顺序。成形的先后顺序将影响成形效率，采用热成形工艺时，成形路径将影响温度场的分布状态，因此将对零件的内应力产生影响，进而影响成形质量。路径规划完成后，将生成 3D 打印机能执行的 G 代码或其他运动指令，输出给 3D 打印机的运动控制系统。

⑥ 打印成形。控制系统接收到控制指令后，即可进行打印，成形工艺依据 3D 打印机种类不同而不同，将在下一节介绍。

⑦ 后处理。后处理包括零件保温及热处理、去除支撑、烧结及表面处理等，以保证零件的使用功能。

1）数字化结构模型

① 采用设计软件建模，利用各种三维工程设计工具软件进行设计，设计结束后输出可用于 3D 打印机的格式文件。

② 采用其他三维图形软件如 3D Max、Maya 等都可输出用于 3D 打印的格式文件。

③ 采用逆向工程方法，由三维扫描仪或三坐标测量机等测量仪器获取表面点阵，用后处理软件对扫描得到的点阵数据进行后期处理，去除噪点，进行平滑处理，填充孔洞等缺陷，修正边缘轮廓，生成三维数字化模型。大多数扫描仪都可直接生成 3D 打印机最常用的 STL 格式文件。

3D 打印机通用的零件模型格式为 STL（Stereolithography）文件格式，所有的 3D 打印机都可以接收 STL 文件格式进行打印，已经成为 3D 打印/增材制造技术标准。STL 文件格式将所设计的表面和曲线转换成网格状，网格由一系列三角形组成，表示设计原型中的几何信息。STL 只能用来表示封闭的面或者体，具有生成简单、适应性强、分层算法简洁、模型分割容易，可以控制模型精度等优点。任何三维几何模型都可以通过表面三角化生成 STL 文件，由于 STL 文件数据简单，所以分层算法相对简单。当成形的零件很大而很难在成形机上一次成形时，需要将模型分割分别制造，此时模型分割在 STL 文件上也容易实现。

STL 文件用许多空间小三角形来表示零件的表面，对每一个空间小三角形面片用三角形的三个顶点的坐标及三角形面片的法向量来描述，法向量由零件的内部指向外部，三角形三个顶点的次序与法向量满足右手法则。

STL 文件中相邻的两个三角形只能有一条公共边。STL 文件有两种格式，一种是 ASCII 格式，另一种是二进制格式。ASCII 格式的 STL 文件具有可读性，但占用较大的空间，大约是二进制 STL 文件的 5 倍。

ASCII 格式的 STL 文件结构如下：

```
solid ASCII //ASCII 为文件名
facet normal nx ny nz //三角形面片的法向量
    outer loop
        vertex V1x V1y V1z//顶点 V1 的坐标
        vertex V2x V2y V2z//顶点 V2 的坐标
        vertex V3x V3y V3z//顶点 V3 的坐标
    end loop
end facet
```

STL 格式的文件要求遵守以下规则：

① 共顶点规则：每个三角形面片必须与其相邻的面片共用两个顶点，即一个三角形面片的顶点不能落在相邻的任何三角形面片的边上。

② 取向规则：单个面片法向量符合右手法则且其法向量必须指向实体外面。

③ 充满规则（合法实体规则）：小三角形面片必须布满三维模型的所有表面，不得有任何遗漏。

④ 取值规则：每个顶点的坐标值必须为非负，即 STL 文件的实体应位于坐标系的第一象限内。

3D 打印要求 STL 文件必须是水密无错误的。水密意味着有体积固体无漏洞，无错误意味着没有不符合 STL 格式文件规则的问题存在，但设计好的模型或从其他模型转换成 STL 文件的模型，很可能存在没有被留意的错误。

STL 模型常见的错误有以下几类，如图 3－59 所示。

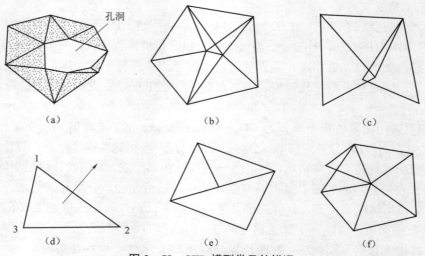

图 3－59　STL 模型常见的错误

（a）孔洞错误；（b）重叠错误；（c）错位错误；（d）法向错误；（e）顶点错误；（f）多余错误

① 孔洞错误：孔洞错误由三角形面片丢失引起。当模型的表面有较大曲率的曲面相交时，在相交部分会出现三角形面片的丢失，从而形成空洞。

② 重叠错误：由于面片的顶点坐标都是用浮点存储的，如果出现舍入误差，就有可能产生面片的重叠错误。重叠分为表面重叠和体积重叠两种，其中表面重叠包括两个三角形完全重合以及一个三角形的部分与另一个或多个三角形部分重合。

③ 错位错误：同样由于生产 STL 模型时存在浮点误差等原因，坐标出现偏差，应该重合的顶点没有重合造成的错误。

④ 法向错误：三角形面片的法线方向错误。在进行 STL 格式转换时，未按正确的右手法则排列建立三角形顶点而导致计算错误，其法线向量没有指向表面外部。

⑤ 顶点错误：三角形的顶点落在三角形的某条边上，没有落在顶点上，使两个相邻三角形只共享一个顶点，违背了 STL 文件的共点原则。

⑥ 多余错误：在正常的网络拓扑结构的基础上多出一些独立的三角形面片，造成了拓扑信息的紊乱。

其他还有裂缝错误、退化错误（点共线、点重合）等，因此很多情况下需要对文件进行修复，STL 文件手工修复难度较大，多采用纠错软件自动检查修复或采用 3D 打印专用软件修复。

STL 模型为近似描述，采用三角形面片逼近理想的三维实体，如图 3-60 所示，轮廓上会造成一定的精度损失。CAD 模型中顶点坐标一般是双精度浮点型，从 CAD 模型转换到 STL 模型后，由于顶点坐标都是单精度浮点型，因而也会产生精度损失，同时会丢失公差、零件颜色和材料等信息。改变曲面到三角形平面的距离或曲面到三角形边的弦高差参数能够改变 STL 文件的

图 3-60　CAD 模型及 STL 模型

分辨率，使轮廓误差发生变化。误差越小，曲面越不规则，所需的三角形面片越多，逼近实体的程度越高，但文件变大，分层处理等所耗费的运算时间越长，成形路径规划时小直线段多，使成形效率降低。因此，需要综合考虑零件的精度要求和复杂程度以及 3D 打印工艺和效率，确定合理的误差指标。不同精度的 STL 模型如图 3-61 所示。

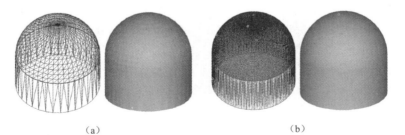

（a）　　　　　　　　　　　　　　　　（b）

图 3-61　不同精度的 STL 模型

（a）STL 文件的面片网格及表面（粗）；（b）STL 文件的面片网格及表面（细）

虽然 STL 文件格式已经成为 3D 打印/增材制造技术标准，但是 STL 文件格式缺失颜色、纹理、材质、点阵等属性，随着 3D 打印机功能的增加，这些缺失对 3D 打印的发展形成了很

大的制约。为此，提出了新型的 3D 打印/增材制造文件标准，将基于 XML 技术的 AMF 作为新的 3D 打印/增材制造文件标准。AMF 文件格式包含用于制作 3D 打印部件的几乎所有相关信息，包括打印成品的材料、颜色和内部结构等，不仅可以记录单一材质，还可以对不同部位指定不同材质，能分级改变两种材料的成形比例，适用于异质材料的 3D 打印。

除 STL、AMF 文件格式外，由微软等提出的 3MF 文件格式也正在制定中。

现阶段几乎所有 CAD 软件均具有输出 STL 文件的功能，常用机械设计软件输出 STL 格式文件的方法如下：

AutoCAD：输出模型必须为三维实体，且 X、Y、Z 坐标都为正值。在命令行输入命令"Faceters"→设定 Facetres 为 1 到 10 之间的一个值（1 为低精度，10 为高精度）→在命令行输入命令"STLOUT"→选择实体→选择"Y"，输出二进制文件→选择文件名。

Catia：选择 STL 命令，最大 Sag = 0.012 5 mm，选择要转化为 STL 的零件，单击"YES"按钮，选择输出（export），输入文件名，输出 STL 文件。

Inventor：找到 Save Copy As（保存副本为）→选择 STL 类型→选择 Options（选项），设定为 High（高）。

Pro/Engineer：File（文件）→Export（导出）→Model（模型）或者 File（文件）→Save a Copy（保存副本）→选择.STL。为输出高精度模型，一般设定弦高为 0（数值越小，精度越高，设置为 0 值会被系统自动设定为可接受的最小值），设定 Angle Control（角度控制）为 1。

SolidWorks：File（文件）→Save As（另存为）→选择文件类型为 STL，Options（选项）→Resolution（品质）→Fine（良好）→OK（确定）；若有 3D 打印模块，则 File（文件）→Print3D（3D 打印），输出 AMF 文件格式。

Unigraphics：File（文件）→Export（导出）→Rapid Prototyping（快速成形）→输出类型选为 Binary（二进制）。其中设定 Triangle Tolerance（三角公差）为 0.015，设定 Adjacency Tolerance（相邻公差）为 0.015，设定 Auto Normal Gen（自动法向生成）为 On（开启），设定 Normal Display（正常显示）为 Off（关闭），设定 Triangle Display（三角形显示）为 On（开启）。File Header Information 文件头信息：不输入直接为 OK（确定），出现 Negative Coordinates Found（输出文件中找到负的坐标），忽视。

2）数字化模型的分层切片

由于 3D 打印是分层叠加成形的，因此必须在三维模型上沿成形的高度方向，每隔一定的间隔进行切片处理，提取截面的轮廓，将三维模型转化为一系列二维平面。在建立了零件的 STL 模型后，即可进行分层切片，生成 CLI（Common Layer Interface）文件。

（1）选择零件的摆放方向。

在切片之前，需要确定实体零件成形时摆放的方向，要分别考虑强度影响、台阶现象、支撑的设置以及成形效率等因素。在熔融沉积等工艺中，拉伸强度在横向较强，在成形方向即 Z 方向较弱，因此有必要考虑实体的使用功能。如图 3-62 所示，由于不同的摆放方向造成的台阶现象不同，影响表面精度，因此需要考虑实体的表面精度要求，分层的方向还会影响成形效率。分层的层厚同样影响成形件精度和成形效率，且与 3D 打印机的成形能力相关，应与每层叠加的材料厚度相适应，层厚不得小于每层叠加的最小材料厚度。层厚越小，精度越高，但成形时间越长。此外，不同的摆放方向对支撑的要求会不同，成形所花费的时间也有差别，因此需要综合考虑，选择合理的摆放方向。

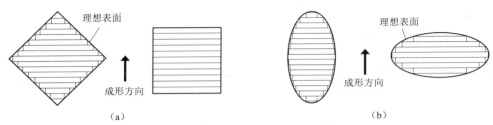

图 3 - 62　不同摆放方向产生的阶梯效应

(a) 方形截面；(b) 椭圆形截面

选择原型的摆放方向时，应使更多的平面和孔的轴线位于垂直方向上，减少倾斜方向；遇有锥形面或倾斜面时，应使这些面的水平截面在成形方向上逐渐减小，使下一层能对上一层形成支撑；应使更多的平面在水平方向上，提高平面的精度；应使底面的面积最大，以确保成形的稳定性及定位精度。

（2）分层切片。

每个截面的轮廓线是用一个平行于 *XY* 平面切割三维模型所得到的交线，这些交线是一系列封闭环线。在每一层切片的轮廓线获取过程中，首先确定切片平面，然后在 STL 文件中搜索与这个平面相交的所有三角形面片的交点，记录下每一个交点，连接交点得到封闭的截面轮廓多边形。整个切片的过程就是用一系列平行平面切割 STL 模型的过程，平行平面之间的距离就是分层的厚度，即成形时每一层叠加的厚度。

每一层切片之后的截面轮廓是顺序连接一系列有序点集构成的封闭有向折线，折线所形成的多边形具有封闭性和无自交性。这些点集的顺序是：外环按逆时针方向排序，内环按顺时针方向排序，如图 3 - 63 所示。因此沿轮廓线前进时，实体区域总保持在左侧。

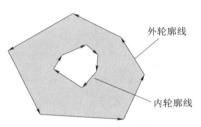

图 3 - 63　轮廓区域边界的方向

由于每层切片都有一定厚度，该厚度的实体上下轮廓尺寸会有差别，而 3D 打印机成形时只能按相同尺寸成形，因此切片厚的尺寸可选择切片上下轮廓中的一个轮廓的尺寸或上下轮廓中间的一个量值，曲线轮廓变成了折线，根据选择轮廓尺寸的不同就会出现折线位于曲线内部、外部和折线位于曲线两侧的情况，所产生的误差也不同。根据公差分布，可分为正公差、负公差和混合公差三种切片公差，如图 3 - 64 所示。

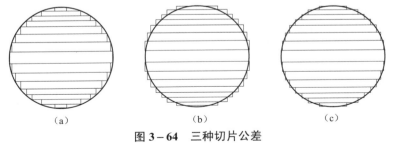

图 3 - 64　三种切片公差

(a) 正公差；(b) 负公差；(c) 混合公差

切片可在 STL 格式上进行，也可在 CAD 模型上直接进行，目前在 STL 格式上切片更为成熟。主要切片方式如下：

① STL 切片。只要求得切片平面与所有与该平面相交的小三角形平面的交线就能求得切片平面内成形件的轮廓线，这就将问题转化成简单的求两平面的交线问题，然后再将求得的交线端点按外环逆时针、内环顺时针排序，就可得到切片平面内成形件的内外轮廓线。

a. 容错切片：基本上避开了 STL 文件三维层次上的纠错问题，直接在二维层次上进行修复。由于二维轮廓信息十分简单，并具有闭合性、无自交等特点，特别是对一般机械零件实体模型而言，其切片轮廓多为简单的直线、圆弧和低次曲线组合而成，因而更容易在轮廓信息层次上发现错误并进行修复。

b. 等厚切片：按照相同的厚度均匀切片，如图 3-65（a）所示。等厚切片算法简单，但在曲率较大的部位或轮廓变化频繁的部位会产生明显的阶梯效应，厚度越小，阶梯效应造成的边界误差越小，但应考虑 3D 打印机能够打印的厚度。

c. 自适应切片：自适应切片根据零件的几何特征来决定切片的层厚，在曲率较大的部位或轮廓变化频繁的部位采用小厚度切片，在轮廓变化平缓的地方采用大厚度切片，减小阶梯效应，但应考虑打印机厚度打印能力的约束，如图 3-65（b）所示。

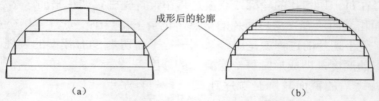

图 3-65　等厚切片和自适应切片的阶梯效应

(a) 等厚切片；(b) 自适应切片

② 直接切片。直接从 CAD 模型中获取截面信息，不需要转化为 STL 格式文件，直接在原始 CAD 模型进行切片，避免了由 CAD 文件转换为 STL 格式过程中出现错误的情况，省去了 STL 格式文件的检查和纠错过程。对于高次曲面物体，使用 STL 格式表示精度较差，提高逼近精度会导致 STL 格式文件变大，切片会耗费大量时间。采用直接切片方法，可减少快速成形的前处理时间，不需要 STL 格式文件的检查和纠错过程，减少精度损失，还可以直接采用数控系统的曲线插补功能。

3）添加支撑

3D 打印的特点就是打印复杂形状，随着打印高度的增加，形状会发生较大的变化情况，上层截面不能给当前层提供充分的定位和支撑作用，因此需要添加额外的支撑结构，对后续层提供支撑，以确保打印复杂形状时不发生坍塌变形或打印失败。如图 3-66 所示，有悬臂的情况或拱形以及门形的情况下就需要设计支撑。有些情况下，调整成形叠加的方向可以避

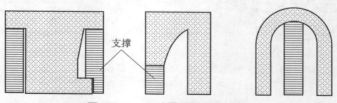

图 3-66　几种需要支撑的情况

免或减少支撑的设置。采用铺粉方式的 3D 打印工艺，由于粉末本身能够形成支撑，则可以省去支撑的设置。添加支撑可手动添加或自动添加，一些软件支持自动添加支撑，或在自动添加的基础上进行手动添加及调整。

添加支撑需要注意以下问题：

① 保记足够的强度和稳定性。支撑是为原型提供支撑和定位的辅助结构，使得自身和它所支撑的部分不会变形或偏移。如果支撑强度不足，例如薄壁形或点状的支撑，由于其截面积很小，自身很容易发生变形，就不可能真正起到支撑的作用，影响原型的精度和质量。

② 节省材料成本和加工时间。在满足支撑作用的情况下，结构应尽量简单，支撑结构应尽可能小，还可以设计成蜂窝状，从而节约成形材料及加工时间。在 3D 打印机功能允许的情况下，使用廉价材料打印支撑。

③ 支撑容易去除。打印完成后需要去除支撑部分，因此在设计支撑时就需要考虑支撑的可去除性。支撑和原型的结合面积尽可能小，使支撑容易去除并且不对原型造成损伤；支撑会造成原型表面的不平整，小的结合面可以使表面处理更加简单，节省后处理时间。图 3 – 67 所示为几种典型的支撑结构。

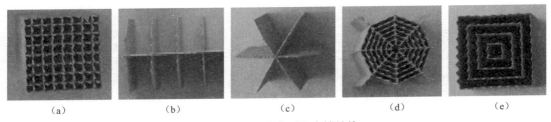

图 3 – 67　几种典型的支撑结构
(a) 网格支撑；(b) 线状支撑；(c) 点状支撑；(d) 蜘蛛网状支撑；(e) 环状支撑

设计支撑时，为了使原型和底板容易分离，把原型和底板之间设计成支撑，打印完成后可以很容易地将原型和底板分离。打印金属件时，由于金属支撑同样不容易分离，所以一般不在原型底面和底板之间设计支撑，而是在打印完成后用线切割将原型和底板分离。支撑结构的使用如图 3 – 68 所示。

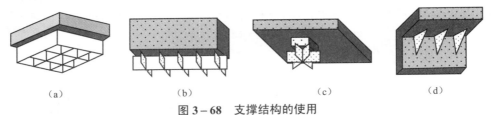

图 3 – 68　支撑结构的使用
(a) 网格支撑；(b) 线状支撑；(c) 点状支撑；(d) 三角片支撑

4）3D 打印的路径规划

经分层处理得到切片后，就要对切片进行填充，即生成扫描路径。扫描路径的规划在快速成形加工过程中起着非常重要的作用，关系到成形件的几何性能和物理性能。为填充一个切片，扫描的方式有很多，不同的扫描路径对原型的精度、表面质量、内部性能和成形效率都有很大影响。扫描的方式不同，在扫描面上形成的温度场不同，原型内部产生的内应力不同，直接影响原型的变形及机械性能。

扫面路径主要有以下几种形式：

（1）平行扫描路径（见图 3-69）。

传统的扫描线多边形填充只能处理水平扫描线对多边形的逐行填充。平行扫描又分为单向扫描和双向往返扫描，遇到孔腔时跨越过去，这是最基本也是最常用的扫描方法，特点是算法简单，扫描稳定可靠，速度快。但扫描过程中常常频繁跨越孔腔部分，跨越次数随着零件的复杂度增大而增加。对于采用高能束工艺的 3D 打印机，需要不断关闭和打开热源；对于熔融沉积成形工艺的 3D 打印机，需要不断关闭和打开喷嘴。由于扫描是沿一个方向将整个层面扫描完毕，每条扫描线的收缩应力方向一致，增加了整个表面翘曲变形的可能性。

（2）偏置扫描路径（环形扫描、平行轮廓扫描）（见图 3-70）。

沿平行于边界轮廓线的方向进行扫描，即按照轮廓截面的等距线扫描。每结束一圈扫描，相对上一圈偏置一定的距离，可以从外轮廓向内轮廓偏置扫描，也可以从内轮廓向外轮廓偏置扫描。由于这种扫描方式的扫描线不断改变方向，使由于收缩而产生的内引力方向分散，减小了翘曲的可能性。这种扫描方式跨越空腔次数相对较少，从而可以减少启停次数。

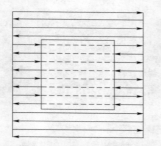

图 3-69　平行扫描路径（跨越虚线部分）

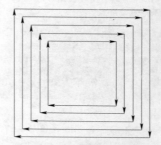

图 3-70　偏置扫描路径

（3）分区扫描路径（见图 3-71）。

为了减少扫描频繁跨越孔腔的现象，分区扫描方法将整个扫描层面分成多个小区域，扫描完一个小区域再转移到另一个区域进行扫描。分区扫描路径方式在小区域内消除了跨越空腔的现象，只有从一个区域移动到另一个区域时才可能跨越空腔。相对于分形扫描，如果分区合理，可大幅减少扫描机构频繁的加减速，但对于一些薄壁零件仍可能存在频繁跳跃的情形。

（4）分形扫描路径（见图 3-72）。

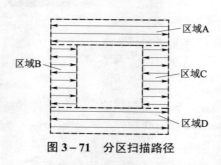

图 3-71　分区扫描路径

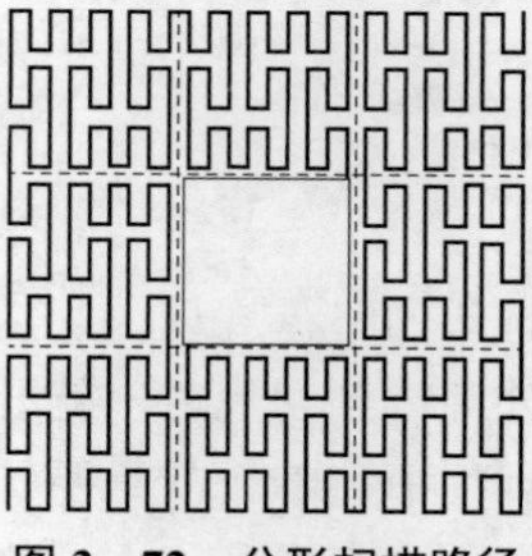

图 3-72　分形扫描路径

由于同一方向的扫描线越长，收缩变形的可能性越大，且过长的两条相邻扫描线间的扫描时刻间隔较长，温度梯度大，这对减小变形和内应力不利。分形扫描采用的扫描路径是一种具有自相似特征的分形结构图形，扫描路径由短小的折线组成，在扫描过程中扫描方向不断变化，因此扫描平面上温度场均匀，温度梯度小，对减小内应力更为有利。但该方法扫描速度慢，边缘精度不高。

此外，还有螺旋线路扫描、复合扫描和棋盘格扫描等。螺旋线路扫描的路径为螺旋线形状，可减弱冷却时产生的应力；复合扫描是轮廓偏置扫描和分区扫描相结合的扫描方式，在内、外轮廓的邻近区域采用轮廓偏置扫描，在其他区域则采用分区扫描，这样就可以充分利用轮廓偏置扫描精确度高和分区扫描高效稳定的优点；棋盘格扫描方式将扫描区域分成棋盘格形状，每一小格采用平行扫描方法，其四周的棋盘格的扫描方向与该小格的扫描方向垂直，可减少内应力的产生。

3D 打印的变形、表面精度和机械性能不仅与扫描路径有关，还与其他多个工艺参数有关，比如与扫描速度、每层的成形厚度、相邻扫描线之间的间隔、成形温度等都有直接的关系。

5）3D 打印的后处理

3D 打印得到的成形件通常有以下问题：成形件表面不光滑，有阶梯效应；成形件的强度、刚度不够；成形件的某些尺寸、形状不够精确；成形件的耐温性、耐湿性、导电性、导热性和表面硬度、颜色等不符合要求。因此，很多情况下需要对成形件进行后处理才能使用，包括表面后处理和性能强化后处理。表面后处理包括清洗、去支撑、打磨、涂敷、喷涂、机加工等，性能强化后处理包括热处理、高温烧结、热等静压、熔浸及浸渍等。

（1）固化。

① 原型叠层制作结束后，工作台升出液面，停留 5～10 min，以晒干滞留在原型表面的树脂和排除包裹在原型内部多余的树脂。

② 将原型和工作台网板一起斜放晒干，并将其浸入丙酮、酒精等清洗液体中，搅动并刷掉残留气泡。

③ 原型清洗完毕后，去除支撑结构。

④ 再次清洗后置于紫外烘箱中进行整体后固化。

（2）烧结。

SLS 成形件的金属半成品需置于加热炉中烧除黏结剂、烧结金属粉和渗铜，陶瓷成形件需置于加热炉中烧除黏结剂、烧结陶瓷粉。

（3）剥离。

剥离是将成形过程中产生的废料、支撑结构与工件分离。LOM 成形无须专门的支撑结构，但有网状废料，也必须在成形后剥离。

① 手工剥离：手工剥离是操作者用一些简单的工具使废料、支撑结构与工件分离。

② 化学剥离：当某种化学溶液能溶解支撑结构而又不会损伤制件时，可用此种化学溶液使支撑结构与工件分离。

③ 加热剥离：当支撑结构为蜡，而成形材料的熔点比蜡的熔点高时，可用热水或适当温度的热蒸汽使支撑结构熔化与工件分离。

④ 机加工分离：对金属熔化工艺的 3D 打印，采用线切割方法分离成形件和底板。

（4）修补、打磨和抛光。

当工件表面有较明显的小缺陷而需要修补时，可用热熔性塑料、乳胶与细粉料调和而成的腻子或湿石膏予以填补，然后用砂纸打磨、抛光。常用工具有各种粒度的砂纸、小型打磨机。对于用纸基材料快速成形的工件，当其上有很小而薄弱的特征结构时，可以先在它们的表面涂敷上一层增强剂，然后再打磨、抛光；也可先将这些部件从工件上取下，待打磨、抛光后再用强力胶或环氧树脂粘接、定位。

（5）表面涂敷。

对于一些工艺成形的原型，需要进行表面涂敷，进行防湿防潮、防锈、防腐蚀或装饰等处理。典型的涂敷方法有以下几种：

① 喷刷涂料。在成形件表面喷刷涂料，常用的涂料有油漆、液态金属和反应形液态塑料等。

② 电化学沉积。采用电化学沉积（又称电镀），在快速成形件的表面涂敷镍、铜、锡、铅、铬、锌以及铅锡合金等。

③ 无电化学沉积。无电化学沉积（又称无电镀），通过化学反应形成涂敷层，在制件表面涂敷金、银、铜、锡以及合金等涂层。

④ 物理蒸发沉积，又称物理气相沉积（PVD）。在真空条件下，采用物理方法，将材料源（固体或液体）表面汽化成气态原子、分子或部分电离成离子，并通过低压气体过程（或等离子体过程），在基体表面沉积成某种具有特种功能的薄膜技术。物理蒸发有热蒸发、溅射和电弧蒸发三种方式。

2. 3D 打印特点

1）快速成形

在工业生产领域，按传统方法加工复杂零件，需要有铸锭、制胚、模锻等工序，然后按设计数据进行机械加工。3D 打印可以在无须准备任何模具、刀具和工装夹具的情况下，直接通过设计数据，快速打印新设计的样件、金属铸件零件、模具和模型等。图 3-73 和图 3-74 所示为利用 3D 打印技术制造的产品。

图 3-73 热转换器

图 3-74 发动机缸体熔模

2）提高制造复杂零部件的能力

3D 打印可以加工以前无法加工的复杂形状的零件，3D 打印理论上可以打印任意形状的实体。机械加工领域，复杂零件需要 5 轴以上的数控加工机床，但这类机床价格极其昂贵，同时由于刀具体积及形状的限制，即使有多轴数控机床也不能加工任意形状的零件。3D 打印制作一体化、免安装部件。图 3-75 所示为利用 3D 打印技术制作的复杂零件。

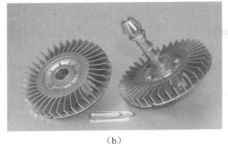

（a）　　　　　　　　（b）　　　　　　　　（c）

图 3-75　复杂零件

（a）薄壁复杂零件；（b）叶轮；（c）免安装组件

3）节省材料及轻量化

3D 打印是通过逐层堆积材料进行加工，而不是通过去除多余材料进行加工的方式。由于很多复杂零件需要做成一体，虽然毛坯很大，但加工完成后可能只剩一个骨架。如某个飞机零件，压成一个 3 t 的毛坯，到最后加工完成只有 144 kg，材料利用率不到 5%。而使用 3D 打印机只生成需要的部分，因此可以大大节省原材料。

3D 打印可以减少零件的数量以及辅助的工艺结构。在轻量化设计方面，油泵泵体的设计可减重 60%，如图 3-76 所示。

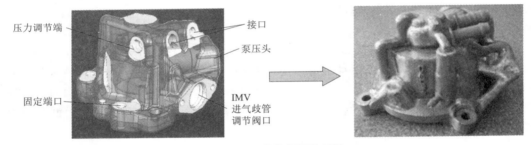

图 3-76　泵体的轻量化设计

图 3-77 所示为德尔福公司开发的泵前夹板的创新设计实例。通过全新设计，体积减小54%，配套外包空间整体减少 21%，消除 5 个无增值的装配操作，达到了减重、部件集成以及缩短制造和装配时间的目的。

（a）　　　　　　　　　　（b）

图 3-77　泵前夹板创新设计

（a）泵前夹板原设计；（b）泵前夹板新设计

此外，通过将零件设计成网状结构，也可以实现零件的轻量化，如图 3-78 所示。同时网格结构具有质量小、传热好、吸振等特点，合理的设计将使其具有一定的强度，因此在轻量化方面具有广泛的应用。

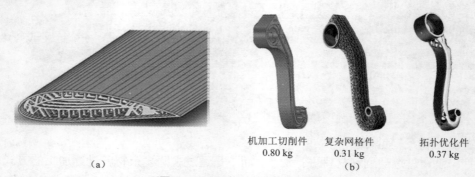

机加工切削件   复杂网格件   拓扑优化件
0.80 kg   0.31 kg   0.37 kg
（a）   （b）

图 3-78　网格结构轻量化设计
（a）网状结构件；（b）航空头等舱显示器悬臂

多孔类零件主要对象为液压系统。液压系统中的液压阀油路复杂，为了实现液压油路的要求，加工过程中需要加工很多辅助孔。由于油路呈网络形状，为了避免油路互相干涉，需要增大本体体积，造成质量增加。3D 打印特别适合多孔的复杂零件，可以快速制作液压控制模块，同时给予设计者更多的发挥空间。

4）有利于新产品的开发

大大缩短新产品研制周期，加快新产品上市时间，显著提高新产品投产的一次成功率，降低新产品的研发成本，快速模具制造可迅速实现单件及小批量生产，支持技术创新、改进产品的外观设计。一台 3D 打印机可以省去铸造车间、锻造车间以及部分高档加工机床，为产品的设计和创新提供了条件，小公司甚至个人可以进行产品的创新，与大型公司进行竞争。

3.5.2　3D 打印工艺

自 20 世纪 80 年代美国出现第一台商用 3D 打印设备后，3D 打印工艺在 30 年的时间内得到快速发展。较成熟的技术主要有以下四种：光固化成形（Stereolithography，SLA）、叠层实体制造（Laminated Object Manufacturing，LOM）、选择性激光烧结（Selective Laser Melting，SLS）、熔丝沉积成形（Fused Deposition Modeling，FDM）。

1. SLA 工艺

SLA 工艺的过程如图 3-79 所示。树脂槽中盛满液态光固化树脂，紫外激光器按照各层截面信息进行逐点扫描，被扫描的区域固化形成零件的一个薄层。当一层固化后，工作台下移一个层厚，使上一层固化好的表面进入液体内部，在表面上出现一层新的液态树脂，并利用刮板将树脂刮平，然后进行新一层的扫描和固化，重复此过程，层层叠加直至完成整个三维实体。SLA 工艺的优点是精度高，尺寸精度可达 ±0.1 mm，表面质量好，原材料利用率接近 100%，能制造形状复杂精细的零件；不足是材料昂贵、种类少，且需要避光保护，制造过程中需要设计支撑，加工环境气味重，光固化后的原型树脂并未完全被激光固化，需二次固化等。SLA 工艺主要用于快速安装及功能实验，展示模型、工艺品等。

2. LOM 工艺

LOM 系统由计算机、材料送进机构、热粘压机构、激光切割系统、可升降工作台和数控系统等组成，其层面信息通过每一层的轮廓来表示，由激光切割层面内外轮廓，然后将余料画上网格线，以便完成后清除。采用的材料是具有厚度信息并涂以热熔胶的片材（纸、塑料薄膜等）。这种加工方法只需加工轮廓信息，所以可以达到很高的加工速度，无须支撑，可制作大尺寸零件，原材料价格便宜，效率高、速度快、成本低，但材料的范围很窄，每层厚度不可调整，只适用于低强度零件，侧表面有台阶。一般需要用环氧树脂进行表面涂覆后打磨，以提高强度、耐热性及抗湿性，稳定尺寸。LOM 工艺过程如图 3-80 所示。

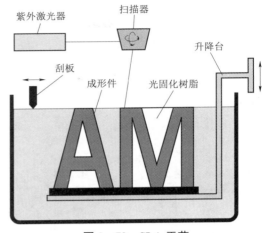

图 3-79 SLA 工艺

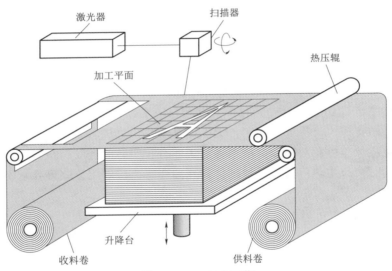

图 3-80 LOM 工艺

3. SLS 工艺

SLS 工艺采用铺粉辊将一层粉末材料平铺在成形粉床的上表面，利用高能量激光束在粉末层表面按照切片信息扫描，使粉末的温度升至烧结温度，粉末被烧结结合，形成一定形状的截面，如图 3-81 所示。当一层截面烧结完后，工作台下降一个切片厚度，铺上一层新的粉末，继续新一层的烧结。通过层层叠加，直至得到最终的三维实体。SLS 的特点是成形材料广泛，理论上只要将材料制成粉末即可成形。另外，SLS 成形过程中，粉床中未被烧结的粉末充当自然支撑，可成形悬臂、空腔等结构，因此可成形复杂零件，材料利用率高，未被烧结的粉末可回收利用。SLS 成形尺寸较大，最大成形长度尺寸超过 700 mm，成形精度一般，约 0.2 mm。但是，SLS 技术需要价格较为昂贵的激光器，成本较其他方法高，表面较粗糙，

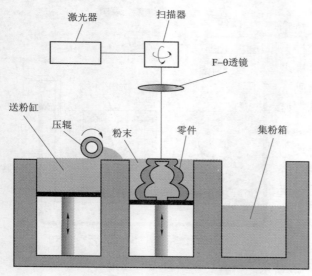

图 3-81 SLS 工艺

烧结过程会挥发异味，有时需要比较复杂的辅助工艺，如充入阻燃气体、预热等，有些材料的零件需要后处理后才能使用，如烧结后的 PS 原型件，强度很小，需要根据使用要求进行渗蜡或渗树脂等进行补强处理。

SLS 成形材料种类多，包括蜡粉、聚苯乙烯（PS）、工程塑料（ABS）、聚碳酸酯（PC）、尼龙（PA）、金属粉末、覆膜砂、覆膜陶瓷粉等，近年来更多地采用复合粉末，粉粒直径为 50～125 μm。

4. FDM 工艺

FDM 工艺是将电能转换为热能，使热熔性丝材加热到熔融状态挤出喷嘴，喷嘴根据截面轮廓信息移动，使熔融丝材成形为设计形状的二维截面，如图 3-82 所示。打印头有料丝自加压式结构、螺旋挤压式结构及熔融料粉的气压式结构。热熔性材料的温度始终稍高于固化温度，而成形部分的温度稍低于固化温度，就能保证热熔性材料挤出喷嘴后，随即与前一层面熔结在一起，成形温度为 80～120 ℃。通过层层叠加，形成塑料三维实体。可以使用无毒的原材料，因而可以在办公环境中安装使用；可以成形复杂程度的零件，常用于成形具有复杂内腔、孔等的零件；原材料利用率高，最高精度可达 0.127 mm；可以配置多个打印头，制作不同材料、不同颜色的零件，或采用廉价材料做支撑；支撑去除简单，无须化学清洗，分离容易。但是，该方法成形材料种类较少，并且成形精度相对较低，成形件的表面有较明显的条纹，材料凝固时的收缩会引起尺寸误差，同时会产生热应力，导致制件的翘曲变形。一般用于强度要求不高的零件、工艺品等。

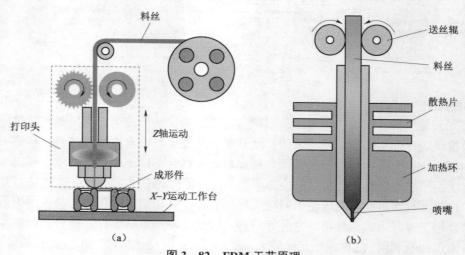

（a）

（b）

图 3-82 FDM 工艺原理

（a）FDM 工艺：熔融沉积成形；（b）打印头示意图

采用 FDM 工艺的 3D 打印机无须价格较高的激光及振镜系统，使用、维护简单，成本低，因此是最适合普及到家庭的 3D 打印机种。用蜡成形的零件原型，可以直接用于失蜡铸造；一些用 ABS 工程塑料制造的原型具有较高的强度，有些可直接作为机械零件使用，在产品设计、测试与评估等方面得到广泛应用。

FDM 工艺可采用的热塑性材料有 ABS、蜡和尼龙等。

5. 三维打印工艺

三维打印（3DP）工艺如图 3－83 所示，它有两种工作方式。一种工作方式类似于桌面打印机，使用材料类似于 SLA 工艺用的液态光敏树脂，工作时由喷嘴喷出具有特定形状的一薄层树脂截面，利用面紫外光照射使其固化；然后再由喷嘴喷出下一层截面，进而固化并与上一层黏结在一起；重复此过程，层层叠加直至完成整个三维实体。这种方式难以成形复杂形状的原型。另一种工作方式与 SLS 工艺类似，不同之处在于材料粉末不是通过烧结连接起来，而是通过喷嘴喷涂黏结剂（如硅胶）的方法将零件的截面"印刷"在材料粉末上面。3DP 的特点是速度最快，不需要支撑，材料广泛，可用于制造由异质材料（材料、颜色、机械性能和物理性能不同）构建的零件，适用于概念模型、建

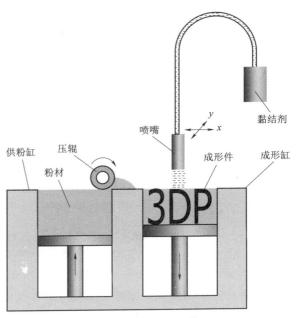

图 3－83　3DP 工艺

筑及景观造型、消费品模型及部分功能零件等的制造。但用黏结剂粘接的零件强度较低，还需后处理（如焙烧），后处理后会产生收缩和变形甚至微裂纹。

6. 金属零件的 3D 打印

直接制造金属零件的 3D 打印技术有基于同轴送粉的激光近形制造（Laser Engineering Net Shaping，LENS）技术、基于粉末床的选择性激光熔化（Selective Laser Melting，SLM）技术和电子束熔化（Electron Beam Melting，EBM）技术。LENS 技术能直接制造出大尺寸的金属零件毛坯；SLM 和 EBM 可制造复杂精细金属零件。直接制造金属零件使用高能束作为热源，金属粉末吸收能量后温度上升，当温度上升到金属粉末材料的熔点时，材料流动使得颗粒间形成了烧结颈，进而发生凝聚。

1）LENS 技术

LENS 技术是在惰性气体保护之下，通过高能量激光器的激光束熔化喷嘴输送的金属粉末流，并逐层堆积，粉末喷嘴、激光光路和防氧化的惰性气体喷嘴构成打印头，通过移动工件或打印头实现每一层的扫描，可制作大型金属零件。该方法得到的零件组织致密，力学性能很高，激光能量大，每层可熔化的厚度较大，成形效率较高，但难以成形复杂和精细结构，同时成形过程中温度梯度大，因此内应力较严重，易于变形、开裂，且粉末材料利用率偏低，主要用于毛坯成形。目前，应用该工艺已制造出铝合金、钛合金、钨合金等半精化件，性能达到甚至超过锻件，在航天、航空、造船、国防等领域具有极大的应用前景。LENS 技术如

图 3-84 所示。

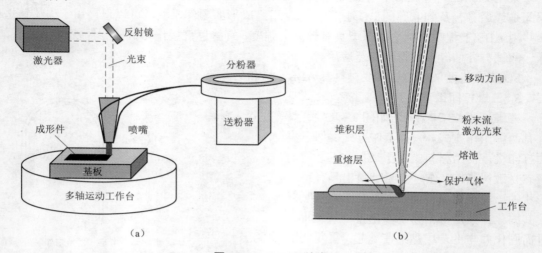

图 3-84 LENS 技术

(a) LENS 技术；(b) 打印头原理

2) SLM

SLM 技术利用高能束激光熔化预先铺在粉床上的一薄层粉末，逐层熔化堆积成形。SLM 采用较 SLS 更为昂贵的高功率激光器，一般为 200～400 W，光斑聚焦到几十微米到几百微米，成形路径由二维高速扫描振镜控制，扫描速度快，每一层的层厚小，粉末层厚为 0.08～0.15 mm，成形精度高，成形室内充入惰性气体以防止氧化。SLM 制造的金属零件接近全致密，强度达锻件水平，可成形复杂的小型金属零件，精度可达 0.1 mm/100 mm。该工艺的主要缺点是成形尺寸较小，成形效率低，同样面临金属球化、翘曲变形及裂纹等问题。SLM 技术原理如图 3-85 所示。

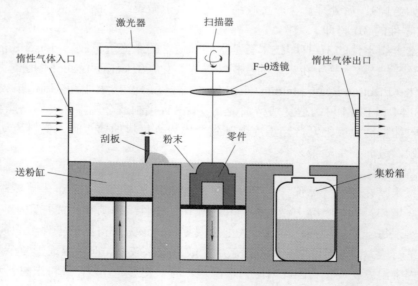

图 3-85 SLM 技术原理

3）EBM 技术

EBM 与 SLM 系统的主要差别在于热源不同，成形原理基本相似。EBM 技术成形室必须为高真空，才能保证设备正常工作，这使 EBM 整机复杂度增大。电子束为热源，金属材料对其几乎没有反射，能量吸收率大幅提高。在真空环境下，材料熔化后的润湿性也大大增强，增大了熔池之间、层与层之间的冶金结合强度。EBM 技术存在如下问题：真空抽气过程中粉末容易被气流带走，造成系统污染；在电子束作用下粉末容易溃散，因此需预热到 800 ℃ 以上，使粉末预先烧结固化。采取预热后制造效率高，零件变形小，无须支撑，微观组织致密。电子束 3D 打印如图 3－86 所示。

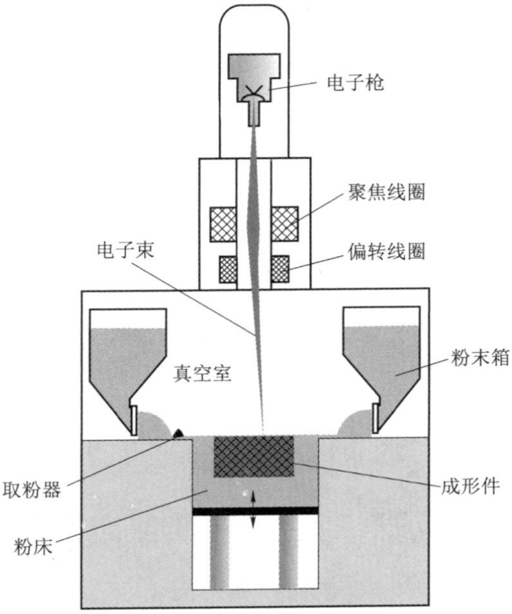

图 3－86 电子束 3D 打印

3.5.3 3D 打印技术的应用

3D 打印技术的应用范围和领域非常广泛，除家电、数码产品的开发外，还在航空航天、船舶、武器装备、生物制造等领域得到应用。如波音公司应用 3D 打印技术与传统铸造技术相结合，制造出铝合金、钛合金、不锈钢等不同材料的货舱门托架等零部件；GE 公司应用 3D 打印技术制造航空航天与船舶叶轮等关键零件；美国军方应用 3D 打印技术辅助制造导弹用弹出式点火器模型等。

在国防需求方面，军方可以在战场上利用增材制造技术生产出所需要的零部件，而不需要从遥远的工厂运过来。增材制造机还有可能用于零件的修补，实现快速的零件复用，对于军事装备易损件的维修有重要意义。目前新研制的地面武器装备都有高功率密度要求，轻量化、高机动性是重要指标，增材制造可以改变零件的设计，最大限度满足轻量化要求。对于难加工材料、高端复杂精细结构零部件的加工，增材制造能提供快速、高成品率的制作方法。在陆军装备的应用方面，美国也进行了 3D 打印的应用研究，利用 3D 打印技术建立 "移动零件医院"，能够根据需求对前线战场破损失效的武器装备零部件进行及时快速修复，减少零件备用总量，降低后勤成本。

3D 打印技术的发展与应用将给产品研发、材料制备、成形装备、制造工艺、相关工业标准、制造模式等带来全面、深刻的变革，该技术特别适合于航空航天、武器装备、生物医疗、个性化结构的中小批量零部件的快速制造，符合现代和未来制造业的发展趋势。

1. 航空航天领域的应用

1）小型一体化结构

采用 SLM 3D 打印技术，用金属粉末打印的喷气式发动机喷油嘴，把原来由铜焊起来的 20 个零件构成的喷油嘴集成为 1 个零件的一体化结构（见图 3－87），降低喷油嘴质量 25%，提高寿命 5 倍，每台发动机有 19 个喷油嘴，使 LEAP 喷气式发动机可以节油 15%，预计每架飞机每年因此可以节约 100 万美元的燃油费。采用 3D 打印技术的一体化机构特点制造小型喷气式发动机（见图 3－88），可以大幅度减小产品体积。

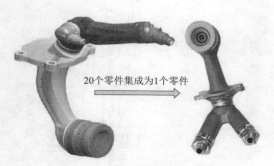

图 3-87　喷气式发动机喷油嘴　　　　图 3-88　GE 的小型喷气式发动机

2）轻量化结构

在满足飞机性能的前提下，尽可能减小飞机质量是设计者一直追求的目标。轻量化设计，意味着更少的材料使用，更小的机身质量，更少的碳排放量。飞机结构的质量越小，在相同的条件和油耗下，飞机的飞行航程越大。因此，飞机结构轻量化对提升飞机整体性能、减少飞机油耗以及节约制造成本、减少排放污染等有重大意义。飞机的轻量化设计已成为整机产品开发的主要潮流，从结构设计的角度来看，在满足一定的强度、刚度和寿命的条件下，要求飞机结构质量越小越好。飞机的减重，除了选用强度、刚度大而质量小的材料以外，3D 打印技术也越来越受到重视，利用 3D 打印能够成形复杂零件的特点，通过设计一体化结构、中空结构及蜂窝结构，能够大幅减小零件的质量。A320 飞机的引擎机舱门支架和 GE 飞机支架分别如图 3-89 和图 3-90 所示。

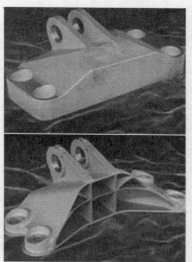

图 3-89　A320 飞机的引擎机舱门支架　　　　图 3-90　GE 飞机支架

3）大型结构件

大型结构件需大型锻压设备整体成形，在不具备大型锻压设备的情况下，需要分段锻造，然后焊接成一个零件。进行机械加工焊接后的零件可靠性与组织性能均匀性差，制作周期长，材料浪费大，而采用 3D 打印技术直接成形，可节省大量原料及制作周期。利用 3D 打印技术制造成形的大型结构件如图 3-91 和图 3-92 所示。

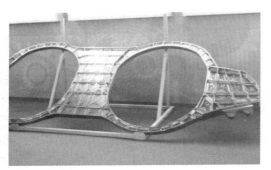

图 3 – 91　飞机钛合金次承力结构件

（北京航空航天大学制作，采用同轴送粉的激光
近形制造技术成形后二次加工）

图 3 – 92　长度 1.2 m 的钛合金飞机翼梁的结构件

（英国克兰菲尔德大学制作，采用电弧 3D 打印技术）

在航天领域，科学家试图利用 3D 打印技术制造性能更好的材料以应对飞行器着陆时的冲击，一种方法是打印新物质材料，另一种方法是打印新的格状结构提高材料的强度。此外，研究可在太空运行的 3D 打印设备，打印空间站的零件及所需的工具，或修复失效的零件。利用 3D 打印技术制作的内置多个油道的低成本小卫星发射火箭发动机零件即将投入使用，如图 3 – 93 所示。

图 3 – 93　小卫星发射火箭发动机零件

小卫星发射火箭发动机零件，其喉部为多孔结构，燃料通过这些孔输送到燃烧室，可在冷却此部分结构的同时预热燃料。

在卫星发射器中，树脂材料的 3D 打印零件也得到应用。发射器的环境控制系统管道的原设计由 140 个零件构成，采用 FDM 工艺的 3D 打印技术后，零件数减为 16 个，节省了安装时间，零件成本降低 57%。

2. 车辆领域的应用

汽车发动机的复杂构件往往采用传统精密铸造方法制作，铸造砂型（芯）采用传统方法制备需要将砂芯分成几块分别制备，然后进行组装，需要考虑装配定位和精度问题，制作周期长，加工难度大，成本高。一些复杂型腔模具的制造难度较大，对发动机的复杂零件设计形成了一定的制约。尤其是发动机的基础核心部件，大多是具有复杂形状或内部含有精细结构的金属零件（如叶片、叶轮、进气歧管、发动机缸体、缸盖、排气管和油路等），模具的制造难度较大。3D 打印技术可改变传统的模具加工方式，利用 3D 打印技术可实现复杂覆膜砂型（芯）的整体精确化制备，具有不受零件形状复杂程度的限制，不需要任何工装模具，能

图 3-94　发动机进行歧管

在较短的时间内直接将 CAD 模型转化为实体原型零件的特点，为大型复杂薄壁整体铸件的高品质精密铸造提供了良好的技术途径，尤其是在制备发动机缸体、缸盖、进气歧管及内腔流道结构复杂、有立体交叉多通路变截面细长管道的砂型整体成形方面表现出极大的优越性。如发动机进气歧管（见图 3-94）原型按传统制作方法需要 4 个月时间，而采用 3D 打印技术制作只需要 4 天时间，费用是原来的 0.6%。

3. 生物医疗领域的应用

　　3D 打印在生物医疗领域有广阔的应用前景，在骨骼、软骨、关节、牙齿等植入假体方面已经得到应用，在肌肉、血管以及人体器官的打印方面也取得了较大进展。钛合金、钴铬钼合金、生物陶瓷和高分子聚合物等材料都可用于假体的制造，这些材料具有很好的人体亲和性。在植入假体的打印方面，由于 3D 打印可以针对个体进行量身定做，因此可将通过 CT 等手段获得的人体骨骼结构模型用 3D 打印的方法快捷地制作出植入假体，如图 3-95 所示。3D 打印可将骨骼打印成蜂窝结构，质量小，人体骨骼细胞可在其中生长，如图 3-96 所示。

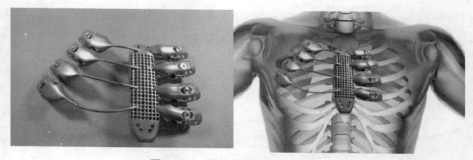

图 3-95　脊柱及肋骨的植入假体

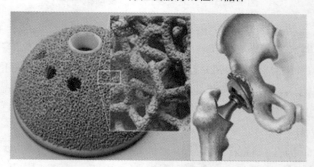

图 3-96　金属打印的骨关节

　　比利时哈塞尔特大学的科研人员为一名 83 岁的老妇人植入了 3D 打印的下颌骨，质量约 107 g，仅比活体下颚骨重 30 g，如图 3-97 所示。

　　此外，骨折患者通常采用石膏固定，若采用 3D 打印技术，则可用塑料制作骨折辅助支架，首先通过扫描获得患者伤处的精确三维模型，制作的辅助支架合身舒适，外观和方便程度上比石膏更好，而且是多孔结构，所以很轻，透风透气性好，不用在意被水浸湿。

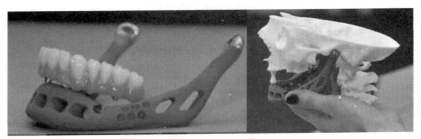

图 3-97　植入下颚骨

生物制造是生物科学与制造科学的交叉，是运用现代制造手段、数据重构技术、模拟仿真技术等并与分子生物学和细胞学相结合，以寻求新的组织和器官的假体与活体的制造原理和方法，以及新的制造工艺。主要目的是制作生物体模型、生物假体、生物相容不降解永久植入体、生物相容降解植入体。生物 3D 打印靶细胞、蛋白质、DNA 等生物单元或生物材料，按照仿生形态学、生物结构或生物体功能、细胞特定微环境等要求，"制造出"个性化的体外三维结构模型或体外三维生物体。

器官打印是生物打印追求的目标。器官打印通过三维生物成像技术（如 CT、核磁共振），获取人体内目标器官的大小、形状以及内部三维结构的技术信息，然后用 3D 打印技术打印形状，通过喷头打印所需器官的干细胞，打印细胞相对容易实现，但后期处理难度大。因为器官虽然"打印"成形，但只是一块各种细胞堆积在一起的活体组织，细胞间的相互作用还没有建立，相互黏合力也很微弱，还不具备器官应有的许多生理功能，所以需要采取措施加入各种细胞生长因子和促分化因子，以加速其组织结构和各种生理功能发育成熟。

生物打印有加热产生蒸发气泡的喷墨生物打印、采用气压及活塞的微挤压生物打印以及采用激光能量的激光辅助生物打印。图 3-98 所示为激光辅助生物打印原理，激光器用以引导活细胞落在指定的位置，能量吸收膜（金、钛等）吸收脉冲光能后在生物材料中汽化产生液滴落在底板上。

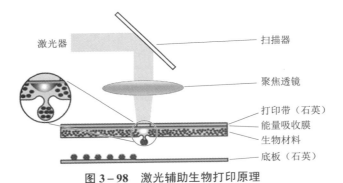

图 3-98　激光辅助生物打印原理

4. 3D 打印在其他领域的应用

随着人们对 3D 打印技术的普及以及认识的提高，3D 打印在多个领域得到应用，而且具有很大的潜力。在建筑领域，可以利用 3D 打印技术打印建筑模型，将设计外观直接以实物的形式呈现出来。在文化及创意领域，3D 打印可以打印仿古文物（见图 3-99）、艺术造型、建立实物档案等；在日常生活领域，3D 打印可满足个人创意需求，自己设计打印玩具、装饰、首饰（见图 3-100）、生活用品（见图 3-101）等，打印房屋（见图 3-102）也已经有了初步尝试。

图 3-99　仿古文物

图 3-100　3D 打印的首饰

图 3-101　3D 打印的鞋

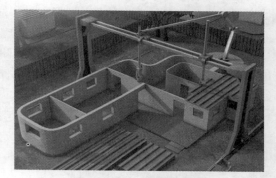

图 3-102　3D 打印的房屋

第4章
机械制造装备及设计

机械制造装备是依据机械制造工艺方法制造机械零件或毛坯的设备，金属切削机床是机械制造业的基础装备。本章重点介绍常用金属切削机床——车床、磨床、铣床和数控机床的工艺范围、结构组成、传动系统，以及机床核心部件——主轴和导轨的设计，然后介绍夹具设计的原理与方法，最后介绍金属材料增材制造（3D 打印）机床的组成和结构。

4.1 金属切削机床

4.1.1 机床分类

金属切削机床的品种和规格繁多，为了便于区别、使用和管理，需要对机床进行分类和编制型号。金属切削机床可按以下几种方法分类：

1）按机床加工性质与所用刀具分类

按机床加工性质与所用刀具进行分类是最基本的分类方法。根据我国制定的机床型号编制标准（GB/T 15375—1994），将机床分为 11 类：车床、钻床、镗床、磨床、齿轮加工机床、螺纹加工机床、铣床、刨插床、拉床、锯床及其他机床。

2）按机床工艺范围分类

（1）通用机床。

通用机床的加工范围较广，通用性较强，可用于加工多种零件的不同工序，如卧式车床、万能外圆磨床和摇臂钻床等。通用机床主要适用于单件及小批量生产。

（2）专门化机床。

专门化机床的工艺范围较窄，用于加工某一类或几类零件的某一道或几道特定工序，如曲轴磨床、凸轮轴车床和花键轴铣床等。专门化机床适用于成批生产。

（3）专用机床。

专用机床的工艺范围最窄，只能用于加工某一种零件的某一道特定工序，如加工机床主轴箱的专用镗床和加工车床导轨的专用磨床，以及在汽车、拖拉机制造业中大量使用的各种组合机床等。专用机床适用于大批量生产。

3）按机床工作精度分类

同类型机床按工作精度的不同可分为普通精度级机床、精密级机床和高精密级机床。

4）按机床的质量分类

机床按质量不同可分为仪表机床、中型机床（一般机床）、大型机床（质量达到 10 t）、重型机床（质量达到 30 t 以上）和超重型机床（质量达到 100 t 以上）。

5）按机床的自动控制方式分类

机床按自动控制方式可分为液压仿形机床、自动机床和数控机床。

4.1.2 车床

1. 车床的工艺范围

车床主要用于加工各种回转表面，如内、外圆柱表面，圆锥表面，回转曲面和端面等，有些车床还能加工螺纹面。由于多数零件具有回转表面，车床的加工范围又较广，因此车床的应用广泛，尤其是 CA6140 型普通卧式车床，在金属切削机床中所占比例很大。

CA6140 型普通卧式车床能进行多种表面的加工，如各种轴类、套类和盘类零件上的回转表面、端面、螺纹，还可进行钻孔、扩孔、铰孔和滚花等加工。

2. CA6140 型车床结构

CA6140 型车床的结构如图 4-1 所示，其主要组成部分为：

① 床身。床身是车床的基本支承件，车床的各个主要部件均安装在床身上，并保持各部件间具有准确的相对位置。

② 主轴箱。主轴箱又称床头箱，固定在床身的左上方，其内装有主轴和变速及换向机构，由电动机经变速机构带动主轴旋转，实现主运动，并获得所需转速及转向。主轴前端可安装卡盘，用以装夹工件。

③ 进给箱。进给箱用来传递进给运动。改变进给箱的手柄位置，可得到不同的进给速度，进给箱的运动通过光杠或丝杠传出。其功能是改变机动进给的进给量或被加工螺纹的导程。

④ 溜板箱。其功用是将进给箱传来的运动传递给刀架，使刀架实现纵向进给、横向进给、快速移动或车螺纹。溜板箱中设有互锁机构，使两者不能同时启用。

⑤ 刀架。刀架用于装夹车刀并使其做纵向、横向或斜向移动。

⑥ 尾架。尾架用于支承工件或装夹钻头等刀具。它的位置可以沿床身导轨移动，调节尾架体和顶尖的横向位置。

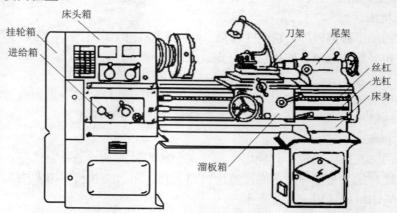

图 4-1　CA6140 型车床的结构

3. CA6140 型车床的传动系统

机床运动是通过传动系统来实现的。CA6140 型车床的传动系统如图 4-2 所示，图中

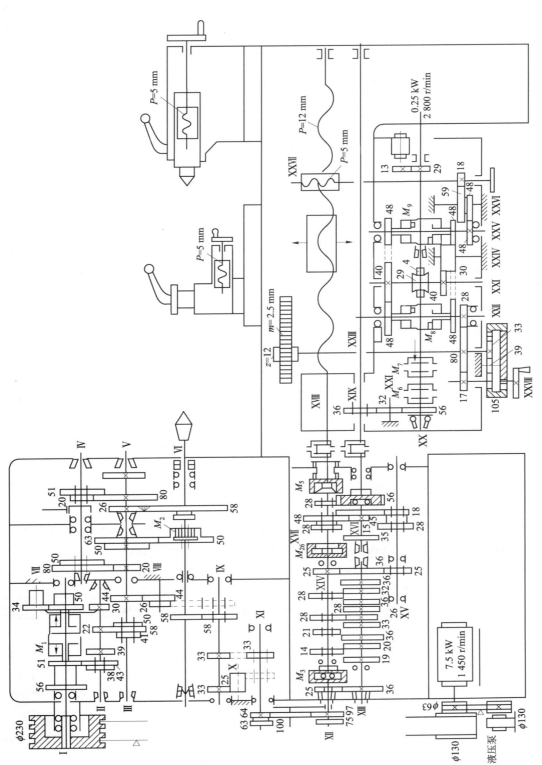

图 4-2　CA6140型车床的传动系统简图

各传动元件用简化的规定符号代表，各传动元件是按照运动传递的先后顺序，以展开图的形式画出的。该图只表示传动关系，不表示各传动元件的实际尺寸和空间位置。主传动链的功用是把电动机的运动传给主轴，使主轴带动工件实现主运动。主轴传动链的结构表达式如下：

$$
\text{电动机} - \frac{\phi130}{\phi230} - \text{I} - \left\{ \begin{array}{l} \overline{M_1} - \left\{ \begin{array}{l} \frac{56}{38} \\ \frac{51}{43} \end{array} \right\} - \overline{M_1} - \\ \frac{50}{34} - \text{VII} - \frac{34}{30} \end{array} \right\} - \text{II} - \left\{ \begin{array}{l} \frac{39}{41} \\ \frac{22}{58} \\ \frac{30}{50} \end{array} \right\} - \text{III} - \left\{ \begin{array}{l} \left\{ \begin{array}{l} \frac{20}{80} \\ \frac{50}{50} \end{array} \right\} - \text{IV} - \left\{ \begin{array}{l} \frac{20}{80} \\ \frac{51}{50} \end{array} \right\} - \text{V} - \frac{26}{58} - \overline{M_2} - \\ \frac{63}{50} - \overline{M_2} \end{array} \right\} - \text{主轴}
$$

为了解机床主运动传动链的传动和运动规律，利用"转速图"来进行分析。图 4-3 所示为 CA6140 型车床主运动传动链的转速图，图中 7 条间距相等的竖线代表传动轴，分别用轴号"电动机轴、I、II、III、IV、V、VI"表示，各传动轴按照运动传递的顺序从左到右顺排列，图中横线表示转速值的大小，竖线之间的连线代表传动副，连线的倾斜程度代表此传动副的传动比。当连线从左到右向下斜时，表示传动副为降速；当连线从左到右向上斜时，表示传动副为升速。所以，由转速图可以清楚地了解车床主运动传动链的传动和运动情况。

由图 4-3 可见，主轴箱轴间传动链最大的传动比是 8，这也是机床主轴系统机械传动常用的最大传动比。CA6140 型车床主轴传动箱共有 24 级主轴转速输出，最低 8 级转速传动链的传动误差设计为逐级按最大比例缩小，用于有螺距精度要求的螺纹等成形面的低速恒扭矩加工，此时主轴转动与刀具的直线运动，通过进给箱和溜板箱及丝杠螺母形成严格的正反向联动关系，称之为内传动链。

4.1.3 磨床

1. 磨床工艺范围

磨床是用磨具如砂轮、砂带、砂条进行磨削加工的机床，主要应用于零件表面的精加工，尤其是淬硬钢和高硬度特殊材料的精加工。在生产中使用最多的是平面磨床、外圆磨床、内圆磨床、无心磨床以及同类型的砂带磨床，另外还有齿轮磨床、螺纹磨床和工具磨床等专用磨床。工件材料的磨削去除过程由磨削运动和进给运动完成。磨削运动是主运动，由砂轮绕主轴高速旋转实现，具有最高转速和最大的能量消耗。

平面磨床主要用于磨削加工平面和沟槽等。根据砂轮的工作面不同，平面磨削分为周边磨削和端面磨削。平面磨削时，工件安装在做往复直线运动的矩形工作台上。平面磨床的磨削方法如图 4-4 所示。

外圆磨床主要用来磨削外圆柱面和圆锥面，磨削方法分为纵磨法和切入磨法两种，如图 4-5 所示。纵磨时，主运动为砂轮的旋转运动，进给运动有工件旋转做圆周进给运动和工件沿其轴线做直线往复运动，以及在工件每一纵向行程或往复行程终了时，砂轮周期地做一次横向进给运动。切入磨时，工件只做圆周进给，而无纵向进给运动，砂轮则连续地做横向进给运动，直到磨去全部余量为止。

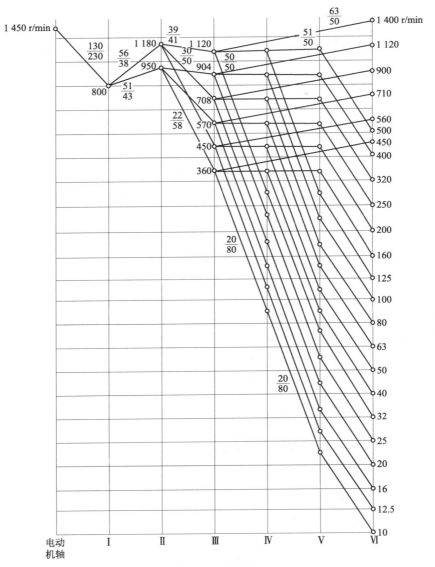

图 4 - 3　转速图

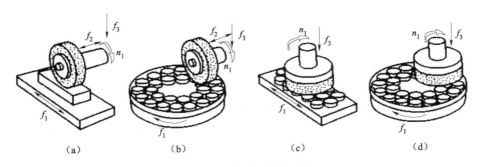

图 4 - 4　平面磨床磨削方法

（a）卧轴矩台型；（b）卧轴圆台型；（c）立轴矩台型；（d）立轴圆台型

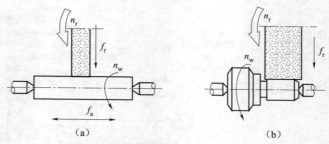

图 4－5　外圆磨床的磨削方法

(a) 纵磨；(b) 切入磨

内圆磨床用于磨削各种圆柱孔和圆锥孔，其磨削方法有普通内圆磨削、无心内圆磨削和行星内圆磨削，如图 4－6 所示。普通内圆磨削时，如图 4－6 (a) 所示，砂轮高速旋转实现主运动，工件用卡盘或其他夹具装夹在机床主轴上，由主轴带动旋转做圆周进给运动，同时砂轮或工件往复移动做纵向进给运动，在每次往复行程后，砂轮或工件做一次横向进给。

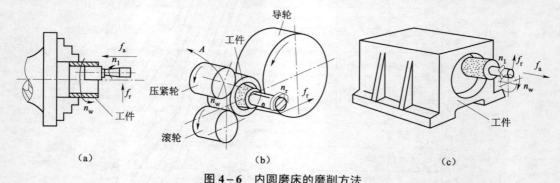

图 4－6　内圆磨床的磨削方法

(a) 普通内圆磨削；(b) 无心内圆磨削；(c) 行星内圆磨削

无心内圆磨削时，如图 4－6 (b) 所示，工件支承在滚轮和导轮上，压紧轮使工件紧靠导轮，工件即由导轮带动旋转，实现圆周进给运动。砂轮除了完成主运动外，还做纵向进给运动和周期横向进给运动。行星内圆磨削时，如图 4－6 (c) 所示，工件固定不动，砂轮除了绕其自身轴线高速旋转实现主运动外，同时绕被磨削内孔的轴线做公转运动，以完成圆周进给运动。纵向往复运动由砂轮或工件完成。

2. 磨床结构

磨床结构围绕实现磨削运动设计，图 4－7 所示为典型的 M1432A 型万能外圆磨床结构，在床身顶面前部的纵向导轨上装有工作台，台面上装着工件头架和尾座。被加工工件支承在头、尾座顶尖上，或用头架主轴上的卡盘夹持，由头架上的传动装置带动旋转，实现圆周进给运动。尾座在工作台上可左右移动调整位置，以适应不同长度工件的需要。砂轮架由砂轮主轴及传动装置组成，安装在床身顶面后部的横向导轨上，利用横向进给机构可实现横向进给运动以及调整位移。装在砂轮架上的内磨装置用于磨削内孔，其上的内圆磨具由单独的电动机驱动。

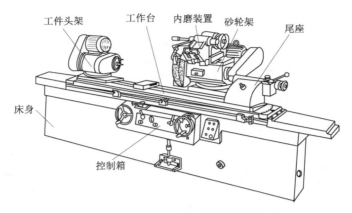

图 4－7　M1432A 型万能外圆磨床结构

3. 磨床传动系统

M1432A 型万能外圆磨床除工作台的纵向往复运动、砂轮架的快速进退和尾座顶尖套筒的缩回运动为液压传动外，其余运动都为机械传动。图 4－8 所示为 M1432A 型万能外圆磨床的机械传动系统简图。

外圆磨削砂轮由电动机，经带轮 1、2 带动砂轮主轴旋转。内圆磨具由电动机经带轮 3、4 驱动旋转。头架的传动是由双速电动机经塔轮 5、6 和带轮 7、8、9，最后由拨盘 10 带动工件旋转。砂轮架横向进给传动是通过转动手轮 11，经齿轮 12、13 或经齿轮 14、15，再由齿轮 16、17 传给丝杠 18 和半螺母 19 实现的。工作台纵向手摇机构是通过转动手轮 26，经齿轮 27、28、29、30、31 带动工作台齿条 32 移动的。

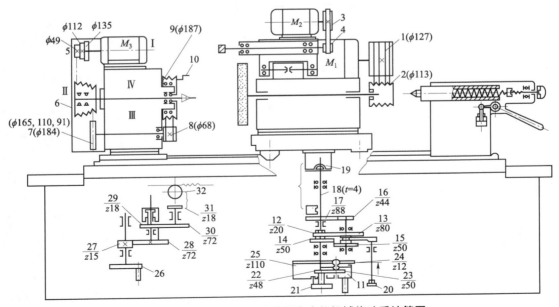

图 4－8　M1432A 型万能外圆磨床的机械传动系统简图

4.1.4　铣床

1. 铣床工艺

铣床是用铣刀进行断续切削加工的机床，铣床的典型加工工艺如图 4-9 所示。用不同的铣刀可以对平面、斜面、沟槽、台阶、T 形槽、燕尾槽等表面进行加工，另外配上分度头或回转台还可以加工齿轮、螺旋面、花键轴、凸轮等各种成形表面。

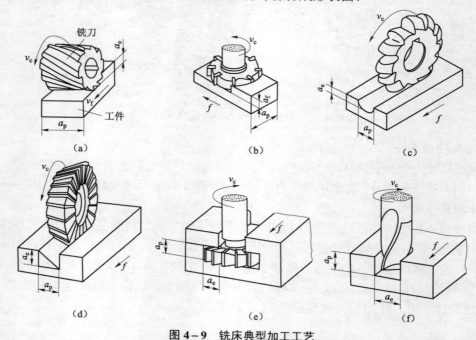

图 4-9　铣床典型加工工艺

（a），（b）铣平面；（c）铣半圆槽；（d）铣不对称 V 形槽；（e）铣 T 形槽；（f）铣沟槽

2. 铣床结构

图 4-10 所示为 X6132 型万能升降台铣床结构，主要由床身、横梁、升降台、床鞍、工作台和主轴组成。

床身固定在底座上，用来固定和支撑铣床其他各部件。顶面上有供横梁移动用的水平导轨。前壁有燕尾形的垂直导轨，供升降台上下移动。床身内部装有主电动机、主轴部件和主轴运动变速机构、操纵机构、电气设备及润滑油泵等部件。

横梁安装于床身顶部的导轨上，可沿主轴轴线方向调整其前后位置。横梁一端装有支架，用于支撑刀杆的悬伸端，以减少刀杆的弯曲与振动，提高刀杆刚度。横梁可沿床身的水平导轨移动，其伸出长度根据刀杆长度进行调整。支架内装有滑动轴承，轴承与刀杆的间隙可手动调整。升降台可以带动整个工作台沿床身的垂直导轨做上下移动，用于调整工件与铣刀的距离和垂直进给。床鞍安装在升降台的横向水平导轨上，可沿平行于主轴轴线方向移动，使工作台做横向进给运动。工作台安装在回转盘的纵向水平导轨上，可沿垂直于或交叉于主轴轴线的方向移动，使工作台做纵向进给运动。工作台面上有三个 T 形槽，用来安装压板螺柱，以固定夹具或工件。

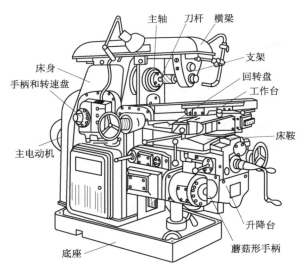

图 4-10 X6132 型万能升降台铣床结构

3. 铣床传动系统

图 4-11 所示为 X6132 型万能升降台铣床的传动系统简图,其主运动的传动路线表达式如下:

$$
主电动机 - I - \frac{\phi150}{\phi290} - II - \begin{bmatrix} \dfrac{19}{36} \\ \dfrac{22}{33} \\ \dfrac{16}{38} \end{bmatrix} - III - \begin{bmatrix} \dfrac{27}{37} \\ \dfrac{17}{46} \\ \dfrac{38}{26} \end{bmatrix} - IV - \begin{bmatrix} \dfrac{80}{40} \\ \dfrac{18}{71} \end{bmatrix} - 主轴 V
$$

X6132 型万能升降台铣床的工作台可以做纵向、横向、垂直三个方向的进给运动以及快速移动,进给运动由进给电动机单独驱动。

4.1.5 数控机床结构

数控机床主要由数控装置、伺服系统和机床本体组成,机床各部件的相对运动和动作以数字指令方式控制,零件的加工过程自动完成。机床本体包括床身、主轴、工作台、刀架和自动换刀装置等。首先要将被加工零件在图纸上的几何信息和工艺信息用规定的代码和格式编写成加工程序,然后将加工程序输入数控装置;按照程序的要求,经过数控系统信息处理、分配,使各坐标移动若干个最小位移量;实现刀具与工件的相对运动,完成零件的加工。

机床的数字控制是由数控系统完成的。数控系统的结构如图 4-12 所示,主要包括数控装置、伺服驱动装置、可编程控制器和位置检测装置等。数控装置能接收零件图纸加工要求的信息,进行插补运算,实时地向各坐标轴发出控制指令。伺服驱动装置能快速响应数控装置发出的指令,驱动机床各坐标轴运动,同时能提供足够的功率和扭矩。位置检测装置将坐标位移的实际值检测出来,反馈给数控装置调节电路中的比较器,如果有差值就发出运动控制信号,从而实现偏差控制。

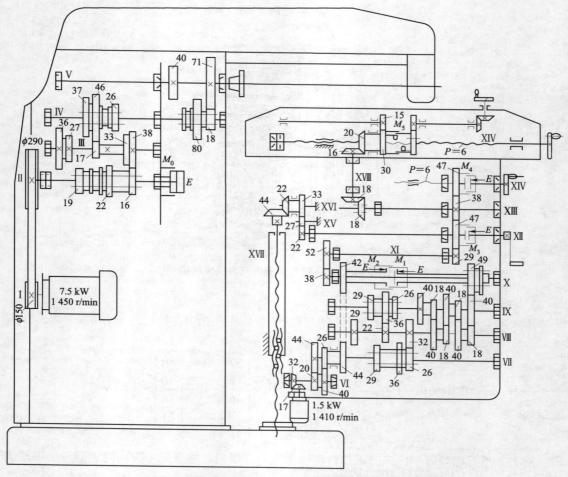

图 4-11 X6132 型万能升降台铣床传动系统简图

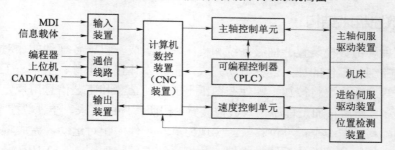

图 4-12 数控系统的组成框图

数控机床具有生产效率高和加工精度高等特点,因此,要求数控机床结构件具有高刚度、高抗振性、高精度保持性、热变形小等特性。数控机床结构具有以下特点:

（1）结构简单。

数控机床的主传动利用变频调速电动机或伺服电动机驱动主轴,并实现主轴的变速;进给系统采用伺服进给系统代替普通机床的进给系统。高速数控机床采用内装式高速电主轴,主轴箱设有机械变速系统,从而使主运动和进给运动传动链简单、可靠,齿轮、传动轴及轴承等零部件的数量大为减少。

（2）采用高效高精度无间隙传动装置。

数控机床从布局、基础件结构设计到轴承的选择和配置，都十分注意提高它们的刚度，并且采用制造精度、传动精度高的零部件。进给运动广泛采用滚珠丝杠螺母副、滚动导轨等高效传动件以降低摩擦、减少动静摩擦系数之差，提高数控机床的灵敏度，改善摩擦特性，避免爬行现象。数控机床加工时各个坐标轴的运动都是双向的，因此在进给系统中传动件普遍采用消除间隙和预紧措施，以消除传动链中的反向行程死区，提高伺服性能。

（3）支撑部件刚度大，抗振性能好。

为了满足数控机床高精度和高切削速度的要求，床身、立柱和导轨等部件必须具有很高的刚度，工作中变形和振动小，标准规定数控机床的刚度应比类似的普通机床至少高 50%。数控机床结构布局如图 4-13 所示。

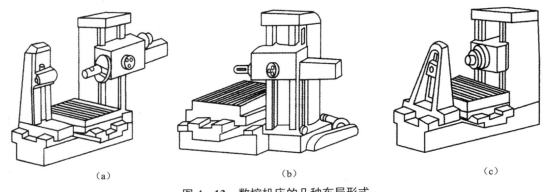

（a）   （b）   （c）

图 4-13 数控机床的几种布局形式

自动换刀装置是数控机床的典型部件。数控机床在使用过程中需要采用多种刀具，因此必须配备自动换刀装置，要求其具备换刀可靠、换刀时间短、刀具重复定位精度高等特性。自动换刀装置分为无机械手换刀、机械手换刀和转塔式自动换刀三种结构。

无机械手换刀主要通过刀库和机床主轴的相对运动来实现换刀。换刀时，首先将用过的刀具放回刀库，然后从刀库中取出新刀具，这两个动作不能同时进行，因此换刀时间较长。图4-14 所示为立式加工中心的无机械手换刀结构。

机械手换刀，当主轴上的刀具完成一个工步后，机械手把该工步的刀具送回刀库，并把下一道工序所需的刀具从刀库中取出，装在主轴上。由于加工中心的刀库和主轴的结构不同，换刀机构分为单臂机械手和双臂机械手。双臂机械手如图4-15 所示，（a）是钩手，（b）是抱手，（c）是伸缩手，（d）是插手，它们来完成抓刀—拔刀—回转—插刀—返回等系列动作。

转塔式自动换刀装置是数控机床中比较简单的换刀装置。转塔刀架上装有主轴头，转塔转动时

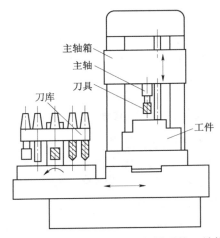

图 4-14 立式加工中心无机械手换刀结构

更换主轴头以实现自动换刀。在转塔各个主轴头上，预先安装各工序所需刀具。图 4-16 所示为数控铣床所采用的转塔刀库换刀装置，可绕水平轴转位的转塔自动换刀装置上装有 8 把刀具，只有处于最下端"工作位置"上的主轴才能与主传动链接通并转动。当加工完毕需要换刀时，首先脱开主传动链，然后转塔按照指令转过一个或几个位置，完成自动换刀，进入下一道工序。

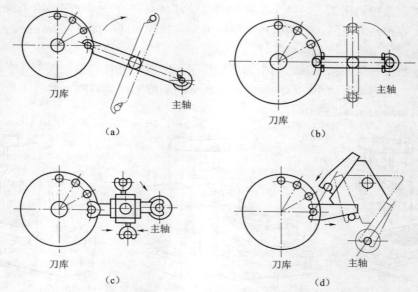

图 4-15　双臂机械手结构

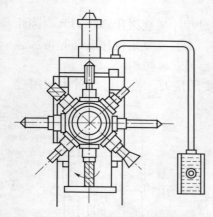

图 4-16　转塔刀库换刀装置

4.1.6　数控机床传动

1. 数控机床的主传动系统

主传动系统是实现主运动的传动系统，包括主轴电动机、传动件和主轴部件，是数控机床的关键部件之一，对它的精度、刚度、噪声、温升和热变形都有严格的要求。与普通机床的主传动系统相比，数控机床的主传动系统具有以下特点：

（1）无级调速。

数控机床的主运动采用无级变速传动，用交流调速电动机或直流调速电动机驱动实现无级变速，省去了繁杂的齿轮变速机构，有些只有二级或三级齿轮变速系统，用以扩大电动机无级调速的范围。

（2）调速范围宽，传递的功率大。

数控机床工艺范围宽，为了满足不同工件材料及刀具等的切削工艺要求，主轴必须具有较宽的调速范围。不但能低速大进给量切削，而且能高速切削。现在数控机床主轴的调速范围一般为 100～10 000 r/min，有的主轴转速甚至达到 200 000 r/min。有恒扭矩、恒功率调速范围之分，一般要求恒功率调速范围尽可能大，以便在低速度下能全功率工作。为了能在整个速度范围内提供切削所需的功率和扭矩，主轴必须具有足够的驱动功率或输出扭矩。一般数控机床的主轴驱动功率在 3.7～250 kW。

（3）主轴部件具有较大的刚度和较高的精度。

数控机床工艺范围广，加工材料和使用的刀具种类多，使得数控机床的切削负载复杂，负载变化大，变速范围内负载波动时，速度应稳定，因此要求主轴部件具有较大的刚度和较高的精度。

（4）加工中心主轴部件具有刀具的自动夹紧、松开机构和主轴准停装置。

加工中心具有刀库和自动换刀装置，工件经一次装夹后，能自动更换刀具，在同一台机床上对工件实现车、铣、镗、铰、钻、攻螺纹等多种工序的加工。因此为了实现自动换刀，主轴部件应具有刀具的自动夹紧、松开机构和主轴准停装置。

（5）数控机床主轴后端装有编码器。

编码器的作用是将检测到的主轴旋转脉冲信号发给数控系统，一方面可实现主轴调速的数字反馈，另一方面可用于进给运动的控制。

数控机床主传动分为无级变速和分段无级变速两种传动方式。分段无级变速传动方式是在无级变速电动机之后串联机械有级变速机构，以满足数控机床要求的宽调速范围和转矩特性。如图 4-17（a）所示，在主轴电动机无级变速的基础上配以齿轮变速，它通过少数几对齿轮传动，使主传动成为分段无级变速，以便在低速时获得较大的扭矩，满足主轴对输出扭矩特性的要求。这种主传动方式在大中型数控机床中采用较多，能够满足各种切削运动的转矩输出，且具有较大的速度变化范围。

主轴电动机与数控机床主轴直接连接，如图 4-17（b）所示，由调速电动机直接驱动主传动，这种方式可以极大地简化主传动系统的结构，提高主轴部件的刚度。主轴采用直接连接还可以减少功率损失，提高主轴的响应速度，减小振动，但电动机发热对主轴精度的影响较大，主轴的输出转矩、功率、恒功率调速范围取决于主轴电动机本身。

2. 数控机床的进给传动系统

数控机床的进给运动是数字控制的直接对象，进给运动的传动精度、灵敏度和稳定性直接影响被加工工件的轮廓精度和位置精度。进给运动由伺服电动机通过机械传动机构带动工作台或刀架运动。数控机床中实现进给运动的机械部分主要由传动机构、导向机构和执行件等组成。进给传动系统具有下列特点：

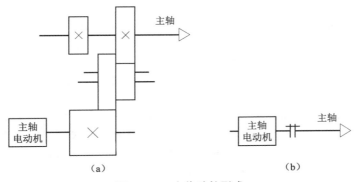

图 4-17　主传动的形式

（1）传动精度和刚度高。

进给传动系统的刚度主要取决于丝杠螺母副或蜗轮蜗杆副及其支承部件的刚度。传动系统刚度不足，与摩擦阻力一起将导致工作台产生爬行现象以及造成反向死区，影响传动的准确性。数控机床通常采用高精度的滚珠丝杠螺母副，如图 4-18 所示。内循环方式的滚珠在循环过程中始终与丝杠表面保持接触，在螺母的侧面孔内装有接通相邻滚道的反向器，利用反向器引导滚珠越过丝杠的螺纹顶部进入相邻滚道，形成一个循环回路。内循环方式的优点是滚珠循环的回路短、流畅性好、效率高，螺母的径向尺寸也较小，但制造精度要求高。

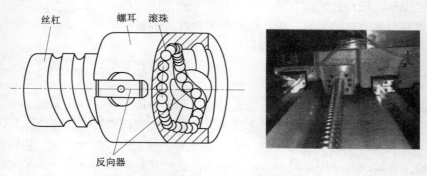

图 4-18　滚珠丝杠螺母副的内循环方式

（2）摩擦阻力小。

进给传动系统要求运动平稳，定位准确，快速响应特性好，因此，必须减小运动件的摩擦阻力和动、静摩擦系数之差。在数控机床的进给系统中普遍采用滚珠丝杠螺母副、静压丝杠螺母副、滚动导轨、塑料导轨和静压导轨，以减小摩擦阻力。

（3）运动部件惯量小。

进给系统由于经常起动、停止、变速或反向，若机械传动装置惯量大，会增大负载并使系统动态性能变差。因此，在满足强度与刚度要求的前提下，应尽可能减小运动执行部件的质量以及各传动元件的直径和质量，以减小惯量。

数控机床的进给运动分为圆周运动和直线运动两大类。实现圆周运动一般采用蜗轮蜗杆副。实现直线运动主要采用丝杠螺母副、齿轮齿条副和直线电动机驱动三种形式。

4.2　机床典型部件设计

4.2.1　主轴部件设计

主轴部件是机床的重要部件之一。作为机床的执行件，它的功用是支承并带动工件或刀具旋转进行切削，承受切削力和驱动力等载荷，完成表面成形运动，保证与装备其他部件之间有精确的相对位置。它由主轴、支承轴承和安装在主轴上的传动件、密封件等组成。主轴组件的工作性能直接影响到加工质量和生产率，因此，它是机床的一个关键组件。

1. 主轴部件的基本要求

1）旋转精度

主轴做旋转运动时，线速度为零的点的连线称为主轴的旋转中心线。在理想状态下，该线即主轴的几何中心线，其位置是不随时间变化的。但实际上，由于制造和装配等误差的影响，当主轴旋转时，该线的空间位置每时每刻都在发生变化。瞬时旋转中心线相对于理想旋转中心线在空间位置上的偏差，即主轴旋转时的瞬时误差，其范围就是主轴的旋转精度，如图 4-19（a）所示。为了便于分析，常把主轴的旋转误差分解成径向圆跳动 Δr、轴向窜动 ΔO 和角度摆角 $\Delta \alpha$，如图 4-19（b）所示，OO' 为理想旋转中心线，AB 为某一瞬时主轴旋转中心线。

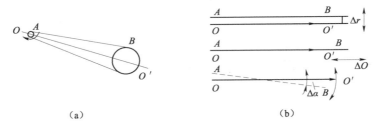

图 4-19　主轴的旋转误差

主轴的旋转精度是指装配后，在无载荷、低速转动条件下，在安装工件或刀具的主轴部位的径向圆跳动和轴向圆跳动。

旋转精度取决于主轴、轴承和箱体孔等的制造、装配和调整精度。如主轴支承轴颈的圆度、轴承滚道及滚子的圆度、主轴及随其回转零件的动平衡等因素，均可造成径向圆跳动；轴承支承端面、主轴轴肩及相关零件端面对主轴回转中心线的垂直度误差，推力轴承的滚道及滚动体误差等将造成主轴轴向圆跳动。运动精度还取决于主轴转速、轴承组合设计和轴承的性能以及主轴组件的平衡性等因素。

2）静刚度

静刚度简称为刚度。主轴组件的刚度是指在外加载荷作用下抵抗变形的能力。通常是指在主轴工作端部作用一个静态力 F（或扭矩 M_n）时，F 与主轴在 F 作用方向上所产生的变形 y 之比，如图 4-20（a）所示，即

$$K = \frac{F}{y}$$

式中，K 为刚度，N/mm。

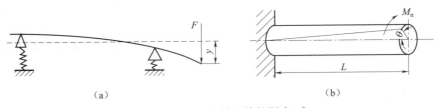

图 4-20　主轴组件的刚度

作用力的方向沿主轴半径方向或轴线方向，则计算的刚度相应地称为径向刚度或轴向刚度。如果 M_n 是作用在主轴工作端部的扭矩，则变形为该扭矩作用下主轴工作端的扭转角，其

刚度称为扭转刚度 K_M，如图 4-20（b）所示。扭转刚度表达式如下：

$$K_M = \frac{M_n}{\dfrac{\theta}{L}} = \frac{M_n L}{\theta}$$

式中，M_n 为作用的扭矩，N·m；L 为扭矩的作用距离，m；θ 为扭转角，（°）；K_M 为扭转刚度，N·m²/（°）。

在额定载荷作用下，主轴组件抵抗变形的能力称为动态刚度。动态刚度低于静态刚度，动态刚度与静态刚度成正比。对于高速、变载荷下的精密加工机床，动态刚度直接影响到加工精度和刀具的使用寿命。

主轴部件的刚度是综合刚度，它是主轴、轴承等刚度的综合反映。因此，主轴的尺寸和形状、滚动轴承的类型和数量、预紧和配置形式、传动件的布置方式、主轴部件的制造和装配质量等都影响主轴部件的刚度。

主轴静刚度不足对加工精度和机床性能有直接影响，并会影响主轴部件中齿轮、轴承的正常工作，降低工作性能和寿命，影响机床抗振性，容易引起切削振颤，降低加工质量。

3）抗振性

主轴部件的抗振性是指抵抗受迫振动和自激振动的能力。在切削过程中，主轴部件不仅受静态力作用，同时也受冲击力和交变力的干扰，使主轴产生振动。冲击力和交变力是由材料硬度不均匀、加工余量变化、主轴部件不平衡、轴承或齿轮存在缺陷以及切削过程中的振颤等引起的。主轴部件的振动会直接影响工件的表面加工质量、刀具的使用寿命，并产生噪声。影响抗振性的主要因素是主轴部件的静刚度、质量分布以及阻尼。

4）热变形

主轴组件的热变形是指主轴部件运转时，各相对运动处的摩擦生热、切削热等使主轴部件的温度升高，从而造成主轴组件形状、尺寸和位置发生变化。主轴热变形可引起轴承间隙变化、轴心位置偏移等；温度升高后会使润滑油黏度降低，从而降低轴承的承载能力。

影响主轴组件温升和热变形的主要因素是轴承的类型、配置方式、预紧力的大小以及润滑方式和散热条件等。

5）耐磨性

主轴组件的耐磨性是指长期保持其原始制造精度的能力，即精度的保持性。因此，主轴组件的各滑动表面必须具有较高的硬度，以保持其耐磨性。

滑动和滚动轴承的磨损不仅使主轴组件丧失了原有的旋转精度，而且将降低主轴刚度和抗振性。磨损的速度与摩擦的种类有关，与结构特点、表面粗糙度、材料的热处理方式、润滑、防护及使用条件等许多因素有关。所以要长期保持主轴部件的精度，必须提高其耐磨性。对耐磨性影响较大的因素有主轴的材料、轴承的材料、热处理方式、轴承类型及润滑、防护方式等。

2. 主轴轴承的选择与配置

轴承是主轴组件的重要组成部分，对主轴组件的工作性能有直接影响。主轴轴承的选择和配置取决于承受载荷的大小、方向及其性质、转速大小、精度高低等因素。主轴的轴承主要有滑动轴承和滚动轴承两大类，选择滑动轴承或滚动轴承应根据工作要求、制造条件和经济性等综合考虑。一般情况下，主轴部件尽量采用滚动轴承，特别是大多数立式主轴和主装在套筒内能够轴向移动的主轴，采用滚动轴承并用润滑脂润滑可避免漏油。而滑动轴承具有工作平稳、抗振性高等特点，在外圆磨床、精密车床等一些主轴为水平设计的精加工机床中采用滑动轴承。

1）滚动轴承的选择

角接触球轴承，如图 4--21 所示，极限转速较高。接触角是球轴承的一个主要参数，是滚动体与滚道接触点处的公法线与轴线间的夹角，接触角有 15°、25°、40°、60° 等多种，接触角越大，可承受的轴向力越大。主轴常采用接触角为 15° 或 25° 的角接触球轴承。

双列圆柱滚子轴承，如图 4-22 所示，其中图 4-22（a）所示为 NN3000K 型轴承，滚道环槽开在内圈上；图 4-22（b）所示为 NNU4900K 型轴承，滚道环槽开在外圈上，可将内圈装在主轴轴颈上后再精磨内圈滚道，以避免因主轴轴颈的不圆而影响滚道的精度，并可以减小内圈滚道与主轴旋转轴心的同轴度误差，提高主轴组件的旋转精度。

双向推力角接触球轴承，如图 4-23 所示，其接触角为 60°，由外圈 3、左右内圈 1 和 6、左右两列滚珠 2 和 5 以及保持架、隔套 4 组成。修磨隔套的厚度可以精确调整间隙或预紧。外圈和箱体孔为间隙配合，安装方便，且不承受径向载荷，常与双列圆柱滚子轴承配套使用，用于主轴部件的前支承。

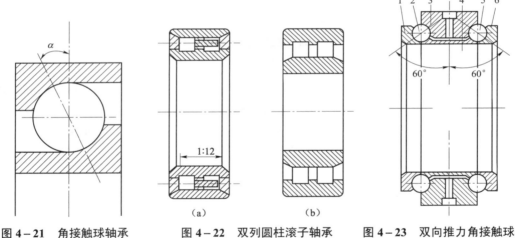

图 4-21　角接触球轴承　　图 4-22　双列圆柱滚子轴承　　图 4-23　双向推力角接触球轴承

1，6—内圈；2，5—滚珠；3—外圈；
4—保持架、隔套

双列圆锥滚子轴承，如图 4-24 所示，它有一个公用外圈和两个内圈，外圈的凸肩靠住箱体或主轴套筒的端面，实现轴向定位，用法兰压紧另一端面。凸肩上开有缺口，插入螺钉可防止外圈转动。修磨中间隔套可以调整间隙或预紧。它既可承受径向载荷，又可承受双向轴向载荷，承载能力和刚度都较大，并且结构简单，适用于中、低速，中等以上载荷的主轴组件前支承。

2）滑动轴承的选择

滑动轴承具有抗振性好、旋转精度高、运动平稳等优点，应用于高速或低速的精密、高精密机床。主轴滑动轴承按产生油膜

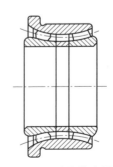

图 4-24　双列圆锥滚子轴承

的方式，分为动压轴承和静压轴承两类。

动压轴承的工作原理是：当主轴旋转时，带动润滑油从间隙大处向间隙小处流动，形成压力油楔而产生油膜压力将主轴浮起。油膜的承载能力与工况有关，如速度、润滑油的黏度和油楔结构等。转速越高，间隙越小，油膜的承载能力越强。

图4-25所示为活动多油楔滑动轴承，利用浮动轴瓦自动调位来实现油楔，轴瓦由三块瓦组成，各由一个球头螺钉支承，可以稍作摆动以适应转速或载荷的变化。这种轴承只适用一个方向旋转，不允许反转，否则不能形成压力油楔。轴承径向间隙靠螺钉调节。

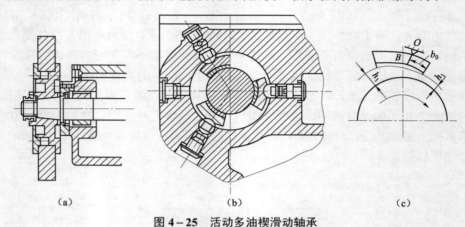

图4-25　活动多油楔滑动轴承

（a），（b）轴承结构示意图；（c）轴承工作原理

图4-26所示为定压式静压轴承，它由一套专用供油系统、节流器和轴承三部分组成。静压轴承由供油系统供给一定的压力油并输入轴和轴承间隙，利用油的静压力支撑载荷，轴颈始终浮在压力油中，轴承油膜压强与主轴转速无关，承载能力不随转速而变化。

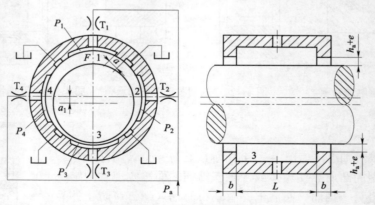

图4-26　定压式静压轴承

3）推力轴承位置配置形式

推力轴承在主轴前、后支承的配置形式，影响主轴轴向刚度和主轴热变形的方向和大小。为使主轴具有足够的轴向刚度和轴向位置精度，并尽量简化结构，应恰当地配置推力轴承的位置。

（1）前端配置。

两个方向的推力轴承都布置在前支承处，如图4-27（a）所示。这类配置方案在前支承处轴承较多，发热大，温升高，但主轴受热后向后伸长，不影响轴向精度，对提高主轴部件的刚度有利，多用于轴向精度和刚度要求较高的高精度机床或数控机床中。

（2）后端配置。

两个方向的推力轴承都布置在后支承处，如图4-27（b）所示。这类配置方案前支承处轴承较少，发热小，温升低，但是主轴受热后向前伸长，影响轴向精度，多用于轴向精度要求不高的普通精度机床，如立式铣床、多刀车床等。

（3）两端配置。

两个方向的推力轴承分别布置在前、后两个支承处，如图4-27（c）、（d）所示。这类配置方案当主轴受热伸长后，影响主轴轴承的轴向间隙。为避免松动，可用弹簧消除间隙和补偿热膨胀。常用于短主轴，如组合机床主轴。

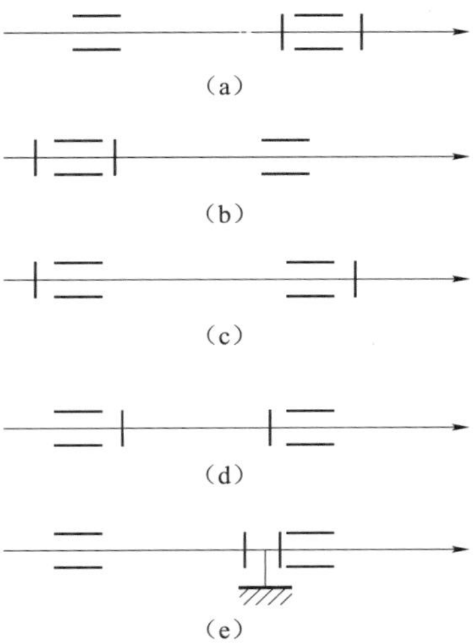

（4）中间配置。

两个方向的推力轴承配置在前支承的后侧，如图4-27（e）所示。这类配置方案可减少主轴的悬伸量，并使主轴的热膨胀向后伸长，但前支承结构较复杂。

图 4-27　推力轴承配置形式

（a）前端配置；（b）后端配置；（c），（d）两端配置；（e）中间配置

3. 主轴结构设计

1）主轴结构

主轴的构造和形状主要取决于主轴上所安装的刀具、夹具、传动件和轴承等零件的类型、数量、位置和安装定位方法等。设计时还应考虑主轴的加工工艺性和装配工艺性。主轴一般为空心阶梯轴，前端径向尺寸大，中间径向尺寸逐渐减小，尾部径向尺寸最小。主轴的前端形式取决于机床类型和安装夹具或刀具的形式。

2）主轴材料

主轴的材料应根据载荷特点、耐磨性要求、热处理方法和热处理后变形的情况选择。普通机床主轴可选用中碳钢，调质处理后，在主轴端部、锥孔、定心轴颈或定心锥面等部位进行局部高频感应淬火，以提高其耐磨性。当载荷大且有冲击时，或精密机床需要减小热处理后的变形时，或有其他特殊要求时，可以考虑选用合金钢。当支承为滑动轴承时，则轴颈也需要淬硬，以提高耐磨性。

3）主轴的技术要求

主轴的精度直接影响到主轴部件的旋转精度，主轴和轴承、齿轮等零件相连接处的表面几何形状误差和表面粗糙度关系到接触精度，因此，主轴的技术要求应根据制造装备精度标准有关的项目制定。首先制定出满足主轴旋转精度所必需的技术要求，如主轴前、后轴承轴颈的同轴度，锥孔相对于前、后轴颈中心连线的径向圆跳动，定心轴颈及其定位轴肩相对于前、后轴颈中心连线的径向圆跳动和轴向圆跳动等；再考虑其他性能所需的要求，如表面粗糙度、表面硬度等。主轴的技术要求要满足设计要求、工艺要求、检测方法的要求，应尽量做到设计、工艺、检测的基准相统一。

图 4-28 所示为某个车床主轴简图，A 和 B 是主支承轴颈，主轴轴线是 A 和 B 的圆心连线，即设计基准。检测时以主轴轴线为基准来检验主轴上各内、外圆表面和端面的径向圆跳动和轴向圆跳动，所以其也是检测基准。主轴轴线既是主轴前、后锥孔的工艺基准，又是锥孔检测时的测量基准。

主轴各部位的尺寸公差、几何公差、表面粗糙度和表面硬度等具体数值应根据机床的类型、规格、精度等级及主轴轴承的类型来确定。

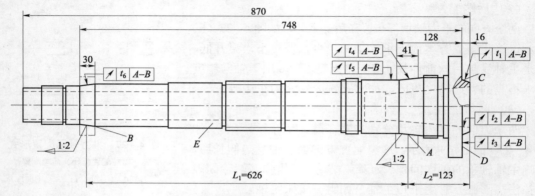

图 4-28　车床主轴简图

4.2.2　导轨设计

1. 导轨的功用与分类

导轨的功用是承受载荷和导向。它承受安装在导轨上的运动部件及工件的重力和切削力，运动部件可以沿导轨运动。运动的导轨称为动导轨，不动的导轨称为静导轨或支承导轨。动导轨相对于静导轨可以做直线运动或者回转运动。

导轨按结构形式可以分为开式导轨和闭式导轨。开式导轨是指在部件自重和外载作用下，运动导轨和支承导轨的工作面，如图 4-29（a）中 c 和 d 面始终保持接触、贴合。其特点是结构简单，但不能承受较大颠覆力矩的作用。

闭式导轨借助于压板使导轨能承受较大的颠覆力矩作用。例如，车床床身和床鞍导轨，如图 4-29（b）所示。当颠覆力矩 M 作用在导轨上时，仅靠自重已不能使主导轨面 e、f 始终贴合，需要用两压板和形成辅助导轨面 g 和 h，保证支承导轨与动导轨的工作面始终保持可靠的接触。

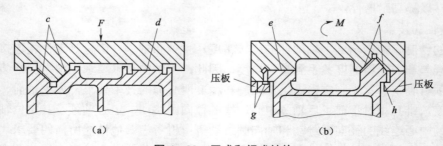

图 4-29　开式和闭式结构

（a）开式结构；（b）闭式结构

导轨副按导轨面的摩擦性质可分为滑动导轨副和滚动导轨副。在滑动导轨副中又可分为普通滑动导轨、静压导轨和卸荷导轨等。

2. 导轨的基本要求

导轨应满足精度高，承载能力大，刚度好，摩擦阻力小，运动平稳，精度保持性好，寿命长，结构简单，工艺性好，便于加工、装配、调整和维修，成本低等要求。

1）导向精度

导向精度是导轨副在空载荷或切削条件下运动时，实际运动轨迹与给定运动轨迹之间的符合程度。影响导向精度的主要因素是导轨的结构形式，导轨的几何精度和接触精度，导轨和基础部件的刚度和热变形，导轨的油膜厚度等。不同类型导轨的导向精度不同，如三角形导轨比矩形导轨的导向精度高。

2）耐磨性

耐磨性决定了导轨导向精度的持久性。常见的磨损形式有磨料磨损、黏着磨损和接触疲劳磨损等。它与导轨的摩擦性质、导轨材料、工艺方法及受力情况等有关。

3）刚度

足够的刚度可以保证在额定载荷作用下，导轨的变形量在允许的范围内。受载后，导轨的变形是绝对的，它会影响导向精度和部件的相对位置。因此，要求导轨应有足够的刚度。

4）低速运动平稳性

当导轨做低速运动或微量位移时，应保证导轨运动的平稳性，不出现爬行现象。低速运动的平稳性与导轨的结构和润滑，动、静摩擦因数的差值以及传动导轨运动的传动系统的刚度等有关。

5）结构简单，工艺性好

设计时要使导轨的制造和维护方便，如果是镶装导轨，则应尽量做到容易更换。

3. 导轨截面形状

1）矩形导轨

矩形导轨如图 4-30（a）所示，它具有承载能力大、刚度大、维修方便等优点，但存在侧向间隙，导向性差。一般适用于载荷较大而导向性要求较低的机床。

2）三角形导轨

三角形导轨如图 4-30（b）所示。三角形导轨面磨损时，动导轨会自动下沉，自动补偿磨损量，不会产生间隙。三角形导轨的顶角 α 越小，导向性越好，但摩擦力也越大。所以，小顶角用于轻载精密机械，大顶角用于大型或重型机床。

3）燕尾形导轨

燕尾形导轨如图 4-30（c）所示。燕尾形导轨可以承受较大的颠覆力矩，导轨的高度较小，结构紧凑，间隙调整方便。但是，刚性较差，加工、检验、维修都不太方便。这种类型的导轨适用于要求高度低、间隙调整方便、移动速度较小、受力小、层次多的运动部件导向。

4）圆柱形导轨

圆柱形导轨如图 4-30（d）所示。圆柱形导轨制造方便，工艺性好，但磨损后较难调整和补偿间隙。圆柱形导轨有两个自由度，适应于同时做直线运动和转动的地方，主要用于承受轴向载荷的场合，如镗床、钻床、内圆磨床的主轴套筒等。

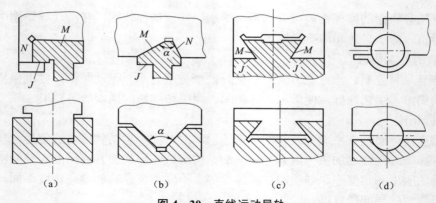

图4-30　直线运动导轨

（a）矩形导轨；（b）三角形导轨；（c）燕尾形导轨；（d）圆柱形导轨

5）平面环形导轨

平面环形导轨如图4-31（a）所示。导轨结构简单，制造方便，能承受较大的轴向力，但不能承受径向力，必须与回转轴的轴承联合使用，由轴承承受径向载荷。该导轨摩擦小，精度高。

6）锥面环形导轨

锥面环形导轨如图4-31（b）所示，除能承受轴向载荷外，还能承受一定的径向载荷，但不能承受较大的颠覆力矩。该导轨导向性比平面环形导轨好，制造较难。

7）双锥面导轨

双锥面导轨如图4-31（c）所示，能承受较大的径向力、轴向力和一定的颠覆力矩，制造、研磨均较困难。

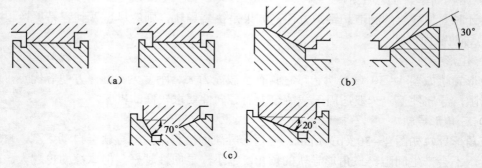

图4-31　回转运动导轨

（a）平面环形导轨；（b）锥面环形导轨；（c）双锥面导轨

4. 导轨的组合形式

机床直线运动导轨通常由两条导轨组合而成，根据不同要求，机床导轨主要有以下几种组合形式。

1）双三角形导轨

双三角形导轨，不需要镶条调整间隙，接触刚度好，导向性和精度保持性好，但是工艺性差，加工、检验和维修不方便。多用在精度要求较高的机床中，如丝杠车床、导轨磨床和齿轮磨床等。

2）双矩形导轨

双矩形导轨，承载能力大，制造简单。多用在普通精度机床和重型机床中，如重型车床、组合机床、升降台铣床等。但是导向面需用镶条调整间隙。

3）矩形和三角形导轨组合

矩形和三角形导轨的组合，导向性好，刚度高，制造方便，应用最广。

4）矩形和燕尾形导轨组合

矩形和燕尾形导轨的组合能承受较大力矩，调整方便，多用在横梁、立柱和摇臂导轨中。

5. 导轨间隙调整

导轨面间的间隙对机床工作性能有直接影响，间隙过大，将影响运动精度和平稳性；间隙过小，运动阻力大，导轨的磨损加快。因此，必须保证导轨具有合理间隙，磨损后又能方便地调整。调整导轨间隙常用镶条和压板。

1）镶条

镶条用来调整矩形导轨和燕尾形导轨的侧隙，以保证导轨面的正常接触。镶条应放在导轨受力较小的一侧。通常有平镶条和楔形镶条两种。

平镶条如图 4－32 所示，截面为矩形或平行四边形，其厚度全长均匀相等。它具有调整方便、制造容易等特点。

图 4－33 所示为楔形镶条，斜度为 1:100～1:40。镶条的两个面分别与动导轨和支承导轨均匀接触，所以比平镶条刚度高，通过调节螺钉或修磨垫的方式轴向移动镶条，以调整导轨的间隙。镶条由于厚度不等，在加工后应力分布不均匀，容易弯曲，在调整间隙时也容易弯曲。镶条在导轨间沿全长的弹性变形和比压是不均匀的，镶条斜度和厚度越大，不均匀度也越大。为了增加其柔度，应选用较小的厚度和斜度。当镶条尺寸较大时，可在中部削低，使镶条两端保持良好接触，并可减小研刮量。或者在其上开横向槽，增加镶条柔度，如图 4－34 所示。镶条越长斜度应越小，以免两端厚度相差太大。

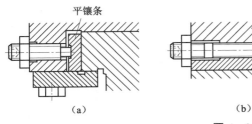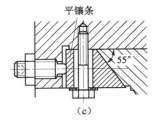

图 4－32　平镶条

2）压板

压板用来调整辅助导轨面的间隙和承受颠覆力矩。压板用螺钉固定在运动部件上，用配刮的方法或垫片来调整间隙。图 4－35 所示为矩形导轨的三种压板结构。图 4－35（a）用磨或刮压板的 e 和 d 面来调整间隙；图 4－35（b）用改变垫板的厚度来调整间隙；图 4－35（c）是在压板和导轨之间用平镶条调节间隙，调整方便，但刚性差。

6. 导轨结构

1）滚动导轨

滚动导轨的结构形式可分为滚珠、滚柱、滚针和滚动导轨支承等形式。

滚珠导轨结构紧凑、制造容易、成本较低，但由于是点接触，因此刚度低、承载能力小，适用于运动部件质量不大，切削力和颠覆力矩都较小的场合，如图 4-36 所示。

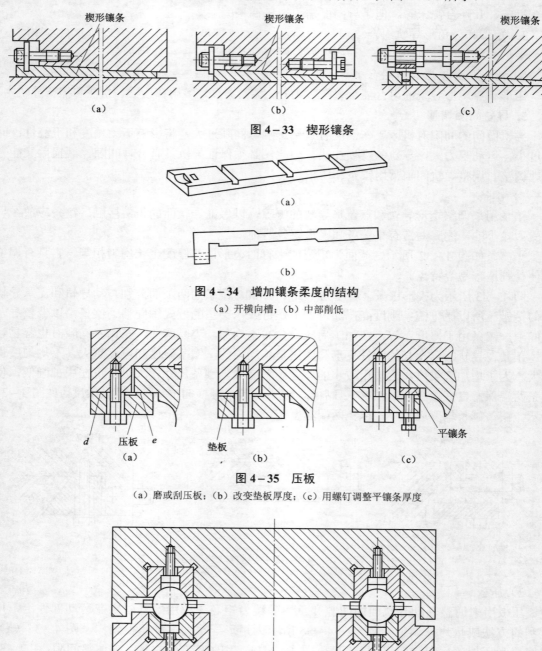

图 4-33　楔形镶条

图 4-34　增加镶条柔度的结构
（a）开横向槽；（b）中部削低

图 4-35　压板
（a）磨或刮压板；（b）改变垫板厚度；（c）用螺钉调整平镶条厚度

图 4-36　滚珠导轨

滚柱导轨的承载能力和刚度都比滚珠导轨大，它适于载荷较大的设备，是应用最广泛的一种导轨。但由于滚柱比滚珠对导轨平行度要求高，即使滚柱轴线与导轨面有微小的不平行，也会引起滚柱的偏移和侧向滑动，使导轨磨损加剧和精度降低，因此滚柱最好做成腰鼓形，中间直径比两端大 0.02 mm 左右，如图 4-37 所示。

滚针导轨的长径比大，因此具有尺寸小、结构紧凑等特点，多应用在尺寸受限制的地方。滚针可按直径分组选择，中间的滚针直径略小于两端的，以便提高运动精度。与滚柱导轨相比，其承载能力强，但摩擦因数也较大。

2）滑动导轨

从摩擦性质来看，滑动导轨摩擦属于具有一定动压效应的混合摩擦状态。导轨的动压效应主要与导轨的滑动速度、润滑油黏度、导轨面的油沟尺寸和形式等有关。滑动导轨的优点是结构简单、制造方便和抗振性良好，缺点是磨损快。为了提高耐磨性，国内外广泛采用塑料导轨和镶钢导轨。

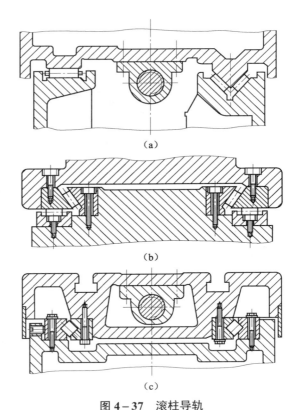

图 4-37　滚柱导轨
(a) 开式滚柱导轨；(b) 燕尾形滚柱导轨；(c) 十字交叉滚柱导轨

粘贴塑料软带导轨采用较多的粘贴塑料软带是以聚四氟乙烯为基体，添加各种无机物和有机粉末等填料制成的。其特点是：摩擦因数小，耗能低；动、静摩擦因数接近，低速运动平稳性好；阻尼特性好，能吸收振动，抗振性好；耐磨性好，有自身润滑作用，没有润滑油也能正常工作，使用寿命长；结构简单，维护修理方便，磨损后容易更换，经济性好。但是刚性较差，受力后易产生变形，对精度要求高的机床有影响。

镶钢导轨是将淬硬的碳素钢或合金钢导轨分段地镶装在铸铁或钢制的床身上，以提高导轨的耐磨性。在铸铁床身上镶装钢导轨时常用螺钉或楔块挤紧固定，如图 4-38 所示。在钢制床身上镶装导轨一般用焊接方法连接。

7. 导轨润滑

导轨润滑的目的是：减少磨损以延长导轨的使用寿命；降低温度以改善工作条件；降低摩擦力以提高机械效率；保护导轨表面以防止发生锈蚀。

对润滑的要求是：保证按规定供应清洁的润滑油，油量可以调节，尽量采用自动和强制润滑；简化润滑装置，润滑元件要可靠。

导轨的润滑方法有很多，最简单的润滑方法是人工定期地直接在导轨上浇油或用油杯供油。这种方法不能保证充分的润滑，一般只用于低速滑动导轨及滚动导轨。现代机床上多用压力油强制润滑，这种方法效果较好，润滑可靠，与运动速度无关，而且可以不断地冲洗和冷却导轨面，但必须有专用的供油装置。

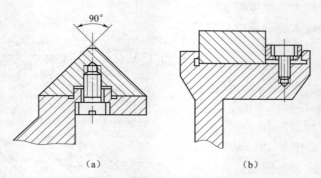

图 4-38　镶钢导轨与铸铁床身固定
(a) 用螺钉固定；(b) 用楔块挤压

为了使润滑油在导轨面上均匀分布，以保证充分的润滑效果，应在导轨面上开出油沟。润滑油的黏度可根据导轨的工作条件和润滑方式加以选择。

4.3　夹具设计

夹具是机械制造中的一种工艺装备，用来对工件进行定位和夹紧。在机床上加工工件时，为了使工件达到设计要求的尺寸和形位公差，必须保证工件相对于机床在一个正确的空间位置。夹具是工件和机床之间的连接装置，它直接影响工件的加工质量。

4.3.1　夹具的分类与组成

夹具的种类和结构形式多种多样，分类方法也有很多种。

1. 按使用范围分类

机床夹具按照使用范围和特点可以分为通用夹具、专用夹具、组合夹具、成组夹具和随行夹具。

1）通用夹具

通用夹具是指已经标准化的，且有较大应用范围的夹具。例如，车床上的三爪卡盘、四爪卡盘，铣床上的平口钳、分度头和回转工作台以及平面磨床上的磁力工作台等。这类夹具一般由专业工厂生产，作为机床附件提供给用户。其特点是适应性广，生产效率低，主要适用于单件、小批量生产。

2）专用夹具

专用夹具是指专为某一工件的某道工序而专门设计的夹具，其特点是结构紧凑、操作方便，可以保证较高的加工精度和生产效率，适用于批量和大批量生产。

3）组合夹具

组合夹具是由一系列标准化元件组装而成的，标准元件有不同的形状、尺寸和功能，具有较好的互换性，能根据工件的加工要求很快组装出所需要的夹具。夹具使用完毕后，可以将各组成元件拆开，再次使用。其特点是结构灵活多变，适用于单件、小批量生产。

4）成组夹具

成组夹具是在采用成组加工时，为每个零件组设计制造的夹具，当改换加工同组内不同零件时，只需要调整或更换夹具上个别元件，即可进行加工。其特点是夹具的部分元件可以更换，部分装置可以调整，以适应不同零件的加工。成组夹具适用于多品种、小批量的生产。

5）随行夹具

随行夹具是一种在自动生产线上使用的移动式夹具。该夹具既要装夹工件，又要与工件成为一体沿自动生产线从一个工位移动到下一个工位，进行不同工序的加工。

2. 按使用的机床分类

由于各类机床自身工作特点和结构形式各不相同，对所使用夹具的结构也提出不同的要求。按照使用机床的不同，夹具可分为车床夹具、铣床夹具、钻床夹具、镗床夹具、磨床夹具和齿轮机床夹具等。

3. 按夹紧动力源分类

根据夹具所采用的夹紧动力源不同，夹具可以分为手动夹具、气动夹具、液压夹具、电动夹具、磁力夹具和真空夹具等。

无论哪一类夹具，均由以下结构元件组成：

① 定位元件及装置，用于确定工件的正确位置。

② 夹紧元件及装置，用于固定工件已获得的正确位置。

③ 导向及对刀元件，用于确定工件与刀具之间的距离。

④ 动力装置，在成批生产中，为了降低劳动强度，提高生产效率，常采用气动、液压等动力装置。

⑤ 夹具体，用于将各元件连为一体，并通过它将整个夹具安装在机床上。

⑥ 其他元件及装置，根据加工需要来设置的元件或装置。

图 4－39 所示为某盖板钻孔的夹具。

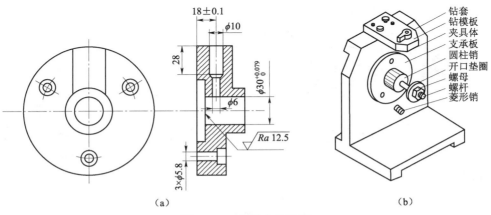

（a）

（b）

图 4－39　钻模夹具示例

（a）盖板；（b）钻孔夹具

4.3.2 夹具定位机构设计

定位是使工件在机床或夹具上占有某一正确位置的过程。

1. 六点定位原理

一个物体在三维空间中可能具有的运动，称为自由度。在 $OXYZ$ 坐标系中，物体可以沿 X、Y、Z 轴移动及绕 X、Y、Z 轴转动，共 6 个独立的运动，即有 6 个自由度。工件定位的实质是限制工件的自由度，在空间需要有固定点与工件表面保持接触。用来限制工件自由度的固定点就是定位支承点。六点定位原理是选用与工件相适应的 6 个支承点来限制工件的 6 个自由度，保证工件在空间处于完全确定的位置。图 4-40 所示为长方体工件的定位，图 4-41 所示为圆盘工件的定位，图 4-42 所示为轴类工件的定位。

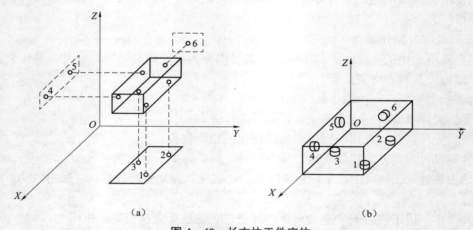

(a)　　　　　　　　　　(b)

图 4-40　长方体工件定位

(a) 约束坐标系；(b) 定位方式

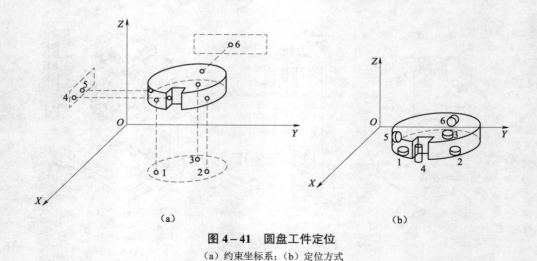

(a)　　　　　　　　　　(b)

图 4-41　圆盘工件定位

(a) 约束坐标系；(b) 定位方式

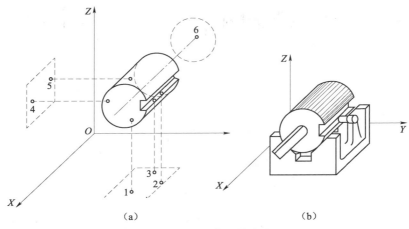

图 4－42　轴类工件定位

（a）约束坐标系；（b）定位方式

2. 欠定位与过定位

根据工件加工表面的位置要求，有时需要将工件的 6 个自由度全部限制，称为完全定位；有时需要限制的自由度少于 6 个，称为不完全定位。按照工序的加工要求，工件应该限制的自由度而没有约束的定位，称为欠定位。在定位元件选择时，原则上不允许出现几个定位元件同时限制工件的某一个自由度。几个定位元件重复限制工件某一自由度的定位现象称为过定位。图 4－43（a）所示为过定位，短圆柱销 1 和短圆柱销 2 同时限制了工件在 X 轴和 Y 轴方向的移动。如图 4－43（b）所示，通过修改短圆柱销 2 的结构，解决了工件过定位问题。

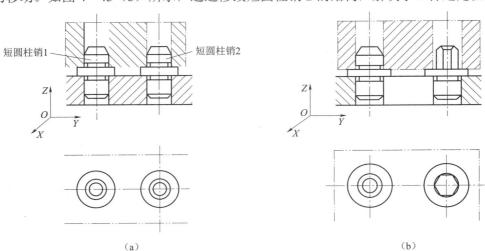

图 4－43　过定位及其改进

3. 典型定位方式

常用定位方式有平面定位、孔定位和外圆柱面定位。

1）平面定位

平面定位的主要形式是支承定位，工件的定位基准平面与定位元件表面相接触而实现定位，支承定位分为固定支承定位、可调支承定位、浮动支承定位和辅助支承定位。图 4－44 所示为平面固定支承定位，图 4-45 所示为可调支承定位，图 4-46 所示为浮动支承定位，图 4-47 所示为辅助支承定位。

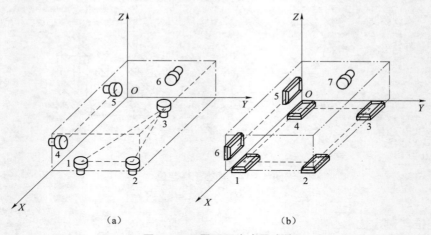

图 4-44 平面固定支承定位

（a）粗基准定位；（b）精基准定位

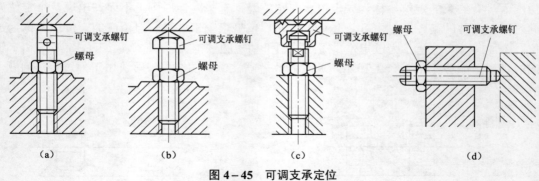

图 4-45 可调支承定位

1—可调支承螺钉；2—螺母

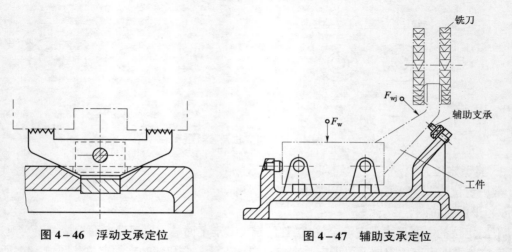

图 4-46 浮动支承定位　　　**图 4-47 辅助支承定位**

2）孔定位

当工件上的孔为定位基准时，采用孔定位。其特点是定位孔和定位元件之间处于配合状态，常用的定位元件是定位销和心轴。标准圆柱定位销的结构如图 4-48 所示，根据定位销和基准孔有效接触长度与孔径之比，分为短定位销和长定位销两种。图 4-48 所示为圆柱销定位，图 4-49 所示为心轴定位。

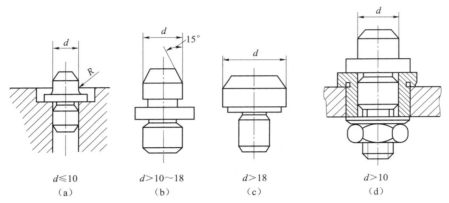

$d \leqslant 10$　　　$d > 10 \sim 18$　　　$d > 18$　　　$d > 10$
（a）　　　（b）　　　（c）　　　（d）

图 4-48　标准圆柱定位销结构
（a）、（b）、（c）小直径、中直径、大直径的定位销；（d）可更换定位套的定位销

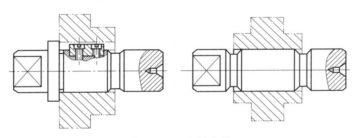

图 4-49　心轴定位

3）外圆柱面定位

工件以外圆柱面作定位基准时，根据外圆柱面的完整程度、加工要求和安装方式，可以在 V 形块、定位套、半圆套及圆锥套中定位。图 4-50 所示为 V 形块定位。图 4-51（a）用在工件端面为主要定位基面的场合，短定位套孔限制工件的 2 个自由度；图 4-51（b）用在工件以外圆柱表面为主要定位基面的场合，长定位套孔限制工件的 4 个自由度；图 4-51（c）用在工件以圆柱面端部轮廓为定位基面，锥孔限制工件的 3 个自由度。

4.3.3　定位误差的分析与计算

在机械加工中设计定位方案时，在正确选择定位基准和定位元件的基础上，还应该使选择的定位方式所产生的误差在工件允许的误差范围内。定位误差包括基准不重合误差和基准位移误差。

1. 基准不重合误差

工件在夹具上定位时，由于所选择的定位基准与工序基准不重合而引起的误差，其值为同批工件的工序基准相对于定位基准在该工序加工尺寸方向的最大位移量，用符号 Δ_B 表示。

如图 4-52 所示，定位基准与工序基准不重合产生的定位误差由工序基准与定位基准之间的联系尺寸 b 的公差决定，大小为 Δ_B。

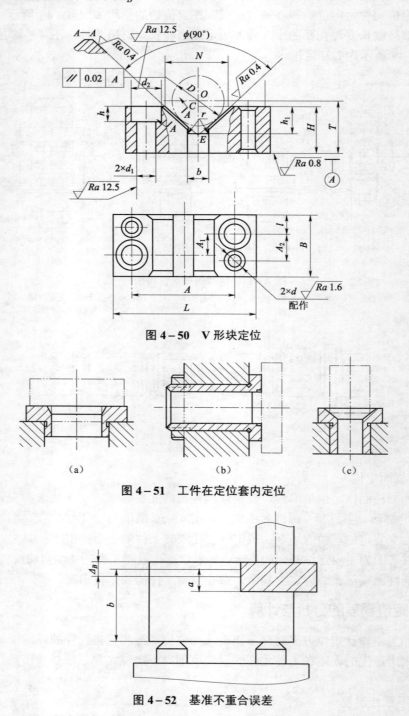

图 4-50　V 形块定位

图 4-51　工件在定位套内定位

（a）　　　　　　　（b）　　　　　　　（c）

图 4-52　基准不重合误差

2. 基准位移误差

由于定位副的制造误差而导致定位基准对其规定位置的最大变动位移，称为基准位移误差，用 Δ_Y 表示，其大小等于定位基准与起始基准不重合而造成的基准位移量在工序尺寸方向上的投影分量。基准位移误差 Δ_Y 的计算公式表示为

$$\Delta_Y = \delta_Y \cos\beta$$

式中，δ_Y 为定位基准与起始基准不重合而造成的基准位移量；β 为定位基准的变动方向与工序尺寸方向间的夹角。

图 4−53（a）所示为零件的工序图，在圆柱面上铣槽，加工尺寸为 H，工件以内孔 D 在圆柱心轴上定位。如图 4−53（b）所示，定位副制造误差和配合间隙导致定位基准和限位基准不重合，使定位尺寸 H 产生误差，此即基准位移误差，其计算公式为

$$\Delta_Y = \frac{D_{max} - d_{min}}{2} - \frac{D_{min} - d_{max}}{2} = \frac{D_{max} - D_{min}}{2} + \frac{d_{max} - d_{min}}{2} = \frac{\delta_D}{2} + \frac{\delta_d}{2}$$

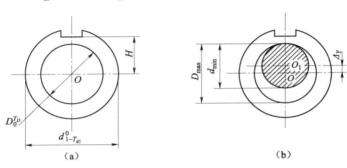

图 4−53　基准位移误差

3. 定位误差计算公式

定位误差由基准不重合误差和基准位移误差组合而成，组合的方式依据工序基准是否在定位基准面上。如果工序基准不在定位基准面上，则计算公式如下：

$$\Delta_D = \Delta_Y + \Delta_B$$

如果工序基准在定位基准面上，则计算公式为

$$\Delta_D = \Delta_Y \pm \Delta_B$$

选择"＋"或"－"的原则为：当由于基准位移和基准不重合引起的加工尺寸作相同方向变化（同时增大或同时减少）时，取"＋"；当引起加工尺寸变化方向相反时，取"－"。

4.3.4　夹具夹紧机构设计

在机械加工过程中，工件受到切削力、离心力、惯性力等作用，为了保持工件在夹具中已确定的加工位置，夹具结构中需要设置夹紧装置使工件在外力作用下不发生位移或振动。

1. 对夹紧装置的要求

夹紧装置的设计和选用是否正确合理，将直接影响到加工质量和生产效率。对夹紧装置的基本要求如下：

① 夹紧时不破坏工件定位后的正确位置。

② 夹紧力大小要适当。

③ 夹紧动作要迅速、可靠。

④ 结构紧凑,易于制造与维修。

2. 夹紧力的确定

夹紧力包括大小、方向和作用点三个要素。设计夹紧装置时,首先要确定夹紧力的三个要素。

1)夹紧力方向的选择

夹紧力的作用方向应有利于工件的准确定位,而不能破坏定位,因此主要夹紧力的方向应垂直于主要定位面。图 4-54 所示夹紧力方向即垂直于主要定位面。夹紧力的作用方向应使所需夹紧力最小,即尽量与切削力、工件重力方向一致。图 4-55(a)所示切削力与夹紧力方向一致,夹紧力小;图 4-55(b)所示切削力与夹紧力方向不一致,需要更大的夹紧力。夹紧力的作用方向应尽量与工件刚度最大方向一致,以使工件变形尽可能小。图 4-56 所示为加工薄壁套筒的两种夹紧方式。图 4-56(a)所示为径向夹紧方式,用三爪卡盘径向夹紧套筒,由于工件径向刚度差,将会引起较大的变形;图 4-56(b)所示为轴向夹紧方式,由于工件轴向刚度大,夹紧变形小。

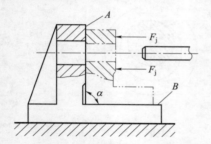

图 4-54 夹紧力垂直于主要定位面

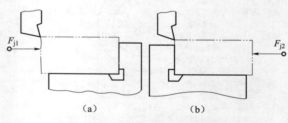

图 4-55 夹紧力与切削力方向

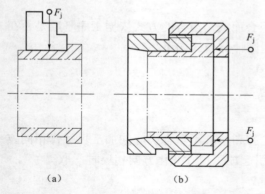

图 4-56 夹紧力方向与工件刚度的关系

2)夹紧力作用点的选择

夹紧力的作用点应正对支承元件或位于支承元件形成的支承面内,以保证工件已获得的定位不变,使定位稳定可靠。图 4-57(a)所示支承力与反作用力在一条直线上,工件稳定;图 4-57(b)所示支承力与反作用力产生翻转力矩,使工件不稳。

3)夹紧力大小估算

在夹紧力方向和作用点位置确定后,还需要合理地确定夹紧力的大小。夹紧力过小,工件在加工过程中发生移动,破坏定位;夹紧力过大,工件和夹具产生夹紧变形,影响加工质量。

在确定夹紧力时,将夹具和工件视作一个刚性系统,夹紧力应与工件受到的切削力、离心力、惯性力及重力等力的作用平衡。但是,夹紧力的大小还与工艺系统的刚性、夹紧机构的传递效率等有关,且切削力在加工过程中是变化的,因此,夹紧力只能进行粗略地估算。

在估算夹紧力时,应找出对夹紧最不利的瞬时状态,略去次要因素,考虑主要因素在力系中的影响,建立切削力、夹紧力、大型工件重力、高速运动工件惯性力、离心力、支承力及摩擦力等力平衡条件,计算出理论夹紧力,再乘一个安全系数,一般取安全系数为 2~3。

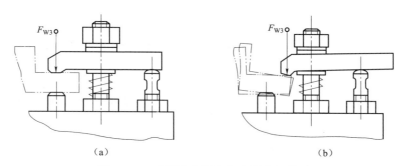

（a）　　　　　　　　　　　　（b）

图 4 - 57　夹紧力作用点与支承点的关系

4.3.5　专用夹具设计

专用夹具是为特定工件专门设计和制造的，因为其具有专门设计的性能优势，如操作简便、刚性好和高效的结构空间利用等，一般用于大批量生产中。夹具设计可分为三个阶段：装夹工艺规划、夹具规划和夹具结构设计。装夹工艺规划的目的是确定装夹的次数、每次装夹中工件的方位，以及每次装夹中的加工表面。夹具规划负责确定工件表面上的定位、支承和夹紧点。夹具结构设计的任务是选择或生成夹具元件并将它们组合起来以实现工件的定位和夹紧。夹具设计分为基本设计和详细设计，其流程如图 4 - 58 所示。

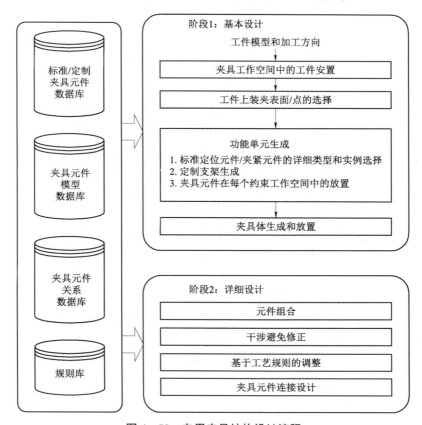

图 4 - 58　专用夹具结构设计流程

基本设计主要包括专用夹具初步结构的生成，其中又包含标准夹具元件选择、支承类型选择和计算，以及夹具元件位置和朝向的确定。详细设计包括夹具单元组合、干涉避免修正、连接设计和基于工艺规则的调整。

不同的工艺都有一些经典的定位夹紧方案和夹具结构，夹具设计中的通用标准件（标准夹具体、定位支承元件、夹紧元件）以及设计计算和误差分析，都可以在机床夹具设计手册等相关资料中查到。

4.3.6 零点快速定位夹具系统

在机械加工过程中，首先必须确定工件的零点，然后再根据零点来进行加工。但是在加工过程中零件往往不会一直保持不动，需要从一个工序到另一个工序，从一台机床到另一台机床，或者不规则形状的零件不好确定零点，这就需要重新找正零点，做很多辅助工作，造成大量的停机时间，降低了工作效率。

零点快速定位夹具系统是一个独特的定位和锁紧装置，可实现工装夹具与机床之间的快速定位和夹紧，定位和锁紧一步完成，整个过程仅需几秒即可完成；同时能保持工件从一个工位到另一个工位，一个工序到另一个工序，或一台机床到另一台机床，零点始终保持不变。这样可以节省重新找正零点的辅助时间，保证工作的连续性，能实现机外装夹，减少 90% 的停机时间，大幅提高机床的实际生产效率。配套 CNC 机床及机器人技术，可实现自动化生产。

通常零点快速定位夹具系统包括零点定位器（凹头）和定位接头（凸头）。零点定位器中弹簧通过空气软管中的空气压力保持锁止单元（夹紧锥体）处于打开状态；将高压空气释放，工作台锁紧螺栓（工件和夹紧工具）与平面调平设备相接处，最大锁紧力可达到 90 kN，重复定位精度小于 2 μm。零点快速定位夹具系统如图 4-59 所示。

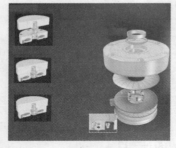

图 4-59 零点快速定位夹具系统

4.4　金属增材制造装备设计

4.4.1　金属增材制造原理

金属增材制造技术，采用高能热源（激光、电子束、等离子束、电弧等）对金属粉末或丝材进行逐层熔化/凝固堆积成形，根据三维 CAD 模型可直接制造出复杂的金属构件。该技术可实现金属构件的控形控性一体化制造，其借助逐层堆积实现"控形"，呈现无须模具、快速响应、近净成形、材料利用率高、可直接成形复杂/超复杂构件等技术优势。同时，借助高能热源快速熔化/凝固获得成分均匀、组织细密的构件，实现"控性"，力学性能优于铸件，接近或达到锻件水平。鉴于上述独特的技术优势，金属增材制造技术在航空航天、武器装备、生物医疗、汽车船舶等领域具有广阔的应用前景。

4.4.2　铺粉式激光选区熔化装备

激光选区熔化技术（SLM）采用精细聚焦的激光束快速熔化预先铺置的金属粉末进行逐层熔化/凝固堆积，直接从零件 CAD 模型完成全致密、高性能复杂金属结构件的近净成形制造。激光选区熔化方法可以成形任意形状的复杂零件，尺寸精度达 20～50 μm，表面粗糙度达 20～30 μm，特别适用于小型精密结构件的制造。

SLM 技术的基本原理是：先在计算机上利用 Pro/E、UG、Catia 等三维造型软件设计出零件的三维实体模型，然后通过切片软件对该三维模型进行切片分层，得到各截面的轮廓数据，由轮廓数据生成填充扫描路径，设备将按照这些填充扫描线，控制激光束选区熔化各层的金属粉末材料，逐步堆叠成三维金属零件。激光束开始扫描前，铺粉装置先把金属粉末平推到成形缸的基板上，激光束再按当前层的填充轮廓线选区熔化基板上的粉末，加工出当前层，然后成形缸下降一个层厚的距离，粉料缸上升一定厚度的距离，铺粉装置再在已加工好的当前层上铺好金属粉末。设备调入零件下一层轮廓的数据进行加工，如此层层加工，直到整个零件加工完毕。加工过程在通有惰性气体保护的加工室中进行，以避免金属在高温下与其他气体发生反应。SLM 成形设备通常由光路单元、机械单元、控制单元、工艺软件和保护气密封单元几个部分组成。机械单元主要包括铺粉装置、成形缸、粉料缸、成形室密封设备等。激光选区熔化加工过程如图 4 – 60 所示。

SLM 设备研究主要集中在德国、法国、英国、日本和比利时等国家。德国 EOS 公司是全球最大，同时也是技术最领先的激光粉末熔化增材制造成形系统的制造商，目前其主流 SLM 设备是 EOSINTM280，如图 4 – 61（a）所示，EOSINTM280 采用的是 Yb – fibre 激光发射器，其能成形的零件最大尺寸为 250 mm×250 mm×325 mm。目前最大的精密激光选区熔化成形商业化设备是 Concept Laser X line 2000R，如图 4 – 61（b）所示，最大加工体积可达 800 mm×400 mm×500 mm。

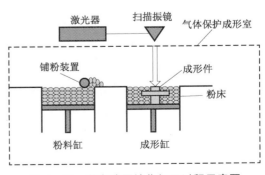

图 4 – 60　激光选区熔化加工过程示意图

X line 2000R 的核心是双激光系统，其中每个激光器的功能高达 1 000 W，且 X line 2000R 采用了振动筛来代替滚筒筛。

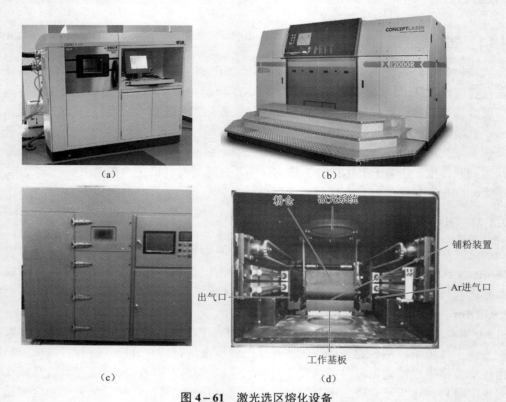

（a）　　　　　　　　　　　　　（b）

（c）　　　　　　　　　　　　　（d）

图 4 - 61　激光选区熔化设备

（a）EOSINTM280；（b）Concept Laser X line 2000R；
（c）北京理工大学研发的 SLM 设备（HM-250）；（d）设备成形室

国内激光选区熔化设备也在不断发展和完善。北京理工大学研发的 HM - 250 设备如图 4 - 61（c）和图 4 - 61（d）所示。设备采用 IPG 连续式 500 W 光纤激光器（波长 1 070 nm）、二维振镜聚焦，光斑直径为 200～500 μm，铺粉层厚 20～300 μm，最大扫描速度为 2 000 mm/s，成形腔室用 Ar 保护，含氧量控制在 0.1%以下，最大成形尺寸为 250 mm×250 mm×400 mm。采用双粉仓落粉、单粉刷铺粉的方式实现两种不同粉末材质的铺粉。

4.4.3　送丝式电弧增材制造装备

电弧增材制造是一种通过电弧对金属丝材进行逐层熔化/凝固堆积，实现零件近净成形的增材制造方法，其原理如图 4 - 62（a）所示。该方法具有低成本、高效率等优点，尤其适用于制造大型金属结构件。电弧增材制造的热源类型包括钨极氩弧（TIG）、熔化极氩弧（MIG）和等离子束（PA）。目前电弧增材制造尚无成熟的商业化设备，该技术仍然处于装备、工艺研发等阶段。图 4 - 62（b）所示为 Norsk Titanium 研发的等离子束增材制造设备，图 4 - 62（c）所示为北京理工大学研发的钨极电弧增材制造设备。

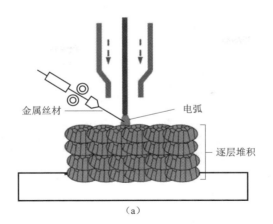

（a）

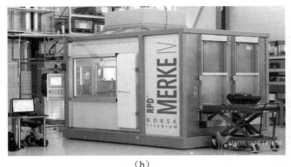

（b）

（c）

图 4 - 62　电弧增材制造

（a）钨极电弧增材制造示意图；（b）Norsk Titanium 等离子束增材制造设备；

（c）北京理工大学研制的钨极电弧增材制造设备

电弧增材制造装备主要由热源装置、送丝装置、专用机床或机器人、密封和气体循环装置、控制和软件系统等部分构成。其中热源装置可配置钨极氩弧、熔化极氩弧和等离子束。因电弧稳定性相对激光、电子束较差，因此，高稳定性的电弧热源成为电弧增材制造的优先选择，主要包括钨极电弧、等离子束和冷金属过渡型电弧。送丝装置针对送丝速度、丝材直径等工艺需求可选择配置。专用机床或机器人根据成形尺寸可选择配置。需要说明的是，钨极电弧和等离子束增材制造由于是侧向送丝，送丝存在各向异性，其成形工艺难度较大，因此，针对钨极电弧和等离子增材制造开发专用多轴机床或机器人，保证其送丝均匀性和连续一致性是电弧增材制造装备发展的重点。密封和气体循环装置主要是保证成形过程中金属材料避免氧化等，尤其是针对钛合金等易氧化材料。控制和软件系统主要是完成零件数模—分层切片—路径规划—装备读取的过程，从而能够实现从数模到零件制造的过程。

4.5　工业机器人

4.5.1　概述

工业机器人是自动执行工作的机器装置，是靠自身动力和控制能力来实现各种功能的一种机器。它可以接受人类指挥，也可以按照预先编排的程序运行，现代的工业机器人还可以根据人工智能技术制定的原则纲领行动。它们通常配备有手爪、刀具或其他加工工具，以便能够执行搬运、喷漆、加工等任务。工业机器人是综合了计算机、控制论、机构学、信息和传感技术、人工智能、仿生学等多学科而形成的高新技术，是当代研究十分活跃、应用日益广泛的领域。

工业机器人是生产过程的关键设备，具备精密制造、精密加工以及柔性生产等技术特点，可用于制造、安装、检测、物流等生产环节，是实现生产数字化、自动化、网络化以及智能化的重要手段，是全面延伸人的体力和智力的新一代生产工具。

4.5.2 工业机器人的分类

工业机器人按运动链形式可分为串联机器人和并联机器人两大类。

1. 串联机器人

串联机器人的机械构件使用的是开式运动链机构，即由一系列连杆通过转动关节或移动关节串联而成，根据构件之间运动副的不同，串联机器人按臂部的运动形式分为四种，如图4-63所示。直角坐标型的臂部可沿三个直角坐标移动；圆柱坐标型的臂部可做升降、回转和伸缩动作，如果机器人手臂的径向坐标 R 保持不变，机器人手臂的运动将形成一个圆柱表面；球坐标型的臂部能回转、俯仰和伸缩，如果机器人手臂的径向坐标 R 保持不变，机器人手臂的运动将形成一个半球面；多关节坐标型的臂部有多个转动关节，这些关节之间依次串联连接，可以达到球形体积内绝大部分位置。传统工业机器人实物如图4-64所示。

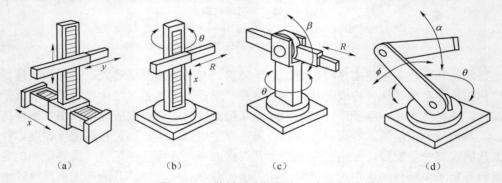

图4-63 传统工业机器人运动形式

（a）直角坐标型；（b）圆柱坐标型；（c）球坐标型；（d）多关节坐标型

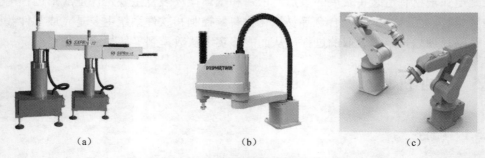

图4-64 传统工业机器人实物

（a）圆柱坐标机器人；（b）平面关节机器人；（c）空间关节机器人

串联机器人因其结构简单、易操作、灵活性强、工作空间大等特点而得到广泛的应用。其不足之处是运动链较长，系统的刚度和运动精度相对较低。另外，由于串联机器人需在各关节上设置驱动装置，使各动臂的运动惯量相对较大，因而，也不宜实现高速或超高速操作。

2. 并联机器人

并联机器人的机械构件使用的是闭式运动链机构，包含运动平台（末端执行器）和固定平台(机架)，运动平台通过至少两个独立的运动链与固定平台相连接。并联机器人机构按照自由度划分，有二自由度、三自由度、四自由度、五自由度和六自由度并联机构。图 4-65 所示为典型的六自由度并联机构 Gough Stewart 机构，是 1965 年德国人 Stewart 发明的，并将其作为飞行模拟器用于训练飞行员。该机构的两个平台之间由六个可伸缩的杆通过铰链连接，通过控制各个杆的伸缩量，使上平台相对于下平台运动。1978年，澳大利亚著名机构学教授 Hunt 提出将并联机构用于机器人手臂，由此拉开并联机器人研究的序幕。到 20 世纪 80 年代末90 年代初，并联机器人引起广泛关注，成为国际研究的热点。如今，多种形式的并联机器人已经成为机器人领域的重要成员，如图 4-66 所示。

图 4-65　Gough- Stewart 机构

  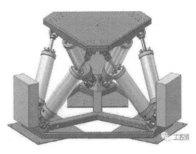

(a)　　　　　　　　　　(b)　　　　　　　　　　(c)

图 4-66　并联机器人

（a）北京理工大学开发的并联加工机器人；（b）Delta 搬运机器人；（c）Stewart 运动模拟器

并联机器人的缺点是工作空间较小，但由于驱动装置可置于定平台上或接近定平台的位置，这样运动部分质量小，速度高，动态响应好。此外，各个关节的误差可以相互抵消、弥补，因此运动精度较高；而且并联机器人结构紧凑，刚度高，承载能力大，因此在需要高刚度、高精度或者大载荷而无须很大工作空间的领域内得到了广泛应用。

4.5.3　工业机器人的组成

不管什么类型的工业机器人，其组成基本是一样的，一般都由四个主要部分组成：机械系统、传感系统、驱动系统和控制系统。

机械系统包括传动机构和由连杆集合形成的开环或闭环运动链两部分。连杆类似于人类的大臂、小臂等，关节通常为移动关节和转动关节。移动关节允许连杆做直线移动，转动关节允许构件之间产生旋转运动。由关节和连杆所构成的机械结构一般有三个主要部件，即臂、腕和手，它们可根据要求在相应的方向运动，完成规定的任务。

使各种机械构件产生运动的装置为驱动系统，驱动系统又包括驱动器和执行元件。驱动方式可以是气动的、液压的或电动的。执行元件可以直接与臂、腕或手上的连杆或关节连接在一起，也可以通过齿轮等传动系统与运动构件相连。传感系统的作用是将机器人运动学、动力学、外部环境等信息传递给机器人的控制器，控制器通过这些信息确定机械系统各部分的运行轨迹、速度、加速度和外部环境，使机械系统的各部分按预定程序在规定的时间开始和结束动作。

图 4-67 所示为史陶比尔的六自由度多关节工业机器人，它是由六个关节连接而成的开式结构，具有六个自由度，驱动方式是电动的。每个关节均为旋转关节，其上的驱动电机、减速器和轴承采用一体化设计，机身结构紧凑，可以获得较大的球形工作空间。机器人本体内部安装有温度、位置、力等传感器，可以实时反馈机器人的运动状态，并在机器人的温度、位置、力等超过限定值时发出报警信号以保护机器人。工业机器人的控制按程序输入方式不同有编程输入型和示教输入型两类。编程输入型是将计算机上已编好的作业程序文件，通过以太网传送到机器人控制器，由程序文件自动对机器人进行控制。示教输入型是由操作者用手动控制器（手操盒），将指令信号传给驱动系统，使执行机构按要求的动作顺序和运动轨迹操演一遍，示教过程的工作程序信息自动存入程序存储器中，在机器人自动工作时，控制系统从程序存储器中检出相应信息，将指令信号传给驱动机构，使执行机构再现示教的各种动作。

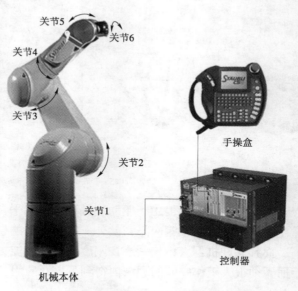

图 4-67　多关节工业机器人典型组成

第 5 章
数字化精密制造基础

先进制造技术的重要发展方向之一是数字化。制造业数字化是制造技术与计算机技术、网络技术和管理科学的交叉、融合、发展及应用的结果，是传统制造业发展的必然选择。数字化制造的关键是建模与仿真技术。在数字化制造中，利用建模技术建立与物理过程相似的数字化生产过程或环境，并通过对该过程或环境的仿真、试验、评估和优化，达到提高生产决策水平，优化资源结构和生产过程，减少实物原型制造及试验周期和费用，提高新产品上市速度的目的。

产品、过程和资源是企业的核心三要素，因此实现数字化制造也必须从三类建模和仿真技术入手，其中产品数字化建模是数字化制造中建模与仿真的基础，加工和装配等工艺过程的建模与仿真是数字化制造中建模与仿真的核心，而生产车间的建模与仿真是当前数字化制造中建模与仿真技术的发展重点和重要内容。由于有限元方法是实现工艺过程物理建模与仿真的基础，而计算机辅助数控编程又是实现数字化加工的基础，因此本章主要从以下五个方面展开阐述。

5.1 面向制造的产品数字化建模技术

长期以来，国内外研究机构都在探索一种自然（便于理解）、准确、高效的产品设计和制造等信息的表达方法，以支持产品设计、工艺设计、加工、装配和维修等产品全生命周期各个阶段的数据定义和传递。随着制造企业普遍面临产品的技术要求越来越严格、产品结构越来越复杂、研发任务越来越繁重，但研发周期越来越短的现状，传统的以二维工程图为核心的设计制造模式已经不能应对当前的挑战，常常导致设计问题和工艺问题在产品研发试制阶段不能充分暴露，后移至生产阶段，造成生产阶段产品制造质量问题频发，制造周期延长。

基于模型的定义（Model Based Definition，MBD）技术的出现，为解决这一难题提供了一种有效解决途径。基于模型的定义技术是指将产品的所有相关设计定义、工艺描述、属性和管理等信息都附着在产品三维模型中的数字化定义方法。随着基于 MBD 的数字化设计与制造技术的发展以及其在国内外制造行业的应用，产品研制中的传统设计与制造流程发生了重大变革。传统的以数字量为主、模拟量为辅的协调工作法开始被全数字量传递的协调工作法代替，三维数模已经取代二维工程图纸，成为产品研制的唯一制造依据。需要特别指出的是，采用三维数字化设计制造技术后，产品的制造过程是直接利用产品的基于模型数字化定义数据来驱动的，即产品的工艺设计、工装设计、零部件加工、装配与检测，都直接根据MBD 数据进行，从而消除了产品研制中"模拟量传递"所带来的形状和尺寸的传递误差，也避免了传统"三维设计模型→二维纸质图纸→三维工艺模型"研制过程中信息传递链条的断裂，既提高了研制效率，又保证了研制质量。

目前，我国制造行业正处在"以二维工程图为核心的设计模式"向"以三维模型为核心的产品数字化建模和数字化定义"阶段转变。目前我国制造企业的产品设计中，设计结果大多是以数字化的形式进行表达和存储，包括二维工程图、三维模型等工程图档，以及零部件清单（BOM 表）、配套表、产品属性等电子化表格清单，产品模型信息以电子文件或数据库记录的形式存储，由产品数据管理系统（PDM）进行权限、状态、版本、配置等信息的统一管理。

5.1.1 产品数字化建模

产品数字化模型是进行后续工艺设计、加工仿真、装配仿真以及车间生产管理和制造执行的基本依据，其表达的内容、形式等对实现数字化制造具有重要的影响。产品模型中不仅包括几何形状、尺寸、装配关系等基本信息，还包括后续制造过程中重要的技术要求信息，如设计要求、关键尺寸、几何公差、表面粗糙度、加工要求、检验要求和装配顺序等。

在以二维工程图为核心的设计模式下，产品的设计结果以二维工程图的方法表达，二维工程图的绘制遵循我国的国家标准及各个行业标准。二维工程图在 PDM 系统中以文档的形式进行管理，作为文档附件添加到产品结构树的零部件节点上。在工艺规划、加工仿真、夹具设计等制造阶段，需要通过二维工程图获取设计要求，并根据二维工程图重新建立零部件的三维模型，以实现后续的数控编程和加工仿真。以二维工程图为核心的设计模式实际上是传统的手工绘制工程图的计算机化。由于缺乏模型几何等信息的传递手段，设计与制造难以实现信息的集成和共享，因此，以二维为核心的设计模式已经不适用产品数字化制造的要求。

在以三维模型为核心的设计模式中，产品的所有定义信息都是以三维模型的形式进行表达，尺寸、公差、技术要求、制造要求等以三维模型的标注、属性等进行表达，形成三维工程图模型，这种设计模式也称为基于模型的定义技术。三维模型在 PDM 的统一管理下，进行发布和传递。工艺人员在获取三维模型后，可以根据需要，采用相应的工艺设计、NC 编程、加工仿真、虚拟装配等软件，进行工艺的设计和仿真分析。三维模型可以通过模型转换技术，传递到其他应用系统中。在实现以三维模型为核心的产品数字化建模中，需要解决标准规范、建模工具、模型管理等一系列问题。

1. 三维模型建模标准与规范

在以波音为代表的国际航空企业中，已经广泛实现基于三维模型定义的设计和制造。其中一项重要工作就是建立以三维模型为核心的产品数字化定义的标准规范，包括建模过程、属性信息定义、模型标注、模型检查等标准规范。目前，国际上已经建立的三维建模的标准包括国际标准化组织的 ISO 16792《技术产品文件——数字化产品定义数据实施规程》、美国 ASME Y14.41《数字化产品定义数据实施规程》以及我国 2009 年发布的 GB/T 24734《数字化产品定义数据通则》等。这些标准规范为针对以三维模型为核心的数据集定义、三维模型完整性要求、模型标注、三维模型的表达要求等进行了规范，可以用于指导企业的实践。

但是，由于各个行业产品的差异性以及三维软件工具的差异性，国际上各个行业、企业还针对自身的产品、软件工具、管理要求等建立了一系列行业和企业标准，如波音公司的 BSD—600 系列标准，对采用 MBD 技术的三维模型定义、各类零件建模要求、装配建模和模型检查等具体要求进行了规定。波音的标准不仅要在公司内部执行，同时所有参与波音产品的供应商也需要遵照波音的规范进行产品模型的定义。

2. 三维建模与标注工具

三维模型是在三维 CAD 软件中完成创建的，根据设计建模规范，需要在 CAD 模型中完成几何建模、尺寸公差标注、技术要求定义、基本属性信息定义，同时定义装配关系，形成产品装配清单（BOM）。目前，在国防行业中应用的主流 CAD 系统包括 PTC 公司的 Pro/Engineering、西门子 UGS 公司的 UG-NX 和达索公司的 Catia 等，在一些企业中还使用了 SolidEdge、CAXA 等其他软件系统。在以三维工程图模型表达为目的的设计中，现有的三维 CAD 系统在建模、标注、属性定义等基本功能上都能够满足工程应用的要求，只是在使用方式、易用性上有一些差异。

但是，为了实现规范性的建模，保证三维模型在数据集定义、建模方法、尺寸及公差标注、技术要求标注等方面符合企业内部的标准和规范，保证模型可以在后续的工艺设计、制造仿真、制造执行中得到全面的应用，需要在 CAD 软件的基本功能上进行专门的配置或者定制开发。主要包括：

1）支持产品规范性设计的建模工具

根据产品的结构特点，建立典型结构、标准要素、制造特征等的建模工具，将建模过程、设计参数、技术要求、尺寸与公差、基准要求、制造与检验要求等封装到建模工具中，保证设计模型符合企业的设计规范。同时可以将企业在产品设计中积累的经验和知识、成功设计范例等融入设计过程中。

2）三维模型标注与数据集定义工具

CAD 软件的标注工具提供了基本的标注功能。但在设计模型中，除了三维模型的形状和尺寸公差、注释文字等基本信息化，通常还需要定义面向后续工艺规划、加工仿真、制造执行等环节的其他信息，如焊接、表面处理等工艺信息，关键尺寸与控制要求等质量信息，装配顺序与调整要求等装配信息，检测基准与要求等检验信息等。这些信息尽管可以采用 CAD 软件提供的参数、文字注释、符号标注等进行表达，形成三维工程图模型，但标注在三维工程图上的信息依旧是非结构化的信息，难以在后续的工艺规划、仿真等环节中提取和使用。因此，需要根据企业的产品特点和制造过程，定义专门的信息表达和定义工具。

3）模型检查工具

由于三维模型将作为设计中产品定义的唯一依据，因此要求三维模型在数据质量、信息完整性、表达规范性上必须符合企业建立的建模规范以及模型在后续软件中的使用要求。在国际标准或其他已经建立的行业标准中，一般定义了对模型规范性检查的要求。但是由于三维模型十分复杂，必须在模型提交前进行模型的质量和规范性验证。目前 CAD 软件一般提供了基本的模型检查手段，如 Pro/E 中的 ModelCheck 工具等，但是针对企业特殊的模型要求和设计标准，需要进行模型检查工具的定制或者专门的开发。模型检查的内容通常包括：模型几何数据质量检查，模型数据集定义完整性、规范性检查，三维标注规范性检查，模型结构标准化规范化检查，加工与装配工艺性检查等。

4）数据访问与集成接口

三维模型必须提交到企业的 PDM 系统中进行统一的管理，同时在三维模型上表达的产品定义数据集，需要通过数据访问接口提交到 PDM 进行统一的管理。针对企业标准规范所建立的三维模型及其数据集，需要通过定制的数据访问接口实现与 PDM 系统的集成。一般需要建立的访问接口包括：零部件基本信息、BOM 信息、设计历史与版本信息、文档的签署信息等。同时，根据产品的设计模式和设计方法，还可以建立面向专门设计与制造要求的访问接口，如面向统一的公差与基准管理的关键尺寸与关键特性访问接口、面向虚拟装配的装配序列访问接口、面向动态装调的装配连接信息访问接口、面向工艺规划与制造执行的工艺要求访问接口等。

5.1.2　面向加工与装配的建模

在数字化制造中，为了实现设计制造的集成以及并行工程的实现，需要在设计过程中考虑后续制造环节的要求，采用设计和工艺一体化（Integrate Product and Process Development，IPPD）的设计模式，在设计过程中将制造过程的各种要求和约束，包括加工能力、经济精度、工序能力等融入设计建模过程中，采用有效的建模和分析手段，保证设计结果可以被经济地制造。这种设计模式称为面向制造与装配的设计（Design for Manufacture and Assembly，DFMA）。根据制造过程中不同的工艺方法，DFMA 可以分为面向加工的设计（Design for Manufacturing，DFM）、面向装配的设计（Design for Assembly，DFA）、面向检验的设计（Design for Test，DFT）、面向维修的设计（Design for Serviceability，DFS）等。

1. 面向加工与装配的统一建模方法

特征模型是在三维实体模型技术基础上，结合参数化与变量化设计技术，逐步发展起来的三维建模技术。特征模型不仅可以用于进行参数化建模，同时还具有面向特定工程领域的模型表达能力，实现特定领域的模型信息表达，如面向参数化设计的几何特征、面向制造的加工特征、面向装配连接和约束传递的装配特征、面向检测过程的检验特征等，构成了多种不同的特征模型。特征模型为实现面向加工与装配的建模提供了技术手段。

在三维建模过程中，CAD 系统提供了强大的几何造型和模型标注功能，但是形成的三维模型中缺乏面向加工和装配的工程信息，难以直接从模型提取用于后续加工、装配、检验的模型信息。因此，在产品几何模型基础上，扩充工艺信息，通过协调设计模型、工艺模型和装配模型，建立统一的面向制造与装配的特征表达，实现基于可制造性知识和约束的设计、可制造性可装配性分析，并为后续的工艺规划、装配仿真等提供必要的信息。

图 5-1 所示为利用面向加工与装配的特征建模技术开发的数字化建模工具。该系统通过对典型产品的分析，提取标准化的结构特征，将设计要求（如尺寸范围、拓扑约束和系列化参数等）、制造约束（如加工精度、设备能力和刀具要求等）纳入特征库中，设计人员根据产品要求，选择标准的特征结构，在设计知识、工艺性约束驱动下，按照规范的设计步骤，完成零件结构的设计。同时，根据特征库中特征信息的定义格式，完成设计信息、工艺信息等的填写，从而保证设计结果能够满足后续制造工艺的要求。由于面向加工和装配的特征技术在设计时考虑了后续加工、装配的要求和资源约束，使建立的模型能够符合企业自身制造能力的要求，并且将设计知识、工艺经验等融入设计过程中，体现了设计与制造的并行性和集成性。

图 5-2 所示为行星变速机构外毂总成中油缸类零件的三维标注，在标注时为方便获取不同特征，采用包含视图、特征、工艺的原则标注，最后通过视图管理器整合标注特征和截面视图方向，完成包括结构形状、尺寸、公差、粗糙度、形位公差、技术要求和材料等三维特征标注。

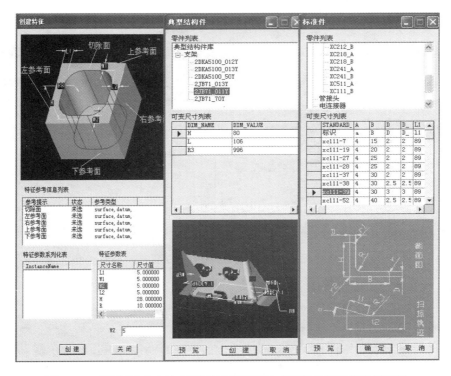

图 5 - 1　利用面向加工与装配的特征建模技术开发的数字化建模工具

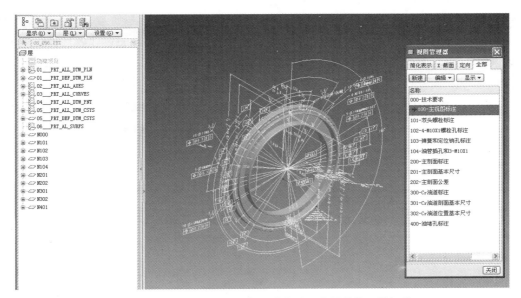

图 5 - 2　行星变速机构外壳总成中油缸类零件的三维标注

　　图 5 - 3 所示为采用装配特征、装配连接的装配建模工具。通过建立产品各级装配的关键特性分解与关联模型，实现对关键尺寸与公差、工艺控制环节、重点检验要求等的表达。采用了装配特征和装配连接模型表达零部件之间的几何和位置约束关系。通过装配特征之间形

成的配合关系,定义与装配相关的尺寸、配合公差、技术要求等信息。装配模型为后续的 DFA 评价、装配工艺规划、装配中的偏差分析与风险控制等提供了基本信息。

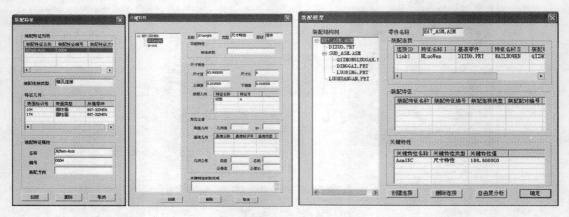

图 5-3　面向装配的建模工具

2. 基于三维模型的可制造性、可装配性检查

在进行三维产品设计与建模过程中,设计和工艺人员需要有效的工具和手段,能够对完成的三维零件模型和装配模型进行加工与装配工艺性的分析和评价。与二维工程图不同,三维模型具有的严格的数据结构和模型处理算法,为实现 DFM 和 DFA 的评价提供了基础。

零件的 DFM 分析主要是从三维模型中提取需要加工的特征信息,根据特征的加工知识和工艺数据,为特征附加必要的工艺数据,采用基于计算几何的模型处理算法,从几何加工可行性、加工精度可实现性、材料的可成形性或可切削性(包括成形质量、表面质量、变形与表面应力等),以及采用的机床、夹具、刀具的能力等方面,对零件的设计进行评价和分析。零件的 DFM 的关键技术包括加工特征识别技术、加工可行性算法、基于材料特性的成形特性分析以及加工过程的经济性分析等。图 5-4 所示为基于特征识别技术的 DFM 检查工具。

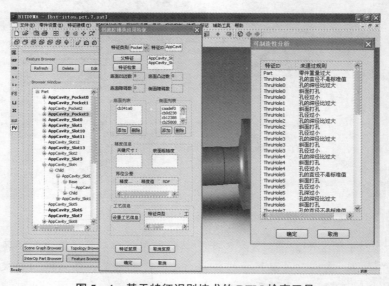

图 5-4　基于特征识别技术的 DFM 检查工具

DFA 的评价在设计阶段难以实现详细的装配路径和动态干涉分析。在 CAD 软件中一般可以实现静态的零件干涉和间隙检查。在面向装配经济性的分析中，主要采用建立装配序列模型的方法，依据装配操作的评价指标和准则进行 DFA 的评价。

图 5-5 所示为基于 CAD 开发的装配序列定义和 DFA 评价工具。对于需要在设计阶段进行详细的装配顺序分析和可装配性评价的产品，可以在设计过程中建立包括组件、工具、夹具、操作在内的装配顺序模型，并对各个装配环节的特性参数进行定义。同时建立一套 DFA 评价的指标体系和方法，根据建立的装配顺序模型可以对装配的难度、效率等进行定量的评价。

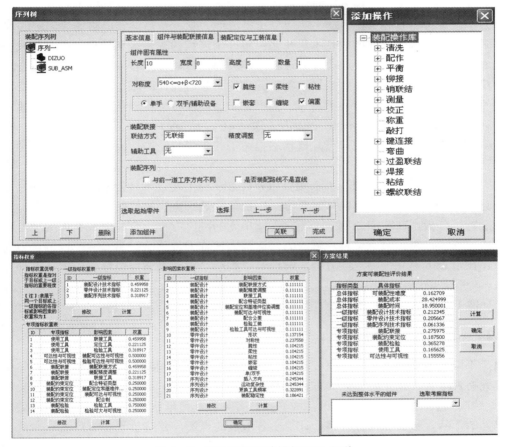

图 5-5　面向装配的建模与 DFA 评价

5.2　制造过程中的有限元仿真

传统的制造工艺设计过程主要依靠典型工艺、样板工艺、工艺手册等的复制修改，缺少先进的验证手段，机械加工一般是依靠试切试装来确定工艺方案的合理性，周期长、成本高，一经确定很难改变。而当前先进的工艺设计方法，是一种以工艺过程建模与仿真为核心的设计方法，其核心是通过建模与仿真技术来实现数字化的工艺验证及优化。其中，以有限元方法为基础对工艺过程中的力、热、磁等相关的物理行为进行建模与仿真，是工艺过程建模与仿真的核心环节。比如通过切削过程的有限元建模和仿真，可以实现对切削加工特性和加工精度的分析，以及对刀具磨损、振动和变形行为的分析，从而优化切削参数和切削过程。本节将介绍有限元方法的基本数学原理，以及用有限元方法求解工程问题的基本步骤。

5.2.1 有限元方法的基本原理

有限元方法（Finite Element Method，FEM）是一种根据变分原理进行求解的离散化数值分析方法。由于其适合求解任意复杂的结构形状和边界条件以及材料特性不均匀等力学问题而获得广泛应用，几乎可应用于所有求解连续介质和场的力学及数学物理方程问题。例如用于弹性力学、疲劳与断裂分析、动力响应分析、流体力学、传热学和电磁场等问题的求解。

有限元方法求解力学问题的基本思想是：将一个连续的求解域离散化，即分割成彼此用节点（离散点）互相联系的有限个单元，一个连续弹性体被看作有限个单元体的组合，根据一定的精度要求，用有限个参数来描述各单元体的力学特性，而整个连续体的力学特性就是构成它的全部单元体的力学特性的总和。基于这一原理及各种物理量的平衡关系，建立起弹性体的刚度方程（即一个线性代数方程组）。求解该刚度方程，即可得出欲求的参量。有限元方法提供了丰富的单元类型和节点几何状态描述形式来模拟结构，因而能够适应各种复杂的边界形状和边界条件。

有限元方法按照所选用的基本未知量和分析方法的不同，可分为两种基本方法。以应力分析计算为例，一种是以节点位移为基本未知量，在选择适当的位移函数的基础上，进行单元的力学特征分析，在节点处建立平衡方程即单元的刚度方程，合并组成整体刚度方程，求解出节点位移，可再由节点位移求解应力，这种方法称为位移法；另一种是以节点力为基本未知量，在节点上建立位移连续方程，解出节点力后，再计算节点位移和应力，这种方法称为力法。一般来说，用力法求得的应力较位移法求得的精度高，但位移法比较简单，计算规律性强，且便于编写计算机通用程序。因此，在用有限元法进行结构分析时，大多采用位移法。

5.2.2 有限元分析过程

对于不同的工程问题，用有限元法进行分析的过程基本相同，其主要步骤包括结构离散化、单元特性分析、建立整体矩阵方程和整体矩阵方程求解。

① 结构离散化是将求解区域分割成许多具有某种几何形状的单元，对于连续体，需考虑选择单元的形状、数目和剖分方案，计算出各节点的坐标，并对单元和节点编号。

② 单元特性分析时，由于单元小、形状简单，可以选择简单且与单元类型相适应的函数即位移函数近似地表示每个单元上真实位移的分布。将所有作用在单元上的力（表面力、体积力、集中力）等效地移置为节点载荷，这样就可以采用力学的变分原理，获得单元的平衡方程组。要达到这一目的，关键在于建立单元内节点位移与节点力的关系矩阵——单元刚度矩阵。

③ 建立整体矩阵方程。将各单元的刚度矩阵集合成整体刚度矩阵，各单元的等效节点载荷向量集合成总的载荷向量，把整体结构的各单元矩阵方程合并成一个整体矩阵方程。

④ 整体矩阵方程求解引入约束条件，对结构的总体矩阵方程求解，得到各节点的位移，进而计算出节点的应变和应力。

机械产品的零部件，特别是基础大件，根据其结构特点及受力状态，一般情况下属于空间问题求解。对大型复杂结构，如不作任何简化，将导致计算工作复杂化，需花费大量人力和财力，有时甚至难以实现。因此在保证计算精度的前提下，应尽可能地进行简化，如对某些特定的受力构件可简化为平面问题。对于不能或不易简化为平面问题求解的空间问题，则可采用立体单元、板壳单元、杆系单元等进行分析计算。下面以平面问题为例具体介绍有限元分析的过程。

1. 平面问题离散化

在平面问题的有限元分析中，常用的单元形式有三角形三节点单元、矩形四节点单元、四边形四节点单元、三角形六节点单元、曲边四边形八节点单元等，如图 5-6 所示。对于平面问题，每一节点有两个自由度，节点越多，自由度越多，则求解精度越高，但计算越复杂，工作量越大。

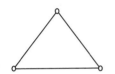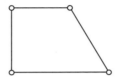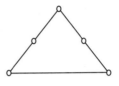

图 5-6　平面单元

下面以三角形三节点单元为例进行分析，图 5-6 中三角形三节点单元有 3 个节点，共 6 个自由度。当节点位移或其中某一个位移分量为零时，可在该节点处设置一个平面铰支座或连杆铰支座，以限制节点位移或沿某个方向的位移分量。

用三角形单元划分有限元网格时，应注意以下几点：

① 任一三角形单元的节点必须同时也是相邻三角形单元的节点，而不能是其相邻三角形单元的内点。

② 三角形单元的各边长不应相差太大，否则，在计算中会出现较大的误差。

③ 划分单元时应充分利用结构的特点，如对称性等，从原结构中取出一部分进行分析。且可采用疏密不同的网格剖分，对应力变化急剧的区域可分得密一些，应力变化平缓的区域可以分得疏一些。对于大型复杂结构，可采用分阶段计算法等来划分单元。即先用比较均匀的粗网格计算，然后根据计算结果，在应力变化急剧的局部区域再细分单元，进行第二次计算。

④ 当计算对象的厚度或者弹性系数有突变时，应把突变线作为单元的边界线。在构件划分后，便可对单元及节点进行编号。单元的编号一般是任意的，单元的节点编号一般按右手规则进行，节点编号还应尽量遵循单元的节点编号最大差值为最小的原则。否则，在总体刚度矩阵中的带宽将增大，致使所需的计算机内存容量增大。

2. 单元分析

结构离散化后，要把单元中任一点的位移分量表示为坐标的某种函数，这一函数称为单元的位移函数。如图 5-7 所示的序号为 e 的三角形三节点单元，其节点编号为 i, j, k。选取位移为坐标的线性函数，即

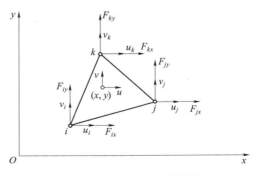

图 5-7　典型的三角形单元

$$\begin{cases} u(x,y) = \alpha_1 + \alpha_2 x + \alpha_3 y \\ v(x,y) = \beta_1 + \beta_2 x + \beta_3 y \end{cases} \qquad (5-1)$$

式中，$\alpha_1, \alpha_2, \alpha_3, \beta_1, \beta_2, \beta_3$ 为待定系数；u，v 为单元水平、垂直方向的位移函数。进行单元分析即选定位移函数后，推导出单元内任一点的位移、应变及应力的关系式，利用虚功原理，建立作用于单元上的节点力和节点位移之间的关系，即单元的刚度方程。

该单元所在整体坐标系为 xOy，这样三节点在整体坐标下的坐标为 $i(x_i, y_i)$，$j(x_j, y_j)$，$k(x_k, y_k)$；三节点的位移量为 $i(u_i, v_i)$，$j(u_j, v_j)$，$k(u_k, v_k)$。单元节点位移列阵为 $[\delta^e] = [u_i\ v_i\ u_j\ v_j\ u_k\ v_k]^T$。

设三角形单元的三个节点力在水平和垂直方向的分量分别为 F_{ix}, F_{jx}, F_{kx} 和 F_{iy}, F_{jy}, F_{ky}，则单元节点力列阵为 $[F^e] = [F_{ix}\ F_{iy}\ F_{jx}\ F_{jy}\ F_{kx}\ F_{ky}]^T$。

由单元节点位移推算其内部任一点的位移，需确定式（5-1）中的 6 个待定系数。已知三个顶点的坐标及其位移，分别代入式（5-1）：

$$\begin{cases} u_i = \alpha_1 + \alpha_2 x_i + \alpha_3 y_i \\ u_j = \alpha_1 + \alpha_2 x_j + \alpha_3 y_j \\ u_k = \alpha_1 + \alpha_2 x_k + \alpha_3 y_k \end{cases} \quad \begin{cases} v_i = \beta_1 + \beta_2 x_i + \beta_3 y_i \\ v_j = \beta_1 + \beta_2 x_j + \beta_3 y_j \\ v_k = \beta_1 + \beta_2 x_k + \beta_3 y_k \end{cases} \qquad (5-2)$$

求解 6 个系数，然后将系数代回式（5-1）并整理成矩阵形式：

$$\begin{bmatrix} u \\ v \end{bmatrix} = \begin{bmatrix} N_i & 0 & N_j & 0 & N_k & 0 \\ 0 & N_i & 0 & N_j & 0 & N_k \end{bmatrix} \begin{bmatrix} u_i \\ v_i \\ u_j \\ v_j \\ u_k \\ v_k \end{bmatrix} \qquad (5-3)$$

式中，$N_i = \dfrac{1}{2\Delta}(a_i + b_i x + c_i y)$，$N_j = \dfrac{1}{2\Delta}(a_j + b_j x + c_j y)$，$N_k = \dfrac{1}{2\Delta}(a_k + b_k x + c_k y)$，称 N_i, N_j, N_k 为单元位移的形状函数，简称形函数或插值函数；$\Delta = \dfrac{1}{2}(x_i y_j + x_j y_k + x_k y_i) - \dfrac{1}{2}(x_j y_i + x_k y_j + x_i y_k)$，其物理意义为三角形单元的面积。

$$\begin{cases} a_i = x_j y_k - x_k y_j, & b_i = y_j - y_k, & c_i = -x_j + x_k \\ a_j = x_k y_i - x_i y_k, & b_j = y_k - y_i, & c_j = -x_k + x_i \\ a_k = x_i y_j - x_j y_i, & b_k = y_i - y_j, & c_k = -x_i + x_j \end{cases}$$

将式（5-3）简写成

$$[\delta] = [N][\delta^e] \qquad (5-4)$$

式中，$[\delta]$ 为单元内任一点位移矩阵；$[\delta^e]$ 为单元节点位移矩阵；$[N]$ 为形状函数矩阵。

式（5-4）建立了单元中任一点的位移与单元节点位移间的关系，采用不同形状的单元，会有不同的形状函数矩阵。

在求得单元内各点位移后，由弹性理论中平面问题几何方程就可求出相应点的应变，从而推导出节点位移$[\delta^e]$与单元内任一点应变$[\varepsilon]$之间的转换关系。应变$[\varepsilon]$可用应变$\varepsilon_x = \dfrac{\partial u}{\partial x}$，$\varepsilon_y = \dfrac{\partial v}{\partial y}$和剪应变$\gamma_{xy} = \dfrac{\partial u}{\partial y} + \dfrac{\partial v}{\partial x}$组成的列阵描述，写成矩阵形式为

$$[\varepsilon] = \begin{bmatrix} \varepsilon_x \\ \varepsilon_y \\ \gamma_{xy} \end{bmatrix} = \frac{1}{2\Delta} \begin{bmatrix} b_i & 0 & b_j & 0 & b_k & 0 \\ 0 & c_i & 0 & c_j & 0 & c_k \\ c_i & b_i & c_j & b_j & c_k & b_k \end{bmatrix} \begin{bmatrix} u_i \\ v_i \\ u_j \\ v_j \\ u_k \\ v_k \end{bmatrix} = [B][\delta^e] \tag{5-5}$$

式中，$[B] = \dfrac{1}{2\Delta} \begin{bmatrix} b_i & 0 & b_j & 0 & b_k & 0 \\ 0 & c_i & 0 & c_j & 0 & c_k \\ c_i & b_i & c_j & b_j & c_k & b_k \end{bmatrix}$，称为单元的几何矩阵，它反映了单元中任一点的应变与单元节点位移之间的关系。

可以看出，三角形单元面积Δ，系数$b_i, b_j, b_k, c_i, c_j, c_k$均为常数，因而几何矩阵$[B]$是常量矩阵，单元的应变列阵$[\varepsilon]$在一个单元内是常量列阵。因此这种三角形单元是一种常应变单元，这是因为设定的位移函数$u(x,y)$和$v(x,y)$是线性的。

单元中任一点的应力状态可以由x轴方向正应力σ_x、y轴方向正应力σ_y和剪应力τ_{xy}组成应力阵列来描述。由弹性理论中关于平面问题的物理方程可知，单元中任一点的应力阵列为

$$[\sigma] = \begin{bmatrix} \sigma_x \\ \sigma_y \\ \tau_{xy} \end{bmatrix} = [D][\varepsilon] = [D][B][\delta^e] \tag{5-6}$$

式中，$[D]$为材料的弹性矩阵，它反映了单元材料方面的特性。此式反映了节点位移与单元内点的应力关系。

对于平面应力问题：

$$[D] = \frac{E}{1-\mu^2} \begin{bmatrix} 1 & \mu & 0 \\ \mu & 1 & 0 \\ 0 & 0 & \dfrac{1-\mu}{2} \end{bmatrix} \tag{5-7}$$

对于平面应变问题：

$$[D] = \frac{E}{1-\mu^2} \begin{bmatrix} 1 & \mu & 0 \\ \mu & 1 & 0 \\ 0 & 0 & \dfrac{1-\mu}{2} \end{bmatrix} \tag{5-8}$$

上两式中，E为材料的弹性模量，μ为泊松比。

若将 $E_1 = E/(1-\mu^2)$ 和 $\mu_1 = \mu/(1-\mu)$ 代入式（5-8），可得

$$[D] = \frac{E_1}{1-\mu_1^2} \begin{bmatrix} 1 & \mu_1 & 0 \\ \mu_1 & 1 & 0 \\ 1 & 1 & \dfrac{1-\mu_1}{2} \end{bmatrix} \qquad (5-9)$$

于是式（5-6）与式（5-7）具有同样的形式。也即，只要对材料的弹性模量和泊松比进行相应的代换，则平面应力问题和平面应变问题在计算中便可以采用同样形式的弹性矩阵公式。

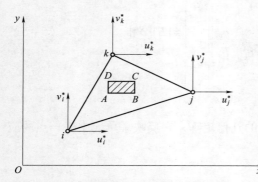

图 5-8 三角形单元的虚位移

下面根据虚位移原理求解单元刚度矩阵。设单元节点的虚位移为 $[\delta^{*e}] = [u_i^* \ v_i^* \ u_j^* \ v_j^* \ u_k^* \ v_k^*]^T$，如图 5-8 所示，则单元节点力所做的功为

$$W = u_i^* F_{ix} + v_i^* F_{iy} + u_j^* F_{jx} + v_j^* F_{jy} + u_k^* F_{kx} + v_k^* F_{ky}$$
$$= [\delta^{*e}]^T [F^e] \qquad (5-10)$$

设单元厚度为 t，若单元内的虚应变为 $[\varepsilon^*] = [\varepsilon_x^* \ \varepsilon_y^* \ \gamma_{xy}^*]^T$，则微元体虚应变能为 $\mathrm{d}\vartheta = [\varepsilon^*]^T[\sigma]t\mathrm{d}x\mathrm{d}y$。

整个单元的虚应变能为 $Q = \iint \mathrm{d}Q = \iint [\varepsilon^*]^T[\sigma]t\mathrm{d}x\mathrm{d}y$，因 $W = Q$，推导可得

$$[F^e] = \iint [B]^T[\sigma]t\mathrm{d}x\mathrm{d}y = \iint [B]^T[D][B][\delta^e]t\mathrm{d}x\mathrm{d}y \qquad (5-11)$$

式中，$[B]$，$[D]$，$[\delta^e]$ 为常数阵；t 为常数；而 $\iint \mathrm{d}x\mathrm{d}y = \Delta$（单元面积）。所以 $[F^e] = t\Delta[B]^T \cdot [D][B][\delta^e]$，将此式简写为

$$[F^e] = [K^e][\delta^e] \qquad (5-12)$$

此式称为单元的刚度方程，其中 $[K^e]$ 称为单元刚度矩阵：

$$[K^e] = t\Delta[B]^T[D][B] \qquad (5-13)$$

它反映了节点位移与节点力之间的转换关系。对于三角形三节点单元，$[K^e]$ 为 6×6 的矩阵，若写成分块形式，则为

$$[K^e] = \begin{bmatrix} K_{11} & K_{12} & K_{13} & K_{14} & K_{15} & K_{16} \\ K_{21} & K_{22} & K_{23} & K_{24} & K_{25} & K_{26} \\ K_{31} & K_{32} & K_{33} & K_{34} & K_{35} & K_{36} \\ K_{41} & K_{42} & K_{43} & K_{44} & K_{45} & K_{46} \\ K_{51} & K_{52} & K_{53} & K_{54} & K_{55} & K_{56} \\ K_{61} & K_{62} & K_{63} & K_{64} & K_{65} & K_{66} \end{bmatrix} = \begin{bmatrix} [k_{ii}] & [k_{ij}] & [k_{ik}] \\ [k_{ji}] & [k_{jj}] & [k_{jk}] \\ [k_{ki}] & [k_{kj}] & [k_{kk}] \end{bmatrix} \qquad (5-14)$$

单元刚度矩阵中元素的物理意义是单位节点位移分量所引起的节点力分量，该矩阵具有下述一些性质：

① 单元刚度矩阵只与单元的几何形状、大小及材料性质有关，它不随单元或坐标的平移

而改变。

② 单元刚度矩阵为对称矩阵。这是由弹性力学中功的互等定理所决定的。

③ 单元刚度矩阵的主对角元素恒为正值。

④ 单元刚度矩阵总是奇异矩阵。从物理上说，由于计算单元刚度矩阵时没有对单元节点施加约束，即允许单元产生刚体位移；而从数学上讲，由于单元刚度矩阵各元素所组成的行列式值为零，即单元刚度矩阵不存在逆矩阵，所以它是一个奇异矩阵。

3. 整体分析

建立了单元刚度方程后，就可以把各单元刚度矩阵合并，按节点叠加的原则，建立整体结构的节点位移列阵$[\delta]$和节点载荷列阵$[F]$之间的关系式——整体刚度方程：

$$[F]=[K][\delta] \tag{5-15}$$

式中，$[K]$为整体刚度矩阵。

4. 平面问题的有限元分析实例

现以一简单结构为例说明整体刚度方程的构建和求解过程。图 5-9（a）所示为一正方形薄板，在沿一条对角线顶点作用有压力，载荷沿厚度均匀分布且为 2 N/m，板厚 $t=1$ m，$\mu=0$，试计算板的应力值。

由于两条对角线为该板的对称轴，所以只需取薄板的四分之一，即△ABC 作为计算对象，如图 5-9（b）所示。由于在对称轴 AB、BC 上的节点不存在与对称轴垂直方向的位移分量，故在对称轴上的节点处设连杆铰支座。在 1 节点上作用有 1 N/m 的集中力。将所讨论的对象划分成 4 个三角形单元，共 6 个节点，其编号如图 5-9（b）所示。

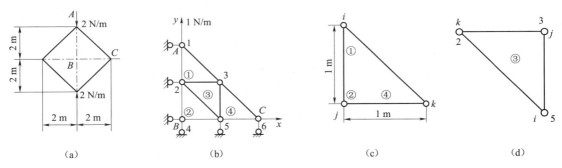

（a）　　　　　　　　　（b）　　　　　　　　　（c）　　　　　　　　　（d）

图 5-9　整体分析实例

这样就有 12 个节点位移分量和 12 个节点力分量，将整体刚度方程写成分块矩阵形式：

$$
\begin{bmatrix} [F_1] \\ [F_2] \\ [F_3] \\ [F_4] \\ [F_5] \\ [F_6] \end{bmatrix} =
\begin{bmatrix}
[K_{11}] & [K_{12}] & [K_{13}] & [K_{14}] & [K_{15}] & [K_{16}] \\
[K_{21}] & [K_{22}] & [K_{23}] & [K_{24}] & [K_{25}] & [K_{26}] \\
[K_{31}] & [K_{32}] & [K_{33}] & [K_{34}] & [K_{35}] & [K_{36}] \\
[K_{41}] & [K_{42}] & [K_{43}] & [K_{44}] & [K_{45}] & [K_{46}] \\
[K_{51}] & [K_{52}] & [K_{53}] & [K_{54}] & [K_{55}] & [K_{56}] \\
[K_{61}] & [K_{62}] & [K_{63}] & [K_{64}] & [K_{65}] & [K_{66}]
\end{bmatrix}
\begin{bmatrix} [\delta_1] \\ [\delta_2] \\ [\delta_3] \\ [\delta_4] \\ [\delta_5] \\ [\delta_6] \end{bmatrix} \tag{5-16}
$$

式中，$[K_{ij}]$为 2×2 矩阵；$[F_i]$，$[\delta_i]$为二阶列阵。

为了形成总体刚度矩阵，首先可按式（5-13）形成单元刚度矩阵：

$$[K^{①}] = \begin{bmatrix} [K_{11}^{①}] & [K_{12}^{①}] & [K_{13}^{①}] \\ [K_{21}^{①}] & [K_{22}^{①}] & [K_{23}^{①}] \\ [K_{31}^{①}] & [K_{32}^{①}] & [K_{33}^{①}] \end{bmatrix} \quad [K^{②}] = \begin{bmatrix} [K_{22}^{②}] & [K_{24}^{②}] & [K_{25}^{②}] \\ [K_{42}^{②}] & [K_{44}^{②}] & [K_{45}^{②}] \\ [K_{52}^{②}] & [K_{54}^{②}] & [K_{55}^{②}] \end{bmatrix}$$

$$\qquad\qquad (5-17)$$

$$[K^{③}] = \begin{bmatrix} [K_{55}^{③}] & [K_{53}^{③}] & [K_{52}^{③}] \\ [K_{35}^{③}] & [K_{33}^{③}] & [K_{32}^{③}] \\ [K_{25}^{③}] & [K_{23}^{③}] & [K_{22}^{③}] \end{bmatrix} \quad [K^{④}] = \begin{bmatrix} [K_{33}^{④}] & [K_{35}^{④}] & [K_{36}^{④}] \\ [K_{53}^{④}] & [K_{55}^{④}] & [K_{56}^{④}] \\ [K_{63}^{④}] & [K_{65}^{④}] & [K_{66}^{④}] \end{bmatrix}$$

然后组装成整体刚度矩阵。在组装成整体刚度矩阵时，要把各单元刚度矩阵中具有相同下标的子阵加在一起。整体刚度矩阵中各元素的取值如表 5-1 所示。整体刚度矩阵与单元刚度矩阵一样，具有相同的性质。

表 5-1 整体刚度矩阵组装

行 \ 列	1	2	3	4	5	6
1	$[K_{11}^{①}]$	$[K_{12}^{①}]$	$[K_{13}^{①}]$			
2	$[K_{21}^{①}]$	$[K_{22}^{①}]+[K_{22}^{②}]+[K_{22}^{③}]$	$[K_{23}^{①}]+[K_{23}^{③}]$	$[K_{24}^{②}]$	$[K_{25}^{②}]+[K_{25}^{③}]$	
3	$[K_{31}^{①}]$	$[K_{32}^{①}]+[K_{32}^{③}]$	$[K_{33}^{①}]+[K_{33}^{③}]+[K_{33}^{④}]$		$[K_{35}^{③}]+[K_{35}^{④}]$	$[K_{36}^{④}]$
4		$[K_{42}^{②}]$		$[K_{44}^{②}]$	$[K_{45}^{②}]$	
5		$[K_{52}^{②}]+[K_{52}^{③}]$	$[K_{53}^{③}]+[K_{53}^{④}]$	$[K_{54}^{②}]$	$[K_{55}^{②}]+[K_{55}^{③}]+[K_{55}^{④}]$	$[K_{56}^{④}]$
6			$[K_{63}^{④}]$		$[K_{65}^{④}]$	$[K_{66}^{④}]$

整体结构中的载荷列阵 $[F]$，是根据节点平衡条件确定的，整体刚度方程中的节点力等于节点的给定载荷。在有约束的节点处，节点力等于约束反力；在有外载荷作用的节点处，节点力等于已知载荷；在既无外载荷又无约束的节点处，节点力等于零。因此，给定结构的载荷列阵为

$$[F] = \begin{bmatrix} F_{x1} & -1 & F_{x2} & 0 & 0 & 0 & F_{x4} & F_{y4} & 0 & F_{y5} & 0 & F_{y6} \end{bmatrix}^{\mathrm{T}} \qquad (5-18)$$

整体结构的节点位移列阵为

$$[\delta] = \begin{bmatrix} 0 & v_1 & 0 & v_2 & u_3 & v_3 & 0 & 0 & u_5 & 0 & u_6 & 0 \end{bmatrix}^{\mathrm{T}} \qquad (5-19)$$

边界条件的处理方法较多，本书采用较简单的方法，即在整体刚度方程中，把约束点位移为零的行和列删去。本例中因连杆铰支座约束处的节点上位移为零，故可将平衡方程中相应的行和列划去。图 5-9（b）所示的各单元的节点坐标值如表 5-2 所示。

表 5-2 各节点坐标值

坐标值 \ 节点号	1	2	3	4	5	6
x	0	0	1	0	1	2
y	2	1	1	0	0	0

根据以上的求解过程，可得各单元的刚度矩阵及整体刚度矩阵。

$$[K^e] = \frac{E}{2}\begin{bmatrix} \frac{1}{2} & 0 & -\frac{1}{2} & -\frac{1}{2} & 0 & \frac{1}{2} \\ 0 & 1 & 0 & -1 & 0 & 0 \\ -\frac{1}{2} & 0 & \frac{3}{2} & \frac{1}{2} & -1 & -\frac{1}{2} \\ -\frac{1}{2} & -1 & \frac{1}{2} & \frac{3}{2} & 0 & -\frac{1}{2} \\ 0 & 0 & -1 & 0 & 1 & 0 \\ \frac{1}{2} & 0 & -\frac{1}{2} & -\frac{1}{2} & 0 & \frac{1}{2} \end{bmatrix} \qquad (5-20)$$

$$[K] = E\begin{bmatrix} 0.25 & & & & & & & & & & & \\ 0 & 0.5 & & & 对 & & & & & & & \\ -0.25 & 0 & 1.5 & & & & & & & & & \\ -0.25 & -0.5 & 0.25 & 1.5 & & & & 称 & & & & \\ 0 & 0 & -1.0 & -0.25 & 1.5 & & & & & & & \\ 0.25 & 0 & -0.25 & -0.5 & 0.25 & 1.5 & & & & & & \\ 0 & 0 & -0.25 & 0 & 0 & 0 & 0.75 & & & & & \\ 0 & 0 & -0.25 & -0.5 & 0 & 0 & 0.25 & 0.75 & & & & \\ 0 & 0 & 0 & 0.25 & -0.5 & -0.25 & -0.5 & 0 & 1.5 & & & \\ 0 & 0 & 0.25 & 0 & -0.25 & -1.0 & -0.25 & -0.25 & 0.25 & 1.5 & & \\ 0 & 0 & 0 & 0 & 0 & 0 & 0 & 0 & -0.5 & 0 & 0.5 & \\ 0 & 0 & 0 & 0 & 0.2 & 0 & 0 & 0 & -0.25 & -0.25 & 0 & 0.25 \end{bmatrix}$$
$$(5-21)$$

对约束进行处理后整体刚度方程为

$$\begin{bmatrix} -1 \\ 0 \\ 0 \\ 0 \\ 0 \\ 0 \end{bmatrix} = E\begin{bmatrix} 0.5 & & & & & \\ -0.5 & 1.5 & & 对 & & \\ 0 & -0.25 & 1.5 & & 称 & \\ 0 & -0.5 & 0.25 & 1.5 & & \\ 0 & 0.25 & -0.5 & -0.25 & 1.5 & \\ 0 & 0 & 0 & 0 & -0.5 & 0.5 \end{bmatrix}\begin{bmatrix} v_1 \\ v_2 \\ u_3 \\ v_3 \\ u_5 \\ u_6 \end{bmatrix} \qquad (5-22)$$

解此线性方程组，可得到节点位移

$$\begin{bmatrix} v_1 \\ v_2 \\ u_3 \\ v_3 \\ u_5 \\ u_6 \end{bmatrix} = \frac{1}{E}\begin{bmatrix} -3.252 \\ -1.252 \\ -0.088 \\ -0.372 \\ 0.176 \\ 0.176 \end{bmatrix} \qquad (5-23)$$

由节点位移代入式（5-6），可得出各单元的应力 $(\mathrm{N/m^2})$：

$$\begin{bmatrix} \sigma_x \\ \sigma_y \\ \tau_{xy} \end{bmatrix}^{①} = \begin{bmatrix} -0.088 \\ -2.000 \\ 0.440 \end{bmatrix} \quad \begin{bmatrix} \sigma_x \\ \sigma_y \\ \tau_{xy} \end{bmatrix}^{②} = \begin{bmatrix} 0.176 \\ -1.252 \\ 0 \end{bmatrix}$$

$$\begin{bmatrix} \sigma_x \\ \sigma_y \\ \tau_{xy} \end{bmatrix}^{③} = \begin{bmatrix} -0.088 \\ -0.372 \\ 0.308 \end{bmatrix} \quad \begin{bmatrix} \sigma_x \\ \sigma_y \\ \tau_{xy} \end{bmatrix}^{④} = \begin{bmatrix} 0 \\ -0.372 \\ -0.132 \end{bmatrix}$$

$$(5-24)$$

5.2.3　制造过程中有限元方法的应用

自 1960 年美国 Clough 教授首次提出有限元法这个名词以来，有限元分析技术得到迅速发展，有限元法的应用日益普及，数值分析在工程中的作用日益增长。50 多年来，有限元法的应用已由弹性力学平面问题扩展到空间问题、板壳问题；由静力问题扩展到稳定性问题、动力问题和波动问题；分析的对象从弹性材料到塑性、黏弹性、黏塑性和复合材料等；从固体力学到流体力学、传热学、电磁学等领域。图 5-10 所示为一些典型切削加工过程的有限元分析实例。

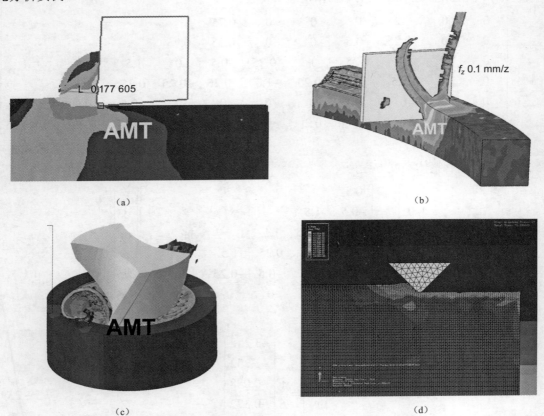

图 5-10　典型切削加工过程的有限元分析
（a）车削；（b）铣削；（c）钻削；（d）磨削

在制造业领域，以有限元方法为基础的建模和仿真是对制造工艺进行验证和优化的重要手段，被广泛应用于各种制造过程如切削、铸造、锻造、冲压等的分析中，以确定各种工艺参数（包括几何参数、材料物性参数、速度和温度等）对制造过程和产品质量的影响规律。此外，有限元方法也常用于对产品结构设计进行优化。在以有限元分析为工具的结构优化中，优化设计的设计变量包括材料厚度、面积、梁的截面惯性矩、弹性模量、泊松比、复合材料某一铺层厚度、铺设角、容器厚度、管壁厚等。约束条件可以是位移（包括相对/绝对平动、转动）、应变、热应变、应力（应力分量、主应力、Mises 应力、最大简应力、最大主应力、Tresca 应力）、反作用力、应变能、动态特征频率（相对/绝对频率）和屈曲特征值等。优化设计的目标可以是材料质量、材料体积或成本最小/最大。在产品设计阶段，还可以使用基于有限元方法的可靠性设计技术，通过对产品进行疲劳寿命分析，更准确地预测产品的寿命，极大地降低生产样品和进行产品疲劳寿命测试的费用，缩短产品推向市场的时间，提高产品的可靠性，增强用户对产品性能的信心。

5.3　计算机辅助数控编程

数控机床出现不久，计算机就被用来帮助人们解决复杂零件的数控编程问题，即产生了计算机辅助数控编程。计算机辅助数控编程技术的发展大约经历了以下几个阶段：数控语言自动编程、图形自动编程、CAD/CAM 集成数控编程。

数控加工是指根据零件图样及工艺要求等原始条件编制零件数控加工程序（简称数控程序），输入数控系统，控制数控机床中刀具与工件的相对运动，从而完成零件的加工。数控机床是按照事先编制好的加工程序自动地对零件进行加工的高效自动化设备。在数控机床上加工零件时，要把加工零件的全部工艺过程、工艺参数和刀具轨迹数据转换为可控制机床的信息，完成零件的全部加工过程。程序编制是数控加工的重要工作，数控机床对所加工零件的质量控制与生产效率，很大程度上取决于所编程序的正确、合理与否。加工程序不仅应保证加工出合格产品，同时还应使数控机床的各项功能得到合理的利用及充分的发挥，使数控机床能安全、可靠及高效地工作。

5.3.1　工件数字化造型与数控编程基础

1. 数控机床的坐标系

数控机床的坐标轴和运动方向是进行数控编程、说明机床运动以及空间位置的前提和依据。数控机床的坐标系，包括坐标轴、坐标原点和运动方向，对于数控编程和加工，是十分重要的概念。数控编程员和机床操作者都必须非常清楚坐标系，否则编程时易发生混乱，操作时发生事故。为了准确地描述机床的运动，简化程序的编制方法，并使所编程序有互换性，ISO841 及我国 JB/T 3051—1999 标准对数控机床的坐标系作了规定。

机床坐标系是由机床原点 M 与机床的 X、Y、Z 轴组成的。机床坐标系是机床固有的坐标系，在出厂前已经预调好，一般情况下，不允许用户随意改动。有以下几种重要的参考点：

1）机床原点

机床原点是机床制造商设置在机床上的一个物理位置，其作用是使机床与控制系统同步，建立测量机床运动坐标的起始点。图 5－11 所示为数控车床的坐标系，其机床原点定义在主轴旋转轴线与卡盘后端面的交点上。X、Y、Z 轴遵循笛卡儿坐标系原则。数控铣床的机床原点位置，一般设置在进给行程范围的终点。

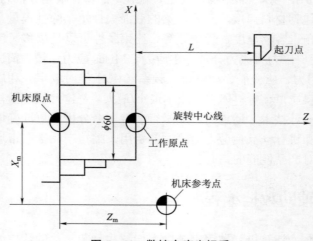

图 5－11　数控车床坐标系

2）机床参考点

它也是机床上的一个固定点，一般不同于机床原点。该点是刀具退离到一个固定不变的极限点，其位置由机械挡块或行程开关来确定，通常在加工空间的边缘。参考点对机床原点的坐标是一个已知数、一个固定值。机床参考点由厂家设定，用户不得随意改变，否则影响机床的精度。以参考点为原点，坐标方向与机床坐标系各轴坐标方向相同建立的坐标系称为参考坐标系。

3）工作原点（程序零点）

工作原点用于支持数控编程和数控加工，是编程人员在数控编程过程中定义在工件上的几何基准点，可设置在任何地方。通常设置在尺寸标注的基准，也就是设计基准上。例如对于车床，工作原点可以选在工件右端面的中心，也可以选在工件左端面的中心，或者卡爪的前端面。选择程序零点位置时应注意以下几点：程序零点应选在零件图的尺寸基准上，这样便于坐标值的计算，减少错误；程序零点应尽量选在精度较高的加工平面上，以提高被加工零件的加工精度。对于对称的零件，程序零点应设在对称中心上，这样程序总是在同一组尺寸上重复，只是改变尺寸符号；对于一般零点，通常设在工件外廓的某一角上（如选在工件左下角，并以此为基础计算其他相关尺寸和标注）；Z 轴方向的零点，一般设在工件表面上。

4）装夹原点

除了上述三个基本原点以外，有的机床还有一个重要的原点，即装夹原点。装夹原点常见于带回转（或摆动）工作台的数控机床或加工中心上，一般是机床工作台上的一个固定点，比如回转中心与机床参考点的偏移量可通过测量存入 CNC 系统的原点偏移寄存器中，供 CNC 系统原点偏移计算用。图 5－12 所示为数控加工中心坐标系示意图。

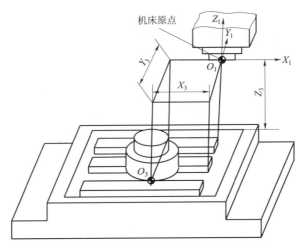

机床原点

图 5-12　数控铣床（加工中心）的坐标系

2. 加工刀具补偿方法

为了简化零件的数控加工编程，使数控程序与刀具形状和刀具尺寸尽量无关，数控系统一般具有刀具长度和刀具半径补偿功能。前者可使刀具垂直于走刀平面偏移一个刀具长度修正值，后者可使刀具中心轨迹在走刀平面内偏移零件轮廓一个刀具半径修正值，两者均是对二坐标数控加工情况下的刀具补偿。

1）刀具长度补偿

刀具长度补偿可由数控机床操作者通过手动数据输入方式实现，也可通过程序命令方式实现。前者一般用于定长刀具的刀具长度补偿，后者则用于由于夹具高度、刀具长度、加工深度等的变化而需要对切削深度用刀具长度补偿的方法进行调整。

在现代 CNC 系统中，用手工方式进行刀具长度补偿的过程是：机床操作者在完成零件装夹、程序原点设置之后，根据刀具长度测量基准，采用对刀仪测量刀具长度，然后在相应的刀具长度偏置寄存器中写入相应的刀具长度参数值。当程序运行时，数控系统根据刀具长度基准使刀具自动离开工件一个刀具长度距离，从而完成刀具长度补偿。

在加工过程中，为了控制切削深度，或进行试切加工，也经常使用刀具长度补偿。采用的方法是：加工之前在实际刀具长度上加上退刀长度，存入刀具长度偏置寄存器中，加工时使用同一把刀具，而调整加长后的刀具长度值，从而可以控制切削深度，而不用修正零件加工程序。图 5-13 所示为 LJ-10MC 数控车削中心的回转刀架，共有 12 个刀位。假设当前待使用的是镗孔刀，通过试切或其他测量方法测得其与基准刀具的偏差值分别为：$\Delta x = 9.0$ mm，$\Delta y = 12.5$ mm，通过数控系统的功能键，将此数值输入镗孔刀的刀补存储器中。当程序执行刀具补偿功能后，镗孔刀刀具刀尖的实际位置与基准刀具的刀尖位置重合。

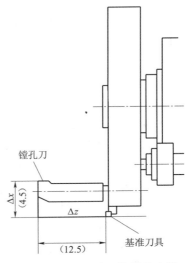

镗孔刀

基准刀具

图 5-13　刀具位置补偿示意图

值得进一步说明的是，数控编程员则应记住：零件数控加工程序假设的是刀尖（或刀心）相对于工件的运动，刀具长度补偿的实质是将刀具相对于工件的坐标由刀具长度基准点（或称刀具安装定位点）移到刀尖（或刀心）位置。

2）刀具半径补偿

在二维轮廓数控铣削加工过程中，由于旋转刀具具有一定的刀具半径，刀具中心的运动轨迹并不等于所需加工零件的实际轮廓，而是偏移零件轮廓表面一个刀具半径值。如果之间采用刀心轨迹编程，则需要根据零件的轮廓形状及刀具半径采用一定的计算方法计算刀具中心轨迹。因此，这一编程方法也称为对刀具的编程。当刀具半径改变时，需要重新计算刀具中心轨迹；当计算量较大时，容易产生计算错误。铣削刀具半径补偿示意如图 5-14 所示。

在数控铣床上进行轮廓的铣削加工时，由于刀具半径的存在，刀具中心（刀心）的轨迹和工件轮廓不重合。如果数控系统不具备刀具半径自动补偿功能，则只能按刀心轨迹进行编程，即在编程时给出刀具的中心轨迹，如图 5-14 所示的点画线轨迹，其计算相当复杂。尤其是当刀具磨损、重磨或换新刀具而使刀具直径发生变化时，必须重新计算刀心轨迹，修改程序，这样工作量大且难以保证加工精度。当数控系统具备刀具半径补偿功能时，数控编程只需按工作轮廓进行，如图 5-14 中的粗实线轨迹，使刀具偏离工件一个半径值，即实现了刀具补偿。

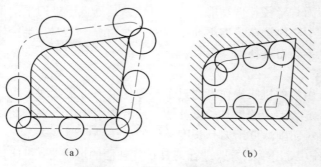

图 5-14　铣削刀具半径补偿
（a）外轮廓加工；（b）内轮廓加工

数控系统的刀具补偿是将计算刀具中心轨迹的过程交由 CNC 系统执行，编程人员在假设刀具半径为零的情况下，直接根据零件的轮廓形状进行编程，因此这种编程方法也称为零刀补编程。而在加工过程中，CNC 系统根据零件程序和刀具半径自动计算刀具中心轨迹，完成对零件的加工。当刀具半径发生变化时，不需要修改零件程序，只需修改刀具半径值即可。

需要指出的是，插补与刀补的计算均不由数控编程人员完成，它们都是由数控系统根据编程所选定的模式自动进行的。

3. 数控机床的选择

数控机床的种类、型号繁多，按机床的运动方式进行分类，现代数控机床可分为点位控制（Position Control）、二维轮廓控制（2D Contour Control）和三维轮廓控制（3D Contour Control）数控机床三大类。

点位控制数控机床的数控装置只能控制刀具从一个位置精确地移动到另一个位置，在移动过程中不作任何加工。这类机床有数控钻床、数控镗床和数控冲孔机床等。

二维轮廓控制数控机床的数控系统能同时对两个坐标轴进行连续轨迹控制，加工时不仅要控制刀具运动的起点和终点，而且要控制整个加工过程中的走刀路线和速度。二维轮廓控制数控机床也称为两坐标联动数控机床，即能够同时控制两个坐标轴联动。对于所谓的两轴半联动，是在两轴的基础上增加了 Z 轴的移动，当机床坐标系的 X、Y 轴固定时，Z 轴可以做周期性进给。两轴半联动加工可以实现分层加工。

三维轮廓控制数控机床的数控系统能同时对三个或三个以上的坐标轴进行连续轨迹控制。三维轮廓控制数控机床又可进一步分为三坐标联动、四坐标联动和五坐标联动数控机床。对于三个坐标轴联动的数控机床，可以用来完成型腔的加工；而四个以上坐标轴联动的多坐标数控机床的结构复杂，精度要求高，程序编制复杂，适于加工形状复杂的零件，如叶轮、叶片类零件。

一般而言，三轴机床可以实现二轴、二轴半、三轴加工；五轴机床也可以只用到三轴联动加工，而其他两轴不联动。

5.3.2　自动编程语言编程技术

为了解决手工编程烦琐、枯燥、依赖于编程人员经验以及适应 NC 机床快速发展和应用的问题，从 20 世纪 50 年代起，人们对自动编程语言（Automatically Programming Tools，APT）进行了研究，提出了利用"语言程序"实现计算机辅助数控加工编程的方法。美国麻省理工学院于 1955 年推出了第一代 APT 语言。

自动编程具有编程速度快、周期短、质量高、使用方便等一系列优点，与手工编程相比，可提高编程效率数倍至数十倍。零件越复杂，其技术经济效果越显著，特别是能编制手工编程无法完成的程序。因此，自动编程得到了广泛重视，在点位、铣削和车削等专业应用方面，各国基于 APT 语言发展了适合本国的自动编程语言，有美国 IBM 公司的 ADAPT（适用于铣削加工编程）和 AUTOSPOT（适用于点位加工编程），德国的 EXAPT、EXAPT2、EXAPT3、MINIAPT，日本日立公司的 HAPT 和富士通公司的 FAPT，法国的 IFATP 和雷诺汽车厂的 SURFAPT，意大利的 MODAPT 等。我国的航空部门也开发了 SKC1、SKC2 语言系统以及 ZCX、QHAPT、HZAPT 和 MAPT 等，并制定了部颁标准 JB 3112—1982 数控机床自动编程用输入语言。

1. APT 自动编程语言

1）APT 语言的基本组成

与通用计算机语言相似，用 APT 语言编制的加工程序是由一系列语句所构成的，每个语句由一些关键词汇和基本符号组成，也就是说 APT 语言由基本符号、词汇和语句组成。

（1）基本符号。

数控语言中的基本符号是语言中不能再分的基本成分，语言中的其他成分均由基本符号组成。常用的基本符号有字母、数字、标点符号和算术运算符号等。其中字母是指 26 个大写英文字母（A~Z），数字是 10 个阿拉伯数字（0~9），标点符号用来分隔语句的词汇和其他成分。APT 自动编程语言中常用到的标点符号和算术运算符号如下：

① 斜杠"/"用来将语句分隔为主部和辅部，或者在计算语句中作除法运算符号。例如：GOFWD/C1；A＝B/D。

② 星号"*"是乘法运算符号。例如：A＝B*C。

③ 双星号"**"或"↑"是指数运算符号。例如：A＝B**2 或 A＝B↑2。

④ 单美元符号"$"为续行符，表示语句未结束，延续到下一行。例如：

`L1 = LINE/RIGHT,$`

`TANTO,C2,RIGHT,TANTO,C1;`

⑤ 方括号"[ ]"用于给出子曲线的起点和终点，或用于复合语句及下标变量中。例如：

`Q1 = TABCY/P1,P2,P3…Pn;`

`[GOFWD/C2,PAST,Q1[10,12]]`

⑥ 分号";"作为语句结束符号。

⑦ 圆括号"( )"用于括上算术自变量及几何图形语言中的嵌套定义部分。例如：

`A = ABS(B);GOFWD/(CIRCLE/2,12,2.`

（2）词汇。

词汇是 APT 语言所规定的具有特定意义的单词的集合。每个单词由 6 个以下字母组成，编程人员不得把它们当作其他符号使用。APT 语言中，大约有 300 个词，按其作用大致可分为下列几种：

① 几何元素词汇，如 POINT（点）、LINE（线）、PLANE（平面）等。

② 几何位置关系状况词汇，如 PARLEL（平行）、PERPTO（垂直）、TANTO（相切）等。

③ 函数类词汇，如 SINF（正弦）、COSF（余弦）、EXPF（指数）、SQRTF（平方根）等。

④ 加工工艺词汇，如 OVSJSE（加工余量）、FEED（进给量）、TOLER（容差）等。

⑤ 刀具名称词汇，如 TURNTL（车刀）、MILTL（铣刀）、DRITL（钻头）等。

⑥ 与刀具运动有关的词汇，如 GOFWD（向前）、GODLTA（走增量）、TLLFT（刀具在左）等。

（3）语句。

语句是数控编程语言中具有独立意义的基本单位，它由词汇、数值、标识符号等按语法规则组成。按语句在程序中的作用大致可分为几何定义语句、刀具运动语句和工艺数据语句等几类。

2）几何定义语句

几何定义语句用于描述零件的几何图形。零件在图纸上是以各种几何元素来表示的，在零件加工时，刀具是沿着这些几何元素运动的，因此要描述刀具运动轨迹，首先必须描述构成零件形状的各几何元素。一个几何元素往往可以用多种方式来定义，所以在编写零件源程序时应根据图纸情况，选择最方便的定义方式来描述。APT 语言可以定义 17 种几何元素，其中主要有点、直线、平面、圆、椭圆、双曲线、圆柱、圆锥、球、二次曲面、自由曲面等。

几何定义语句的一般形式为

标识符＝APT 几何元素/定义方式

标识符就是所定义的几何元素的名称，由编程人员自己确定，由 1～6 个字母和数字组成，规定用字母开头，不允许使用 APT 词汇作标识符，例如圆的定义语句：

`C1 = CIRCLE/10,60,12.5`

其中 C1 为标识符；CIRCLE 为几何元素类型；10，60，12.5 分别为圆的圆心坐标和半径。

3）刀具运动语句

刀具运动语句用来规定加工过程中刀具运动的轨迹。为了定义刀具在空间的位置和运动，引入图 5－15 所示的三个控制面的概念，即零件面（Part Surface，PS）、导动面（Drive Surface，

DS）和检查面（Check Surface，CS）。零件面是刀具在加工运动过程中，刀具端点运动形成的表面，它是控制切削深度的表现。导向面是在加工运动中，刀具与零件接触的第二个表面，是引导刀具运动的面，由此可以确定刀具与零件表面之间的位置关系。检查面是刀具运动终止位置的限定面，刀具在到达检查面之前，一直保持与零件表面和导向面所给定的关系，在到达检查面后，可以重新给出新的运动语句。

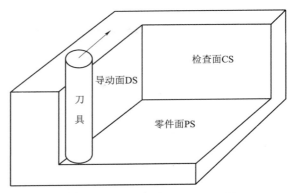

图 5-15　定义刀具空间位置的控制面

通过上述三个控制面就可联合确定刀具的运动。例如描述刀具与零件表面关系的词汇 TLONPS 和 TLOFPS 分别表示刀具中心正好位于零件表面上和不位于零件表面上。

描述刀具与导动面关系的词汇有 TLIFT（刀具在导动面左边），TLRGT（刀具在导动面右边），TLON（刀具在导动面上）之分。所谓左右，是沿运动方向向前看，刀具在导动面的左边还是右边。描述刀具与检查面关系的有 TO——走向检查面，ON——走到检查面上，PAST——走过检查面。

描述运动方向的语句是指当前运动方向相对于上一个已终止的运动方向而言的。例如，GOLFT（向左）、GORGT（向右）、GOFWD（向前）、GOBACK（向后）等。

4）工艺数据语句

（1）主轴数据。

工艺数据及一些控制功能也是自动编程中必须给定的，例如 SPINDL/n，CLW 表示机床主轴转数及旋转方向。

（2）刀具数据。

CUTTER/d，r 给出了铣刀直径和刀尖圆角半径。

（3）容差数据。

OUTTOL/τ，INTOL/τ 给出了轮廓加工的外容差和内容差。外容差和内容差的定义如图 5-16 所示。

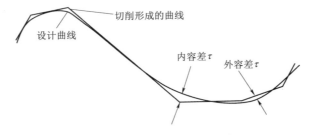

图 5-16　外容差和内容差的定义

（4）材料数据。

MATERL/FE 给出了材料名称及代号，等等。

（5）程序结束。

初始语句也称程序名称语句，由"PARTNO"和名称组成。终止语句表示零件加工程序的结束，用 FINI 表示。

2. APT 语言编程的步骤

应用 APT 语言编制零件源程序的基本步骤如下：

① 分析零件图。在编制零件源程序之前，详细分析零件图，明确构成零件加工轮廓的几何元素，确定出图纸给出的几何元素的主参数及各个几何元素之间的几何关系。

② 选择坐标系。确定坐标系原点位置及坐标轴方向的原则是使编程简便、几何元素的参数换算简单，确保所有的几何元素都能够较简便地在所选定的坐标系中定义。

③ 确定几何元素标识符。确定几何元素标识符，实际上是建立起抽象的零件加工轮廓描述模型，为在后续编程中定义几何表面和编写刀具运动语句提供便利。

④ 进行工艺分析。这一过程与手工编程相似，要依据加工轮廓、工件材料、加工精度、切削余量等条件，选择加工起刀点、加工路线，并选择工装夹具等。

⑤ 确定对刀点和对刀方法。对刀点是程序的起点，要根据刀具类型和加工路线等因素合理选择。而对刀方法是关系到重复加工精度的重要环节，批量加工时可以在夹具上设置专门的对刀装置。走刀路线的确定原则是保证加工要求，路线简捷、合理，并便于编程，依据机床、工件及刀具的类型及特点，并要与对刀点和起刀点一起综合考虑。

⑥ 选择容差、刀具等工艺参数。容差和刀具要依据工件的加工要求和机床的加工能力来选择。

⑦ 编写几何定义语句。根据加工轮廓几何元素之间的几何关系，依次编写几何定义语句。

⑧ 编写刀具运动定义语句。根据走刀路线，编写刀具运动定义语句。

⑨ 插入其他语句。这类语句主要包括后置处理指令及程序结束指令。

⑩ 检验零件源程序。常见错误包括功能错误和语法错误。功能错误主要有定义错误。所有错误尽可能在上机前改正，以提高上机效率。

⑪ 填写源程序清单。

5.3.3 图形交互式自动编程技术

近年来，计算机技术发展十分迅速，计算机的图形处理能力得到很大增强。因而，一种可以直接将零件的几何图形信息自动转化为数控加工程序的全新的计算机辅助编程技术——"图形交互自动编程"应运而生，并在 20 世纪 70 年代后得到迅速发展和推广应用。

"图形交互自动编程"是一种计算机辅助编程技术，它是通过专用的计算机软件来实现的，如机械 CAD 软件。利用 CAD 软件的图形编辑功能，通过使用鼠标、键盘、数字化仪等将零件的几何图形绘制到计算机上，形成零件的图形文件，然后调用数控编程模块，采用人机交互的实时对话方式在计算机屏幕上指定被加工的部位，再输入相应的加工参数，计算机便可自动进行必要的数学处理并编制出数控加工程序，同时在计算机屏幕上动态地显示出刀具的加工轨迹。显然，这种编程方法相比语言自动编程，具有速度快、精度高、直观性好、使用简便、便于检查等优点。

在人机交互过程中，根据所设置的"菜单"命令和屏幕上的"提示"引导编程人员有条不紊地工作。菜单一般包括主菜单和各级分菜单，它们相当于语言系统中几何、运动、后置等处理阶段及其所包含的语句等内容，只是表现形式和处理方式不同。

交互图形编程系统的硬件配置与语言系统相比，增加了图形输入器件，如鼠标、键盘、数字化仪、功能键等输入设备，这些设备与计算机辅助设计系统是一致的，因此交互图形编程系统不仅可用已有零件图纸进行编程，更多的是适用于 CAD/CAM 系统中零件的自动设计和 NC 程序编制。这是因为 CAD 系统已将零件的设计数据予以存储，可以直接调用这些设计数据进行数控程序的编制。

1. 图形交互自动编程的原理和功能

图形交互自动编程系统，一般由几何造型、刀具轨迹生成、刀具轨迹编辑、刀位验证、后置处理（相对独立）、图形显示、数据库、运行控制及用户界面等部分组成，如图 5－17 所示。

在图形交互自动编程系统中，数据库是整个模块的基础；几何造型完成零件几何图形构建并在计算机内自动形成零件图形的数据文件；刀具轨迹生成模块根据所选用的刀具及加工方式进行刀位计算，生成数控加工刀位轨迹；刀具轨迹编辑根据加工单元的约束条件对刀具轨迹进行裁剪、编辑和修改；刀位验证用于检验刀具轨迹的正确性，也用于检验刀具是否与加工单元的约束面发生干涉和碰撞，检验刀具是否啃切加工表面；图形显示贯穿整个编程过程的始终；用户界面提供用户一个良好的运行环境；运行控制模块支持用户界面所有的输入方式到各功能模块之间的接口。

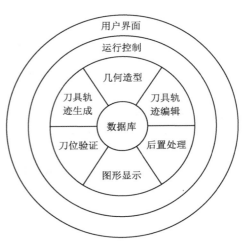

图 5－17　图形数控编程系统的组成

2. 图形交互自动编程的基本步骤

目前，国内外图形交互自动编程软件的种类很多，如日本富士通的 FAPT、荷兰的 MITURN 等系统都是交互式的数控自动编程系统。这些软件的功能与面向用户的接口方式有所不同，所以编程的具体过程及编程过程中所使用的指令也不尽相同。但从总体上讲，其编程的基本原理及基本步骤大体上是一致的。归纳起来可分为五大步骤：零件图纸及加工工艺分析；几何造型；刀位轨迹计算及生成；后置处理；程序输出。

1）零件图纸及加工工艺分析

零件图纸及加工工艺分析是数控编程的基础。目前该项工作仍主要靠人工进行，主要包括分析零件的加工部位，确定有关工件的装夹位置、工件坐标系、刀具尺寸、加工路线及加工工艺参数等。

2）几何造型

几何造型是利用图形交互自动编程软件的图形构建、编辑修改、曲线曲面造型等有关指令将零件被加工部位的几何图形准确地绘制在计算机屏幕上，与此同时，在计算机内自动形成零件图形的数据文件。这就相当于 APT 语言编程中，用几何定义语句定义零件几何图形的过程。不同点在于，它不是用语言而是用计算机绘图的方法将零件的图形数据输入计算机中。这些图形数据是下一步刀具轨迹计算的依据。自动编程过程中，软件将根据加工要求提取这些数据，进行分析判断和必要的数学处理，以形成加工的刀具位置数据。经过这个阶段，系统自动产生 APT 几何图形定义语句。

如果零件的几何信息在设计阶段就已被建立,图形编程软件可直接从图形库中读取该零件的图形信息文件,所以从设计到编程信息流是连续的,有利于计算机辅助设计和制造的集成。

3)刀位轨迹计算及生成

刀位轨迹的生成是面向屏幕上的图形交互进行的。首先在刀位轨迹生成的菜单中选择所需的菜单项,然后根据屏幕提示,用光标选择相应的图形目标,点取相应的坐标点,输入所需的各种参数(如工艺信息)。软件将自动从图形文件中提取编程所需的信息,进行分析判断,计算节点数据,并将其转换为刀具位置数据,存入指定的刀位文件中或直接进行后置处理,生成数控加工程序,同时在屏幕上显示出刀具轨迹图形。在这个阶段生成了 APT 刀具运动语句。

4)后置处理

后置处理的目的是形成数控加工文件。由于各种机床使用的数控系统不同,所用的数控加工程序其指令代码及格式也有所不同。为解决这个问题,软件通常设置一个后置处理惯用文件,在进行后置处理前,编程人员应根据具体数控机床指令代码及程序的格式事先编辑好这个文件,这样才能输出符合数控加工格式要求的 NC 加工文件。

5)程序输出

由于图形交互自动编程软件在编程过程中可在计算机内自动生成刀位轨迹文件和数控指令文件,所以程序的输出可以通过计算机的各种外部设备进行。使用打印机可以打印出数控加工程序单,并可在程序单上用绘图机绘制出刀位轨迹图,使机床操作者更加直观地了解加工的走刀过程。使用由计算机直接驱动的磁带机、磁盘驱动器等,可将加工程序写在磁带或磁盘上,提供给有读带装置或磁盘驱动器的机床控制系统使用。对于有标准通用接口的机床控制系统,可以和计算机直接联机,由计算机将加工程序直接送给机床控制系统。

图 5-18 所示为一图形交互式自动编程流程。该例中,零件几何信息是从设计阶段图形数据文件中读取的,对此文件进行一定的转换产生所要加工零件的图形,并在屏幕上显示;工艺信息由编程员以交互式通过用户界面输入。

从上述可知,采用图形自动交互编程,用户不需要编写任何源程序,当然也就省去了调试源程序的烦琐工作。若零件图形是设计员负责设计好的,这种编程方法有利于计算机辅助设计和制造的集成。刀具路径可立即显示,直观、形象地模拟了刀具路径与被加工零件之间的关系,易发现错误并改正,因而可靠性大为提高,试切次数减少,对于不太复杂的零件,往往一次加工合格。据统计,其编程时间平均比 APT 语言编程节省 2/3 左右。图形交互编程的优点促使 20 世纪 80 年代的 CAD/CAM 集成系统纷纷采用这种技术。

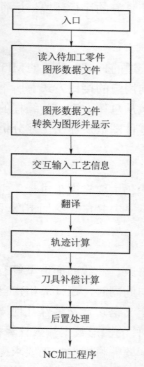

图 5-18 图形交互式自动编程流程

5.3.4 数控程序的检验与仿真

随着数控加工自动编程技术的发展，人们利用计算机自动编程方法解决了复杂轮廓曲线、自由曲面的数控编程难题。但是，数控程序的编制过程和工艺过程的设计相似，都具有经验性和动态性，在程序编制过程中出错是难免的。特别是对于一些复杂零件的数控加工来说，用自动编程方法生成的数控加工程序在加工过程中是否发生过切，所选择的刀具、走刀路线、进退刀方式是否合理，刀位轨迹是否正确，刀具与约束面是否发生干涉与碰撞等，编程人员事先往往很难预料。因此，不论是手工编程还是自动编程，都必须认真检查和校核数控程序，如果发现错误，则需马上对程序进行修改，直至最终满足要求为止。为了确保数控加工程序能够按照预期的要求加工出合格的零件，传统的方法是在零件加工之前，在数控机床上进行试切，从而发现程序的问题并进行修改，排除错误之后再进行零件的正式加工，这样不仅费工费时，也显著增加了生产成本，而且难以保证安全性。

为了解决上述问题，计算机数控加工仿真技术应运而生。工程技术人员利用计算机图形学的原理，在计算机图形显示器上把加工过程中的零件模型、刀具轨迹、刀具外形一起动态地显示出来，用这种方法来模拟零件的加工过程，检查刀位计算是否准确、加工过程是否发生过切，所选择的刀具、进给路线、进退刀方式是否合理，刀具与约束面是否发生干涉与碰撞等。

1. 刀位轨迹仿真

刀位轨迹仿真的基本思想是：从零件实体造型结果中取出所有加工表面及相关型面，从刀位计算结果（刀位文件）中取出刀位轨迹信息，然后将它们组合起来进行显示；或者在所选择的刀位点上放上"真实"的刀具模型，再将整个加工零件与刀具一起进行三维组合消隐，从而判断刀位轨迹上的刀心位置、刀轴矢量、刀具与加工表面的相对位置以及进退刀方式是否合理等。如果将加工表面各加工部位的加工余量分别用不同的颜色来表示，并且与刀位轨迹一同显示出来，就可以判断刀具和工件之间是否发生干涉（过切）等。

刀位轨迹仿真的主要作用：

① 显示刀位轨迹是否光滑、是否交叉，凹凸点处的刀位轨迹连接是否合理。

② 判断组合曲面加工时刀位轨迹的拼接是否合理。

③ 指示出进给方向是否符合曲面的造型原则（主要针对直纹面）。

④ 指示出刀位轨迹与加工表面的相对位置是否合理。

⑤ 显示刀轴矢量是否有突变现象，刀轴的偏置方向是否符合实际要求。

⑥ 分析进刀、退刀位置及方式是否合理，是否发生干涉。

刀位轨迹仿真法是目前比较成熟有效的仿真方法，应用比较普遍，主要有刀具轨迹显示验证、截面法验证和数值验证三种方式。

2. 刀具轨迹显示验证

刀具轨迹显示验证的基本方法是：当待加工零件的刀具轨迹计算完成后，将刀具轨迹在图形显示器上显示出来，从而判断刀具轨迹是否连续，检查刀位计算是否正确。判断的依据和原则主要包括：刀具轨迹是否光滑连续，刀具轨迹是否交叉，刀轴矢量是否有突变现象，凹凸点处的刀具轨迹连接是否合理，组合曲面加工时刀具轨迹的拼接是否合理，走刀方向是否符合曲面的造型原则等。

刀具轨迹显示验证还可将刀具轨迹与加工表面的线架图组合在一起显示在图形显示器上，或在待验证的刀位点上显示出刀具表面，然后将加工表面及其约束面组合在一起进行消隐显示，根据刀具轨迹与加工表面的相对位置是否合理、刀具轨迹的偏置方向是否符合实际要求、进/退刀位置及方式是否合理等，更加直观地分析刀具与加工表面是否有干涉，从而判断刀具轨迹是否正确，走刀路线、进退刀方式是否合理。图 5-19 所示为车削加工刀位轨迹仿真，图 5-20 所示为用球头铣刀对模具复杂曲面相交处进行清根加工的刀位轨迹仿真，从图中可以看出刀具轨迹与相应加工面的相对位置是合理的。

图 5-19　车削加工刀位轨迹仿真

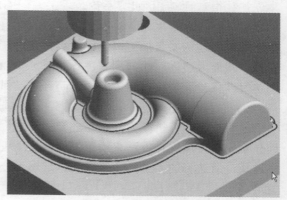

图 5-20　用球头铣刀对模具复杂曲面相交处进行清根加工的刀位轨迹仿真

5.4　数字化装配技术

5.4.1　数字化装配技术的内涵

装配是产品生命周期中的一个重要环节，产品的可装配性和装配质量直接影响到产品的开发成本和使用性能。据统计，在现代制造中，装配工作量占整个产品研制工作量的 20%～70%，平均为 45%，装配时间占整个制造时间的 40%～60%。同时，产品的装配通常占用的手工劳动量大、费用高且属于产品研制工作的后端，提高装配生产率和可靠性具有重要意义。1995 年，制造业出现一个划时代的创举——波音 777 未经生产样机就获得了订单，数字化装配是实现这一创举、确保飞机设计和生产一次成功的关键技术之一。

数字化装配技术的起源和发展离不开三维 CAD 技术。数字化装配技术是指利用数字化样机对产品可装配性、可拆卸性、可维修性进行分析、验证和优化，以及对产品的装配工艺过程包括产品的装配顺序、装配路径和装配精度、装配性能等进行规划、仿真和优化，从而达到有效减少产品研制过程中的实物试装次数，提高产品装配质量、效率和可靠性的技术。数字化装配技术主要包括两个方面的研究内容和应用目标：

① 对产品可装配性进行分析与优化，用于指导产品的结构设计。其研究包括产品的装配建模、装配序列自动推理、可装配/可拆卸性分析评估、干涉碰撞检查、机构运动分析、装配公差分析与综合等，依据以上研究内容开发的软件模块一般是建立在三维 CAD 系统（如

Pro/E）的基础上，主要从几何的角度来检验产品结构设计的合理性，并对产品的装配难易程度进行评价。

② 对产品装配工艺过程和现场管理进行规划、优化与控制，用于指导实际的装配过程。其研究包括数字化定位与协调、产品装配顺序和路径的确定、装配力和装配变形分析、装配误差累计的分析、装配工装的使用和管理、线缆和管路的装配、装配过程的人因工程分析、装配现场的管理等，它主要从过程、精度和物理特性的角度，实时地模拟装配现场和装配过程中可能出现的各种问题和现象，从而获得可行或较优的装配工艺，指导生产现场实际装配过程与操作。

5.4.2　数字化装配技术的分类

装配技术水平体现了制造企业的核心竞争力，我国制造企业数字化装配技术，依据产品类型大致可分为以下三种。

1. 以飞机为典型代表的大型覆盖件装配

装配通常由三个环节组成，即定位、夹紧和连接，其中定位是关键。飞机装配的难点在于大部件间的准确对接问题，飞机装配单元尺寸大且装配准确度要求高。目前我国的飞机基本实现了三维数字化设计，但没有实现全三维的装配工艺设计；飞机装配仍以刚性型架为主，工装制造精度要比产品精度高 2 倍，周期约占新机研制周期的 2/3，一架飞机有 50 000～60 000 件工装，制造工时大约相当于一架飞机的 6 倍，费用占新机研制费用的 25%左右，并且工装管理复杂。采用飞机大部件对接数字化装配技术可有效降低部件对接误差，提高飞机大部件对接装配精度和效率，并可以大幅减少飞机装配所需的标准工装和生产工装，是飞机大部件装配的发展趋势。

2. 以航天器和特种车辆为代表的复杂机电结构精密装配

目前，我国的复杂机电产品具有产品结构复杂、精度高、零部件繁多、线缆和管路复杂，装配过程以"手工操作"为主，有时还要求安全性装配或不可逆性装配（所谓不可逆性或少可逆性装配，是指多次拆装将导致产品达不到性能指标甚至报废的装配）等特点。

复杂机电结构精密装配工艺设计时不仅需要考虑各个总装环节的技术状态、外形结构的总装可操作性，而且需要考虑工装设备、工具、操作人员与产品的状态和外形的匹配情况。即使在产品零件全部合格的情况下，也很难保证装配后产品的合格率，往往需要经过多次试装、拆卸、返工才能装配出合格的产品。

同时，在复杂产品研发阶段，其装配精度通常由"选配—测试—调整"法保证，协调和实物试装工作量大，周期长；线缆和管路仍然主要依靠现场人工取样，造成线缆管路装配不规范，可靠性差；研发过程中也缺少有效的技术手段预测最终的装配效果。因此，开展基于精度和物理特性的装配过程仿真验证和产品的质量/性能预测技术研究，并突破线缆和管路的数字取样技术是当前实施的要点。

3. 以舰船为代表的大型复杂结构装配

舰船建造具有产品体积大、零部件多、舾装作业复杂、生产周期长等特点，现代造船方法已经发展为以区域制造为基础，将船体建造、舾装和涂装三种不同类型的作业互相协调有机结合地组织生产，形成壳、舾、涂一体化建造技术。目前我国舰船建造技术"关键在精度""重点在总装""难点在舾装""弱点在管理"，舰船建造存在着制造精度不高、现场修整工作量大，舾装完整性不足、码头周期长，计划可控性不高、装配周期长等问题，开展基于精益生产的舰船数字化总装建造技术是解决问题的可行途径之一。

5.4.3　数字化装配工艺仿真与优化

数字化装配工艺仿真与优化，主要从过程、精度和物理特性的角度，实时地模拟装配现场和装配过程中可能出现的各种问题和现象，对装配质量进行预测，并对仿真结果进行试验验证，提高仿真算法的"可信度"。其中基于物理属性的数字化装配仿真，主要指构建与实际产品相同或相近的虚拟样机物理模型，在虚拟环境中直观分析装配变形、装配力等因素对产品装配质量的影响，解决虚拟样机在各种工况下的运动、受力等物理仿真问题。装配精度预分析主要对装配误差累计、装配顺序和零件制造误差对装配方案的影响等进行分析和预测。数字化装配工艺仿真的最终目的不是将仿真工具看成装配工艺验证工具，而是将仿真融入工艺设计中，实现基于仿真的工艺设计。

1. 刚性结构件的虚拟装配工艺规划与仿真优化

虚拟装配工艺规划与仿真优化是指以装配仿真为核心，通过对装配过程的三维仿真来获得产品的装配工艺，其核心思想是在三维模型的基础上，采用人机交互的方式对产品的装配过程进行实时动态仿真，并通过对装配仿真过程信息的记录形成初始的产品装配工艺，最后通过对该初始的产品装配工艺进行适应实际情况的修改，可形成符合工厂规范格式的装配工艺文件。

该方法的工作流程如图 5-21 所示，主要分为四个阶段，即模型数据获取阶段、面向生产现场的装配车间建模阶段、初始装配工艺生成阶段、装配工艺后处理阶段。

模型数据获取阶段的任务是通过中性接口文件将 Pro/E 或 UG 等设计系统中的三维模型数据导入虚拟环境并进行模型数据重构；面向生产现场的装配车间建模阶段的任务是建立与装配现场高度相似的装配工艺规划沉浸式场景，该场景中包括待装配的零部件、工具、夹具、吊具、操作台等；初始装配工艺生成阶段的任务是人机交互地对产品的虚拟模型进行试装操作，以分析和确定产品各零部件的装配顺序、装配路径、装配过程中的干涉及装配工、夹具的可操作性等，并形成产品的初始装配工艺（主要包括装配顺序、装配路径、装配动画，以及装配过程中用到的工、夹具等工艺信息）；装配工艺后处理阶段的任务是补充和完善产品的装配工艺信息，形成较为完善的、符合工厂特定格式的装配工艺卡片、配套清单等，并获得提供可供装配现场查询和浏览的可视化装配工艺文档及装配过程动画。

图 5-22 所示为北京理工大学所开发的虚拟装配工艺规划系统（Virtual Assembly Process Planning，VAPP）的主界面。它主要划分为三个视图区：模型列表区（包括待装零部件列表和所使用的工、夹具列表）、交互规划区（模型数据显示区）、规划结果显示区（对装配建模的结果进行显示）。用户可以根据需要随时进行沉浸式和非沉浸式装配环境的快速切换。

当系统启动后，设计人员首先从 PDM 和 CAD 系统中将待规划的零部件和所用工、夹具模型调入 VAPP 系统中，这些零部件和工、夹具模型的名称、类型等属性以列表的形式显示在左侧视图中。中间的人机交互区则真实感地显示虚拟现场中置于工作台上的待装零部件和待用工、夹具，用户根据自己的经验和专家系统的导引，通过各种交互设备如数据手套、三维鼠标、键盘等交互地操纵虚拟环境中的零部件和工、夹具进行实时装配。当某个零件装配到位后，该零件将从左边的零部件列表视图中被删除，并按照装配的层次结构显示在右边的

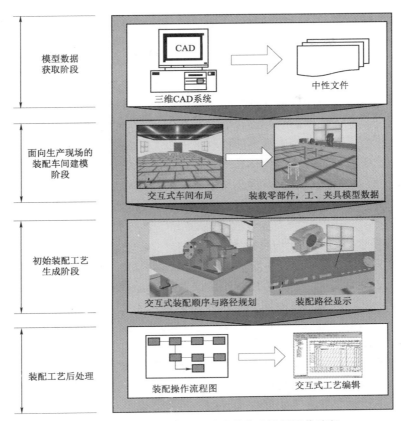

图 5－21   装配工艺规划与仿真优化方法的工作流程

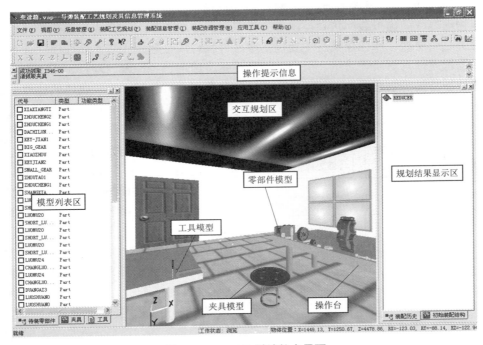

图 5－22   VAPP 系统的主界面

规划结果视图中，这样用户可以很清楚地了解装配进展及是否存在漏装等问题。另外，在用户操纵待装零部件向目标位置移动的过程中，系统将实时检测它与环境中其他物体（包括已装配的零部件、货架上的零件、环境中的其他物体（如工作台、装配车间的墙壁等））的碰撞干涉并进行装配约束的自动识别，并按装配约束的类型将待装零部件导航到最终约束位置。规划过程中零部件在三维空间内的移动轨迹，即装配路径将被自动记录下来。用户可以随时浏览和修改所有已装配零部件的装配路径。同时在进行零部件装配过程中，用户还可以调用工具模型、工装模型，通过实时碰撞干涉检测来检查工具和工装的可操作性。

采用虚拟装配工艺规划与仿真优化技术，一方面能在实物装配前及时发现实际装配过程中可能出现的问题，从而减少返工，提高装配的一次成功率；另一方面，虚拟环境下交互规划方式与实物试装非常相似，从而可以最大限度发挥人的创造性，并有利于提高工作效率和实现创新的装配工艺设计。

2. 基于物理属性的虚拟装配仿真技术

基于物理属性建模（Physically-based Modeling，PBM）方法的研究可追溯到 1985 年，正式提出此术语是在 1987 年的 SIGGRAPH 会议上，Ronen Barzel 和 Alan Barr 两人作了一个名为 "Topic in Physically Based Modeling" 的学术报告，这个报告成为该领域研究工作的里程碑，使得 PBM 的研究从此受到关注。根据建模对象类型的不同，PBM 可以分为以下四类，即刚体建模、柔性体建模、流体建模和随机过程建模。

基于物理属性的虚拟装配仿真技术，主要是指构建与实际产品相同或相近的虚拟样机物理模型，在虚拟环境中直观分析装配变形、装配力等因素对产品装配质量的影响，解决虚拟样机在各种工况下运动、受力等物理仿真问题。目前，虚拟环境下的产品物理属性建模与基于物理属性的装配过程仿真是影响虚拟装配技术实用化的瓶颈之一，也是解决虚拟装配技术"仿而不真"问题的关键因素之一。

基于物理属性的虚拟装配仿真技术研究模型如图 5-23 所示，分为属性建模、行为建模和工程应用三个层次。属性建模层主要包括零部件物理属性建模和基本物理属性计算。零部件的基本物理属性有材质、质量、质心、转动惯量、速度、加速度、动量、作用力、扭矩、温度、接触面特性等物理属性。基本物理属性的计算指零部件基本物理属性的计算与确定方法，包括零部件的转动惯量计算、重心等物理属性的计算，从而为整个虚拟环境下装配过程的物理性能仿真与分析奠定数据基础。

行为建模层是指虚拟装配仿真中涉及的零部件行为建模技术。产品装配过程中，零部件间会发生接触和运动，这种接触和运动将引起变形和产生相互作用力。零部件行为建模就是研究产品装配过程中的物理属性如何影响装配行为。行为建模主要包括接触建模、稳态分析、碰撞检测和动态响应等。接触建模是利用接触力学知识研究零部件接触特性行为。稳态分析是指装配过程中实时判断装配状态是否能够处于稳定状态，并

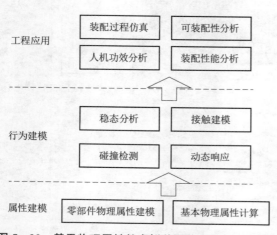

图 5-23 基于物理属性的虚拟装配仿真技术研究模型

分析处于稳定状态时零部件间的相互作用力。碰撞检测与动点响应包括零部件在装配过程中与其他零部件以及环境的碰撞检测算法，并依据碰撞检测结果进行响应，它影响装配仿真过程的真实性，是进行装配可行性分析、工具空间检测等研究的重要基础。

工程应用层主要是将基于物理属性的虚拟装配与实际的工程实际情况相结合，从而解决实际工程中的问题，主要包括装配过程仿真、可装配性分析、装配性能分析和人机功效分析等。基于物理属性的装配过程仿真是根据零部件的物理属性，在仿真过程中实时计算零部件的装配力和装配特性。基于物理属性的装配过程仿真能够克服基于几何的装配过程仿真的不真实感，十分真实地模拟实际的装配过程。在装配过程中，由于考虑了零部件的物理属性（例如由于自身重力和与其他零部件的摩擦与碰撞等行为），那么 VA 系统会根据重力大小、摩擦与碰撞状况进行计算分析，并将力和碰撞信息通过传感装置实时反馈给操作者。

图 5-24 所示为虚拟装配系统中基于物理属性的零部件交互装配仿真过程。当前正在装配的零件在重力作用下向下运动，当零件与已装配零件发生碰撞后，在碰撞力、重力和摩擦力等的共同作用下达到稳定状态。

图 5-24　基于物理属性的零部件交互装配仿真过程

3. 虚拟环境下的装配精度预分析技术

复杂产品研制过程中常常采用修配法或调整装配法进行产品装配，因此，如何对装配误差累计进行分析，在产品实际装配之前预测产品最终的装配精度，并提前设计出合理可靠的装调方案，是装配工艺师在装配工艺设计中需要解决的核心问题之一。目前国内外有关计算机辅助公差分析与综合方面的研究成果，大多是在商品化 CAD 软件（如 CATIA、UG 等）的基础上，开发公差分析及优化模块。虚拟现实技术的出现，以其所具有的沉浸感、交互性、实时性的特征，为人机交互技术的发展提供了新的方向。但是，目前国内外的虚拟装配技术大多基于公称尺寸的模型数据，没有实现虚拟现实技术和计算机辅助公差分析与综合技术的结合，导致现有的虚拟装配系统基本上无法预测装配误差的大小及由于装配误差引起的装配质量问题。因此，对虚拟环境下带公差的产品建模技术和装配精度预分析技术的研究是推进虚拟装配仿真技术实用化的关键之一。

建立虚拟环境下的产品精度模型是实现带公差的虚拟装配的前提。在产品装配过程中，由于零部件自身制造偏差、各个工位上装配的定位偏差，以及由人工、设备、环境等随机因素引起的偏差在装配过程中发生耦合、积累和传播，形成产品最终的综合偏差。因此，虚拟环境下的产品精度模型，不仅需要考虑零部件的设计精度信息（包括尺寸公差、形位公差和表面粗糙度信息）、实际制造精度信息（零件加工后的实测值），还要考虑零部件装配顺序、装配定位方式等信息。

虚拟环境下的产品装配精度预分析是指利用虚拟现实技术，在产品工艺设计阶段或装配实施阶段，根据产品公差设计值或零件加工后的实测值，对产品的装配精度进行预测与控制的技术统称。其核心思想是：在复杂产品实际装配前，通过带精度信息的产品装配过程仿真，分析并预测产品最终的装配精度，并提出合理的装调优化方案。虚拟环境下的产品装配精度预分析方法主要包括试装法、修配法、调整法和选择装配法等。

1）试装法

在虚拟环境中，采用多种可行装配方案进行试装配，预测不同加工偏差零件组合时的产品装配精度，并进行分析比较，从而可选取获得最优装配精度的装配顺序与零件组合。图 5-25 所示为某部件试装过程中装配精度计算过程的软件界面。

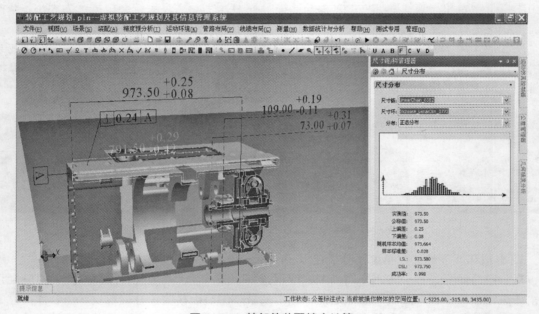

图 5-25　某部件装配精度计算

2）修配法

修配法即现场装配时对其补偿环零件的尺寸进行修配，使封闭环达到设计要求的方法。补偿环零件一般选择易于加工且易于拆装的零件。虚拟环境下的产品装配精度预分析方法，可根据零件实测值进行试装配，实时计算分析修配量的大小，用于指导现场装配。

3）调整法

调整法即用改变补偿环的实际尺寸或位置，使封闭环达到设计公差与极限偏差的要求的方法。一般以螺栓、斜面、挡环、垫片或轴孔连接中的间隙等作为补偿环。虚拟环境下的产品装配精度预分析方法，可通过零件实测值的预装配分析，实时计算调整量的大小，指导现场装配。

4）选择装配法

选择装配法主要针对中小批量产品，通过对待装配零件的检测和挑选，有选择性地进行装配，以达到较高的装配精度的一种装配方法。

4. 柔性线缆布线与装配仿真技术

线缆在机电产品中占有很大的比例。长期以来，制造企业的线缆生产方式都比较落后，往往采用施工现场人工取样的方法来布线，存在周期长、反复多、成本高和质量难以控制等问题。虚拟装配仿真技术的出现和发展为解决复杂产品线缆可靠性装配提供了一种新的思路和方法。虚拟装配仿真技术为线缆的三维布局设计与施工过程仿真提供了良好的人机交互环境，借助于虚拟现实技术提供的沉浸式环境，工艺设计人员可以综合考虑装配空间的制约、装配工具的使用、结构件的装配、线缆的捆扎方式等，从而为解决长期以来线缆的设计、施工和管理集成难的问题提供了一种可行的技术途径。

线缆作为一种典型的柔性体，为解决其布局与装配仿真问题，需要着重解决以下五个方面的问题。

1）线缆几何建模

虚拟环境下的线缆几何建模指建立一个能精确表达线缆的几何外形及其拓扑关系的模型，该线缆模型不仅要高度逼近真实线缆的几何形状，而且要便于虚拟环境下的线缆布线操作以及对布线操作过程信息的记录。线缆的几何建模采用离散控制点建模方法，所谓离散控制点建模，就是将柔性线缆简化成由一系列截面（通常为圆截面）中心点相连而形成的空间连续矢量化折线段，将这些中心点作为线缆空间位姿的控制点，通过人机交互技术对这些控制点进行操作控制来实现线缆的动态布局和优化。由于线缆的实际长度很难事先预测，因此，可以采用基于离散控制点的变长模型，即在线缆布线过程中线缆的长度是动态变化的，待线缆布线完毕后，根据线缆的不同结构特性和性能参数自动地计算出线缆的长度，并以接线表和接头 BOM 表的形式输出。

2）线缆布线与优化

从线缆布线与电磁兼容性能的关系、线缆布线与产品可靠性及可维护性的关系、线缆自身结构与可靠性的关系三个方面入手，在保证线缆布线过程中与其他结构件无干涉的前提下，通过对线缆模型的拖拽、旋转、平移、捆扎、固定等操作，实现快速的线缆布线设计。

3）线缆装配工艺规划与敷设过程仿真

完成线缆的布线设计后，即可进行线缆的装配工艺规划与敷设过程仿真，其主要目的是验证布线方案的合理性并对线缆的安装过程进行仿真和规划。线缆装配工艺规划与布线设计的最大不同在于，布线设计注重的是线缆装配到产品中的结果，而装配工艺规划注重的是线缆的装配工艺过程。在装配工艺规划的过程中，需通过实时碰撞干涉检测技术来保证线缆安装路径的可行性，通过插值光顺技术来提高线缆模型几何形状的真实感，通过基于插装特征的线缆接头装配技术来实现线缆接头的快速装配，通过基于布线任务的装配过程存储结构来记录和保存装配工艺规划过程信息。

4）线缆的动态特性与耐疲劳特性分析

建立线缆的有限元模型，进行模态分析与瞬态响应分析，并将分析结果导入虚拟环境中，以便在虚拟环境下对线缆布局结果进行综合分析。

5）线缆布线工艺数据管理

通过对线缆模型以及布线过程数据的记录、处理、统计和输出，实现电气设计数据向工艺数据的转化，以达到指导实际生产过程的目的。

结合机电产品电气系统的研制流程，建立了虚拟环境下线缆布线设计、装配工艺规划与敷设过程仿真流程，如图 5-26 所示，主要包括五个阶段：线缆数字化建模与布线设计、线缆长度估算、线缆运动学建模、线缆装配工艺规划与安装仿真、线缆动态特性和疲劳性分析。图5-27所示为某设备线缆敷设结果。

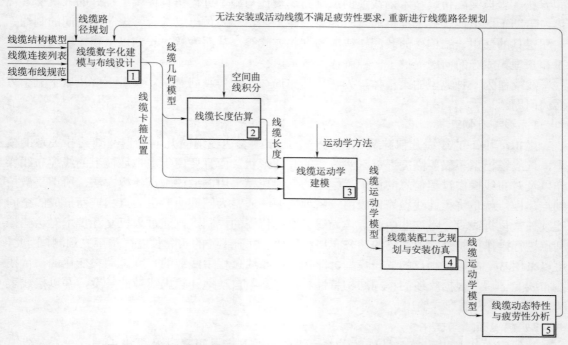

图5-26 虚拟环境下线缆布线设计、装配工艺规划与敷设仿真流程

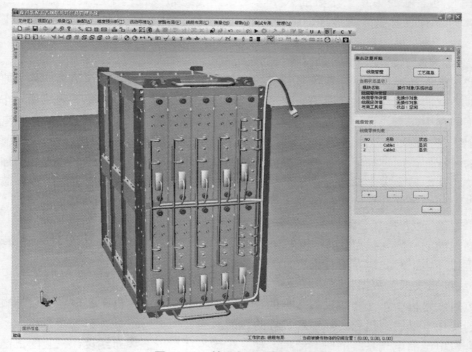

图5-27 某设备线缆敷设结果

5.5　数字化车间的生产管理

5.5.1　数字化车间的基本内涵与构成

智能制造系统是综合应用物联网技术、人工智能技术、信息技术、自动化技术、制造技术等实现企业生产过程智能化、经营管理数字化，突出制造过程精益管控、实时可视、集成优化，进而提升企业快速响应市场需求、精确控制产品质量、实现产品全生命周期管理与追溯的先进制造系统。数字化车间和智能工厂是智能制造系统发展的两个重要阶段。数字化车间，是企业生产制造体系的一部分，主要包括车间运行管控系统以及数字化智能装备、数字化生产线等组成部分。智能工厂是在数字化车间基础上，通过企业产品研发设计的数字化、智能化，经营管理的数字化、智能化，以及供应链的协调、优化，实现广义制造系统整体的集成、优化与智能化。

数字化车间是相对于以人工、半自动化机械为主要加工手段/方式，以纸质为信息传递载体为主要特征的传统生产车间而言的，是一种融合了先进的自动化技术、信息技术、先进加工技术及管理技术的新型生产车间。数字化车间是指以制造资源（Resource）、生产运作（Operation）和产品（Product）为核心，将数字化的产品设计数据，在现有实际制造系统的数字化现实环境中，对生产过程进行计算机仿真、优化控制的新型制造方式。数字化车间技术是在高性能计算机、工业互联网的支持下，采用计算机仿真与数字化技术，实现从产品概念的形成、设计到制造全过程的三维可视及交互的环境，以群组协同工作的方式，在计算机上实现产品设计制造的本质过程，具体包括产品的设计、性能分析、工艺规划、加工制造、质量检验、生产过程管理与控制等，并通过计算机数字化模型来模拟和预测产品功能、性能及可加工性等各方面可能存在的问题。从数字化车间的构成来看，既包含构成生产单元/生产线的自动化/智能化加工单元及生产装备等，又包括辅助产品数字化设计、制造及车间运行管控的软件系统。数字化车间的系统构成如图 5-28 所示，主要包括运作管理层、生产控制层、网络通信层、系统控制层和生产执行层。

1）运作管理层

运作管理层的核心是依托 ERP（Enterprise Resources Planning，企业资源计划系统）实现对工厂/车间的运作管理，包括主生产计划的制订、BOM（Bill of Materials，物料清单）以及物料需求计划的分解、生产物料的库存管理等。

2）生产控制层

生产控制层主要是借助以 MES（Manufacturing Executive System）为核心的制造系统软件实现对生产全过程的管理控制，包括生产任务的安排、工单的下发、现场作业监控、生产过程数据采集以及对数字化车间的系统仿真等。其中的数字化车间系统仿真包括四个方面：

① 数字化车间层仿真：对车间的设备布局和辅助设备及管网系统进行布局分析，对设备的占地面积和空间进行核准，为车间设计人员提供辅助的分析工具。

② 数字化生产线层仿真：主要关注所设计的生产线能否达到设计的物流节拍和生产率。制造的成本是否满足要求，帮助工业工程师分析生产线布局的合理性、物流瓶颈和设备的使用效率等问题，同时也可对制造的成本进行分析。

图 5-28　数字化车间的系统构成

③ 数字化加工单元层仿真：主要提供对设备之间和设备内部的运动干涉问题，并可协助设备工艺规划员生成设备加工指令，再现真实的制造过程。

④ 数字化加工操作层仿真：在加工单元层仿真的基础上，对加工的过程进行干涉等的分析，进一步对可操作人员的人机工程方面进行分析。

通过这四层的仿真模拟，达到对数字化车间制造系统的设计优化、系统的性能分析和能力平衡以及工艺过程的优化和校验。

3）网络通信层

网络通信层主要是为数字化车间的信息、数据以及知识传递提供可靠的网络通信环境，一般以工业以太网为基础实现底层（生产执行层）之间的设备互联，以工业互联网实现运作管理层、生产控制层以及系统控制层、生产执行层之间的互联互通。

4）系统控制层

系统控制层主要包括 PLC、单片机、嵌入式系统等实现对生产执行层的加工单元、机器人及自动化生产线的控制，是构成数字化车间自动化控制系统的重要组成部分。

5）生产执行层

生产执行层是构成数字化车间制造系统的核心，主要包括各种驱动装置、传感器、智能加工单元、工业机器人及智能制造装备等生产执行机构。如工业机器人、智能加工中心、自动化装配线、三维可视化监控系统、装配在线检测系统、自动化物流系统等，如图 5-29 所示。

借助于工业机器人实现的数字化车间是真正意义上将机器人、智能设备和信息技术三者在制造业的完美融合，涵盖了对工厂制造的生产、质量、物流等环节，是智能制造的典型代表，主要解决工厂、车间和生产线以及产品的设计到制造实现的转化过程。

数字化车间改变了传统的规划设计理念，将设计规划从经验和手工方式，转化为计算机辅助数字仿真与优化的精确可靠的规划设计，在管理层由 ERP 系统实现企业层面针对质量管

图 5 – 29 生产执行层的系统构成示意图

(a) 工业机器人；(b) 智能加工中心；(c) 自动化装配线；(d) 三维可视化监控系统；
(e) 装配在线检测系统；(f) 自动化物流系统

理、生产绩效、依从性、产品总谱和生命周期管理等提供业务分析报告；在控制层由 MES 系统实现对生产状态的实时掌控，快速处理制造过程中物料短缺、设备故障、人员缺勤等各种异常情形；在执行层面由工业机器人、移动机器人和其他智能制造装备系统完成自动化生产流程。

目前，较为典型的数字化车间主要有汽车发动机加工数字化车间、航空关键零部件制造数字化车间。汽车发动机加工数字化车间主要围绕汽车发动机、变速箱等关键部件精密加工和装配需要，建设大批量件机加工数字化车间。具备自动化上下料，加工参数优化，生产过程实时监控，数字化物流跟踪，在线高精度检验，设备故障自动预警，MES/ERP 管理等功能，能够显著提高汽车关键部件加工的效率、精度和质量，增强我国汽车制造业技术水平和产品质量。航空关键零部件制造数字化车间主要针对航空发动机叶片、机匣等关键部件的精准制造需求，建设以数字化精加工生产线布局规划、仿真优化、生产线智能准备、制造过程精益管控与跟踪优化、工艺质量在线监测等为主要功能的航空关键零部件精准制造数字化车间，综合运用制造现场多源信息实时采集、全过程制造资源管理、计划动态调度、设备能耗优化和制造过程综合优化等技术与系统，构建航空发动机叶片、机匣等关键零部件生产线智能制造系统，为精密部件精准制造的数字化车间建设起示范作用。

5.5.2 基于物联网的数字化车间软件系统规划

数字化车间是智能制造系统发展的初级阶段，是智能工厂的基础。基于物联网的数字化车间系统是在传感技术、网络技术、自动化技术、人工智能技术等先进技术与制造技术融合基础上，通过智能化的感知、人机交互、决策和执行技术，实现产品生命周期各环节以及制造装备（生产线、工厂）智能化。其核心技术是制造物联技术（包括 RFID、无线传感网、嵌入式系统等），为实现产品互联、装备互联、人机环互联等提供了技术基础。基于物联网的数字化车间系统改变了工厂中人与自然界的交互方式，实现人与人、人与物、物与物之间的互联，把虚拟的信息世界与现实的物理世界连接起来，融为一体，扩展了现有网络的功能和管理层认识和改造工厂的能力。图 5-30 所示为基于物联网的数字化车间软件系统的整体架构，包括感知层、传输层和应用层。

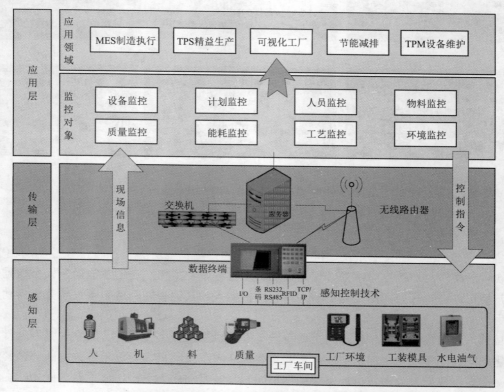

图 5-30 基于物联网的数字化车间软件系统的整体架构

1）感知层

感知层主要通过 RFID、嵌入式系统、传感器等感知控制技术实现对现实工厂车间的资源（包括人、机、料、工装模具、生产设备、工厂环境等）状态感知和信息获取，并通过智能数据采集终端获取生产现场工况数据、加工数据和质量数据等。

2）传输层

传输层是由网络通信设备构成的信息传输中间层，通过交换机、无线路由器等实现对现场信息的上传、上层控制指令的下达。

3）应用层

应用层是面向现实工厂车间管理需求提供的系统管理功能，包括对 8 类生产对象的实时监控，具体包括设备监控、人员监控、物料监控、能耗监控、环境监控、计划监控、质量监控以及工艺监控；系统应用领域包含基于 MES 的制造执行、基于 TPS 的精益生产、基于 TPM 的设备维护以及可视化工厂与节能减排。

基于物联网的数字化车间软件系统的部署如图 5-31 所示。

通过部署基于物联网的数字化车间软件系统，使现实工厂车间的整个生产过程中实现对生产计划与调度的全部数字化管理，基于计划调度模块、质量控制模块、物料控制模块、车

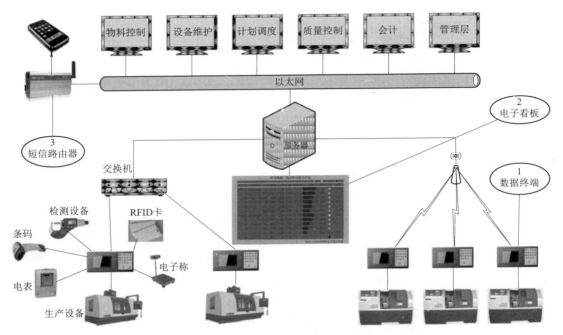

图 5 - 31 基于物联网的数字化车间软件系统的部署

间工序管理模块等，实现了从销售订单到生产排产，再到车间生产任务单，到产品研发工艺数据，再到生产任务单汇报的全过程管理，实现产成品从生产线下线到产成品入库的自动化统计，实现设备数据、工艺数据到车间现场的实时传输。所有的工艺加工数据通过网络可以直接传输到生产线的自动加工设备上，同时工艺加工人员可以通过网络实时监控生产线的加工情况。通过控制 NC 来实现生产线上刀具相对于各坐标轴运行规律的控制，通过网络控制 PLC 来实现数控机床的管理控制。按照程序设定的控制逻辑对刀库运动、换刀机构等运行进行控制，实现质量信息的及时反馈控制，大大增强了对工艺过程的监控力度，实现了整个生产过程的质量信息追溯。

5.5.3 数字化车间的生产计划与控制

生产计划是任何一个制造企业运营管理中不可缺少的功能和环节，计划制订得科学与否直接关系到生产系统运行的好坏。生产计划是为制造企业、生产车间或生产单元等制造活动的执行机构制订在未来的一段时间（称为"计划期"）内所应完成的任务和达到的目标。生产计划的制订是一个复杂的系统工程，需要借鉴和利用先进的管理理念、数学运筹与规划方法以及计算机技术，在制造企业现有的生产能力约束下，合理地安排人力、设备、物资和资金等各种企业资源，以指导生产系统按照经营目标的要求有效地运行，最终按时、保质、保量地完成生产任务，制造出优质的产品。

1. 基于 ERP 与 MES 的数字化车间生产计划体系

科学合理制订生产计划，其核心是处理好任务与能力之间的平衡问题，做好各方面的平衡是计划工作的基本方法。如图 5 - 32 所示的生产计划体系中，要处理好三类计划的平衡问题：长期计划、中期计划和短期计划。

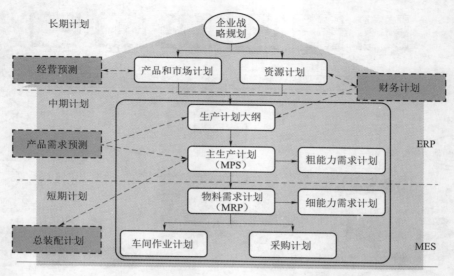

图 5-32　基于 ERP 与 MES 的生产计划体系

长期计划：目标任务与资源、资金的平衡。

中期计划：生产技术与生产技术准备的平衡、生产与成本的平衡。

短期计划：生产任务与生产能力的平衡、生产与质量的平衡。

以下分别对图 5-32 所示的生产计划体系所包含的各类计划逐一解释如下：

1）生产计划大纲

生产计划大纲又称为综合生产计划（Aggregate Production Planning，APP），是根据市场需求预测和企业所拥有的生产资源，对企业计划期内出产的内容、出产数量以及为保证产品的出产所需劳动力水平、库存等措施所做出的决策性描述。生产计划大纲是企业的整体计划（年度生产计划或年度生产大纲），是各项生产计划的主体。

2）主生产计划

主生产计划（Master Production Schedule，MPS）是对企业生产计划大纲的细化，是详细陈述在可用资源的条件下何时要生产出多少物品的计划，用以协调生产需求与可用资源之间的差距。主生产计划确定每一个体的最终产品在每一具体时间内的生产数量。

3）物料需求计划

物料需求计划（Material Requirements Planning，MRP）是生产和采购产品所需各种物料的计划，是根据何时主生产计划上需要物料来决定订货和生产的。根据产品结构和主生产计划，综合考虑物料库存情况，确定满足生产需求的物料数量及要求到货的时间。

MRP 的基本原理是：将企业产品中的各种物料分为独立物料和相关物料，并按时间段确定不同时期的物料需求，基于产品结构的物料需求组织生产，根据产品完工日期和产品结构制订生产计划，从而解决库存物料订货与组织生产问题。MRP 以物料为中心的组织生产模式体现了为顾客服务、按需定产的宗旨，计划统一可行，并且借助计算机系统实现对生产的闭环控制，比较经济和集约化。

4）生产能力计划

生产能力是指在一定时期内，直接参与企业生产过程的固定资产，在一定的技术组织条件下，经过综合平衡后，所能生产的一定种类产品最大可能的产量。生产能力计划就是对生产能力的合理规划。

对图 5-32 所示的基于 ERP 与 MES 的生产计划体系进一步细分，有助于理解 ERP 与 MES 之间的关系。如图 5-33 所示，MES 在计划体系中起承上启下的作用。

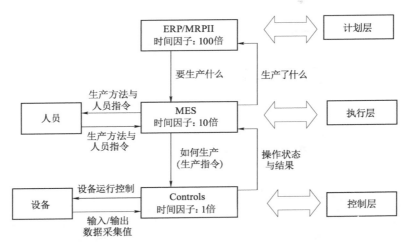

图 5-33　ERP 与 MES 在生产计划体系中的作用

计划层强调企业的作业计划，它以客户订单和市场需求为计划源，充分利用企业内部的各种资源，降低库存，提高企业效益。

控制层强调设备的控制，如 PLC、数据采集器、条形码、各种计量及检测仪器、机械手等的控制。

执行层是位于上层的计划管理系统与工业控制系统之间的信息系统。它为操作人员/管理人员提供计划的执行和跟踪以及所有资源的当前状况，主要负责生产管理和调度执行。

MES 是位于上层的计划管理系统与工业控制系统之间的面向车间层的管理信息系统。它为操作人员/管理人员提供计划的执行和跟踪以及所有资源（人员、设备、物料、客户需求等）的当前状况。MES（生产执行系统）通过控制包括物料、设备、人员、流程指令和设施在内的所有工厂资源来提高制造竞争力，提供了一种在统一平台上集成诸如质量控制、文档管理、生产调度等功能的方式。

2. 数字化车间生产作业监控与进度控制

生产作业监控与进度控制是数字化车间生产管理的核心工作之一，既包括对生产车间计划完成情况、对客户订单的履约情况的分析判断，也包括对生产现场设备状态的监控，有助于生产管理者对生产计划进行科学合理的调度安排，是生产作业调度的基础。图 5-34 所示为基于 ERP 与 MES 的排产优化与生产监控系统功能。

经过排产优化生成生产计划后，由制造平台执行数据采集与生产过程监控，对生产过程执行情况、物料配送及生产收发货情况、生产过程质量状况等进行管理，并将信息传递给 ERP 系统的库存管理、质量管理等模块，实现生产过程的全流程可视化。智能排产与自动派工系统功能界面如图 5-35 所示。

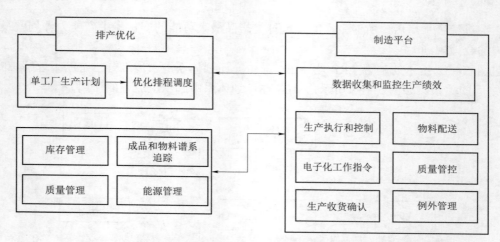

图 5-34　基于 ERP 与 MES 的排产优化与生产监控系统功能

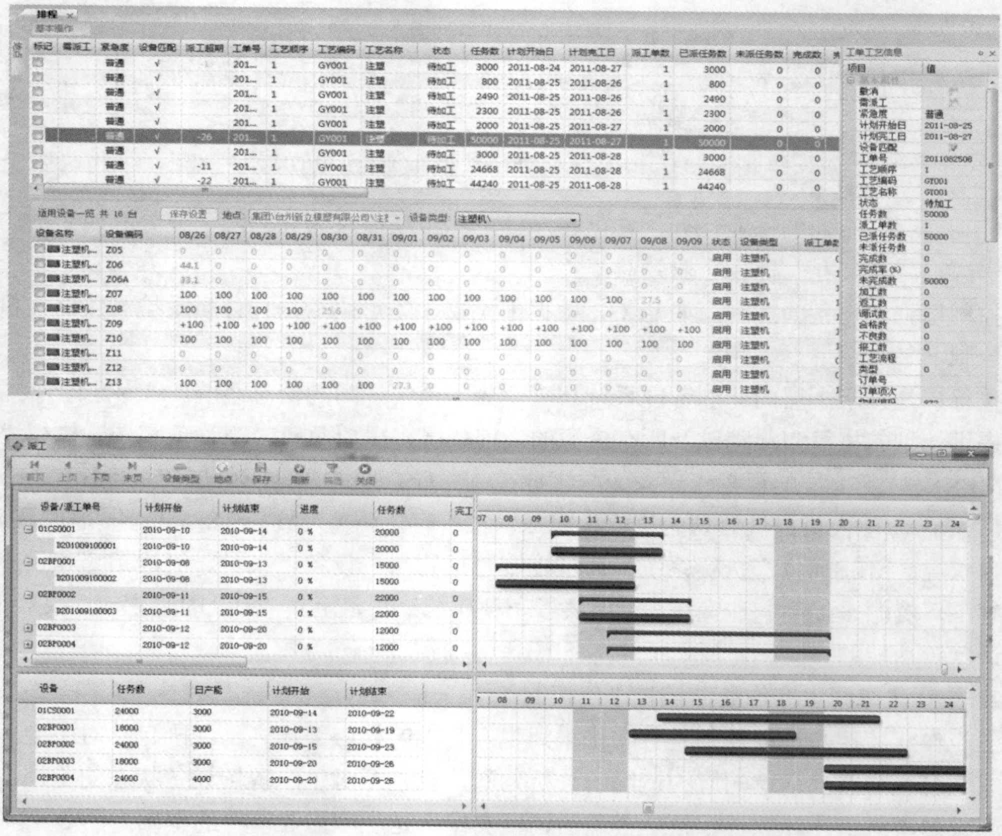

图 5-35　智能排产与自动派工系统功能界面

数字化车间的生产进度监控与计划调度，可以在 MES 系统的支持下，根据预先设置的阈值，对设备状态异常、负荷超载、合格率、进度提前或滞后进行预警，计划员根据预警提示对现场情况及时调度，保证生产计划按时完成。计划员可按任务检查各工序生产的进展、异常预警情况并实施调度，对违反工艺规定、违反生产指令的情况可直接在电脑上操作锁定车间的生产设备，以确保质量、提高订单达成率、减少在制品。通过生产过程智能数据采集终端与生产设备相连，自动侦测设备的各类运行状态，以图表方式在各种显示媒介（数据终端、电脑、电子看板、手机等）上显示各区域的设备状态，如关机、开机停工、开机调试、开机加工等各类状态。当设备发生停机时，系统会在数据终端上提示报告停机代码，自动生成和跟踪停机事件，同时设备处于被锁定状态，只有按规定报告之后才可以解锁继续生产。如图 5-36 和图 5-37 所示，分别为基于 MES 的生产进度监控界面和设备状态监控界面。

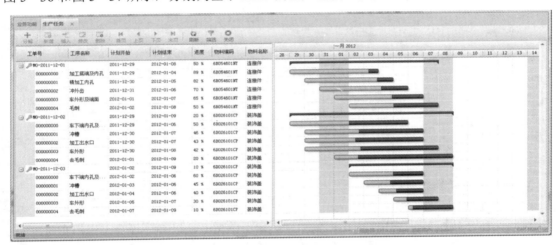

图 5-36　基于 MES 的生产进度监控界面

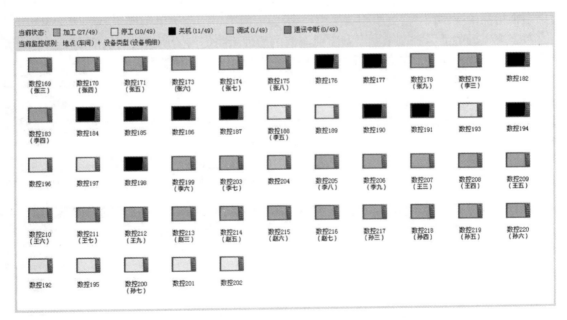

图 5-37　基于 MES 的设备状态监控界面

生产过程跟踪是依靠对生产过程相关信息的采集，使得批次产品的生产进度可视进而可控，减少延期，提高客户满意度。图 5-38 所示为生产进度跟踪界面。

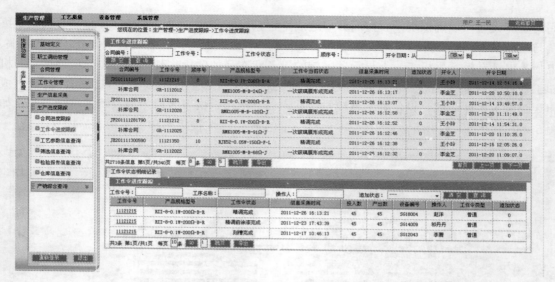

图 5-38　随工单生产进度跟踪界面

3. 数字化车间的质量控制

产品的质量是由过程质量决定的，因此对于产品质量的控制本质上就是对于生产过程质量的控制。在产品加工过程中，人员、物料、机器、工艺方法以及环境等因素都会对过程质量产生很大的影响，产品的质量也可以看成这些因素共同起作用的结果。过程质量的控制主要包括以下几个方面：对于生产条件的控制、对于关键工序的控制、对于检验条件的控制和对于不合格品的控制。

数字化车间的质量控制依赖于数字化车间的软件系统提供的质量控制功能。图 5-39 所示为数字化车间质量控制功能界面。当过程发生变化（人员、机器、物料、方法、环境、检测），系统自动计时，在数据终端和电子看板上提醒首检，检验员刷卡后输入检验结果，逾期（可设定时间）未输入则锁机并发出报警，直至有资格的人员输入检验结果后才能解锁，继续进行加工。巡检的机制则是从检验结果输入的那一刻开始计时，到达设定时间间隔如果没有检验结果的输入则锁机和报警。检验结果可以是自动机检、人工检输入合格/不合格，也可以是输入每个检验项目的具体检验数值。如果是对特殊特性的 SPC 控制，则会在数据终端上实时产生控制图表，突出过程偏离信号，提示采取措施对过程纠偏，检验表格随加工指令一通

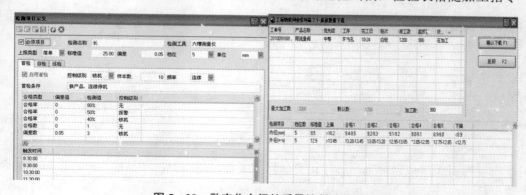

图 5-39　数字化车间的质量控制功能界面

下发到数据终端。对于操作工 100%检验的工序（如注塑），发现不良品后在与数据终端相连的按钮上按一下，系统会自动统计不良率，当不良率超出设定值后，系统会自动报警，防止不良率超标之后导致的产出不足，影响订单的交付。对于通过转序检验，在电脑上录入检验结果的情况，系统会自动累积前工序不良率，当发现产出将会低于任务数时发出报警提醒。

第6章
精密制造装备的运动控制基础

典型的精密制造装备有数控加工机床、数控磨抛机、加工机器人等。精密制造装备通过协调控制各个坐标轴，使工具（如刀具、砂轮）和工件之间产生相对运动，实现对工件的精密加工，因此，运动精度直接决定了精密制造精度。本章详细介绍了与精密制造装备运动控制有关的知识，以及用于精密制造装备测量的现代测量技术和提高精密制造装备加工精度的误差补偿方法。

6.1　运动控制原理

在应用精密制造装备进行自动加工时，用户依据工件外形、切削条件和加工刀具等要求编制含有刀具运动轨迹和运动速度的数控加工程序，然后通过输入装置将数控加工程序输入数控装置（Computer Numerical Control，CNC），经过处理与计算后，发出相应的控制指令，经位置控制（一般在数控装置内）和伺服驱动控制，精密制造装备按预定的轨迹运动，从而完成对工件的精密加工。加工过程如图6-1所示。

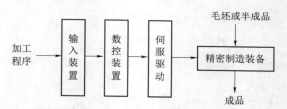

图6-1　工件的数字化自动加工过程

CNC是精密制造装备的核心，其工作过程如图6-2所示。加工程序输入CNC后，先对加工程序进行译码和预处理，计算出运动轨迹与进给速度等运动要求信息，输出给插补器，然后插补器根据输入的运动要求计算输出各轴运动位移（位置）和速度，同时采用加减速控制平滑运动轨迹，最后产生位置控制命令输出给位置控制器，由位置控制器通过开环、闭环和半闭环等方式控制伺服驱动系统带动装备各个坐标轴最终完成要求的轨迹运动。

输入CNC的加工程序一般只含有刀具运动的起点坐标、终点坐标、轨迹形状和运动速度等，而刀具从起点沿规定的轨迹形状走向终点的过程则要依赖插补器的插补功能来控制。

插补（Interpolation）是一种运动轨迹产生方法，它根据加工程序给定的曲线上某些数据（如直线的起点和终点，圆弧的起点、终点、圆心或半径），按照某种算法计算刀具运动轨迹上已知位置点之间的中间位置点，这些中间位置点作为指令位置信号输出给位置控制器。插补是精密制造装备（如精密铣床、精密车床、精密加工中心等）的关键组成部分，其计算精度和速度直接影响工件的加工精度和加工速度。

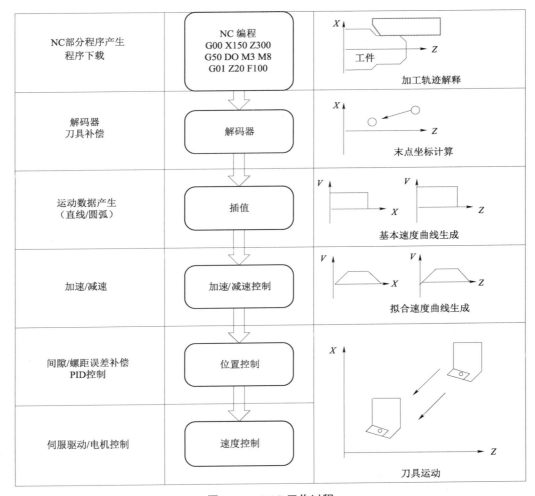

图 6-2　CNC 工作过程

在加工复杂形状工件时，精密制造装备需具有多轴联动控制功能，即能够同时控制多个轴以特定的速度运动，使各轴的合成运动满足加工程序中给定的运动轨迹和进给速度。为此，需先将加工程序中给定的运动轨迹分解为各个联动轴的运动分量，然后控制各联动轴按分解后的运动分量协调运动，最终实现刀具或工件沿加工程序中规定的轨迹运动。插补过程也是将加工程序中的给定运动分解为各个联动轴的运动分量的过程。

为向各联动轴输出正确的位移和速度，以指定进给速度加工出要求的工件形状，插补需具有以下功能：

① 插补点应被约束在给定轨迹上或给定轨迹附近，插补点与给定轨迹误差应满足要求的精度。

② 计算进给速度时，应考虑到机械结构和伺服系统的负载能力。

③ 能避免误差累积，以保证最终位置点尽可能与目标点一致。

精密制造装备的数控装置可采用多种插补功能，包括快速移动、直线插补、圆弧插补、螺旋线插补和样条插补等。直线插补功能可控制刀具以指定的进给速度做直线运动。圆弧插补功能可控制刀具做圆弧运动。螺旋线插补在圆弧插补的同时定义插补平面法线方向的同步运动，实现控制刀具进行螺旋线运动。样条插补功能可控制刀具沿样条插补曲线运动，具有样条插补功能的精密制造装备可加工自由曲线和曲面，样条插补算法有多种，其中，NURBS（非均匀有理 B 样条）曲线是最为典型的样条插补曲线。

如果直接采用插补计算产生的各轴运动位移和速度进行运动控制，在运动开始或结束时，都会产生较大的机械振动与冲击。为防止机械振动与冲击，通常会在新的插补位置输入位置控制器前对其进行加减速控制，这种方法称为后加减速控制。与此对应的，是在插补前进行加减速控制，此方法称为前加减速控制。

每个插补周期，经插补和前/后加减速处理计算后得到的插补位置信息作为指令位置信号输出给位置控制器，位置控制器可以采用开环、反馈闭环/半闭环控制，最终完成要求的轨迹运动。反馈闭环/半闭环控制可以减小位置误差，提高控制精度，CNC 系统中广泛采用 PID（Proportional Integral Derivation，比例积分微分）控制器作为位置控制器。

6.2 插补

6.2.1 概述

如前所述，插补器输出的就是运动位置指令信号，插补过程可以由硬件或软件实现，因此可分为硬件插补器和软件插补器。硬件插补器由硬件电路实现，在数控系统发展初期曾大量使用。硬件插补器计算速度快，但插补算法无法更改，灵活性差。目前，随着计算机技术的发展，出现了软件插补器，利用软件计算实现硬件插补计算，并逐步取代了硬件插补器。现代自动化装备的数控系统多采用软件实现插补。

软件插补算法有多种，如逐点比较法、DDA 插补法、直接函数法、欧拉插补法和泰勒插补法等，根据插补器输出给位置控制装置的信号类型，可以将这些方法归纳为基准脉冲插补（脉冲增量插补）和数据采样插补（数据增量插补）。

1. 基准脉冲插补

基准脉冲插补中，计算机产生的中断脉冲作为插补器的外部中断信号，每中断一次，插补器做一次插补运算，运算结果以脉冲形式输入各坐标轴驱动装置，驱动各坐标轴进给电机运动，脉冲增量插补算法主要应用在以步进电动机驱动的开环数控系统中。中断脉冲周期为插补周期；每次插补输出一个脉冲，对应轴输出一个行程增量，也叫脉冲当量。脉冲当量为刀具或工件运动的最小位移单位。插补器对各坐标轴输出的脉冲序列中脉冲的个数决定了该坐标轴的位移，脉冲的频率决定了该坐标轴的运动速度。为提高机床加工速度，需要提高插补器的脉冲输出频率。插补器的脉冲输出频率由插补周期决定，而一个插补周期内需要完成一次插补运算，其最小值受插补运算速度的限制。因此简化算法、提高计算机运算速度，可减小插补周期，提高基准脉冲输出频率，可有效提高精密制造装备的运动速度或加工速度。

2. 数据采样插补

数据采样插补中，以单位时间划分加工时间，该单位时间也称为插补周期。每个插补周期，插补器根据加工轨迹和进给速度计算出该插补周期内各坐标轴的坐标增量，作为位移指令输出给位置伺服驱动装置，伺服驱动装置按照位移检测采样周期采样实际位移量，与插补器输出的位移指令相比较，形成反馈控制，完成该插补周期的坐标增量运动。数据采样插补算法主要应用在交、直流伺服电动机驱动的闭环（或半闭环）数控系统中。

数据采样插补可以分为两步：第一步称为粗插补，通过计算插补周期内各坐标轴的坐标增量，将加工轨迹分解为多个折线段（轮廓步长），由多个折线段拟合加工轨迹，折线段构成的拟合轨迹与实际要求的加工轨迹之间的误差应小于允许误差；第二步称为精插补，每个轮廓步长的运动控制中，以位置采样周期通过闭环反馈控制运动的过程，实质上也是对轮廓步长进行进一步数据密化的过程。

基准脉冲插补和数据采样插补最大的差别在于输出信号形式，基准脉冲插补的输出为脉冲序列，数据采样插补的输出为各坐标增量数据。此外，采样基准脉冲插补的数控系统，其进给速度受插补计算速度的限制，相对于数据采样插补，速度慢，精度低。数据采样插补相对于基准脉冲插补更适合高速加工数控系统，但由于采用折线段对曲线进行拟合，不可避免存在拟合误差，有时为避免拟合误差、计算圆整误差和累积误差等带来的轨迹误差，数据采样插补算法会变得非常复杂，同时为保存拟合折线段数据需增加存储器容量。为发挥基准脉冲插补和数据采样插补各自的特长，目前某些数控系统会在利用软件进行粗插补的同时，采样硬件完成精插补，以保证加工精度和加工速度。

6.2.2　逐点比较插补

1. 逐点比较法的原理与特点

逐点比较法属于基准脉冲插补，是早期精密制造装备中广泛应用的一种插补方法，可实现直线插补、圆弧插补，也可用于其他非圆二次曲线的插补，其特点是运算直观，脉冲输出均匀。逐点比较法的基本原理是每次插补仅向一个坐标轴输出一个脉冲，每输出一个脉冲都要将刀具当前点瞬时坐标与理想轨迹进行比较，判断实际加工点与理想轨迹的位置偏差关系，根据偏差关系决定下一个输出脉冲的方向，下一个脉冲应使位置偏差减小。重复上述过程，使得插补点始终约束在理想轨迹上或附近。

假设精密制造装备加工轨迹为图 6−3 所示的第一象限直线 OE，刀具沿着其运动的方向为 +X 或 +Y。在对该直线进行逐点比较插补过程中，每次插补结束都输出一个脉冲，该脉冲是应该输出给 X 轴，使其向 +X 方向进给一个脉冲当量，还是应该输出给 Y 轴，使其向 +Y 方向进给一个脉冲当量，主要取决于刀具当前点的位置，进给的结果要使位置偏差减小。刀具当前点的位置与理想轨迹的关系只有三种情况：

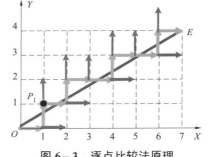

图 6−3　逐点比较法原理

① 刀具当前点在理想轨迹上方。
② 刀具当前点在理想轨迹下方。
③ 刀具当前点在理想轨迹上。

如果刀具当前点的位置属于第①种情况，刀具应该向 +X 方向进给；如果刀具当前点的位置属于第②种情况，刀具应该向 $+Y$ 方向进给；如果刀具当前点的位置属于第③种情况，理论上刀具既可以向 $+X$ 方向进给，也可以向 $+Y$ 方向进给，通常把这种情况归为第①种情况来处理。

下面举例说明，设当前点为 P_1（1，1），由于 P_1 点位于理想轨迹上方，显然将脉冲输出给 $+X$ 方向会使位置偏差更小，因此应将下一个脉冲指令输出给 $+X$ 方向。如此，每次插补均根据当前点与理想轨迹的位置关系决定下一步的进给方向，使得插补曲线始终在理想轨迹上或附近。

逐点比较法的上述原理在实现时，要先建立表征当前点与理想轨迹位置关系的偏差函数，将当前点坐标代入偏差函数计算偏差函数值，通过偏差函数值的大小来判断当前点与理想轨迹的位置关系，确定进给坐标，直至到达轨迹终点。因此每个插补循环可总结为偏差判别、坐标进给、偏差计算（坐标进给后的新坐标点的偏差）和终点判别四个步骤，其中如何构造偏差函数和如何计算偏差函数值对提高插补运算速度最为关键，直接体现了插补算法的优劣。

2. 逐点比较法直线插补

1）偏差判别

对于任意直线插补，可将其划分为起点为零点的四个象限直线插补。下面以图 6-4 所示的第一象限起点为原点（0，0）、终点为 A（x_e，y_e）的直线 OA 插补为例，说明逐点比较法直线插补算法的实现过程。设经过 $i+j$ 次插补后，刀具当前点为 P_{ij}（x_i，y_j），这里 i、j 分别代表 x 和 y 坐标进给的次数。当 P_{ij} 位于直线 OA 上方时，直线 OP 的斜率大于直线 OA 的斜率；当 P_{ij} 位于直线 OA 下方时，直线 OP 的斜率小于直线 OA 的斜率；当 P_{ij} 位于直线 OA 上时，直线 OP 的斜率等于直线 OA 的斜率。即：

P_{ij} 位于直线 OA 上方：$\dfrac{y_j}{x_i} > \dfrac{y_e}{x_e}$，或 $x_e y_j - x_i y_e > 0$；

P_{ij} 位于直线 OA 下方：$\dfrac{y_j}{x_i} < \dfrac{y_e}{x_e}$，或 $x_e y_j - x_i y_e < 0$；

P_{ij} 位于直线 OA 上：$\dfrac{y_j}{x_i} = \dfrac{y_e}{x_e}$，或 $x_e y_j - x_i y_e = 0$。

由此，可定义偏差函数 F_{ij}：

$$F_{ij} = x_e y_j - x_i y_e \qquad\qquad (6-1)$$

$F_{ij} = 0$ 时，刀具当前点在直线上；$F_{ij} > 0$ 时，刀具当前点在直线上方；$F_{ij} < 0$ 时，刀具当前点在直线下方。逐点比较法直线插补的偏差判别就是根据偏差 F_{ij} 的大小来表示刀具当前点与理想直线之间的关系。

2）坐标进给

$F_{ij} > 0$ 时，刀具当前点在直线上方，应向 $+X$ 方向进给 δ，到达新的当前点 $P'_{(i+1)j}$（x_{i+1}，y_j）；$F_{ij} < 0$ 时，刀具当前点在直线下方，应向 $+Y$ 方向进给 δ，到达新的当前点 $P'_{i(j+1)}$（x_i，y_{j+1}）；$F_{ij} = 0$ 时，刀具当前点在

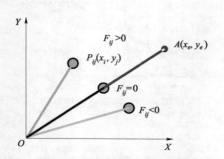

图 6-4　逐点比较法第一象限直线插补

直线上，按照 $F_{ij} > 0$ 的情况来处理，应向 $+X$ 方向进给 δ，到达新的当前点 $P'_{(i+1)j}$（x_{i+1}，y_j）。

3）偏差计算

向 $+X$ 方向进给 δ，到达新的当前点 $P'_{(i+1)j}$（x_{i+1}，y_j），$x_{i+1} = x_i + 1$，新的偏差函数值为

$$F_{(i+1)j} = x_e \times y_j - x_{i+1} \times y_e = x_e \times y_j - (x_i + 1) \times y_e = F_{ij} - y_e \qquad (6-2)$$

向 $+Y$ 方向进给 δ，到达新的当前点 $P'_{i(j+1)}$（x_i，y_{j+1}），$y_{j+1} = y_i + 1$，新的偏差函数值为

$$F_{i(j+1)} = x_e \times y_{j+1} - x_i \times y_e = x_e \times (y_i + 1) - x_i \times y_e = F_{ij} + x_e \qquad (6-3)$$

即，$F_{ij} \geqslant 0$ 时，向 $+X$ 方向进给 δ，$F_{(i+1)j} = F_{ij} - y_e$；$F_{ij} < 0$ 时，向 $+Y$ 方向进给 δ，$F_{i(j+1)} = F_{ij} + x_e$。

4）终点判别

每次插补结束时，需判断是否到达终点，如果到达终点，插补结束，不再进行下一个插补循环。通常可采用下述方法之一进行判断：

① 判断各坐标轴是否到达终点坐标：$x_i = x_e$ 且 $y_i = y_e$。

② 判断各坐标轴的进给步数：$i = |x_e - x_0|$ 且 $j = |y_e - y_0|$。

③ 判断总进给步数：$n = |x_e - x_0| + |y_e - y_0|$。

逐点比较法第一象限直线插补流程如图 6-5 所示。

例 6.1 直线起点为原点 O（0，0），终点 A 的坐标为（3，5），采用逐点比较法对该直线进行插补，其运算过程如表 6-1 所示，插补从直线起点开始，所以偏差初始值 $F_0 = 0$，每插补一次，新的偏差用 F_i 表示；变量 n 用于存储总进给步数，每次插补自减 1，用以判断动点是否到达轨迹终点。插补轨迹如图 6-6 所示。

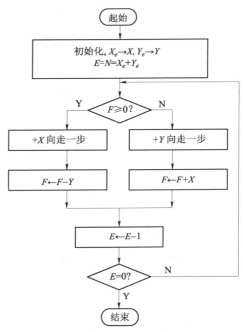

图 6-5　逐点比较法第一象限直线插补流程

表 6-1　逐点比较法直线插补过程

脉冲个数	偏差判别	进给方向	偏差计算	终点判别
0			$F_0 = 0$，$X_e = 3$，$Y_e = 5$	8
1	$F_0 = 0$	$+X$	$F_1 = F_0 - Y_e = -5$	7
2	$F_1 = -5 < 0$	$+Y$	$F_2 = F_1 + X_e = -2$	6
3	$F_2 = -2 < 0$	$+Y$	$F_3 = F_2 + X_e = 1$	5
4	$F_3 = 1 > 0$	$+X$	$F_4 = F_3 - Y_e = -4$	4
5	$F_4 = -4 < 0$	$+Y$	$F_5 = F_4 + X_e = -1$	3

续表

脉冲个数	偏差判别	进给方向	偏差计算	终点判别
6	$F_5 = -1 < 0$	$+Y$	$F_6 = F_5 + X_e = 2$	2
7	$F_6 = 2 > 0$	$+X$	$F_7 = F_6 - Y_e = -3$	1
8	$F_7 = -1 < 0$	$+Y$	$F_8 = F_7 + X_e = 0$	0，到达终点

3. 逐点比较法圆弧插补

逐点比较法圆弧插补过程与直线插补过程类似，也分 4 个工作节拍，即偏差判别、坐标进给、偏差计算和终点判别。每次插补结束输出的脉冲应使刀具朝哪个方向进给也取决于刀具当前点的位置，进给的结果要使位置偏差减小。刀具当前点的位置与理想轨迹的关系只有三种情况：

① 刀具当前点在理想圆弧外。
② 刀具当前点在理想圆弧内。
③ 刀具当前点在理想圆弧上。

如果刀具当前点的位置属于第①种情况，刀具应该向 $-X$ 方向进给；如果刀具当前点的位置属于第②种情况，刀具应该向 $+Y$ 方向进给；如果刀具当前点的位置属于第③种情况，理论上刀具既可以向 $-X$ 方向进给，也可以向 $+Y$ 方向进给，通常把这种情况归为第①种情况来处理。

1）偏差函数与偏差判别

以加工图 6-7 所示起点为 $A（x_0，y_0）$、终点为 $B（x_e，y_e）$、半径为 R 的圆弧 AB 第一象限逆时针圆弧为例。设经过 $i+j$ 次插补后，刀具当前点为 $P_{ij}（x_i，y_j）$，这里 i、j 分别代表 x 和 y 坐标进给的次数。当 P_{ij} 位于圆弧 AB 上时，直线 OP 的长度等于圆弧 AB 的半径 R；当 P_{ij} 位于圆弧 AB 外时，直线 OP 的长度大于圆弧 AB 半径 R；当 P_{ij} 位于圆弧 AB 内时，直线 OP 的长度小于圆弧 AB 的半径 R。即

P_{ij} 位于圆弧 AB 上：$x_i^2 + y_j^2 = x_0^2 + y_0^2$，或 $x_i^2 - x_0^2 + y_j^2 - y_0^2 = 0$；

P_{ij} 位于圆弧 AB 外：$x_i^2 + y_j^2 > x_0^2 + y_0^2$，或 $x_i^2 - x_0^2 + y_j^2 - y_0^2 > 0$；

P_{ij} 位于圆弧 AB 内：$x_i^2 + y_j^2 < x_0^2 + y_0^2$，或 $x_i^2 - x_0^2 + y_j^2 - y_0^2 < 0$。

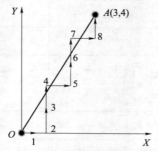

图 6-6　逐点比较法直线插补轨迹

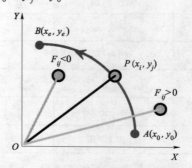

图 6-7　逐点比较法第一象限圆弧插补

由此，可定义偏差函数

$$F_{ij} = x_i^2 - x_0^2 + y_j^2 - y_0^2 \qquad (6-4)$$

$F_{ij} = 0$ 时，刀具当前点在圆弧上；$F_{ij} > 0$ 时，刀具当前点在圆弧外；$F_{ij} < 0$ 时，刀具当前点在圆弧内。逐点比较法圆弧插补的偏差判别就是根据偏差 F_{ij} 的大小来表示刀具当前点与理想圆弧之间的关系。

2）坐标进给

$F_{ij} > 0$ 时，刀具当前点在圆弧外，应向 $-X$ 方向进给 δ，到达新的当前点 $P'_{(i+1)j}(x_{i+1}, y_j)$；$F_{ij} < 0$ 时，刀具当前点在圆弧内，应向 $+Y$ 方向进给 δ，到达新的当前点 $P'_{i(j+1)}(x_i, y_{j+1})$；$F_{ij} = 0$ 时，刀具当前点在圆弧上，按照 $F_{ij} > 0$ 的情况来处理，应向 $-X$ 方向进给 δ，到达新的当前点 $P'_{(i+1)j}(x_{i+1}, y_j)$。

若顺圆弧加工，则其进给方向为 $+X$ 或 $-Y$，可以得到：

$F_{ij} > 0$ 时，点在圆弧外，应向 $-Y$ 方向进给 δ，到达新的当前点 $P'_{i(j+1)}(x_i, y_{j+1})$；$F_{ij} < 0$ 时，点在圆弧内，应向 $+X$ 方向进给 δ，到达新的当前点 $P'_{(i+1)j}(x_{i+1}, y_j)$；$F_{ij} = 0$ 时，刀具当前点在圆弧上，按照 $F_{ij} > 0$ 的情况来处理，应向 $-Y$ 方向进给 δ，到达新的当前点 $P'_{i(j+1)}(x_i, y_{j+1})$。

3）偏差计算

逆圆弧加工时，向 $-X$ 方向进给 δ，到达新的当前点 $P'_{(i+1)j}(x_{i+1}, y_j)$，$x_{i+1} = x_i - 1$，新的偏差函数值为

$$F_{(i+1)j} = (x_i - 1)^2 - x_0^2 + y_j^2 - y_0^2 = F_{ij} - 2x_i + 1 \qquad (6-5)$$

向 $+Y$ 方向进给 δ，到达新的当前点 $P'_{i(j+1)}(x_i, y_{j+1})$，$y_{j+1} = y_j + 1$，新的偏差函数值为

$$F_{i(j+1)} = x_i^2 - x_0^2 + (y_j + 1)^2 - y_0^2 = F_{ij} + 2y_j + 1 \qquad (6-6)$$

即，$F_{ij} \geqslant 0$ 时，向 $-X$ 方向进给 δ，$F_{(i+1)j} = F_{ij} - 2x_i + 1$；$F_{ij} < 0$ 时，向 $+Y$ 方向进给 δ，$F_{i(j+1)} = F_{ij} + 2y_j + 1$。

顺圆弧加工时，向 $-Y$ 方向进给 δ，到达新的当前点 $P'_{i(j+1)}(x_i, y_{j+1})$，$y_{j+1} = y_j - 1$，新的偏差函数值为

$$F_{i(j+1)} = x_i^2 - x_0^2 + (y_j - 1)^2 - y_0^2 = F_{ij} - 2y_j + 1 \qquad (6-7)$$

向 $+X$ 方向进给 δ，到达新的当前点 $P'_{(i+1)j}(x_{i+1}, y_j)$，$x_{i+1} = x_i + 1$，新的偏差函数值为

$$F_{(i+1)j} = (x_i + 1)^2 - x_0^2 + y_j^2 - y_0^2 = F_{ij} + 2x_i + 1 \qquad (6-8)$$

即，$F_{ij} \geqslant 0$ 时，向 $-Y$ 方向进给 δ，$F_{i(j+1)} = F_{ij} - 2y_j + 1$；$F_{ij} < 0$ 时，向 $+X$ 方向进给 δ，$F_{(i+1)j} = F_{ij} + 2x_i + 1$。

4）终点判别

逐点比较法圆弧插补的终点判别可采用与直线相同的判别方法：

① 判断各坐标轴是否到达终点坐标：$x_i = x_e$ 且 $y_i = y_e$。

② 判断各坐标轴的进给步数：$i = |x_e - x_0|$ 且 $j = |y_e - y_0|$。

③ 判断总进给步数：$n = |x_e - x_0| + |y_e - y_0|$。

例 6.2　加工第一象限逆圆弧，起点 A 的坐标为（6，0），终点 B 的坐标为（0，6），采

用逐点比较法对该圆弧进行插补，其运算过程如表 6-2 所示。插补从圆弧起点开始，所以偏差初始值 $F_{0,0}=0$，每插补一次，新的偏差用 $F_{i,j}$ 表示；变量 n 用于存储总进给步数，每次插补自减 1，用以判断动点是否到达轨迹终点。插补轨迹如图 6-8 所示。

表 6-2 逐点比较法圆弧插补过程

脉冲个数	偏差判别	进给方向	偏差计算	坐标计算	终点判别
0			$F_{0,0}=0$	$x_0=6$ $y_0=0$	12
1	$F_{0,0}=0$	$-X$	$F_{1,0}=F_{0,0}-2x_0+1$ $=0-12+1=-11$	$x_1=6-1=5$ $y_1=0$	11
2	$F_{1,0}<0$	$+Y$	$F_{1,1}=F_{1,0}+2y_1+1$ $=-11+0+1=-10$	$x_2=5$ $y_2=0+1=1$	10
3	$F_{1,1}<0$	$+Y$	$F_{1,2}=F_{1,1}+2y_2+1$ $=-10+2+1=-7$	$x_3=5$ $y_3=1+1=2$	9
4	$F_{1,2}<0$	$+Y$	$F_{1,3}=F_{1,2}+2y_3+1$ $=-7+4+1=-2$	$x_4=5$ $y_4=2+1=3$	8
5	$F_{1,3}<0$	$+Y$	$F_{1,4}=F_{1,3}+2y_4+1$ $=-2+6+1=5$	$x_5=5$ $y_5=3+1=4$	7
6	$F_{1,4}>0$	$-X$	$F_{2,4}=F_{1,4}-2x_5+1$ $=5-10+1=-4$	$x_6=5-1=4$ $y_6=4$	6
7	$F_{2,4}<0$	$+Y$	$F_{2,5}=F_{2,4}+2y_6+1$ $=-4+8+1=5$	$x_7=4$ $y_7=4+1=5$	5
8	$F_{2,5}>0$	$-X$	$F_{3,5}=F_{2,5}-2x_7+1$ $=5-8+1=-2$	$x_8=4-1=3$ $y_8=5$	4
9	$F_{3,5}<0$	$+Y$	$F_{3,6}=F_{3,5}+2y_8+1$ $=-2+10+1=9$	$x_9=3$ $y_9=5+1=6$	3
10	$F_{3,6}>0$	$-X$	$F_{4,6}=F_{3,6}-2x_9+1$ $=9-6+1=4$	$x_{10}=3-1=2$ $y_{10}=6$	2
11	$F_{4,6}>0$	$-X$	$F_{5,6}=F_{4,6}-2x_{10}+1$ $=4-4+1=1$	$x_{11}=2-1=1$ $y_{11}=6$	1
12	$F_{5,6}>0$	$-X$	$F_{6,6}=F_{5,6}-2x_{11}+1$ $=1-2+1=0$	$x_{12}=1-1=0$ $y_{12}=6$	0，到达终点

4. 逐点比较法象限处理

以上讨论的均是第一象限的直线或圆弧的插补过程，对于其他象限的直线插补和圆弧插补，根据上述原理，分别建立其偏差函数计算公式和不同偏差下的坐标进给方向。对于直线，共有 4 个计算公式；对于圆弧，由于每个象限存在逆圆弧和顺圆弧两种情况，共有 8 个计算公式。直线位置偏差值和相应的进给方向如图 6-9（a）所示，圆弧位置偏差值和相应的进给方向如图 6-9（b）所示。

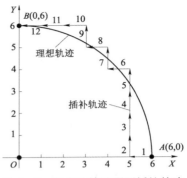

图 6-8　逐点比较法圆弧插补轨迹

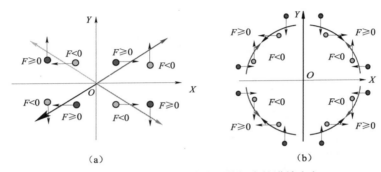

（a）　　　　　　　　　　（b）

图 6-9　不同象限位置偏差及其相应的进给方向

（a）直线位置偏差及进给方向；（b）圆弧位置偏差及进给方向

此外，不同象限圆弧的偏差函数不同，为了加工两个象限或两个以上象限的圆弧，圆弧插补程序必须具有自动过象限功能。

5. 逐点比较法的速度分析

刀具的进给速度特性，是插补方法的重要性能指标，也是选择插补方法的依据。采用逐点比较插补算法，每次插补计算都有脉冲发出，不是向 X 坐标发脉冲，就是向 Y 坐标发脉冲。设脉冲源频率为 f_g，发向 X、Y 坐标脉冲的频率为 f_x 和 f_y，则 $f_g = f_x + f_y$，指令速度 $F = 60\delta f_g$（mm/min），沿 X、Y 坐标的实际进给速度分别为

$$V_x = 60\delta f_x \text{（mm/min）}$$
$$V_y = 60\delta f_y \text{（mm/min）}$$

1）直线插补的速度分析

如图 6-10（a）所示，直线加工时，合成进给速度为

$$V = (V_x^2 + V_y^2)^{1/2} = 60\delta(f_x^2 + f_y^2)^{1/2}$$

当沿着某一坐标进给时，其脉冲频率为脉冲源频率 f_g，进给速度达到最大值，为：$V_g = 60\delta f_g = F$。脉冲源频率 f_g 一定时，合成进给速度与最高进给速度的比为

$$\frac{V}{V_g} = \frac{\sqrt{f_x^2 + f_y^2}}{f_g} = \frac{\sqrt{x^2 + y^2}}{x + y} = \frac{1}{\cos\alpha + \sin\alpha} \tag{6-9}$$

式中，α 为直线与 X 轴的夹角，合成进给速度随 α 的变化如图 6-11 所示。

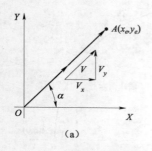

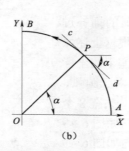

图 6 – 10　逐点比较法的速度分析
(a) 直线插补速度分析；(b) 圆弧插补速度分析

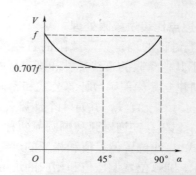

图 6 – 11　逐点比较法直线插补速度的变化

2）圆弧插补的速度分析

如图 6 – 10（b）所示，圆弧加工时，在 P 点附近很小的范围内，切线 cd 与圆弧非常接近，可以认为圆弧插补时刀具在 P 点的进给速度与对切线 cd 的进给速度基本相等。因此，可以按照直线的速度分析方法来分析。

总之，无论加工直线还是圆弧，逐点比较法插补时刀具进给速度变化范围为 $0.707f \sim 1.0f$，这个变化范围较小，一般不做调整。

6.2.3　数字积分插补

1. 数字积分法的原理与特点

数字积分法也称为 DDA（Digital Differential Analyzer）法，是基于数字积分原理实现脉冲的输出，控制刀具沿规定轨迹运动，也属于基准脉冲插补。

如图 6 – 12 所示，刀具沿某个坐标轴的运动位移可以近似为速度 V 曲线下各小长方形的面积和：

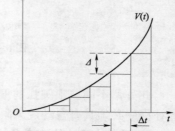

图 6 – 12　数字积分法原理

$$s(t) = \int_0^t V(t) \cdot \mathrm{d}t \cong \sum_{i=1}^{k} V_i \cdot \Delta t \qquad (6-10)$$

式中，单位时间 Δt 为一小段时间间隔，经过时间 $t = k \cdot \Delta t$，位移为

$$D_k = \sum_{i=0}^{k-1} V_i \cdot \Delta t + V_k \cdot \Delta t \ 或 D_k = D_{k-1} + \Delta D_k \qquad (6-11)$$

因此，数字积分法的处理过程可以变换为迭代过程：

① 计算当前速度 V_k。

② 计算单位时间内的位移 $\Delta D_k = V_k \cdot \Delta t$。

③ 计算总位移 $D_k = D_{k-1} + \Delta D_k$。

每隔 Δt，执行一次上述迭代过程或一次插补，因此 Δt 即插补周期，迭代频率 $f = 1 / \Delta t$。

数字积分法执行时，取 Δt 足够小，使得 $\Delta D_k < 1 \cdot \delta$，其后每迭代一次，当 $D_k = D_{k-1} + \Delta D_k$ 超出 $1 \cdot \delta$（对硬件插补器来说，是指有溢出）时，向外输出一个脉冲步进一步，保留余数进入下一次迭代循环，直到输出足够的脉冲，达到目标位移。由于 Δt 足够小，$\Delta D_k < 1 \cdot \delta$，每插补一次，最多溢出一次，即每插补一次，最多输出一个脉冲，步进一步。其进给速度取决

于插补周期，插补周期越小，迭代重复频率越高，输出脉冲频率越高，速度越快，反之亦然。由此可以看出数字积分法具有基准脉冲插补的特点，属于基准脉冲插补的一种。由硬件电路构成的数字积分法插补器原理如图 6－13 所示。

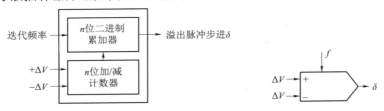

图 6－13　数字积分法插补器原理

2. 数字积分法轨迹插补

上述为单轴运动的数字积分法原理。当采用数字积分法进行运动轨迹（直线、圆弧或任意曲线）插补时，需要先由给定进给速度计算出各运动轴的速度分量，然后对各运动轴分别采用上述数字积分法计算其进给脉冲，从而控制各运动轴运动并合成出规定的轨迹。各运动轴上的速度分量大小由给定的进给速度和工件形状决定，进行直线、圆弧或其他曲线等不同轨迹插补时，关键是如何确定各运动轴在每个当前点下的进给速度。

二维直线需同时控制两个轴，三维空间直线插补需同时控制三个轴。下面以二维空间直线插补为例，介绍直线的数字积分法插补，如图 6－14（a）所示的 XY 平面直线插补时，X 轴和 Y 轴的给定进给速度之比应为常数，且等于 X_e/Y_e，为了保证每个插补周期各轴的位移增量不超过一个脉冲当量，取

$$V_x = \frac{1}{2^n} X_e \qquad\qquad (6-12)$$

$$V_y = \frac{1}{2^n} Y_e \qquad\qquad (6-13)$$

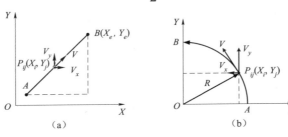

图 6－14　数字积分法

（a）直线插补；（b）圆弧插补

每插补一次，X 轴和 Y 轴分别以 V_x 和 V_y 累加一次，发生溢出时，向相应轴输出一个脉冲。在采用硬件插补器时，$\frac{1}{2^n} X_e$ 和 X_e 的存储格式是一样的，只是小数点位置不同，因此，在硬件插补器中，通常采用 n 位二进制寄存器保存终点坐标值和累加和，每插补一次，累加器中数值与寄存器中保存的速度值相加一次，发生溢出时，向相应轴输出一个脉冲，如图 6－15（a）所示，即将小数点看作在寄存器的左侧。

图 6－15（b）所示的 XY 平面圆弧插补时，X 轴和 Y 轴的进给速度之间具有以下关系：

$$V_x / V_y = Y_j / X_i$$

取

$$V_x = \frac{1}{2^n} Y_j \qquad\qquad (6-14)$$

$$V_y = \frac{1}{2^n} X_i \qquad\qquad (6-15)$$

与直线插补不同，V_x 和 V_y 与动点坐标相关，当向某个运动轴输出一个进给脉冲时，其动点坐标发生变化（做加 1 或减 1 运算），因此，需要在下一插补周期改变其对应的另外一个运动轴的进给速度，其插补器结构如图 6-15（b）所示。

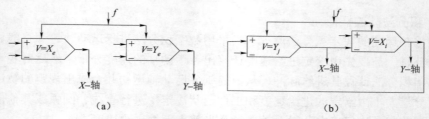

(a)   (b)

图 6-15　数字积分法

（a）直线插补器；（b）圆弧插补器

3. 数字积分法终点判别

直线插补中，各运动轴速度恒定，设经过 N 次插补到达终点：

$$D_x = \sum_1^N V_x = \sum_1^N \frac{1}{2^n} X_e = X_e, N = 2^n \qquad (6-16)$$

$$D_y = \sum_1^N V_y = \sum_1^N \frac{1}{2^n} Y_e = Y_e, N = 2^n \qquad (6-17)$$

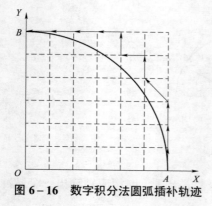

图 6-16　数字积分法圆弧插补轨迹

经过 2^n 次插补迭代，到达终点。因此，可以根据插补次数 N 等于 2^n，判断是否到达终点。

圆弧或其他曲线插补中，各运动轴速度不定，不能通过插补次数判断是否到达终点，一般根据各轴的进给次数判断是否达到终点，即 $N_x = |X_e - X_0|$ 且 $N_Y = |Y_e - Y_0|$。

例 6.3　加工第一象限逆圆弧，起点为 $A(6, 0)$，终点为 $B(0, 6)$，设采用三位寄存器，利用数字积分法对该圆弧进行插补，其运算过程如表 6-3 所示，插补轨迹如图 6-16 所示。

表 6-3　数字积分法圆弧插补过程

累加次数 m	$J_{V_x}(y_j)$	J_{R_x}	Δx	E_X	$J_{V_y}(x_i)$	J_{R_y}	Δy	E_Y
0	000	000	0	6	110	0	0	6

累加次数 m	$J_{V_x}(y_j)$	J_{R_x}	Δx	E_X	$J_{V_y}(x_i)$	J_{R_y}	Δy	E_Y
1	000	000	0	6	110	110	0	6
2	001	000	0	6	110	100	1	5
3	010	001	0	6	110	010	1	4
4	011	011	0	6	110	000	1	3
5	011	110	0	6	110	110	0	3
6	100	001	1	5	101	100	1	2
7	101	101	0	5	101	001	1	1
8	101	010	1	4	100	110	0	1
9	110	111	0	4		010	1	0
10	110	101	1	3	011			
11	110	011	1	2	010			
12	110	001	1	1	001			
13	110	111	0	1	001			
14	110	101	1	0	000			

4. 数字积分法速度分析

数字积分插补法的特点是脉冲源每发出一个脉冲进行一次积分计算，但未必有脉冲溢出。设迭代脉冲源频率为 f_g，则沿 X、Y 坐标的实际进给速度分别为

直线：
$$V_{Rx} = 60\frac{X_e}{2^n}f_g, \qquad V_{Ry} = 60\frac{Y_e}{2^n}f_g$$

圆弧：
$$V_{Rx} = 60\frac{Y_j}{2^n}f_g, \quad V_{Ry} = 60\frac{X_i}{2^n}f_g$$

合成进给速度为：

直线：
$$V_R = 60\frac{L}{2^n}f_g$$

圆弧：
$$V_R = 60\frac{R}{2^n}f_g$$

显然，实际进给速度受到被加工直线长度和被加工圆弧半径的影响。另外，由数字积分法终点判别可知，直线插补时，不论加工行程长短，都必须同样完成 $N=2^n$ 次累加运算才能到达终点，因此，行程越长，刀具进给越快；行程越短，刀具进给越慢。最快速度与最慢速度之比为（2^n-1）:1，这么大的速度差会影响加工的表面质量。为了克服这一缺点，可以对短行程的 X 轴和 Y 轴的速度同时扩大 2^m 倍，直到扩大后的 X 轴速度或 Y 轴速度刚刚达到或超过最长行程对应的 X 轴速度或 Y 轴速度的一半（对小半径圆弧，因为 X 轴和 Y 轴的速度要实时更新，所以通常取最长行程对应的 X 轴速度或 Y 轴速度的 1/4），然后用扩大后的速度进行积分运算，同时将累加次数相应降低为原来的 $1/2^m$ 倍，在硬件插补器中这种技术被称为左移规格化，经过左移规格化后，数字积分法直线插补的刀具最快速度与最慢速度之比为 $(2^n-1):2\sqrt{2^{n-1}}$。

6.2.4　数据采样插补

数据采样插补（也叫数据增量插补、时间标量插补）的特点是每次插补计算出插补周期内各坐标轴的位置增量数值，以数字的形式输出控制指令，指令数字量对应坐标位移量。数据增量插补算法主要应用在闭环数控系统中。数据采样插补采用时间分割的思想，根据给定的进给速度将轮廓曲线分割为每个插补周期进给的直线段(轮廓步长)，进行轮廓的数据密化，以微小折线段拟合轨迹。在数据采样插补算法中，插补周期 T 是固定的，根据给定的进给速度可以计算出下一次插补结束时的动点坐标或下一个插补周期内需移动的位移 $\Delta L = FT$，并分解为各坐标轴的新点坐标或运动位移输出给各运动轴的位移控制器。位移控制器通过采样实际位置，并与插补输出的目标位置进行比较，通过闭环控制使刀具到达要求位置。数据采样插补的核心包括两个方面，一是根据加工精度要求正确选择插补周期，二是根据进给速度要求计算出各插补周期内的位移增量。

如何选择一个合适的插补周期是数据采样插补算法的核心。插补算法选定后，则完成该算法所需的最大指令条数也就确定，根据最大指令条数就可以大致确定插补运算占用 CPU 的时间 T_{CPU}，一般来说，插补周期必须大于插补运算所占用 CPU 的时间。这是因为当系统进行加工轨迹控制时，CPU 除了要完成插补运算外，还必须实时地完成一些其他工作，如显示、监控，甚至精插补。因此，插补周期 T 必须大于插补运算时间与完成其他实时任务所需时间之和。插补周期和位置采样周期可以相同，也可以不同。如果不同，则一般插补周期应是采样控制周期的整数倍。对于位置采样控制系统，采样周期应满足采样定理（采样频率应该等于或大于信号最高频率的 2 倍），以保证采集到的实际位移数据不失真。数控系统位置环的典型带宽为 20 Hz 左右，取信号最高频率的 5 倍作为采样频率，即 100 Hz，因此典型的采样周期（或插补周期）取为 10 ms 左右。插补周期与精度、速度也有密切关系，在直线插补中，插补所形成的每个小直线段与给定的直线重合，不会造成轨迹误差，如图 6－17（a）所示。在圆弧插补时，一般用弦线、切线或割线来逼近圆弧，这种逼近必然会造成轨迹误差，如图 6－17（b）所示。用弦线来逼近圆弧的最大半径误差 e_r 与步距角 δ 的关系为

$$e_r = R\left(1 - \cos\frac{\delta}{2}\right) = R\left\{1 - \left[1 - \frac{(\delta/2)^2}{2!} + \frac{(\delta/2)^2}{4!} - \cdots\right]\right\}$$

去掉高阶无穷小量，整理后，得

$$e_r = \frac{(TF)^2}{8R}$$

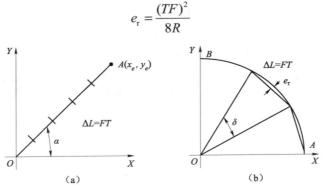

图 6－17　数据采样插补误差

（a）直线插补；（b）圆弧插补

　　可见，圆弧插补周期 T 分别与误差 e_r、圆弧半径 R 和进给速度 F 有关，插补周期 T 的选择要保证轨迹误差在允许的范围内。

　　确定了插补周期后，还要根据进给速度要求计算出各插补周期内的位移增量，计算方法有很多，包括直线函数法、扩展数积分法、二阶递归扩展数字积分法等。下面介绍常用的数据采样直线/圆弧插补的直线函数法。直线插补：是用直线来逼近轨迹曲线。对圆弧来说，是用弦线来逼近圆弧，这样在圆弧插补时，可以保证每一个插补点位于圆弧轨迹上，提高了圆弧插补的精度。

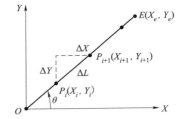

图 6－18　直线函数法直线插补原理

1. 直线函数法直线插补

　　如图 6－18 所示，设刀具在 XY 平面内做直线运动，起点为坐标原点 $O(0, 0)$，终点为 $E(X_e, Y_e)$，进给速度为 F，插补周期为 T。每个插补周期的进给步长为 $\Delta L = FT$，X 轴和 Y 轴的位移增量分别为 ΔX 和 ΔY，各坐标轴下一点的坐标为

$$X_{i+1} = X_i + \Delta X, \quad Y_{i+1} = Y_i + \Delta Y \tag{6－18}$$

$$\Delta X = \Delta L\cos\theta, \quad \Delta Y = \Delta L\sin\theta \tag{6－19}$$

$$\cos\theta = \frac{X_e - X_0}{L}, \quad \sin\theta = \frac{Y_e - Y_0}{L} \tag{6－20}$$

$$L = \sqrt{(X_e - X_0)^2 + (Y_e - Y_0)^2} \tag{6－21}$$

这种计算方法的实现过程是：首先由起点和终点坐标计算得到直线长度、$\cos\theta$ 和 $\sin\theta$,

然后根据插补周期和进给速度计算得到 ΔL，最后计算出 ΔX、ΔY、X_{i+1} 和 Y_{i+1}。

也可以根据步长比例计算 X 轴和 Y 轴的位移增量 ΔX 和 ΔY。由图 6-8 中的几何关系可得，$\Delta X/X_e = \Delta L/L$，$\Delta Y/Y_e = \Delta L/L$，假设

$$k = \Delta L / L \tag{6-22}$$

则

$$\Delta X = k(X_e - X_0) , \quad \Delta Y = k(Y_e - Y_0) \tag{6-23}$$

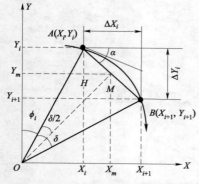

图 6-19　直线函数法圆弧插补

2. 直线函数法圆弧插补

圆弧插补较直线插补复杂，可以采用弦线、切线或割线对圆弧进行逼近，与之相对应的插补算法分别称为直线函数法、DDA 法和扩展 DDA 法。各种算法各具特色，有些算法简单，计算速度快，如直线函数法；有些算法复杂，但精度高、误差小，如扩展 DDA 法。以下以直接函数法为例介绍数据采样法圆弧插补。

如图 6-19 所示，欲加工圆心在原点，半径为 R 的第一象限顺时针圆弧，刀具当前点为 $A(X_i, Y_i)$，插补结束后需求得下一点 $B(X_{i+1}, Y_{i+1})$ 的坐标，M 是弦 AB 的中点，X 轴和 Y 轴的位移增量 ΔX_i 和 ΔY_i 为

$$\Delta X_i = \Delta L \cos \alpha , \quad \Delta Y_i = \Delta L \sin \alpha \tag{6-24}$$

为了计算 ΔX_i 和 ΔY_i，需要先计算出 α。按图 6-19 中的几何关系，可知

$$\alpha = \phi_i + \delta / 2$$

$$\tan \alpha = \tan(\phi_i + \delta / 2) = \frac{X_i + \dfrac{\Delta X_i}{2}}{Y_i - \dfrac{\Delta Y_i}{2}} = \frac{X_i + \dfrac{\Delta L}{2}\cos \alpha}{Y_i - \dfrac{\Delta L}{2}\sin \alpha} = \frac{\Delta Y_i}{\Delta X_i} \tag{6-25}$$

由于 α 为未知数，无法求得 $\tan \alpha$，为简化求解，取公式右边的 $\alpha = 45°$，得

$$\tan \alpha = \frac{X_i + \dfrac{\Delta L}{2}\cos 45°}{Y_i - \dfrac{\Delta L}{2}\sin 45°} \tag{6-26}$$

$$\Delta X_i = \Delta L \cos \alpha = \Delta L \frac{1}{\sqrt{1 + \tan^2 \alpha}} \tag{6-27}$$

为了保证 B 点位于圆弧上，不能按照 $\Delta L \sin \alpha$ 计算 ΔY_i，而采用由式（6-23）得到的式（6-26）计算 ΔY_i：

$$\Delta Y_i = \frac{\left(X_i + \dfrac{1}{2}\Delta X_i\right)\Delta X_i}{Y_i - \dfrac{1}{2}\Delta Y_i} \tag{6-28}$$

解释：令 $s = \left(X_i + \dfrac{1}{2}\Delta X_i\right)\Delta X_i$，则 $\Delta Y_i^2 - 2Y_i\Delta Y_i + 2s = 0$，$\Delta Y_i = Y_i \pm \sqrt{Y_i^2 - 2s}$。$\Delta Y_i$ 大于零，同时又远远小于 Y_i，因此，取 $\Delta Y_i = Y_i - \sqrt{Y_i^2 - 2s}$。

这样，可以按照式（6-18）计算新的插补点坐标。

采用近似计算引起的偏差能够保证圆弧插补的每一插补点均位于圆弧轨迹上，仅造成每次插补的轮廓步长 ΔL 的微小变化，导致进给速度不匀。但当 ΔL 足够小时，所造成的进给速度误差小于指令速度的 1%，这种变化在加工中是允许的。

数据采样插补算法涉及复杂的数学运算，一般通过软件的方法来实现，在进行软件插补的计算过程中，也需要对轮廓曲线的插补过程进行终点判别，以便顺利转入下一个零件轮廓段的插补与加工。对于数据采样插补算法而言，由于插补点坐标和零件轮廓坐标均采用带符号的代数值形式进行运算，显然利用当前插补点（X_i，Y_i）与零件轮廓段终点 E（X_e，Y_e）之间的距离 S_i 进行终点判别是最直接的。即判断到达终点的条件为

$$S_i = \sqrt{(X_i - X_e)^2 + (Y_i - Y_e)^2} \leqslant FT \tag{6-29}$$

数据采样插补算法的输出结果与脉冲增量插补算法的输出结果不同，不是一个一个的脉冲，而是跟当前位置或位置增量相对应的一个二进制数。这个二进制数可以作为数字量输入到数字交/直流伺服系统或转换为模拟量输入到模拟交/直流伺服系统，控制交/直流执行元件（电机）带动精密制造装备完成要求的运动。

6.2.5　插补前的数据预处理

以上分析精密制造装备运动轨迹插补算法时，均是依据运动指令中的给定轨迹和速度来计算运动轨迹上的各个插补点，实际上给定轨迹和速度是不能直接用来参与计算的，需要进行一定的预处理，如刀具半径补偿和加减速控制。

精密制造装备控制的是刀具中心轨迹，由于刀具总具有一定的半径，刀具中心轨迹并不等于零件轮廓轨迹，应在插补前使刀具中心轨迹偏离轮廓轨迹一个半径值，这种预处理就是刀具半径补偿。此外，给定的进给速度 F 对于不同的运动轨迹也会不同，即便数值相同，当刀具在不同轨迹间连续加工时，F 的方向也会发生变化。因此，机床运动过程中，特别是在起动、停止或轨迹交点处，各坐标轴加速度较大，会产生较大的机械振动与冲击。在 CNC 装置中，为了保证机床在起动、停止或轨迹转折时不产生冲击、失步、超程或振荡，需要对给定的进给速度进行预处理。这种预处理称作加减速预处理。下面详细介绍这两种插补前的数据预处理。

1. 刀具半径补偿

数控装置的刀具半径补偿功能可以根据由零件轮廓编制的程序和预先设定的刀具偏置参数自动生成控制点轨迹，主要包括 B 刀具半径补偿（简称 B 刀补）和 C 刀具半径补偿（简称 C 刀补）。刀具半径补偿功能可以简化编程工作，刀具磨损后可以调整刀具参数而继续使用原有的数控加工程序；通过调整刀具参数，可以预留一定的加工余量；通过调整刀具参数，可以使粗、精加工共用同一数控加工程序。刀具半径补偿示意图如图 6-20 所示。

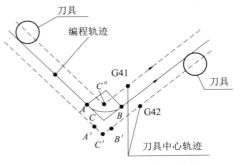

图 6-20　刀具半径补偿示意图

B 刀补用于早期的数控系统，它仅根据本段程序的轮廓进行半径补偿，计算刀心轨迹，不能根据相邻两段轮廓轨迹的转接情况自动对本段的刀心轨迹进行修正，因此，需要由编程人员

识别拐角、添加过渡圆弧，如图 6-20 中的 $\overset{\frown}{AB}$ 和 $\overset{\frown}{A'B'}$ 就是由编程人员添加的。由于轮廓拐点处是圆弧过渡，刀具在尖角停顿，使尖角加工质量变差。现代数控系统基本都采用 C 刀补，它可以根据相邻两段程序的轮廓进行半径补偿，计算刀心轨迹，自动识别拐角，生成伸长、缩短、插入型过渡折线，如折线 $A'C'$ 和折线 $B'C'$ 就是 C 刀补自动生成的伸长型过渡折线，避免了刀具加工过程中，刀具中心轨迹中断；C'' 就是 C 刀补自动计算的相邻两段刀具中心轨迹的交点，使得实际的刀具中心轨迹缩短一段，避免了刀具加工过程中的过切。采用 C 刀补功能后，由于轮廓拐点处用折线过渡，刀具不在尖角停顿，改善了尖角加工质量。

2. 加减速控制

加减速控制是在机床加速起动时，保证加在各坐标轴执行电机上的脉冲频率或电压逐渐增加，而当机床减速停止时，保证加在各坐标轴执行电机上的脉冲频率或电压逐渐减小。根据加减速控制产生作用的时刻不同，加减速有前加减速和后加减速之分。如果加减速发生在插补计算后、指令位置信号输入位置控制器前，就称为后加减速控制。如果加减速发生在插补计算前，就称为前加减速控制。前加减速是在插补前计算出经加减速处理的进给速度 F'，然后根据处理后的进给速度 F' 进行插补，得到各坐标轴的进给量 ΔX、ΔY，最后转换为进给脉冲或电压驱动电机。这种方法只改变运动轨迹的合成进给速度，而不改变各个坐标轴的速度关系，因此能够得到准确的加工轨迹曲线，但需要预测减速点。后加减速的控制算法放在插补器之后，它的控制量是各运动轴的速度分量，它不需要预测减速点，而是各坐标轴单独完成各自的加减速控制，计算简单。但由于是对各运动轴分别进行控制，所以在加减速控制后，实际的各坐标轴的合成位置不准确，容易引起轨迹误差，并且当轨迹中存在急剧变化时，后加减速无法预见，从而会产生过冲。

数控系统中，通常会采用直线型、指数曲线型或 S 曲线型加减速，如图 6-21 所示。直线型加减速控制算法简单，可以较快地达到要求的进给速度，应用较为广泛，但速度过渡不够平滑；指数曲线型平滑性好，运动精度高，但在加减速起点处仍存在加速度突变，引起冲击，由于指数曲线与步进电动机的矩频特性曲线接近，跟踪响应较好，在步进电动机控制中应用较多。S 曲线型加减速控制运动平顺，无加速度突变，冲击小，在高速机床中应用较为广泛。指数曲线型加减速曲线的性能介于二者之间。

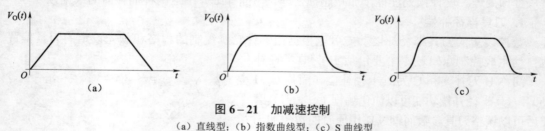

图 6-21　加减速控制

(a) 直线型；(b) 指数曲线型；(c) S 曲线型

1）直线型加减速控制

加减速控制方法中最简单、最常用的方法是直线型加减速控制。系统根据加速度进行加减速控制，在加减速起点和终点存在加速度突变，但由于算法简单，被广泛应用。

当系统新的稳定速度大于原来的稳定速度时，需要进行加速处理。此时，瞬时速度计算如下：

$$F_{i+1} = F_i + aT \tag{6-30}$$

式中，a 为加速度。此时系统以新的瞬时速度进行插补计算，得到该周期的进给量，对各坐标轴进行分配，每插补一次迭代一次，直到达到新的稳定速度为止。

系统每进行一次插补运算，都要进行终点判别，计算离终点的瞬时距离，并由此判断系统是否进入减速区，由图 6–21（a）可知，减速区的长度为

$$s_d = \frac{F_s^2 - F_{end}^2}{2a} \qquad (6-31)$$

式中，F_s 为稳定速度，F_{end} 为最终速度。当剩余距离小于 s_d 时，开始减速，瞬时速度计算如下

$$F_{i+1} = F_i - aT \qquad (6-32)$$

2）指数曲线型加减速控制

如图 6–21（b）所示，指数曲线型加减速控制的加速阶段瞬时速度为

$$F(t) = F_s(1 - e^{-t/\tau}) \qquad (6-33)$$

减速阶段瞬时速度为

$$F(t) = F_s e^{-t/\tau} \qquad (6-34)$$

3）S 曲线型加减速控制

S 曲线型加减速控制可分为 7 个阶段，分别为加加速运动阶段、匀加速运动阶段、减加速运动阶段、匀速运动阶段、加减速运动阶段、匀减速运动阶段、减减速运动阶段，如图 6–21（a）所示。S 曲线型加减速控制任何一点的速度变化都是连续的，从而避免了冲击，速度的平滑性较好，运动控制精度高，但算法复杂，运算量大，参数调整困难，通常用于速度精度控制要求高的场合。

6.3　位置控制系统

6.3.1　开环/闭环位置控制系统

经过预处理和插补后输出的坐标轴进给脉冲或指令位置信号首先输入对应坐标轴的位置控制器中，经过位置控制器的处理后，控制伺服驱动系统带动制造装备的各个坐标轴按照要求的轨迹运动。如果制造装备的数控装置采用脉冲增量插补算法，则插补输出的是一个一个的进给脉冲。由于步进电动机是用电脉冲信号进行控制的执行元件，每给步进电动机输入一个电脉冲信号，其转子就转过一个角度（称为步距角），经机械传动部件带动相应的坐标轴移动一个脉冲当量，因此，步进电动机最适合用于采用脉冲增量插补算法的制造装备中。由于没有在控制系统中将坐标轴的实际位置反馈回来，因此这种系统是开环的，其特点是系统的稳定性较好，但控制精度较低。如果制造装备的数控装置采用数字采样插补算法，则插补输出的是下一插补周期的坐标轴位置，该坐标轴位置作为位置给定值输入对应的位置控制器后，驱动交/直流伺服电动机转动，经机械传动部件带动相应的坐标轴移动，为了保证坐标轴移动位置与给定位置间的误差在给定的范围内，需要通过位置检测器将坐标轴的位置实时反馈给位置控制器，形成闭环控制。其中，位置检测器的反馈信号取自电动机轴的是半闭环控制系统，位置检测器的反馈信号取自刀具移动轴的是全闭环控制系统。由于采用了位置反馈，因

此系统的控制精度较高。但由于控制回路里包含机械传动间隙等非线性环节，容易导致系统不稳定。

下面以单个坐标轴的位置控制过程为例，对开环和半闭环两种位置控制系统的基本原理进行阐述。

图 6-22 所示为步进电动机开环位置控制系统，对其控制过程分析如下：

① 根据图纸编制加工程序。

② 把此程序输入制造装备的数控装置，进行预处理和插补运算，假设 x 方向加工尺寸为 x_r，则插补输出的 X 轴总脉冲数 = 总行程 x_r /脉冲当量。

③ 每次插补计算输出的脉冲信号输入步进电动机，步进电动机转过一个步距角，通过减速齿轮带动丝杠转动，并通过螺母带动工作台移动一个脉冲当量，x 轴的指令位置为 $x_{ri} = i * \delta$。

④ 插补结束后，步进电动机输出转角 Q_m，通过减速齿轮变为转角 Q_g 传给丝杠输出相应的转角 $Q_h = Q_g$，并通过螺母带动工作台移动，工作台输出直线位移 x_c。

该系统中任意一个环节出现误差时，都会使工作台实际的输出 x_{ci} 与控制目标值 x_{ri} 之间存在误差 $\Delta x = x_{ri} - x_{ci}$。本系统中，该误差是不能被自动消除的。

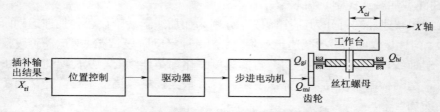

图 6-22 步进电动机单轴位置控制系统

图 6-23 所示为 X 轴直流电动机闭环位置控制系统，对其控制过程分析如下：

① 根据图纸编制加工程序。

② 把此程序输入制造装备的数控装置，进行预处理和插补运算，假设插补输出的下一插补周期的 X 轴坐标为 x_{ri}，将指令电位器 W_1 的滑动触点移动到与 x_{ri} 对应的位置，设此时指令电位器的输出电压为 u_{ri}。

③ 最初给出位置指令 x_{ri} 时，在工作台改变位置之前的瞬间，反馈电位器没有移动，$x_{ci} = 0$，$u_{ci} = 0$，则电桥输出为偏差电压 $\Delta u_i = u_{ri} - u_{ci} = u_{ri}$。

④ Δu_i 经位置控制器放大后，变换为输出电压 u_{ai}。

⑤ u_{ai} 输入直流伺服电动机，使其输出转角 Q_{mi}。

⑥ Q_{mi} 经齿轮减速器传给丝杠，丝杠输出转角 Q_{hi}。

⑦ 丝杠通过螺母将转动变换为工作台的移动，工作台输出直线运动 x_{ci}。

⑧ 由于工作台的移动量为 x_{ci}，则反馈电位器 W_2 的滑动触点也移动 x_{ci}，使触点端输出反馈电压 u_{ci}。

⑨ 当 $x_{ci} \rightarrow x_{ri}$ 时，$u_{ci} \rightarrow u_{ri}$，$\Delta u_i \rightarrow 0$，工作台停止运动，整个机械系统控制过程完毕；如果 $u_{ri} - u_{ci} > 0$，$\Delta u_i > 0$，即可知 $x_{ci} < x_{ri}$，工作台继续向前运动；反之，工作台向后运动，直到 $x_{ci} = x_{ri}$，运动停止。

该系统中任一环节出现误差时，都会使 $\Delta x_i = x_{ri} - x_{ci} \neq 0$ ，则 $\Delta u_i = u_{ri} - u_{ci} \neq 0$ ，工作台会继续向前或向后移动，直至 $\Delta x_i = x_{ri} - x_{ci} = 0$ ，控制过程结束。

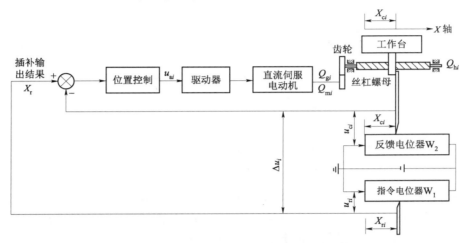

图 6 – 23　直流电动机单轴位置控制系统

可见在开环控制系统中，当某环节由于元件参数变化或外界扰动而产生偏差并使系统输出量有误差时，无法自动调整输出量、消除误差。但由于开环控制系统具有结构相对简单、工作稳定等优点，在实际生产中被大量采用。对于闭环/半闭环控制系统，由于有反馈作用，可以修正因元件参数变化以及外界扰动等因素引起系统输出量产生的偏差，其控制精度较高。但需设置反馈装置，结构较开环控制系统复杂，并存在稳定性问题。

6.3.2　稳定性及过渡过程指标分析

1. 稳定性定义

分析位置控制系统的稳定性与分析一般反馈控制系统的稳定性一样，主要是分析其稳定条件、稳定程度和改善系统稳定性能的途径。

当位置控制系统受到扰动作用后，将偏离原来的平衡位置，当扰动消除后，如果系统在一定的时间范围内以足够的准确度恢复到初始平衡状态，则称位置控制系统是稳定的，如图 6 – 24（a）所示；否则，称位置控制系统是不稳定的，如图 6 – 24（b）所示，不稳定的位置控制系统无法进行正常工作。

位置控制系统输出的一般表达：

$$C(t) = C_{ts}(t) + C_{ss}(t)$$

式中，$C_{ts}(t)$ 为暂态分量；$C_{ss}(t)$ 为稳态分量。

位置控制稳定的概念亦可理解为：当输入发生变化时，如果位置控制系统的输出经过一段时间后，暂态分量消失，只有稳态分量，则该位置控制系统是稳定的。所以，研究位置控制系统的稳定性实际就是研究其输出的暂态分量是否满足

$$\lim_{t \to \infty} C_{ts}(t) = 0$$

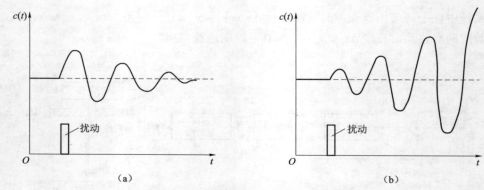

图 6-24　稳定位置控制系统和不稳定位置控制系统
(a) 稳定位置控制系统；(b) 不稳定位置控制系统

由于暂态分量只与位置控制系统结构参数有关，而与输入量无关，所以，研究位置控制系统稳定性就是研究系统输出的暂态分量与系统结构参量的关系，通过系统结构参数来判定稳定性以及在确定稳定性的条件下判定系统参数的变化范围。

在位置控制系统中，造成系统不稳定的物理因素主要是：系统中存在惯性或延迟环节（如机械惯性、电动机电路的电磁惯性、晶闸管开通的延迟、齿轮副及丝杠螺母的间隙、导轨接合面的摩擦爬行等），它们使系统中的信号产生时间上的滞后，使输出信号在时间上较输入信号滞后一段时间 τ，当系统设有反馈环节时，又将这种在时间上滞后的信号反馈到输入端，如图 6-25 所示。

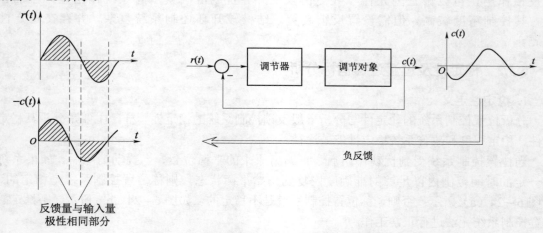

图 6-25　造成位置控制系统不稳定的物理因素

由图 6-25 可知，反馈量中出现极性相同的部分，同极性的部分具有正反馈的作用，它便是系统不稳定的因素。

2. 系统的稳态性能指标

图 6-26 所示为当位置控制系统从一个稳态过渡到新的稳态，或系统受扰动作用又重新平衡后，系统会出现偏差，这种偏差称为稳态误差 e_{ss}。位置控制系统稳态误差的大小反映了系统稳态精度，表明了系统的准确程度。稳态误差 e_{ss} 越小，则系统的稳态精度越高。若 $e_{ss}=0$，则系统称为无静差系统，如图 6-26（a）所示；反之 $e_{ss}\neq0$，则称为有静差系统，如图 6-26（b）所示。

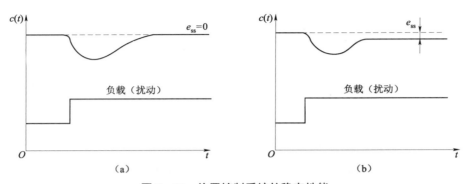

图 6－26　位置控制系统的稳态性能

（a）无静差系统；（b）有静差系统

事实上，对一个实际位置控制系统，要求其输出量丝毫不变地稳定在某一确定的数值上，往往是办不到的；要求稳态误差绝对等于零，也是很难实现的。因此，通常系统的输出量进入并一直保持在某个允许的足够小的误差范围（称为误差带）内，即可认为系统已进入稳定运行状态。此误差带的值可看作位置控制系统的稳态误差。对一个实际的无静差位置控制系统，理论上其稳态误差 $e_{ss}=0$，但实际上只是其稳态误差极小而已。

3. 过渡过程（动态性能）指标分析

由于位置控制系统的对象和元件通常具有一定的惯性（如机械惯性、电磁惯性和热惯性等），并且也由于能源功率的限制，系统中各种量值（如速度、位移、电流和温度等）的变化不可能是突变的。因此，位置控制系统从一个稳态过渡到新的稳态需要经历一段时间，亦即需要经历一个过渡过程。表征这个过渡过程性能的指标叫作动态性能指标。工程上常采用初始条件为零时，系统对单位阶跃信号的响应来分析其过渡过程性能。即对位置控制系统输入 $l(t)$，对其输出 $h(t)$ 进行分析，设位置控制系统单位阶跃响应 $h(t)$ 如图 6－27 所示，其过渡过程指标描述如下：

① 上升时间 t_r：位置响应曲线从稳态输出值的 10% 第一次上升到 90%，或从零第一次上升到稳态输出值所需的时间。

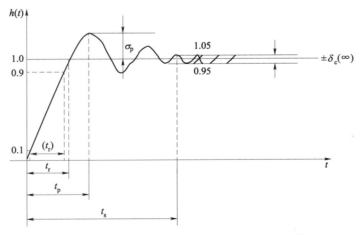

图 6－27　系统对突加给定信号的动态响应曲线

② 峰值时间 t_p：位置响应曲线从零上升到第一个峰值所需的时间。

③ 调节时间 t_s：位置响应曲线到达并保持在规定的稳态误差范围内所需的时间，又叫过渡过程时间；误差范围 $\pm\delta_c(\infty)$ 由具体要求给定，一般取稳态值的 5% 或 2%。

④ 超调量 σ_p：位置响应曲线的最大峰值与稳态值之差，与稳态值之比，通常用百分数表示：

$$\sigma_p = \frac{h(t_p) - h(\infty)}{h(\infty)} \times 100\%$$

式中，$h(t_p)$ 为单位阶跃响应的最大峰值；$h(\infty)$ 为单位阶跃响应的稳态值。

上述稳态误差和过渡过程指标中，最大超调量反映了位置控制系统的稳定性能，调整时间反映了位置控制系统的快速性，稳态误差反映了位置控制系统的准确度。一般来说，我们总是希望最大超调量小一点，调整时间短一些，稳态误差小一点。总之，希望位置控制系统能达到稳、快、准的要求。事实上，这三个要求在同一位置控制系统中往往是相互矛盾的，这就需要根据具体的对象所提出的要求，对其中的某些指标有所侧重，同时又要注意统筹兼顾，分析和解决这些矛盾。

6.3.3 PID 控制器原理

在工程实际中，闭环系统的位置控制器通常采用 PID 控制器，又称 PID 调节器，其特点是结构简单、稳定性好、工作可靠、调整方便。

PID 控制器的方程：

$$u = K_p e + K_I \int_0^t e\, \mathrm{d}t + K_D \frac{\mathrm{d}e}{\mathrm{d}t}$$

其传递函数为

$$\begin{aligned} G_j(s) &= K_P + \frac{K_I}{s} + K_D s \\ &= \frac{K(\tau_1 s + 1)(\tau_2 s + 1)}{s} \end{aligned}$$

式中，K_P、K_I、K_D 分别表示比例环节增益、积分环节增益和微分环节增益。

PID 控制器框图如图 6-28 所示。

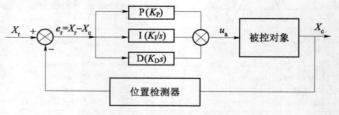

图 6-28 PID 控制器框图

控制器各环节的作用如下：

① 比例环节（P）：当偏差量增大时，P 的作用使控制量也成比例增大，从而使输出量增大，减小偏差量。

② 积分环节（I）：积分环节是把偏差累加起来，只要偏差量存在，就会产生控制作用，

从而使输出量增大，减小偏差量，在低频段，积分环节可改善系统的稳态性能。

③ 微分环节（D）：微分控制则起到预估的作用，即当 $de/dt>0$ 时，表示偏差在加大，应及时增加控制量，以减小偏差：$de/dt<0$ 时，表示偏差在减小，则应减少控制量，以避免在偏差 e 趋近于 0 时又反方向发展而引起振荡。在中频段，微分环节可有效提高系统的动态性能。

在很多情形下，PID 控制并不一定需要全部三个环节共同作用，而是可以方便灵活地改变控制策略，通过选择 K_P、K_I 和 K_D 不同的取值情况可得到不同的组合控制方式。如可得到比例（P）、积分（I）、微分（D）、比例–积分（PI）、比例–微分（PD）和比例–积分–微分（PID）等控制器。

PID 控制器的主要特点是：原理简单、应用方便、参数整定灵活；适用性强，可以广泛应用于电力、机械、化工、热工、冶金、轻工、建材、石油等行业；鲁棒性强，即其控制的质量对受控对象的变化不太敏感，合理优化 K_P、K_I 和 K_D 参数，可以使系统具有高稳定性、高控制精度和快速响应等理想的性能。因此，当被控对象的结构和参数不能完全掌握，或得不到精确的数学模型、控制理论的其他技术难以采用，系统控制器的结构和参数必须依靠经验和现场调试来确定时，应用 PID 控制技术最为方便。

6.4　伺服驱动系统

伺服驱动系统是用来将运动指令转变为精密制造装备的相应运动的能量转换元件，主要包括伺服驱动器和伺服电动机。按照控制原理的不同，精密制造装备的伺服系统分为步进电动机伺服系统、直流电动机伺服系统和交流电动机伺服系统。按工作性质的不同，精密制造装备的伺服驱动系统又分为进给伺服系统和主轴伺服系统两大类。进给伺服系统接收经位置控制器处理后的信号，控制精密制造装备各个坐标轴的运动位置与速度，并带动工作台按要求的运动轨迹产生各种精密、复杂的机械运动，是一个比较复杂的控制系统；主轴伺服系统用于带动刀具旋转完成切削运动，一般主要满足主轴调速及正、反转即可，控制较为简单。本节主要讲述进给伺服系统。

精密制造装备对进给伺服系统的要求主要有以下几个方面：

① 精度高。伺服系统的定位精度要高于精密制造装备的加工精度，一般精密制造装备伺服系统的定位精度要达到 0.010～0.001 mm，超精密制造装备伺服系统的定位精度甚至要达到纳米级。

② 速度快。伺服系统的响应速度反映了其对运动指令的跟踪速度。目前，精密制造装备的插补周期一般在 10 ms 以内，每个插补周期都会产生新的运动指令，因此，要求伺服系统跟踪运动指令的速度要快。

③ 调速宽。为保证精密制造装备在任何条件下都能获得最佳的切削速度，要求伺服系统必须提供较大的调速范围，一般应达到 1:1 000，性能较高的精密制造装备应能达到 1:10 000，而且在低速切削时，还要求伺服系统能输出较大的转矩。

④ 可靠性高。精密制造装备自动化程度高，使用率也高，常常是 24 h 连续工作不停机，因而要求伺服系统工作可靠，对环境有较强的适应性，平均无故障时间间隔长。

6.4.1　步进电动机伺服系统

步进电动机是一种将电脉冲信号转换成角位移的控制电动机，每输入一个电脉冲，转子就转过一个相应的步距角，输入的脉冲越快，转子转得越快，角位移与脉冲数成正比，转动速度与脉冲频率成正比。步进电动机具有较好的定位精度，无漂移和累积定位误差，能跟踪一定频率范围的脉冲列。与交、直流伺服电动机相比，步进电动机在低速运行时有较大噪声和振动，在过载或高转速运行时会产生失步现象，所以利用步进电动机控制机床的进给运动，限制了制造装备的精度和可靠性。步进电动机伺服系统没有反馈检测环节，是典型的开环控制系统，其精度主要由步进电动机来决定，速度也受到步进电动机性能的限制。因此，步进电动机主要应用于各种小型自动化设备及仪器。

步进电动机主要由定子和转子构成，其中，定子铁芯由电工钢片叠压而成，定子上均匀分布若干个磁极，其上缠绕着绕组，磁极面向转子的一面制有齿。直径方向上相对的两个绕组线圈串联在一起，构成一相控制绕组。转子的制作材料有多种选择，反应式步进电动机的转子是由电工钢片叠压而成的，它的主要优点是可以加工出多个齿，步距角较小，但失电时不能保持力矩；永磁式步进电动机的转子是由永久磁铁制成的，它的主要优点是失电时仍然可以由永久磁铁产生保持力矩，缺点是难以加工出多个齿，步距角较大；混合式步进电动机的转子是由电工钢片和永久磁铁混合而成的，它综合了上述两种步进电动机的优点，是较为常用的步进电动机。转子上没有绕组，只有均匀分布的若干齿，其大小和间距与定子上的完全相同。图 6-29 展示了步进电动机的实物和横截面结构，可以看出，这个步进电动机的定子有四相控制绕组。当定子某相绕组通电时，产生的电磁力就会吸引转子，直至定子磁极上的齿与转子上的齿对齐，此时，其他相磁极上的齿与转子上的齿是错开的，错开的角度依次为齿距角（相邻两齿之间的角度）的 $1/m$，m 为电动机的相数。当步进电动机的各相定子绕组依次通电时，这种错齿结构使转子实现了步进旋转，旋转方向由分配脉冲的相序控制。

定子

绕组
(四相)

转子

图 6-29　步进电动机的实物与结构

现以图 6-30 所示的三相反应式步进电动机为例说明其工作原理。为了便于理解，这里假设转子上的齿是 4 个，即齿距角为 90°。当 A 相绕组通电时，转子的齿 1 和齿 3 与定子 AA′ 上的齿对齐，此时 B 相磁极 BB′ 及 C 相磁极 CC′ 依次错开 90°/3=30°。若 A 相断电，B 相通电，由于磁力的作用，转子的齿与 BB′ 上的齿对齐，转子沿逆时针方向转过 30°；接着，若 B 相断电，C 相通电，转子的齿与 CC′ 上的齿对齐，转子再沿逆时针方向转过 30°。如果控制线路不停地按 A→B→C→A→… 的顺序控制步进电动机绕组的通断电，步进电动机的转子便不停地逆时针转动，如图 6-30（a）所示。若通电顺序改为 A→C→B→A→…，步进电动机的转子将顺时针转动，如图 6－30（b）所示。这种通电方式称为三相三拍，而通常的通电方式为三相六拍，其通电顺序为 A→AB→B→BC→C→CA→A→⋯ 及 A→AC→C→CB→B→BA→A→⋯。相应地，定子绕组的通电状态每改变一次，转子转过 15°。可见，步距角不仅与相数、齿数有关，还与通电方式有关，一般步距角 α 的计算公式为

$$\alpha = 360° / (mZc)$$

式中，Z 为转子齿数；m 为电动机相数。m 相 m 拍时，$c=1$；m 相 $2m$ 拍时，$c=2$。

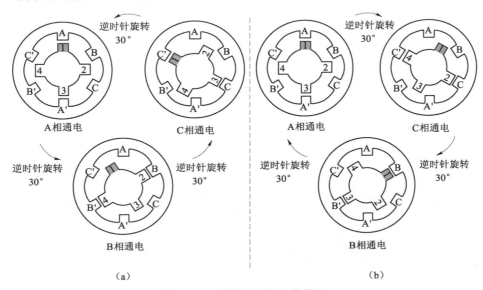

图 6－30　步进电动机工作原理

（a）通电顺序 A→B→C→A→⋯；（b）通电顺序 A→C→B→A→⋯

　　步进电动机各相绕组是按一定节拍，依次轮流通电工作的，为此，需将 CNC 发出的控制脉冲按步进电动机规定的通电顺序分配到定子各相绕组中。完成脉冲分配功能的元件称为环形脉冲分配器。环形脉冲分配器可由硬件实现，也可以用软件实现；环形脉冲分配器发出的脉冲功率很小，不能直接驱动步进电动机，必须经驱动电路将信号电流放大到一定值，才能驱动步进电动机。完成功率放大功能的元件称为功率放大器，它主要是利用功率三极管对脉冲电流进行放大。环形脉冲分配器和功率放大器一起构成了步进电动机的驱动电路，工程上称其为驱动器。

　　图 6－31 所示为步进电动机的控制过程。步进电动机的运行性能不仅与电动机本身的特性、负载有关，而且与其配套使用的驱动器有着密切的关系。步进电动机的运行性能是步进电动机和驱动器的综合结果，选择性能良好的驱动器对于发挥步进电动机的性能是十分重要的。

图 6－31　步进电动机的控制过程

　　步进式伺服系统是开环系统，为了提高系统的工作精度，可以采用精密传动副，缩短传动链等措施，但这些措施往往由于结构和工艺的关系而受到一定的限制。为此，需要从控制

方法上采取一些措施，如采用细分电路把步进电动机的一步分得再细一些，即通电相的电流不是一次加到最大值，而是分成多次，每次使电流增加一些；同样，断电绕组电流的下降也是分多次完成，这样可以减小脉冲当量，也可以对传动副进行齿隙补偿（反向间隙补偿）和螺距误差补偿。

6.4.2　直流电动机伺服系统

直流伺服电动机具有良好的起动、制动和调速特性，可方便地在宽范围内实现平滑无级调速，但由于电刷和换向器会产生机械磨损，需要一定的维护成本。图 6-32 所示为直流伺服电动机的外形和定（转）子结构。定子是用来产生磁极磁场的，产生方式可以是永磁式和他励式。转子，又称为电枢，由硅钢片叠压而成，表面嵌有线圈，通以直流电时，在定子磁场作用下产生带动负载旋转的电磁转矩。为使所产生的电磁转矩保持恒定方向，转子能沿固定方向均匀地连续旋转，需要采用电刷和换向器，电刷与外加直流电源相接，换向器与电枢导体相接。

图 6-32　直流伺服电动机的外形和定（转）子结构

直流伺服电动机的工作原理与一般直流电动机的工作原理完全相同。图 6-33 所示为永磁式直流伺服电动机一个线圈的工作原理和产生的转矩，所有线圈共同作用，就可以产生随转角变化很小的转矩。对于一个已经制造好的电动机，它的电磁转矩 T_{em} 正比于每极磁通 Φ 和电枢电流 I_a，它的转速与外加电压呈线性关系，即

$$T_{em} = C_T \Phi I_a$$

$$n = \frac{U}{C_e \Phi} - \frac{R_a}{C_e C_T \Phi^2} T_{em}$$

式中，C_T 为转矩常数；C_e 为电动势常数；R_a 为电枢回路的总电阻；U 为电枢的端电压。

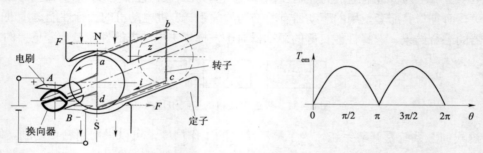

图 6-33　直流伺服电动机的工作原理

对直流伺服电动机的控制方式有改变电枢电压的电枢控制和改变磁通的磁场控制两种。磁场控制只用于小功率电动机，电枢控制具有机械特性和控制特性线性度好，空载损耗较小，控制回路电感小，响应迅速等优点。所以自动控制系统中多采用电枢控制。电动机的转速与转矩的关系称为机械特性，如图 6-34（a）所示直流电动机的机械特性曲线为一组平行线；电动机的转速与电枢电压的关系称为电动机的调节特性或控制特性，如图 6-34（b）所示直流伺服电动机的电枢控制特性也是一组平行线。

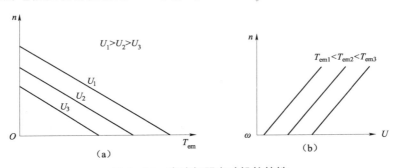

图 6-34　直流伺服电动机的特性

（a）机械特性；（b）控制特性

为了得到可调节的直流电压，通常用恒定直流电源或不控整流电源供电，利用直流斩波器或脉宽调制变换器产生可变的平均电压。由于电动机是电感元件，转子的质量较大，有较大的电磁时间常数和机械时间常数，因此可用周期远小于电动机机械时间常数的方波平均电压来代替电枢电压。在实际应用过程中，可利用大功率晶体管的开关作用，将直流电源电压转换成频率约 200 Hz 的方波电压送给直流电动机的电枢绕组，通过对开关关闭时间长短的控制，来控制加到电枢绕组两端的平均电压，从而达到调速的目的，这就是晶体管脉宽调制（Pulse Width Modulation，PWM）。随着国际上电力电子技术（即大功率半导体技术）的飞速发展，新一代的全控式电力电子器件不断出现，如可关断晶体管（GTO）、大功率晶体管（GTR）、场效应晶闸管（PMOSFET）以及新近推出的绝缘门极晶体管（IGBT ）。这些全控式功率器件的应用，使直流电源可在 1～10 kHz 的频率交替地导通和关断，通过改变脉冲电压的宽度来改变平均输出电压，调节直流电动机的转速，从而大大改善直流伺服系统的性能。脉宽调制器的放大器在开关状态工作，功率损耗比较小，故这种放大器特别适用于较大功率的系统，尤其是低速、大转矩的系统。开关放大器可分为脉冲宽度调节型和脉冲频率调节型两种，也可采用两种形式的混合型，但应用最为广泛的是脉冲宽度调节型。基于晶体管脉宽调制产生可变直流电压对直流伺服电动机进行调速的系统叫作晶体管脉宽调速，它包括主回路和脉宽调制器两部分。

图 6-35 所示为常用的 H 型主回路，它可以实现对直流伺服电动机正、反向连续转速（双极性）控制。图中 VD1～VD4 为续流二极管，用于保护功率晶体管 VT1～VT4，M 是直流伺服电动机。图中有 4 个功率晶体管，可分为两组，VT1 和 VT4 为一组，VT2 和 VT3 为另一组，同一组的两个晶体管同时导通或同时关断，一组导通另一组关断，两组交替导通和关断，不能同时导通。将一组控制方波加到一组大功率晶体管的基极，同时将反向后该组的方波加到另一组的基极上就可实现上述目的。当加在 U_{b1} 和 U_{b4} 上的方波正半周比负半周宽时，加

到电动机电枢两端的平均电压 $\overline{U_m}$ 为正，电动机正转；当加在 U_{b1} 和 U_{b4} 上的方波正半周比负半周窄时，加到电动机电枢两端的平均电压 $\overline{U_m}$ 为负，电动机反转。若方波电压的正负宽度相等，加在电枢的平均电压等于零，电动机不转，这时电枢回路中的电流没有续断，而是一个交变的电流，这个电流使电动机发生高频颤动，有利于减少静摩擦。电动机正转时的电压波形和电枢电流波形如图 6-35（b）所示。

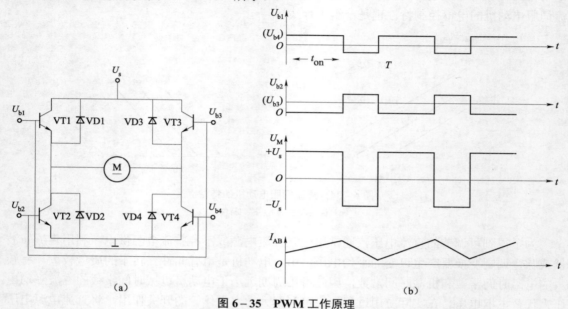

图 6-35　PWM 工作原理

（a）H 型双极性 PWM 主回路；（b）电动机正转时的电压和电枢电流波形

脉宽调制的任务是将连续控制信号变成方波脉冲信号，作为功率转换电路的基极输入信号，改变直流伺服电动机电枢两端的平均电压，从而控制直流电动机的转速和转矩。方波脉冲信号可由脉宽调制器生成，也可由全数字软件生成。脉宽调制器是一个电压/脉冲变换装置，由控制器输出的控制电压 U_c 进行控制，为 PWM 主回路提供所需的脉冲信号，其脉冲宽度与 U_c 成正比。图 6-36 表示了 U_c 变化时的方波脉冲信号 U_{b1}，其他的方波信号可以根据关系 $U_{b1} = U_{b4} = \overline{U_{b2}} = \overline{U_{b3}}$ 获得。常用的脉宽调节器可以分为模拟式脉宽调节器和数字式脉宽调节器，模拟式是用锯齿波、三角波作为调制信号的脉宽调节器，或用多谐振荡器和单稳态触发器组成的脉宽调节器。数字式脉宽调节器是用数字信号作为控制信号，从而改变输出脉冲序列的占空比，这样就可以利用控制电压完成对直流伺服电动机的速度控制。

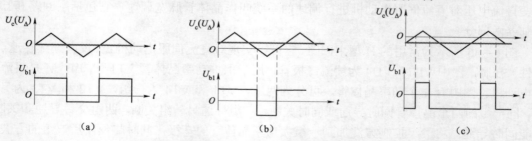

图 6-36　控制电压 U_c 与方波脉冲信号的关系

（a）$U_c = 0$；（b）$U_c > 0$；（c）$U_c < 0$

根据前面所述，在数控系统中直流伺服电动机工作在位置闭环/半闭环模式，实际上位置控制与速度控制是紧密相连的，速度环的给定值就是来自位置控制环。在每个插补周期，CNC装置经插补运算输出一组数据给位置环，与反馈位置进行比较后，再经位置控制器位置误差数据进行处理，处理的结果送给速度环，作为速度环的给定值。

6.4.3　交流电动机伺服系统

与直流伺服电动机相比，交流伺服电动机不需要电刷和换向器，因而维护方便和对环境无要求；在同样体积下，交流电动机输出功率可比直流电动机提高 10%～70%，此外，交流电动机的容量可比直流电动机大，可达到更高的电压和转速。此外，交流电动机还具有转动惯量、体积和质量较小，结构简单，价格便宜等优点。20 世纪后期，随着电力电子技术和交流电动机调速技术的快速发展，交流电动机应用于伺服控制越来越普遍，现代精密制造装备都倾向采用交流伺服驱动，交流伺服驱动已在逐渐取代直流伺服驱动。用于伺服控制的交流电动机主要有同步型交流电动机和异步型交流电动机。采用同步型交流电动机的伺服系统，多用于机床进给传动控制、工业机器人关节传动和其他需要运动和位置控制的场合。异步型交流电动机的伺服系统，多用于机床主轴转速和其他调速系统。

同步型交流伺服电动机的定子由电工钢片叠制而成，定子绕组通常为三相，采用三相正弦波电流供电，产生旋转磁场，转子由永久磁钢构成磁极，同轴连接检测转子磁极位置的光电编码器，其结构如图 6－37 所示。定子中的三个绕组在空间方位上互差 120°，当通入定子绕组中的三相交流电源的相与相之间的电压在相位上也相差 120° 时，定子绕组就会产生一个旋转磁场。旋转磁场的转速为 n_s。根据磁极的同性相斥、异性相吸的原理，定子旋转磁场与转子永久磁场磁极相互吸引，并带动转子一起旋转，如图 6－38 所示。同步电动机运行时的转速与电源的供电频率有严格不变的关系，它恒等于旋转磁场的转速，即电动机与旋转磁场两者的转速保持同步，并由此而得名。同步交流电动机的转速用下式表达：

$$n_r = n_s = 60 f_1 / p$$

式中，f_1 为交流供电电源频率（定子供电频率），单位为 Hz；p 为定子和转子的极对数。

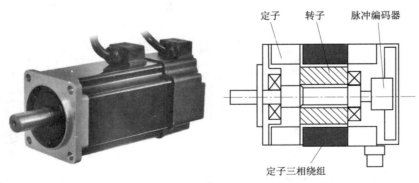

定子　　转子　　脉冲编码器

定子三相绕组

图 6－37　交流伺服电动机的外观和内部结构

从上式可以看出，变频调速是交流伺服电动机唯一的并且有效的调速方法。交流伺服电动机变频调速的关键问题是要获得调频调压的交流电源。根据生产的要求、变频器的特点和电动机的种类，可以有多种变频调速控制方案。精密制造装备上常采用交 – 直 – 交

（AC－DC－AC）变频器，如图6－39所示。交－直－交变频器的主电路包括三个组成部分：整流电路、中间电路和逆变电路。整流电路把电源提供的交流电压变换为直流电压。中间电路分为滤波电路和制动电路等不同的形式，滤波电路是对整流电路的输出进行电压或电流滤波，制动电路是利用设置在直流回路中的制动电阻或制动单元吸收电动机的再生电能实现动力制动。逆变电路是将直流电变换为频率和幅值可调节的交流电，对逆变电路中功率器件的开关控制一般采用正弦脉宽调制（SPWM）控制方式。SPWM是一种产生正弦波的方法，它用脉冲宽度不等的一系列矩形脉冲去逼近一个所需要的正弦波电压信号，利用三角波电压与正弦波参考电压相比较来确定各分段矩形脉冲的宽度。

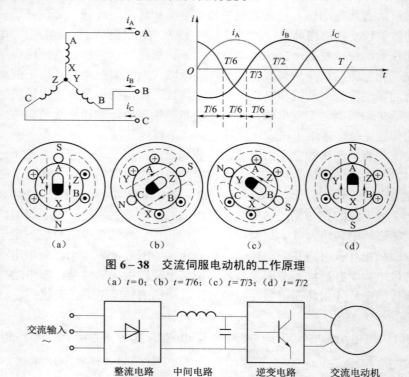

图6－38 交流伺服电动机的工作原理

（a）$t=0$；（b）$t=T/6$；（c）$t=T/3$；（d）$t=T/2$

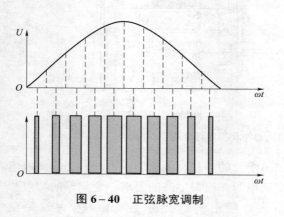

图6－39 交－直－交变频器

如图6－40所示，正弦波的形成原理是把一个正弦半波分成 N 等份，然后把每一份的正弦曲线与横坐标所包围的面积用一个与此面积相等的等幅值矩形脉冲来代替，这样得到 N 个等高而不等宽的脉冲。这 N 个脉冲对应着一个正弦波的正半周，对其负半周也如此处理，得到相应的 $2N$ 个脉冲，这 $2N$ 个脉冲就是与正弦波等效的正弦脉宽调制波，即SPWM波。对每相正弦波的正负半周均如此处理。由于脉冲频率很高，通常为25 kHz，绕组电感起平滑作用，

图6－40 正弦脉宽调制

所以绕组电流基本是三相正弦波。SPWM 的调制原理与直流电动机 PWM 的调制原理类似，载波都是三角波，调制后的波形都是方波，不同的是 SPWM 把正弦波调制成脉宽按正弦规律变化的方波，用来控制交流伺服电动机的速度。SPWM 的调制方法可以是模拟式的，也可以是数字式的。为了使交流伺服电动机变频调速后的机械性能和动态特性接近直流伺服电动机，需要采取矢量控制的方法将交流伺服电动机模拟成直流伺服电动机，并按直流伺服电动机的控制方法来控制交流伺服电动机。矢量控制是交流伺服电动机成功应用的关键技术，本书对此不做详细叙述，感兴趣的读者可以查阅相关书籍。

6.5　常用位置检测元件

由前面的分析可知，精密制造装备的闭环位置控制系统需要通过位置检测装置将坐标轴的实际位置反馈给位置控制器，位置检测装置除了前面提到的电位器外，工程中经常应用的还有很多。精密制造装备对位置检测装置的要求如下：

① 受温度、湿度的影响小，工作可靠，能长期保持精度，抗干扰能力强。
② 在机床执行部件移动范围内能满足精度和速度的要求。
③ 使用维护方便，适合机床工作环境。
④ 成本低。
⑤ 易于实现高速的动态测量。

精密制造装备上用到的位置检测装置，若按被测量的几何量分类，有线位移测量型和角位移测量型；若按检测量的基准分类，有增量式测量和绝对式测量；若按检测信号的类型分类，有数字式测量和模拟式测量。位置检测装置的类型如表 6-4 所示。对于不同类型的精密制造装备，因工作条件和检验要求不同，可采用不同的检测方式。

表 6-4　位置检测装置类型

位置检测装置	按被测量的几何量分类	线位移测量	长光栅、长磁栅、直线感应同步器、激光干涉仪
		角位移测量	圆光栅、圆磁栅、圆感应同步器、旋转变压器、光电编码器
	按测量基准分类	增量式测量	光栅、磁栅、感应同步器、旋转变压器、增量式光电编码器
		绝对式测量	绝对式光栅、绝对式磁尺、绝对式光电编码器
	按检测信号类型分类	数字式测量	光栅、光电编码器、激光干涉仪
		模拟式测量	旋转变压器、感应同步器、磁栅

1. 线位移测量与角位移测量

对机床的直线位移采用线位移测量装置来测量的，所测量的指标就是所要求的指标，因此，也称为直接测量。直接测量的精度主要取决于测量装置的精度，不受机床传动精度的影响，但测量装置要与测量行程等长，这对大型精密制造装备来说是个很大的限制。对机床的直线位移采用角位移测量装置来测量的，需要通过计算得出与角位移对应的工作台直线位移，因此也称为间接测量。间接测量使用可靠方便，无长度限制，缺点是在测量结果中加入了旋转运动转变为直线运动的传动链误差，从而影响测量精度。因此，为了提高控制精度，常常需要对机床的传动误差进行补偿。

2. 增量式测量与绝对式测量

增量式测量的特点是只测量位移增量，测量的起点不固定。即工作台每移动一个测量单位，测量装置便发出一个测量信号，此信号通常是脉冲形式，通过记录脉冲的个数可以得到被测点距离本次起点的长度，测量装置比较简单，但在机床有故障发生时，无法对故障进行定位；绝对式测量的特点是测量结果总是距离固定起点有一段长度，可以避免增量式测量方式的缺点，但其结构较为复杂。

3. 数字式测量与模拟式测量

数字式测量以量化后的数字形式表示被测的量，便于显示处理，信号抗干扰能力强；模拟式测量是将被测的量直接用连续的变量（如用电压变化、相位变化）来表示，抗干扰能力差。由于数字式的传感器（如光电编码器和光栅等）使用方便可靠，通过记录数字脉冲的频率，还可以用来测量速度，因而应用最为广泛。旋转变压器是模拟式传感器，由于其抗振、抗干扰性好，在一些特殊场合仍有较多的应用。

下面详细介绍几种精密制造装备用的典型线位移测量与角位移测量传感器的工作原理。

6.5.1　旋转变压器

旋转变压器又称分解器，是一种控制用的微型电动机，是精密制造装备上常见的角位移测量装置，广泛用于半闭环控制的精密制造装备中。旋转变压器结构简单，动作灵敏，对工作环境无特殊要求，维护方便，输出信号幅度大，抗干扰性强，工作可靠，且其精度能满足一般的检测要求。

1. 旋转变压器的结构

旋转变压器在结构上与两相绕线式转子异步电动机相似，由定子和转子组成，定子绕组为变压器的一次线圈，转子绕组为变压器的二次线圈。其定子和转子铁芯由高导磁的铁镍软磁合金或硅铜薄板冲成的带槽芯片叠成，槽中嵌入定子绕组和转子绕组。励磁电压接到定子绕组上，励磁频率通常为 400 Hz、500 Hz、1 000 Hz 及 5 000 Hz。定子绕组通过固定在壳体上的接线板直接引出，转子绕组有两种不同的引出方式。根据转子绕组两种不同的引出方式，可将旋转变压器分为有刷式和无刷式两种结构。

图 6-41（a）、（b）所示为旋转变压器的实物和结构，它的转子绕组通过电刷和滑环直接引出，其特点是结构简单、体积小，但因电刷与滑环是机械滑动接触，所以可靠性差，寿命也较短。图 6-41（c）所示为无刷式旋转变压器，它没有电刷和滑环，由旋转变压器本体和附加变压器两大部分组成。左边部分是旋转变压器本体，右边部分是附加变压器。附加变压器的转子、定子铁芯及绕组均做成环形，分别固定于转子轴和壳体上，径向留有一定气隙，附加变压器的转子绕组可在其定子绕组中回转，通过电磁耦合，将旋转变压器本体的转子绕组输出信号经附加变压器定子绕组间接地送出去。这种无刷式旋转变压器比有刷式可靠性高、寿命长，但体积、质量、转动惯量及成本都有所增加。

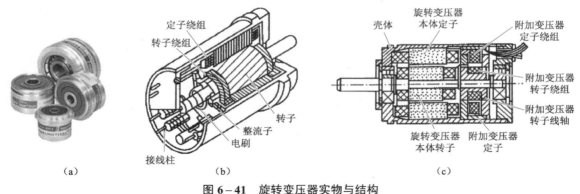

图 6-41　旋转变压器实物与结构

（a）实物；（b）有刷式旋转变压器结构；（c）无刷式旋转变压器结构

　　旋转变压器按极对数又分为单极对、双极对和多极对。单极对旋转变压器的定子和转子上各有一对磁极，检测精度较低；双极对旋转变压器的定子和转子上各有两对相互垂直的磁极，检测精度较高，在精密制造装备中应用普遍；多极对旋转变压器就是再增加定子或转子的极对数，用于更高精度的检测系统。

2. 旋转变压器的工作原理

　　旋转变压器根据互感原理工作，当励磁电压加到定子绕组上时，通过电磁耦合转子绕组中将产生感应电压，其大小取决于定子和转子两个绕组轴线在空间的相对位置。图 6-42 所示为单极对旋转变压器的工作原理。假定子中输入的电压为 $U_1 = U_m \sin(\omega t)$，当转子旋转时，定子与转子之间的气隙磁通分布呈正/余弦规律分布，转子上输出的感应电压 U_2 为

$$U_2 = kU_1 \sin\theta = kU_m \sin\theta \sin(\omega t)$$

式中，k 为电磁耦合系数变压比；θ 为转子绕组偏转角。转子每转过一周（$\theta = 2\pi$），其上输出的感应电压幅值也变化一个周期。

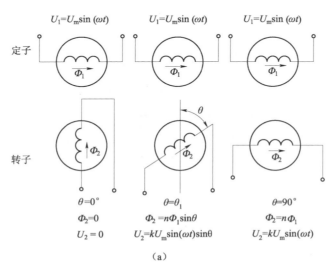

图 6-42　单极对旋转变压器的工作原理

（a）典型位置的感应电压

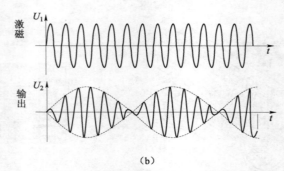

（b）

图 6－42　单极对旋转变压器的工作原理（续）

（b）定子励磁电压和感应电压的变化波形

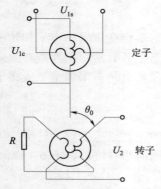

图 6－43　正/余弦旋转变压器

旋转变压器在结构上保证其定子和转子之间空气气隙内磁通分布符合正弦规律，这样使转子绕组中的感应电压随转子的转角按正弦规律变化。当转子绕组接入负载时，其绕组中便有正弦感应电流通过，该电流所产生的交变磁通将使定子和转子之间的气隙中的合成磁通畸变，从而使转子绕组中输出电压也发生畸变。为了克服这一缺点，通常采用双极对正/余弦旋转变压器，其定子和转子绕组均由两个匝数相等，且相互垂直的绕组构成，如图 6－43 所示。一个转子绕组作为输出信号，另一个转子绕组接高阻抗作为补偿。

当定子绕组输入不同的励磁电压时，可得到两种不同的工作方式：鉴相工作方式和鉴幅工作方式。

1）鉴相工作方式

在该工作方式下，旋转变压器定子的两相绕组分别通以幅值相同、频率相同，但相位差 $\pi/2$ 的交流励磁电压，即

$$U_{1s} = U_m \sin(\omega t)$$

$$U_{1c} = U_m \sin\left(\omega t + \frac{\pi}{2}\right) = U_m \cos(\omega t)$$

当转子正转时，这两个励磁电压在转子绕组中产生的感应电压经叠加，得到转子感应电压：

$$U_2 = kU_{1s} \sin\theta + kU_{1c} \cos\theta$$
$$= kU_m \sin(\omega t)\sin\theta + kU_m \cos(\omega t)\cos\theta$$
$$= kU_m \cos(\omega t - \theta)$$

当转子反转时，同理有

$$U_2 = kU_m \cos(\omega t + \theta)$$

可见，转子输出电压的相位角和转子的偏转角 θ 之间有严格的对应关系，只要检测出转子输出电压的相位角，就可以求得转子的偏转角，也就可以得到被测轴的角位移。

2）鉴幅工作方式

在该工作方式下，旋转变压器定子的两相绕组分别通以相位相同、频率相同，但幅值分

别为 $U_m \sin\alpha$ 和 $U_m \cos\alpha$ 的交流励磁电压，即

$$U_{1s} = U_m \sin\alpha \sin(\omega t)$$

$$U_{1c} = U_m \cos\alpha \sin(\omega t)$$

当转子正转时，这两个励磁电压在转子绕组中产生的感应电压经叠加，得到转子感应电压：

$$
\begin{aligned}
U_2 &= kU_{1s} \sin\theta + kU_{1c} \cos\theta \\
&= kU_m \sin\alpha \sin(\omega t)\sin\theta + kU_m \cos\alpha \sin(\omega t)\cos\theta \\
&= kU_m \cos(\alpha - \theta)\sin(\omega t)
\end{aligned}
$$

当转子反转时，同理有

$$U_2 = kU_m \cos(\alpha + \theta)\sin(\omega t)$$

可见，转子输出电压的幅值和转子的偏转角 θ 之间有严格的对应关系，只要检测出转子输出电压的幅值，就可以求得转子的偏转角，也就可以得到被测轴的角位移。

6.5.2　光电编码器

光电编码器又称光电编码盘，简称光电码盘，是目前用得较多的一种旋转式位置传感器，它的转轴通常与被测轴连接，随被测轴一起转动。通过装在转轴上的带孔码盘（或明暗相间的码盘），将被测轴的角位移转换成脉冲列或某种制式的编码，并由此得出转轴的位置或转速。光电式编码器的优点是没有接触磨损，码盘寿命长，允许转速高，精度较高；其缺点是结构复杂，价格高，光源寿命短，而且安装困难。光电编码器主要有绝对式光电编码器和增量式光电编码器两种基本类型。绝对式光电编码器输出的是编码（如二进制码或格雷码或 BCD），绝对式光电编码器输出的是 A、B 脉冲列和零位脉冲 Z，光电编码器可以同时给出转轴的角位移、转向和转速。

1. 增量式光电编码器

图 6 – 44 所示为增量式光电编码器的实物和结构示意图。它包括置于两副轴承中的转轴、编码盘、发光二极管（LED）、光阐、光敏元件和电源及信号线连接座等。

编码器与转轴连在一起，可用玻璃片（或塑料片）制成，表面镀上一层不透光的金属铬，然后沿圆周在边缘上制成向心透光缝隙。透光缝隙在编码盘圆周上等分，数量从几百条到几千条不等；整个编码器圆周上就等分成 n 个透光的槽。此外，增量式光电编码器也可用不锈钢等金属薄板制成，然后在圆周边缘切割出均匀分布的透光槽，其余部分均不透光（金属编码盘每转缝隙一般在 2 000 条以下）。当光电编码器随工作轴一起转动时，在光源的照射下，透过编码盘和光阐缝隙形成明暗相间的光信号，光敏元件把此光信号转换成电脉冲信号，根据电脉冲信号数量，便可推知转轴转动的角位移数值。

为了获得编码盘转过的角位移，需设置一个基准点（即起始零点），为此在编码盘边缘光槽内圈（或外圈）还设置了一个零位标志光槽，如图 6 – 44 所示。编码盘旋转一圈，光线只有一次通过零位标志光槽射到光敏元件 Z 上，并产生一个脉冲（Z 脉冲），此脉冲即可作为起始零点信号，如图 6 – 45（a）、（b）所示，Z 脉冲的脉宽 $T_Z = T/2$（或 $T_Z = T/4$）。

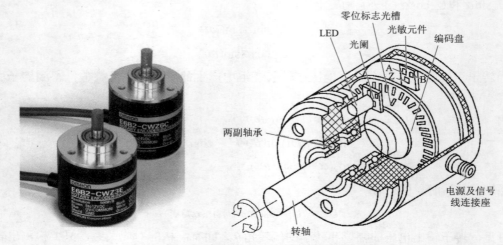

图 6-44　增量式光电编码器实物和结构示意图

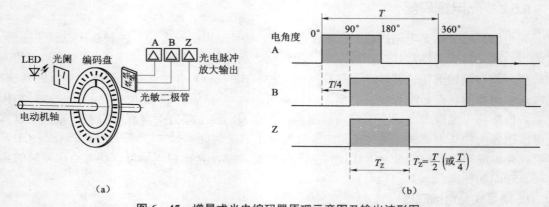

（a）

图 6-45　增量式光电编码器原理示意图及输出波形图

（a）增量式光电编码器原理示意图；（b）增量式光电编码器的输出波形图

为了判断编码盘的旋转方向，光闸板上设置了两个相邻的缝隙，与两个相邻缝隙对应的是 A、B 两个光敏元件。若设 A 与 B 产生脉冲的周期为 T，则希望 A 与 B 两个脉冲在时间上相差 $T/4$，由此可知，两个缝隙的间距应是编码盘两个槽间距的（$m+1/4$）倍（m 为正整数）。对于 A、B 两脉冲列，若 A 超前 $T/4$，便可推知图 6-45（a）所示的编码盘为逆时针旋转；反之，若 B 超前 $T/4$，则编码盘为顺时针旋转。

2. 绝对式光电编码器

绝对式光电编码器的结构和外形如图 6-46（a）、（b）所示，其检测原理如图 6-46（c）所示。

图 6-46（a）所示为一个四位二进制编码的绝对式光电编码盘，码盘上的四个同心圆圈，各圈对应着编码的位数，称为码道。每一个码道有一个光电检测元件，当码盘处于不同的位置时，以透明与不透明区域组成数码信号，根据光电元件的受光与否，转换成电信号送往数码寄存器。该图中的码道被平均分成 16 份，码道上透明（白色）的部分为"0"，不透明（黑色）的部分为"1"。不同黑、白区域的排列组合即构成与转轴位置相对应的数码，如"0000"

对应"0"号位，"0011"对应"3"号位等。

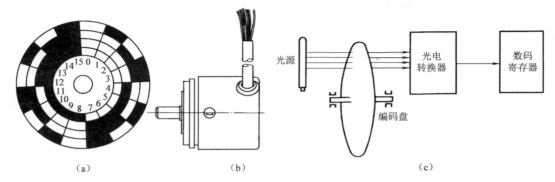

图 6 - 46　绝对式光电编码器的结构和工作原理

（a）二进制编码盘；（b）外形；（c）转轴位置检测原理示意图

编码盘的材料大多为玻璃，也有用金属或塑料制的。单个编码盘可做到 18 个码道，组合码盘可做到 22 个码道。

6.5.3　磁栅传感器

磁栅传感器是一种非接触位置检测元件，它由磁尺（磁盘）、磁头和信号处理电路三部分组成。用于检测线位移的磁栅叫长磁栅，用于检测角位移的磁栅叫圆磁栅。图 6 - 47 所示为磁栅传感器的结构示意图。

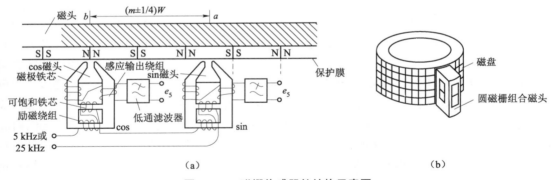

图 6 - 47　磁栅传感器的结构示意图

（a）长磁栅；（b）圆磁栅

磁尺（磁盘）通常以非磁性材料（如铜带）作为基体，在上面镀一层均匀的磁性薄膜（如 Ni - Co 膜），经过录磁（类似磁头对磁带录音），在磁性薄膜上形成 N、S 相间的磁性区，如图 6 - 47 所示。磁性区的节距（W）一般为 0.05 mm 或 0.02 mm。磁尺（磁盘）通常固定在用低碳钢做的屏蔽壳内，并用框架固定在设备上（如机床床身上）。为防止磁头磨损磁尺，通常在磁尺（磁盘）表面涂上一层 1～2 μm 厚的硬质保护膜。

磁栅上的位移信号由磁头读出，磁头可分为动态磁头与静态磁头。动态磁头只有当磁头和磁尺（磁盘）有一定相对速度时才能读取磁化信号。这种磁头用于录音机、磁带机，不能用于测量位移。用于位置检测的磁栅要求磁尺（磁盘）与磁头相对运动速度很低或处于静止时亦能测量位移或位置，所以应采用静态磁头。图 6-47 中的静态磁头包括两部分——cos 磁头和 sin 磁头，采用两个磁头的目的是识别磁头运动的方向。当铁芯磁通变化时，cos 磁头的感应输出绕组将产生感应电动势 e。在励磁绕组中通以一定频率的载波电流，当磁头相对磁尺（磁盘）运动时，磁尺（磁盘）上不同的磁性区域（从 N→S→N→…）将使 cos 磁头的铁芯磁通发生变化，因此对应感应输出绕组中的感应电动势 e 也产生相应的变化，这种变化反映了磁尺的位移情况。感应电动势 e 经过低通滤波信号处理电路，即可转化为磁尺位移量，精度可达几个微米。当 cos 磁头的磁爪对准最强磁场（N 极下方）时，则 sin 磁头的磁爪对准最弱磁场（N、S 极中央），这样，两个磁头感应输出绕组的感应电动势便相差 90° 电角度。若 cos 磁头感应电动势的相位较 sin 磁头感应电动势超前，表示运动的正方向，滞后则表示运动的负方向。为了保证距离的准确性，通常将两个磁头做成一体。

磁栅传感器的结构简单、录磁方便、测量范围宽（可达十几米，无须接长），精度可达几微米，因而在大型机床的自动检测和位置控制方面获得广泛的应用。

6.5.4　光栅传感器

光栅是一种最常见的测量装置，具有精度高、响应速度快等优点，也是一种非接触式测量装置。光栅利用光学原理进行工作，按形状可分为圆光栅和长光栅。圆光栅用于角位移的检测，长光栅用于直线位移的检测。图 6-48（a）所示为长光栅的实物。光栅的检测精度较高，可达 1 μm 以上。光栅是利用光的透射、衍射现象制成的光电检测元件，主要由光栅尺（也叫标尺光栅）和光栅读数头（也叫指示光栅）两部分组成。通常标尺光栅固定在机床的运动部件（如工作台或丝杠）上，光栅读数头安装在机床的固定部件（如机床底座）上，两者随着工作台的移动而相对移动。光栅尺是用真空镀膜的方法刻上均匀密集线纹的透明玻璃片或长条形金属镜面，如图 6-48（b）所示。对于长光栅，这些线纹相互平行，各线纹之间的距离相等，称此距离为栅距。对于圆光栅，这些线纹是等栅距角的向心条纹。栅距和栅距角是决定光栅光学性质的基本参数。光栅线纹放大后如图 6-48（c）所示，不透光栅线用黑色表示，透光缝隙标用白色表示。图 6-48（c）中栅线的宽度为 a，缝隙宽度为 b，相邻两栅线间的距离 $W = a + b$，W 就是栅距。常见的长光栅的线纹密度为 25 条/mm、50 条/mm、100 条/mm、250 条/mm。对于圆光栅，若直径为 70 mm，则一周内刻线为 100~768 条；若直径为 110 mm，则一周内刻线达 600~1 024 条，甚至更高。同一个光栅元件，其标尺光栅和指示光栅的线纹密度必须相同。光栅读数头由光源、透镜、标尺光栅、指示光栅、光敏元件和驱动线路组成，如图 6-48（d）所示。读数头的光源发出的辐射光线经过透镜后变成平行光束，照射到主光栅上，主光栅后的指示光栅刻线与主光栅刻线相对叠在一起，中间留有很小的间隙，并使两光栅的条纹相错一个很小的角度 θ，由于光的衍射，在相交区域出现明暗交替、间隔相等的粗大条纹，称为莫尔条纹。如图 6-49 所示，a 为明条纹，b 为暗条纹。由于两块光栅的刻线密度相等，栅距 W 相等，使产生的莫尔条纹的方向与光栅刻线方向大致垂直，由图 6-49 的几何关系可以看出，当 θ 很小时，莫尔条纹的节距 B 是栅距 W 的 $1/\sin\theta$ 倍。光线透过莫尔条纹后被光敏元件接收。光敏元件是一种将光强信号转换为与之成比例的电压信号的光电转换元件，由于光敏元件产生的电压信号一般比较微弱，在长距离传送时很容易被各种干扰信号所淹没、覆盖，造成传送失真。为了保证光敏元件输出的信号在传送中不失真，应首先将该电压信号进行功率和电压放大，然后进行传送。驱动线路就是实现对光敏元件输出信号进行功率和电压放大的线路。

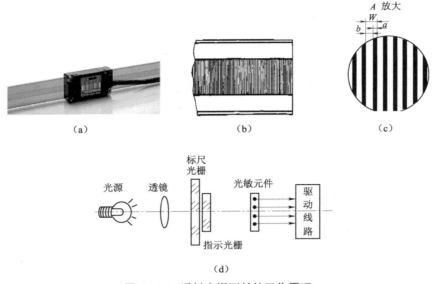

图 6-48　透射光栅测长的工作原理

（a）长光栅实物；（b）主光栅；（c）光栅局部放大图；（d）透射光栅传感器光路

安装光栅时要严格保证标尺光栅和指示光栅的平行度以及两者之间的间隙（一般取 0.05 mm 或 0.1 mm）要求。当两光栅沿栅线垂直方向相对移动时（一般为主光栅移动），莫尔条纹将会沿栅线方向移动，而且两者有着确定的对应关系；当主光栅向右移动一个栅距 W_1 时，莫尔条纹将向下移动一个条纹间距 B；如果主光栅向左移动，则莫尔条纹将向上移动。因此，可根据莫尔条纹的移动数量和移动方向，确定主光栅的位移量和位移方向，并由光电元件转换成电脉冲信号。

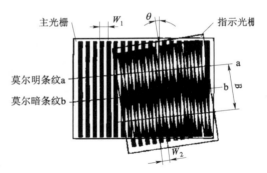

图 6-49　光栅和横向莫尔条纹形成

由于光栅传感器测量精度高且为数字量，抗干扰能力强，而且寿命长，因此在精密机床和精密加工中获得日益广泛的应用。

6.6　测量与误差补偿

由于精密制造装备的加工准确度和表面质量都很高，必须有相应的测量手段，才能判断其是否达到技术要求。精密测量是精密加工中的重要组成部分，它与精密加工技术相辅相成，为精密加工提供了评价和检测手段；精密加工水平的提高又为精密测量提供了有力的仪器保障。由于测量仪器的精度通常要高于被测对象的精度要求，因此，精密测量的难度更大。目前，对于测量误差已经由微米级向纳米级提升，而且这种趋势一年比一年迅猛。此外，为了提高加工精度，还需要查找精密制造装备的误差因素，并进行相应的误差补偿。下面简单介绍几种常用的精密测量技术和误差补偿技术。

6.6.1 精密测量技术

1. 扫描显微测量技术

这种方法主要用于测量工件表面的微观形貌和尺寸。它的原理是用极小的探针对被测表面进行扫描，借助于毫米级的三维定位控制系统测出工件表面的三维微观立体形貌。1981 年美国 IBM 公司研制的扫描隧道显微镜（STM），将人们带到了微观世界。随后，基于 STM 相似原理与结构，相继产生了一系列利用探针与样品的不同相互作用来探测表面的扫描探针显微镜（SPM），用来获取通过 STM 无法获取的有关表面结构和性质的各种信息，成为人类认识微观世界的有力工具。

2. X 射线干涉显微测量技术

X 射线干涉显微测量技术是近年来发展的纳米测量技术，测量范围大。以 SPM 为基础的观测技术只能给出纳米级分辨率，不能给出表面结构准确的纳米尺寸，是因为到目前为止缺少一种简便的 0.10～0.01 nm 尺寸测量的定标手段。X 射线干涉测量技术利用单晶硅的晶面间距作为 10 nm 误差的基本测量单位，加上 X 射线波长比可见光的波长小两个数量级，有可能实现 0.01 nm 的分辨率。该方法较其他方法对环境要求低，测量稳定性好，结构简单，是一种很有潜力的纳米测量技术。

3. 移相干涉显微镜测量技术

移相干涉显微镜是用来进行表面粗糙度测量的仪器，图 6-50 所示为其光学原理，它是利用激光和电荷耦合器件（CCD）直接测量干涉场上各点的相位，给出被测表面的表面粗糙度参数值、干涉条纹图和彩色三维形貌图，具有很高的测量精度，垂直分辨率为 0.1 μm，水平分辨率为 0.4 μm，且测量速度快，测量效率高。

4. 单频激光干涉仪测量技术

单频激光干涉仪可用来进行长度和位置精密测量，图 6-51 所示为单频激光干涉仪的工作原理。激光器发出的激光束，经镀有半透明银膜的分光镜将光分为两路，一路折射进入固定不动的棱镜，另一路反射进入可动棱镜。经两棱镜反射回来的光重新在分光镜处汇合成相干光束，此光束又被分光镜分成两路，一路进入光电元件，另一路经棱镜射至光电元件 2。由于分光镜上镀有半透射半反射的金属膜，所产生的折射光和反射光的波形相同，但相位上有变化，适当调整光电元件 1 和光电元件 2 的位置，使两光电信号相位差 90°。工作时两者相位超前或滞后的关系取决于可动棱镜的移动方向。工作台移动时可动棱镜也移动，干涉条纹相应移动，每移动一个干涉条纹，光电信号变化一个周期。如果采用四倍频电子线路细分，采用波长 $\lambda=0.632\,8\ \mu m$ 的氦氖激光为光源，则一个脉冲信号相当于机床工作台的实际位移量 $\frac{1}{4}\times\frac{1}{2}\lambda=0.08\ \mu m$。单频激光干涉仪使用时受环境影响较大，调整麻烦，放大器存在零点漂移。为克服这些缺点，可采用双频激光干涉仪。

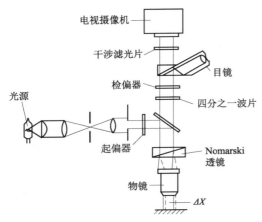

图 6-50　移相干涉显微镜光学原理

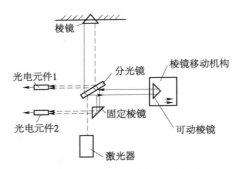

图 6-51　单频激光干涉仪工作原理

5. 双频激光干涉仪测量技术

双频激光干涉仪是利用光的干涉原理和多普勒效应产生频差的原理来进行长度和位置精密检测的，图 6-52 所示为其工作原理。激光器发出的激光为方向相反的右旋圆偏振光和左旋圆偏振光，其振幅相同，但频率不同，分别表示为 f_1 和 f_2。经分光镜 M_1，一部分反射光经检偏器射入光电元件 D_1 作为基准频率 $f_{基}(f_{基} = f_1 - f_2)$；另一部分通过分光镜 M_1 的折射到达分光镜 M_2 的 a 处，频率为 f_2 的光束完全反射经滤光器变为线偏振光，投射到固定棱镜 M_3 后反射到分光镜 M_2 的 b 处。频率为 f_1 的光束经滤光器变为线偏振光，投射到可动棱镜 M_4 后也反射到分光镜 M_2 的 b 处，两者产生相干光束。若 M_4 移动，则反射光的频率发生变化而产生多普勒效应，其频差为多普勒频差 Δf。频率为 $f' = f_1 \pm \Delta f$ 的反射光与频率为 f_2 的反射光在 b 处汇合后，经检偏器射入光电元件 D_2，得到测量频率 $f_{测} = f_2 - (f_1 \pm \Delta f)$ 的光电流，这路光电流与经光电元件 D_1 后得到频率为 $f_{基}$ 的光电流，同时经放大器放大进入计算机，经减法器和计数器即可算出差值 $\pm \Delta f$，并按下式计算出可动棱镜 M_4 的移动速度 v 和移动距离 L。

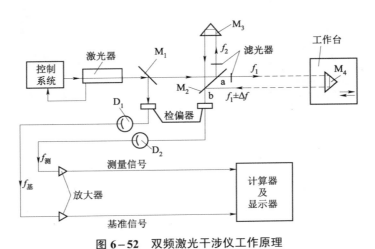

图 6-52　双频激光干涉仪工作原理

$$\Delta f = \frac{2v}{\lambda}$$

$$v = \frac{\mathrm{d}L}{\mathrm{d}t}, \mathrm{d}L = v\mathrm{d}t$$

$$L = \int_0^t v\mathrm{d}t = \int_0^t \frac{\lambda}{2}\Delta f\mathrm{d}t = \frac{\lambda}{2}N$$

式中，N 为由计算机记录下来的脉冲数，将脉冲数乘以半波长就得到所测位移的长度。

双频激光干涉仪测量准确度高，测量范围大，常用于超精密机床作位置测量和位置反馈元件。但激光测量准确度与空气的折射率有关，而空气折射率与湿度、温度、压力、二氧化碳含量等有关。美国 NBS 的研究结果说明，当前双频激光干涉仪当其光路在空气中进行了各种修整与补偿，最大误差为 0.085 μm。由于这种测量方法对环境要求过于苛刻，很难加以保证。

6. 三坐标测量技术

坐标测量机（Coordinate Measure Machine，CMM）是一种精密数控测量仪器，可以进行精密零部件的尺寸、形状和位置精度的检测。它通用性强、测量范围广、精度和效率高，并能与数控加工系统组成柔性制造系统。坐标测量机作为一类大型精密测量仪器，有"测量中心"之称。最早的坐标测量机是一个仅仅配备 XYZ 三轴数显的三维设备，因此称作三坐标测量机。现代三坐标测量机不仅拥有更多的结构类型，如悬臂式、桥框式、龙门式和便携式坐标测量机（又叫测量臂），而且在功能和性能上都有极大的提高，不仅能在计算机控制下完成各种复杂测量，而且可以通过与数控机床交换信息，实现对加工的控制，还可以根据测量数据，实现逆向工程。图 6-53 所示为西安爱德华公司生产的 MGH 高精度桥式三坐标测量机和 FARO 公司生产的关节测量臂。

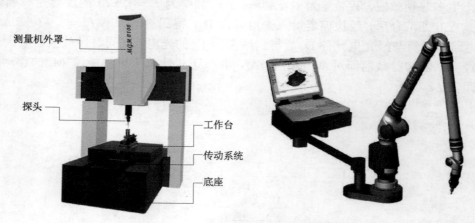

图 6-53　三坐标测量机和关节测量臂

"坐标"的概念源于解析几何，其基本思想是构建坐标系，将点与实数联系起来，进而可以将平面上的曲线用代数方程表示。与传统测量仪器是将被测量和机械基准进行比较测量不同的是，坐标测量机的测量实际上是基于空间点坐标的采集和计算。虽然现代的测量机比早期的功能要高级很多，但基本组成和基本原理是相同的，三坐标测量机一般都由主机、软件系统、电气（控制）系统和测头系统组成，如图 6-54 所示。主机是一个刚性结构，有三个互相垂直的轴，每个轴向安装光栅尺，并分别定义为 X、Y、Z 轴。为了让每个轴能够移动，每个轴向装有空气轴承或机械轴承。在垂直轴上的探头系统记录测量点任一时刻的位置。探头部分是三坐标测量机的重要部件，根据其功能有触发式、扫描式、非接触式（光学）等。触发式探头是使用最多的一种探头，其工作原理上相当于一个开关式传感器。当测针与零件产生接触而产生角度变化时，发出一个开关信号。这个信号传送到控制系统后，控制系统对此刻的光栅计数器中的数据锁存，经处理后传送给测量软件，表示测量了一个点。扫描式探头有两种工作模式：一种是触发式模式，一种是扫描式模式。扫描探头本身具有三个相互垂直的距离传感器，可以感觉到与零件接触的程度和矢量方向，这些数据作为测量机的控制分量，控制测量机的运动轨迹。扫描探头在与零件表面接触、运动过程中定时发出信号，采集光栅数据，并可以根据设置的原则过滤粗大误差，称为"扫描"。测量软件根据探头采集的点坐标，通过相应几何形状的数学模型计算出零件被测的尺寸、形状、相对位置等参数。

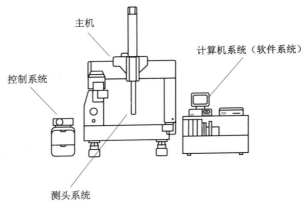

图 6－54　三坐标测量机的结构组成

目前，国外著名的坐标测量机厂家主要有 Hexagon 公司、德国的 Zeiss 和 WENZEL 公司、意大利的 Coord3 公司、英国的 IMS 公司、美国的 OGP 公司、日本的 Mitutoyo 公司等；国内的测量机厂家主要有中航工业精密所、西安爱德华公司等。坐标测量机的主要优点是测量精度高，适应性强，噪声低，且有较好的重复性，目前高精度的坐标测量机的单轴精度，每米长度内可达 1 μm 以内，三维空间精度可达 1～2 μm，英国 Renishaw 公司推出的测头，其测量精度最高可达到 0.5 μm。作为一种精密、高效的空间长度测量仪器，坐标测量机能实现许多传统测量器具所不能完成的测量工作，其效率比传统的测量器具高出十几倍甚至几十倍。而且坐标测量机很容易与 CAD 连接，把测量结果实时反馈给设计及生产部门，借以改进产品设计或生产流程，因此坐标测量机已经并且将继续取代许多传统的长度测量仪器。随着技术的发展，已经研制出了具有零件位置自动识别和测量决策自动判别的智能三坐标测量机测量系统。

7. 结构光测量技术

结构光测量技术是一种主动光学视觉轮廓测量方法。其基本原理是，使光源向被测物面上投射出不同形状的几何图形，利用光学图像传感器将该几何图形信息采集到计算机中，采用算法对几何图形特征点的空间位置进行计算，从而得到被测对象的几何轮廓和尺寸数值。结构光法使用高能量光源照明，可以在自然光环境下进行检测，抗杂光干扰能力强，甚至在周围环境光变化很大的情形下也可以进行测量。

向被测物体表面投射的结构光形式有很多，大致可分为点结构光、线结构光和面结构光三种，如图 6-55 所示。因此，结构光视觉测量方法也可分为点结构光法、线结构光法和面结构光法。

点结构光法是将点光源发出的发散角很小的激光光束投射到被测物体表面，并经物体反射后在 PSD（Position Sensitive Detectors）、CCD（Charge-coupled Device）等图像传感器上形成光点图像，如图 6-56 所示，光点图像中包含被测物面光点处的位置信息。点结构光系统实现简单，具有较高的测量精度（以米铱 2300 系列举例，2 mm 量程，绝对误差可以达到 0.6 μm），但是由于一次采样只能获得单个点的位置信息，必须借助扫描系统才能完成一定范围物面轮廓的数据采集。图 6-56 通过对物体 x、y 向进行二维扫描可以得到被测物体的三维轮廓信息。

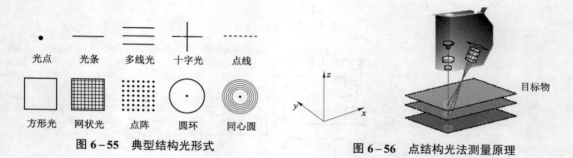

图 6-55　典型结构光形式　　　　　　　图 6-56　点结构光法测量原理

线结构光法由线光源取代点光源，所产生的图像也由光点图像变为光条图像，光条图像中含有被测物面的二维轮廓信息。如图 6-57 所示，线结构光照射到物体表面形成特征曲线，根据标定出的相机空间方向、结构参数等信息，利用三角法测量原理可以计算出被测物体位于特征曲线上的各点与 CCD 相机镜头主点之间的距离。系统中各个坐标系的定义为：$X_w Y_w Z_w$ 为全局坐标系，是实现三维测量的参考空间，可以按照实际要求任意选定；$X_c Y_c Z_c$ 为相机坐标系，原点 O_c 位于镜头的光心处，X 轴及 Y 轴分别平行于图像像素的行和列；$X_i Y_i$ 为成像平面坐标系，以长度物理量为单位；uv 为图像像素坐标系，原点为图像的左上角点，以像素数值为单位。线结构光法可以通过扫描获得物体表面的三维轮廓信息。

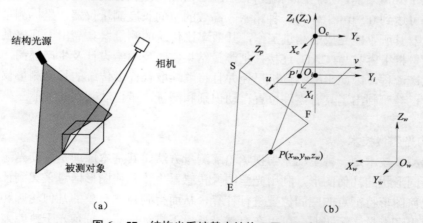

（a）　　　　　　　　　　　　　（b）

图 6-57　结构光系统基本结构及原理示意图

（a）一般结构光系统结构示意图；（b）一般结构光系统成像原理

面结构光法由面光源取代点光源，即将二维结构光图案投射到被测物体表面上，通过对产生的图像解码直接获得被测物体的三维轮廓，无须进行扫描，测量速度大大加快。面结构光的图像解码主要有时间编码法与空间编码法两种。时间编码法将多次投射的不同的编码图案序列组合起来进行解码，二进制编码是较常用的方法，还有 RGB 颜色格雷码、高密度光栅码等。时间编码法的优点是解码错误率较低，但要求结构光的投射空间位置保持不变，投射次数与编码形式有关，一般需要多次投射，使系统难以实现实时测量。空间编码法，只需一次投射就可获得景物深度图像，可实现快速的全场测量，适合于动态测量，但空间分辨力与测量精度较光条式结构光法低；编码图案易因景物表面特性不同而产生模糊点，发生译码错误。随着高分辨率的光学 LCD 投影仪和 CCD 相机的出现，这一问题将逐渐得以解决。彩色编码法是以彩色条纹作为物体三维信息的加载和传递工具，以彩色 CCD 相机作为图像获取器件，通过计算机软件处理，对颜色信息进行分析、解码，最终获取物体的三维面形数据。

6.6.2　误差补偿技术

误差补偿是提高加工精度的重要措施，它根据超精密加工装备的机械结构，运用上节提到的测量技术获得其运动误差，通过建立误差模型，采用修正、抵消和均化等误差补偿措施对误差值进行静态补偿和动态补偿，以消除误差本身的影响。静态误差补偿是根据事先测出的误差值，在加工时通过硬件或软件进行补偿；动态误差补偿是实时补偿，数控技术、微机控制技术出现以后，丰富了误差补偿的手段和方法，可以动态补偿工艺系统的系统误差和随机误差。动态误差补偿与在线检测是密切相关的，必须有高精度的动态在线检测装置，高频响、高分辨率的微位移机构，高速信号处理器和计算机以及相应的软件。

在超精密加工装备的加工过程中，几何误差、运动误差、温度、振动和环境影响因素很多，但几何误差对加工精度有着关键性作用，因此，建立超精密加工装备的几何误差模型，在超精密误差补偿中显得异常重要。

在误差补偿过程通常包括以下步骤：

（1）分析误差出现规律。反复检测误差出现的状况，分析其数值和方向，寻找其规律，找出影响误差的主要因素，确定误差项目。

（2）进行误差信号检测。由误差检测系统来完成，误差检测系统应根据误差补偿控制的具体要求来设计，可以是离线检测、在位检测或在线检测，它所检测的项目、采用的检测仪器以及检测精度要求等均与误差补偿的要求有密切关系。误差信号检测的可行性和正确性将直接影响误差补偿的效果。

（3）进行误差信号处理。所检测的误差信号必然包含某些频率的噪声干扰信号、其他误差信号等，因此要进行分离处理，提取所需要的误差信号，分离无关的误差信号，误差信号的处理应有足够的处理能力和处理速度，能够满足误差补偿的要求。

（4）建立误差补偿模型。工件加工误差与各补偿点补偿量之间的关系就是误差数学模型，在影响加工误差的各因素中，有些因素属于系统误差，有些因素属于随机误差，在误差数学模型中可分别处理，其中随机误差的处理难度较大，需要建立动态数学模型，进行动态误差补偿，甚至进行预报型误差补偿。

（5）进行误差补偿控制。根据所建立的误差补偿数学模型和实际加工过程，经计算机运算后，输出补偿控制量。选择或设计合适可行的误差补偿控制系统及执行机构，对精密制造装备的控制系统进行补偿控制。由于补偿是一个高速动态过程，要求位移精度高、速度快、分辨力高、频响范围宽、可靠性高，因此多用微位移机构来执行，该机构要求体积小、结构简单、安装方便、便于控制。

（6）验证误差补偿效果。进行必要的调试，检验误差补偿效果，保证达到预期效果。

参 考 文 献

[1] 陈蔚芳，等. 机床数控技术及应用［M］. 北京：科学出版社，2008.

[2] 李虹霖. 机床数控技术［M］. 上海：上海科学技术出版社，2012.

[3] 魏杰. 数控技术及其应用［M］. 北京：机械工业出版社，2014.

[4] Suk-HwanSuh, et al. Theory and Design of CNC Systems［M］. Springer Series in Advanced Manufacturing, 2008.

[5] 孔凡才. 位置控制系统及应用［M］. 北京：机械工业出版社，2012.

[6] 贾民平，等. 测试技术［M］. 北京：高等教育出版社，2009.

[7] 杨叔子，杨克冲. 机械控制工程基础［M］.6版. 武汉：华中科技大学出版社，2011.

[8] 张之敬. 机械控制工程基础［M］. 北京：北京理工大学出版社，2011.

[9] 沈志雄. 金属切削机床［M］. 北京：机械工业出版社，2008.

[10] 杨雪宝. 机械制造装备设计［M］. 西安：西北工业大学出版社，2010.

[11] 关慧贞. 机械制造装备设计［M］. 北京：机械工业出版社，2015.

[12] 陈立德. 机械制造装备设计［M］. 北京：高等教育出版社，2010.

[13] 张福. 机械制造装备设计［M］. 武汉：华中科技大学出版社，2014.

[14] 王越. 现代机械制造装备［M］. 北京：清华大学出版社，2009.

[15] 刘军. 数控技术及应用［M］. 北京：清华大学出版社，2013.

[16] 范孝良. 数控机床原理与应用［M］. 北京：中国电力出版社，2013.

[17] 王彪. 超精密机床误差补偿技术和切削性能研究［M］. 哈尔滨：哈尔滨工业大学，2013.

[18] 徐春广，肖定国，郝娟. 回转体的结构光测量原理［M］. 北京：国防工业出版社，2017.

[19] 王信义，等. 机械制造工艺学［M］. 北京：北京理工大学出版社，1990.

[20] 王先逵. 机械制造工艺学［M］. 北京：机械工业出版社，2008.

[21] 冯之敬. 机械制造工程原理［M］. 第2版. 北京：清华大学出版社，2008.

[22] 卢秉恒. 机械制造技术基础［M］. 北京：机械工业出版社，2008.

[23] 张世昌. 机械制造技术基础［M］. 北京：高等教育出版社，2007.

[24] 程凯. 微切削技术基础与应用［M］. 北京：机械工业出版社，2015.

[25] 王西彬，龙震海，刘志兵. 金属零件可加工性技术［M］. 北京：航空工业出版社，2009.

[26] 乐兑谦. 金属切削刀具［M］. 北京：机械工业出版社，2011.

[27] 融亦鸣，张发平，卢继平. 现代计算机辅助夹具设计［M］. 北京：北京理工大学出版社，2010.

[28] Serope Kalpakjian, Steven R. Schmid. Manufacturing Engineering and Technology: Machining［M］. 2012.

［29］ Serope Kalpakjian, Steven R. Schmid. Manufacturing Engineering and Technology [M]. 6th Edition. Prentice Hall, 2009.

［30］ David A. Madsen. Print Reading for Engineering and Manufacturing Technology [M]. Cengage Learning, 2012.

［31］ 闫太生. 利用 Teamcenter 实现三维工艺设计技术 [J]. 航空制造技术，2011：62-65.

［32］ 万能，赵杰，莫蓉. 三维机加工序模型辅助生成技术 [J]. 计算机集成制造系统，2011，17（10）：2112-2118.

［33］ 万能，王国燕，王文慧. 多层次三维工艺模型的形位公差推理方法研究 [J]. 价值工程，2013（28）：231-233.

［34］ 张辉，刘华昌，张胜文，张健. 复杂零件三维中间工序模型逆向生成技术研究 [J]. 计算机集成制造系统，2014（6）：1-10.

［35］ 孙习武，汤岑书，苏於梁. 三维可视化工艺设计系统及其设计方法 [P]. 中国专利：CN101339575 B，2011-04-13.

［36］ 常智勇，杨建新，赵杰，等. 基于自适应蚁群算法的工艺路线优化 [J]. 机械工程学报，2012，48（9）：163-169.

［37］ 刘伟，王太勇，周明，等. 基于蚁群算法的工艺路线生成及优化 [J]. 计算机集成制造系统，2010，16（7）：1378-1382.

［38］ 田颖，江平宇，周光辉，等. 基于蚁群算法的零件多工艺路线决策方法研究 [J]. 计算机集成制造系统，2006，12（6）：882-887.

［39］ 高博. 三维设计制造集成环境下的夹具设计重用关键技术研究 [D]. 北京：北京理工大学，2014.

［40］ 宁汝新，赵汝嘉，欧宗瑛. CAD/CAM 技术 [M]. 第 2 版. 北京：机械工业出版社，2005.

［41］ 唐承统，阎艳. 计算机辅助设计与制造 [M]. 北京：北京理工大学出版社，2008.

［42］ John J. Craig. 机器人学导论 [M]. 3 版. 负超，等，译. 北京：机械工业出版社，2006.

［43］ 张宪民. 机器人技术及其应用 [M]. 2 版. 北京：机械工业出版社，2017.